园林植物栽培养护
及园林绿化施工应用

刘凤华　张祺超　安雅丽◎主编

IC 吉林科学技术出版社

图书在版编目（ＣＩＰ）数据

园林植物栽培养护及园林绿化施工应用 / 刘凤华,
张祺超，安雅丽著. -- 长春 ：吉林科学技术出版社,
2024. 6. -- ISBN 978-7-5744-1641-3

Ⅰ. S688；TU986.3

中国国家版本馆 CIP 数据核字第 2024KG8602 号

园林植物栽培养护及园林绿化施工应用

著	刘凤华　张祺超　安雅丽
出 版 人	宛　霞
责任编辑	刘　畅
封面设计	南昌德昭文化传媒有限公司
制　版	南昌德昭文化传媒有限公司
幅面尺寸	185mm×260mm
开　本	16
字　数	440 千字
印　张	20.5
印　数	1~1500 册
版　次	2024年6月第1版
印　次	2024年12月第1次印刷

出　版	吉林科学技术出版社
发　行	吉林科学技术出版社
地　址	长春市福祉大路5788 号出版大厦A 座
邮　编	130118
发行部电话/传真	0431-81629529 81629530 81629531
	81629532 81629533 81629534
储运部电话	0431-86059116
编辑部电话	0431-81629510
印　刷	三河市嵩川印刷有限公司

书　号	ISBN 978-7-5744-1641-3
定　价	75.00元

前　言

　　本书是一本探讨园林植物栽培养护及园林绿化施工应用的书籍，目的在为相关工作者提供有益的参考和启示，适合对此感兴趣的读者阅读。本书详细介绍了园林植物的概述，让读者对园林植物有初步的认知；深入分析了园林植物的生长发育、园林植物与生态环境、园林植物的繁殖与栽培、园林植物的养护与灾害的防治等内容，让读者对园林植物的栽培养护有更深入的了解；着重强调了园林绿化组成要素的规划设计与园林景观艺术的应用，伴随我国社会城市化发展进程的不断加快，园林绿化工程的需求也在持续提高。在园林植物的栽培与养护技术的应用中，我们应该进行充分研究，并且关注对施工效果和质量的提升，让园林植物的成活率得到有效保障。

目　录

第一章 园林植物的概述

第一节 园林植物的相关概念

一、园林植物相关概念

园林植物没有固定的范围，一切适用于城市或风景名胜区中构成园林境域的植物材料统称为园林植物。园林植物是具有形态、色彩、生长规律的生命体，是植物造景中缺一不可的要素，在园林建设中起着极其重要的作用。在实际应用中，从不同角度可以将园林植物分为不同类型，如按照树形通常可分为乔木类、灌木类、草本类和藤蔓类等类型；从观赏特点角度可分为观形类、观花类、观叶类、观果类、观枝干类和观根类等类型。

植物造景又称植物配置、植物种植设计，相当于西方园林中的 PlantDesign。目前国内外尚无十分确切的定义。我国传统的植物造景定义为：利用乔木、灌木、藤本、草本植物来创造景观，并发挥植物的形体、线条、色彩等自然美，从而配置成一幅幅美丽动人的画面供人们观赏。

当然，园林植物造景的概念也是随着时代的发展而不断发展的，特别发展到 21 世纪的今天，随着景观生态学、全球生态学等学科的引入，园林植物造景的概念也随之扩大。所以，也包含了生态上，甚至文化上的景观，是适合时代需求的植物造景、持续发展的植物造景。

那么，综合传统的植物造景概念，以及新时期园林植物造景的概念，笔者认为植物造景的新含义为：根据园林总体设计的布局要求，应用不同种类及不同品种的园林植物，按科学性、艺术性及文化性原则，对植物进行合理配置，创造出各种美观、实用的植物景观和园林空间环境，以充分发挥园林综合功能，特别是生态功能，使环境得以改善。简单地说，植物造景就是在园林环境中营造植物景观的过程、方法。优秀的植物种植设计不仅要考虑植物自身的生长发育特性及生态学因素，还要考虑到艺术审美原则，满足景观功能需要，同时要考虑实用功能的需求，其最终目的是营造美观舒适的植物景观和园林空间，以供人欣赏、游憩。

二、园林植物的功能与作用

（一）生态功能

1. 改善小气候

（1）调节气温

有研究表明，植物配置的地方比没有植物配置的地方在温度上要相差 3 到 5 摄氏度。

垂直绿化对于降低墙面温度的作用也很明显。根据对复旦大学宿舍楼的测定结果，爬满爬山虎的外墙面与没有绿化的外墙面相比表面温度平均相差 5℃左右。另外据测定，在房屋东墙上爬满爬山虎，可使墙壁温度降低 4.5℃。

（2）增加空气湿度

据测定，每公顷阔叶林比同面积裸地蒸发的水量高 20 倍。每公顷油松林一天的蒸腾量为 4.36 万 ~ 5.02 万 kg。宽 10.5m 的乔离木林带，可使近 600m 范围内的空气湿度显著增加。据北京市测定，平均每公顷绿地日平均蒸腾水量为 18.2 万 kg，北京市建成区绿地日平均蒸腾水量 34.2 亿 kg。南京市多以悬铃木作为行道树，在夏季对北京东路与北京西路相对湿度做了比较，由于北京西路上行道树完全郁闭，其相对湿度最大差值可达 20% 以上。

（3）控制强光与反光

应用栽植树木的方式，可遮挡或柔化直射光或反射光。树木控制强光与反光的效果，取决于其体积及密度。单数叶片的日射量，随着叶质不同而异，一般在 10% ~ 30%。若多数叶片重叠，则透过的日射量更少。

（4）通风

通风，就是将自然风引进空间中，在景观设计时，常留下风道，以便将清新凉爽的空气引入其中，提高环境的舒适度。园林绿地中常以道路、水系廊道作为风道的主要形式，草坪在绿地中也能形成通风道，可以改善热带地区生活环境。进气通道的设置一般与城市主导风向成一定夹角，若是陆地通道常以草坪、低矮的植物为主，避免阻挡气流流通，而城市排气通道则应尽量与城市主导风向一致，尤其是在北方冬季，以将污染空气吹走。城市中的道路绿化尤其要注意树木的密度及冠层覆盖度，郁闭度过大，常使汽车尾气不易扩散，造成道路空间内污染加重。

研究表明，城市绿地中，树林内的温度较周边草地的温度低，比较凉爽，这主要是由于林内、林外的气温差形成对流的微风，当林外的热空气上升，而由林内的冷空气补充，使得林外的温度降低。同时，树木分枝点的高低也会影响气流的流通，分枝点过低，气流流通较弱，而分枝点过高，则风力减弱，通常在人体高度以上较合适，而且树木分枝点外的枝叶不过于密集较好，容易形成风道。

（5）防风

乔木或灌木可以通过阻碍、引导、渗透等方式控制风速，亦因树木体积、树型、叶密度与滞留度，以及树木栽植地点，而影响控制风速的效应。群植树木可形成防风带，其大小因树高与渗透度而异。一般而言，防风植物带的高度与宽度比为 1 ：11.5 时及防风植物带密度在 50% ~ 60% 时防风效率最佳。

2.净化空气

（1）碳氧平衡

园林植物在进行光合作用时，大量吸收二氧化碳，释放氧气。绿色植物能在充足的阳光和水分条件下通过光合作用进行固碳释氧，从而缓解城市的热岛效应，植物吸碳释氧的能力一般是呈正相关的，城市绿化覆盖率和热岛强度成反比。因此在城市园林绿化中，应合理搭配植物，增加城市美景度和生态效益。

固碳能力比较高的乔木树种有垂柳、糙叶树、乌桕、麻栎、喜树、龙爪槐、黄连木、紫薇、木槿、柿、杜仲、鸡爪槭、枫杨、胡桃、刺槐、栾树、丁香、三角枫、枇杷、紫叶桃、桃、梧桐、无患子、七叶树、广玉兰、银杏、香樟、垂丝海棠、白玉兰、梅、臭椿、冬青、化香、李、山茱萸、悬铃木、棕榈、盐肤木、蚊母树、含笑、槐树、榉树、梓树、红楠、朴树、椤木石楠、大叶冬青、杂种鹅掌楸、日本晚樱、红豆树、石楠、石榴、山茶、桂花、木瓜、樱花、山楂、苦楝、元宝枫等。固碳能力比较高的灌木有醉鱼草、木芙蓉、八仙花、贴梗海棠、云南黄馨、胡颓子、蜡梅、卫矛、扁担杆、紫荆、慈孝竹、小叶女贞、八角金盘、凤尾兰、阔叶十大功劳、大叶黄杨、溲疏、郁李、牡丹、金银木、山麻杆、金钟花、小檗、夹竹桃、瓜子黄杨、金丝桃、日本绣线菊、杜鹃、珍珠梅等。

通常情况下，大气中的二氧化碳含量约为 0.032%，但在城市环境中，有时高达 0.05% ~ 0.07%。绿色植物每积累 1000kg 干物质，要从大气中吸收 1800kg 二氧化碳，放出 1300kg 氧气，对维持城市环境中的氧气和二氧化碳的平衡有着重要作用。计算表明，一株叶片总面积为 $1600m^2$ 的山毛榉可吸收二氧化碳约 2352g/h，释放氧气 1712g/h。生长良好的草坪，可吸收二氧化碳 $15kg/hm^2 \cdot h$，而每人呼出二氧化碳约为 38g/h，在白天如有 $25m^2$ 的草坪就能够把一个人呼出的二氧化碳全部吸收。

（2）增加空气中的负离子

森林环境中空气负离子浓度明显高于无林地区，当森林覆盖率达到 35% ~ 60% 时，空气负离子浓度较高，而当森林覆盖率低于 7% 时，空气负离子浓度只为前者的 40% ~ 50%。

（3）吸收有害气体

常见的有害气体有二氧化硫、酸雾、氯气、氟化氢、苯、酚、氨及铅汞蒸气等，这些在大部分工矿空气中有多少的含量，在这些有害气体中，以二氧化硫的数量最多、分布最广、危害最大。绿色植物的叶片表面吸收二氧化硫的能力最强，在处于二氧化硫污染的环境里，有的植物叶片内吸收积聚的硫含量可高达正常含量的 5 ~ 10 倍，跟随植物叶片衰老和凋落、新叶产生，植物体又可恢复吸收能力。夹竹桃、广玉兰、龙柏、罗汉松、银杏、臭椿、垂柳及悬铃木等树木吸收二氧化硫的能力较强。

据测定，每公顷干叶量为 2.5t 的刺槐林，可吸收氯 42kg，构树、合欢、紫荆等也有较强的吸氯能力。生长在有氨气环境中的植物，能直接吸收空气中的氨作为自身营养（可满足自身需要量的 10% ~ 20%）；很多植物如大叶黄杨、女贞、悬铃木、石榴、白榆等可在铅、汞等重金属存在的环境中正常生长；樟树、悬铃木、刺槐，以及海桐等有较强的吸收臭氧的能力；女贞、泡桐、刺槐、大叶黄杨等有较强的吸氟能力，其中女贞吸氟能力比一般树木高 100 倍以上。

（4）吸滞粉尘

空气中的大量尘埃既危害人们的身体健康，也对精密仪器的产品质量有明显影响。树木的枝叶茂密，可以大大降低风速，进而使大尘埃下降，不少植物的躯干、枝叶外表粗糙，在小枝、叶子处生长着绒毛，叶缘锯齿和叶脉凹凸处及一些植物分泌的黏液，都能对空气中的小尘埃有很好的黏附作用。沾满灰尘的叶片经雨水冲刷，又可恢复吸滞灰尘的能力。

（5）吸收放射性物质

绿化植物不但能够阻隔放射性物质及其辐射，而且能够过滤和吸收放射性物质。如一些地区树林背风面叶片上的放射性物质颗粒只有迎风面的 1/4。树林背风面的农作物中放射性物质的总放射性强度通常为迎风面的 1/20 ~ 1/5。又如每立方 cm 空气中含有 $3.7 \times 10'$Bq 的放射性 131 碘时，在中等风速的情况下，lkg 叶子在 1 小时内可吸滞 3.7×10^1 Bq 的放射性碘，其中 2/3 吸附在叶子表面，1/3 进入叶组织。不同的植物净化放射性污染物的能力也不相同，如常绿阔叶林的净化能力要比针叶林高得多。

（6）杀灭细菌

空气中有许多致病的细菌，而绿色植物如樟树、黄连木、松树、白榆、侧柏等能分泌挥发性的植物杀菌素，可杀死空气中的细菌。松树所挥发的杀菌素对肺结核病人有良好的作用，圆柏林分泌出的杀菌素可杀死白喉、肺结核、痢疾等病原体。

地面水在经过 30 ~ 40m 林带后，水中含菌数量比不经过林带的减少 1/2；在通过 50m 宽、30 年生的杨树和桦木混变林后，其含菌量能减少 90%。某些水生植物如水葱、田蓟、水生薄荷等也能杀死水中的细菌。

杀菌能力强的植物有油松、桑树、核桃等；较强的有白皮松、侧柏、圆柏、洒金柏、栾树、国槐、杜仲、泡桐、悬铃木、臭椿、碧桃、紫叶李、金银木、珍珠梅、紫穗槐、紫丁香和美人蕉；中等的有华山松、构树、银杏、绒毛白蜡、元宝枫、海州常山、紫薇、木槿、鸢尾、地肤；较弱的有洋白蜡、毛白杨、玉兰、玫瑰、太平花、樱花、野蔷薇、迎春及萱草。

不同植物对不同细菌的杀灭或抑制作用各异。中南林学院吴章文和吴楚材教授研究认为马尾松、湿地松、云南松的针叶精气相对含量中，单萜烯含量在90%以上；杉科树木的木材单萜烯含量达81.84%。

3. 净化土壤和水质

植物的种植能有效净化土壤和水质，众多植物能降低污水中的细菌数量，能吸收污水及土壤中的有机氯、氰、硫化物、磷酸盐等，这主要得益于植物体内的酶。

水生植物在净化污水方面，具有显著的成效，水生植物能通过根有效吸收与运转受污染水域中的氮、磷、钾、铁、锰、镁等元素，并且还能吸收有机物质。同时，也能通过密集的茎秆过滤与吸收污染物，如最普通、也最常见的美人蕉、绿萝、凤眼莲、马丽安、鸢尾、菖蒲、石菖蒲、芦苇、莎草等许多湿地植物都可以在富营养化或受金属污染的水体中正常生长，同时受污染的水质也得到了净化。试验表明，芦苇能使水中的悬浮物、氯化物、有机氮、磷酸盐、氨、总硬度分别减少30%、90%、60%、20%、66%、33%。另外，植物吸收污染物后，可以转化成其他物质，如植物从水中吸收丁酚，酚进入植物体后，就能与其他物质形成复杂的化合物，而失去毒性。各地都有自己的乡土湿地植物，通过选育栽培，能够用本地的植物来治理污染，而不必舍近求远地引进物种来净化水域。

4. 降低噪声

城市的噪声污染已成为一大公害，是城市应解决的问题。声波的振动可以被树的枝叶、嫩枝所吸收，尤其是那些有许多又厚又新鲜叶子的树木。长着细叶柄，具有较大的弹性和振动程度的植物，可以反射声音。在阻隔噪声方面，植物的存在可使噪声减弱，其噪声控制效果受到植物高度、种类、种植密度、音源、听者相对位置的影响。大体而言，常绿树较落叶树效果为佳，若与地形、软质建材、硬面材料配合，会得到良好的隔音效果。一般来说，噪声通过林带后比空地上同距离的自然衰减量多10~15dB。

5. 防火

植物用来防火，主要是由于该植物个体不易燃烧或燃烧难以维持，进而具有阻滞林火蔓延的特性。防火树种的形态特征主要有表现为：皮厚、叶厚、材质紧密甚至坚硬、含水率高、常绿、树冠浓密。在园林中，选择防火树种时，尽量选用既能防火，还可阻滞、抵抗林火蔓延、同时还具有景观、水土保持、涵养水源等多用途植物。当然在树种选择时还应虑种适应性强、生长快、种源丰富、栽植容易、成活率高等树种特性。

防火林带的营造以采取混交林方式为好，形成立体层次丰富的混交防火林带。实践证明在云南等地森林防火重点地段常采用乔灌结合的复层林或阔叶乔木混交林，使用杨梅＋茶树，杨梅＋油茶，木荷＋油茶，木荷＋枫香，木荷＋女贞等，女贞＋茶树等具有较好的防火功能。

优良防火树种主要有木荷、杜英、油茶、构树、甜楮栲、枫香、杨梅、猴栗、钩栲、含笑、木莲、女贞、高山杜鹃、麻栎、冬青、青冈栎、石栎、楠木、桂花、大叶黄杨、十大功劳、小白花杜鹃、南烛、大白花杜鹃、野八角、米饭花、尼泊尔桤木、岗检、马蹄荷、厚皮香、云南松、黑荆、华山松、茶树、云南野山茶、元江栲、滇青冈、光叶石栎、滇润楠、柑橘等。我国南方采用最多的树种是木荷，木荷树叶含水量高达45%，在烈火的烧烤下焦而不燃，叶片浓密，覆盖面大，树下又没有杂草滋生，既能阻止树冠上部火势蔓延，又能避免地面火焰延伸。主要难燃草本植物有草玉梅、木贼、水金凤、黄花酢浆草、白三叶、魔芋、砂仁、黄连、车前草、马蹄金、常春藤、火绒草、月见草等。各地都可在实践中选择当地优良的乡土防火树种。

6. 保持水土

树木和草地对保持水土有非常显著的功能。当自然降雨时，约有15%～40%的水量被树冠截留或蒸发，5%～10%的水量被地表蒸发，地表的径流量仅占0～1%，即50%～80%的水量被林地上一层厚而松的枯枝落叶所吸收，然后逐步渗入到土壤中，变成地下径流，因此植物具有涵养水源、保持水土的作用。坡地上铺草能有效防止土壤被冲刷流失，这是由于植物的根系形成纤维网络，进而加固土壤。

7. 环境监测与指示植物

许多植物对大气中毒害物质具有较强的抗性和吸毒净化能力，但有一些植物对某种毒害物质没有抗性，其反应敏感，另外，有些植物与当地条件密切相关，环境变化了，植物也发生相应变化，如苔藓、地衣就是对环境是否受污染的典型例子，这些植物就成为环境的指示器。从植物材料上，设计者可以推断出土壤水分、排水、可利用水资源、侵蚀、空气污染、沉积和小气候等。

植物的这种监测特征主要表现在其存活与否以及在叶片上是否有症状，从而揭示环境是否受污染，有些症状是某种污染物的特征，如悬铃木树木变浅红色，叶子变黄，就是煤气中毒的症状，在其地下往往能找到煤气露点。

（二）精神层面

植物的精神特征，也可以称之为质，就是植物的内在品性，生物学特征被称为形，质是建立在形的基础上的。对花木的色、香、形、姿的描述，以及对其生长过程的集中、概括、提炼乃至咏诗、拟对等，就是从物质到精神上进行一系列的加工、美化，就是对植物的精神特征进行提炼的过程。

中国人在欣赏植物的时候，不仅是要看植物的生物学与生态学特征，更看中的是植物所蕴含的能体现中国文化或民族的那种心理或精神享受，因而，园林中的植物承担着一种承载中国民族文化精神或心理的载体作用。这都赋予了中国古典园林中特有的以植物为主题的园林主题的建设。

园林中利用植物的精神特征美进行造景的方法主要有以下一些特点：首先是以某种常见的植物为主景，构筑一个有主题的空间，根据植物所蕴含的特有含义，极力渲染空间气氛，并结合所在环境构筑某种诗情画意的意境，从而表达一定的主题含义，最终利用人们对这种植物与其富含的文化含义拉近人们对园林景观的欣赏，使人们对景观留有深厚的印象。然后在景观构筑完成后，取一个画龙点睛富有意蕴的景名，有的是使用植物名称的谐音，如"玉堂春富贵"，使用的是玉兰、海棠、牡丹表达春天的植物景观；有的是使用典故、传说等，比如"兰桂齐芳"，使用兰草、桂花比喻对后世子孙有出息的期望；有的是使用植物的生物特征与环境结合的景名，如拙政园"远香堂""梧竹幽居""海棠春坞"等。

　　还有的是对植物的姿态有特殊的喜好，因此在种植的时候，特别讲究树木的姿态，如梅要疏影横斜、竹则枝叶扶疏，形成了特殊的喜好。

　　在民间，有些民族及地方对植物的栽植有一些习俗与禁忌，如"前不栽桑，后不植柳"，是因为"桑"谐音"丧"，柳树不结籽，房后植柳意味会没后代等。另外有的地方在庭院内也不种植榆树、葡萄等。这些说法虽然是迷信，但是我们可换一种角度解释这种观点存在的合理性，可从植物的生物学特征、生态习性，以及它们对周边房子的通风、采光等方面进行考虑。如柳树的柳絮、榆树的榆钱在散落时，量大且持续时间长，对我们的生活产生影响，而葡萄在庭院中种植要搭棚架，在夏季夜晚，棚架及地面上的影子会让胆小的人害怕，因而这些植物种植在庭院中的时候，就不为人们所接受。

（三）美学欣赏

　　植物种类繁多，呈现丰富多样的色彩、形体及质地等的差异；而且植物在不同的生长时期具有差异极大的时序变化，呈现不同的外观形貌。如植物在叶色变化上有春色叶、秋色叶的季相变化；花色、果色更是丰富多彩。即使同一种植物，在不同生长时期及不同的立地条件下也会有形态和色彩的变化。在论述自然美之前，还有必要对人们认识植物的感官先后顺序进行阐述。

1. 视觉要素

（1）线条

此处的线条有两个含义：一是指植物（单株植物或植物群落）在平面上的投影，这个投影一般是自然曲线的，多种多样的植物自然组合在一起，就会形成更加优美的自然曲线；植物若按一定要求等距离种植，就会形成笔直的几何线条。二是指植物的树冠在立面上呈现的林冠线，林冠线往往是自然起伏的曲线，不论是曲线线条，还是直线线条，都会使人对该区域场地形成第一印象，对以后的进一步欣赏会有影响。

（2）树形

树形是植物整体的外轮廓形态。这里重点论述木本类植物的树形。

1）圆束状

枝干整体紧凑丰满，枝叶密集，树身呈柱状，但树冠顶部呈圆锥状，该类型强调竖直，这种植物一般在设计中作为焦点使用。常见的典型植物是圆柏属与刺柏属植物。

2）圆柱状

圆柱状和圆束状相似，但树冠顶部呈圆形，设计用途与圆束状相同。如黑杨、加杨、青年期的银杏等。

3）球状

把卵圆形、广卵形、倒卵形等球形或近似球形的植物概括为球状植物，这种类型的植物中央领导干通常较短，主枝向上斜伸，树冠丰满，枝叶密集，这种类型的植物没有方位性，常以群植、丛植等方式作背景使用，在植物群体中起协调统一作用；也可孤植，表现亭亭如盖的大树之美。比如深山含笑、千头柏、槐树、樟树、广玉兰、黄刺玫、玫瑰、小叶黄杨、西府海棠、木槿等。

4）扩散状

植物枝干着重向水平方向生长，中央领导干不明显，或主干直立但至一定高度即分枝，枝干较开张，与主枝夹角较大，枝叶不密集紧凑。这类树在水平空间上能拉近人与景物间的距离。如悬铃木、桃树、栾树、合欢、刺槐等。

5）金字塔状

植物主干明显，主枝从主干基部向上逐渐变短变细，各分枝多轮生排列，使得树冠整体丰满，呈圆锥状向上，这种形态在植物群落中显得强硬持久。这类树既可作背景，也可作主景树，如雪松、冷杉、落羽杉、南洋杉等。

6）图画式

图画式主要是指该形态不常见，或是成长不健全，姿态虬曲，比较优美、潇洒的树形。植物生长于自然动态作用力较强的环境中，常年受外力，如风、雨、雪等的影响形成偏冠或老态等姿态奇特的树形，或者生长于竞争采光的植物群落中层或边缘外围，受竞争影响形成的一些偏冠或老态树形。每种植物由于生长环境或老龄的缘故，都有形成图画式树形的可能。这种树形可作主景，常在空间内或道路边种植，吸引人的视线。

7）垂枝形或拱枝形

垂枝形主要是指主枝弯曲下垂，其他分支也弯曲下垂或向下斜伸。如垂柳、龙爪槐、龙爪柳、垂枝碧桃等为垂枝形，连翘、金钟花、迎春等为拱枝形。

8）棕榈形

棕榈形主要是指主干挺拔、无分支、树叶随着主干的生长逐步脱落，树叶多在枝顶轮生或聚集，树叶脱落的痕迹比较明显，在中国主要存在于南部地区，如棕榈、椰子、槟榔、海枣、芭蕉、苏铁等。

9）匍匐形

该形态主要是指植株整体在地面趴伸，可作地被栽植，然而如果有直立支架的话，也可顺着支架直立生长，如砂地柏、铺地柏等。

10）攀缘形

该形态是指植株可顺着墙、支架等依靠自身力量攀爬上去，如无支架时，可匍匐生长。这种类型的植物有特殊的攀缘器官，如金银花、爬藤月季、蔷薇、紫藤、葡萄、凌霄等。

11）整形式

整形式主要是指植株在人为修剪下形成的形状，如绿篱、绿雕、盆景等。对可塑性好、树叶密集、不定芽萌发力强、细枝与嫩叶装饰性强的树种，可采用修剪整形，将树冠修整成人们所需要的形态，如小叶黄杨、小叶女贞、毛叶丁香、桧柏、大叶黄杨、槛木等许多植物都可修剪成各种造型、各种形状。

植物的形态，主要由遗传性决定，但也受外界环境因素的影响，在园林中，整形修剪则起着决定性的作用。树木在生命长河里，跟随树龄的增加，它的形态会发生变化，这是其他造景元素所不具备的特殊之美。

（3）叶

1）叶色

植物色彩，主要是叶色，叶色在一年中的变化表现为：在色调上由浅变暗，在色彩上由黄绿到蓝绿再到铜绿、锈色和紫色，落叶时的颜色多种多样。落叶树的色彩表现较常绿树优越，更容易表现季节之美。

在每一种色系上，因为色阶的差异，会表现出深浅不同的差异，带给我们心理上奇妙的感受，如浅绿色会令人感觉轻快，黄绿色使人愉快，深绿色给人稳重厚实感，而铜绿色可能使人沉重或抑郁。

2）叶型

对叶型的欣赏，感受的是叶子的形状、大小与质地。植物的叶子千奇百态，按植物分类学特征，首先将叶分为单叶与复叶，其次再对叶序进行分类，如对生、轮生、互生三种类型，第三再对叶形展开辨别。

3）质地

对叶子的质地，从纸质或革质、厚或薄、光亮或晦暗等方面欣赏。叶的质地不同，观赏效果也不同。叶子分革质、纸质、膜质之分，革质的叶片，具有光影闪烁的效果；纸喷、膜质的叶片常给人恬静之感；粗糙多毛的叶片，则富于野趣。叶子表面还会有蜡、有腺毛等附属物，这些也会带来奇异的感受。光亮能带来反射，远远地就能感受到树冠表面的光影变化，透光的话，更能感受到那种树影婆娑，树冠内部光怪陆离的明暗斑驳变化。

晦暗，是指叶子吸光好，反光差，对我们不会造成兴奋的感受。叶子若不透光，那么树体内部光影变化较少，比较乏味，但是给人以稳重的感觉。

（4）花

植物的花，我们从远处看到的首先是花色，然后是花相，最后是花型，同时也与设计时的考虑顺序相一致，有时也与设计时的考虑顺序相一致。

1）花色

植物的花色在自然界是丰富多彩的，有纯色花与复色花之分。不同的色彩带给人不同的视觉冲突，不同的性情感受，形成了不同的观赏效果。我们的性情受花色的影响非常大，喜悦、兴奋、沉重、烦躁等感受会伴随着我们赏花。早春开放的白玉兰硕大洁白，有如白鸽群集枝头；初夏开放的珙桐、四照花，以其洁白硕大，如鸽似蝶的苞片在风中飞舞；小小的桂花则带来了秋天的甜香；蜡梅和梅花的凌霜傲雪，坚定了我们等待春天的信念。

2）花相

花或花序着生在树冠上的整体表现形貌，称为花相。从树木开花时有无叶簇，可分为纯式和衬式两种形式。纯式指在开花时，叶片尚末展开，全树只见花不见叶的一类，一般是花落后再展叶，可称为先花后叶型；衬式是指在展叶后开花，称为先叶后花，全树花叶相衬，或是在花开放中后期，开始展叶，同时也称之为花叶同放型。

3）花型与花序

植物的花型主要是指花冠的形状，呈现各种各样的形状和大小，有十字形花冠、蝶形花冠、石竹型花冠、蔷薇形花冠、钟形花冠、管状花、漏斗状花冠、高脚碟形花冠、坛状花冠、唇形花冠、具距的花冠、副花冠、假面状花冠、拖鞋状花冠等。

花序是一种可以形成花的特化的枝系，指花在植物体上的排列，花可能是单生或者组成明显的花序，花序主要有总状的和聚伞状的。

（5）果

植物的果实，在园林造景中，一般不被重视。在考虑树的时候，果实总是被放到最后来考虑，因为果实不是四季都有，在有限的季节里才会有果实，但是，独特的果实又能带给我们奇特的记忆，增加园林的趣味性与独特性。

果实形状则是最独特的，如佛手柑的果实像佛手一样奇特，石榴则是开口笑，海南铁西瓜则像一个大西瓜一样吊在树上，而蚊母树的果实非常奇特，且叶子常有虫瘿伴随。

（6）树干

大多数的树干没什么特色，主要起的就是支撑稳固树冠的作用，但有些种类，其树干有很高的欣赏价值。对树干的欣赏，首先是树皮，从树皮的颜色、树皮的光滑与否、树皮是否剥落等三方面去欣赏，植物枝干，幼时为绿色，随年龄递增，色调逐渐改变，树皮的颜色通常多呈灰色或褐色，愈老愈显古色，在这个色阶范围内变化，但有些植物的树皮是特殊颜色的，园林中比较有特点的是竹为翠绿，梧桐色青，紫薇茶灰色，马尾松褐色，银杏灰褐色，白桦的白色树皮，红桦的红色树皮。树皮剥落有块状剥落，也有条状剥落等，常作为鉴别植物的依据，如悬铃木的灰白色剥落树皮，木瓜的灰绿色的光滑剥落树皮，榔榆的乌褐色的剥落树皮。对树干的欣赏，还要注意树干是独干还是多干的形态。此外，还要考虑树干是否扭曲，扭曲的树干会呈苍劲虬曲之感，会有独特的美。在园林中，应在无意之中安排几株树干有特点的树来吸引人，增加趣味性。

（7）纹理

纹理指植物表面的纹理或粗糙程度，也叫质感，它受叶子大小、叶缘特征、树枝或树杈大小、树干形态、生长习惯和观看距离的影响。

纹理粗糙的植物特点为叶大、枝大、分枝少、生长习惯宽松，与中等纹理或纹理细腻的植物组合时，它们占主导地位，可作为焦点。纹理粗糙的植物往往向观赏者扩展，使内部空间看起来小一些，所以在设计中，若空间小或紧缺时，不应使用这种植物。中等纹理的常作为背景反衬那些纹理细腻或纹理粗糙的植物。纹理细腻的植物，叶小、多，生长紧密、饱满，近看效果更好，空间小也不要紧，因为纹理小使得植物看起来也缩小了，扩展了空间，吸引观赏者将空间看得更深入。纹理细腻的植物看起来柔和精巧，使得纹理粗糙的植物更显粗糙，形成强烈对比。

纹理也随观赏者的位置而有所变化，近看时，植物纹理由枝、叶和树干的特性决定，远观时，生长习惯和枝杈模式成为它们的相关特性。因而近看时认为是纹理粗糙的植物，而远观时又被认为是中等纹理的植物，或者相反。

2. 嗅觉美

植物散发的气味能作用于人的神经，可对人的情绪产生一定的影响，有的使人精神松弛，可缓解疲劳；有的使人头脑清醒，可振奋精神；有的使人心情平和，可消除不安；有的则可导致头晕恍惚。所以在植物选择时一定要了解其气味。

植物散发的气味主要是单萜、倍半萜、烯醇、芳香环等类成分，由于化合物的种类和含量的不同，植物的气味是不同的，有梅花的清香、桂花的浓香、含笑的甜香等类别。能持续散发香味，并能被人感受到的，主要是植物的花与果，叶在不揉碎的情况下，其气味不是很浓。

在园林中栽植几株芳香植物，沁人心脾的香气会给人以别样的感受和回味。由于香味的浓与淡不同，在应用芳香植物时，要注意如何突出植物的香味。气味清淡的，可成片集中种植，乃至建立专类园，用围墙围起来或选择在比较幽闭的场所中，使得气味集中。沧浪亭园里的清香馆庭院内植桂树多株，北筑高墙，回合封闭，以求桂子飘香时节清香凝聚不散。馆内对联"月中有客曾分种，世上无花敢斗香"，将桂花的神韵飘然于满园，既符合空间的景观，又令人回味无穷。但是气味浓烈的一定要少。芳香植物也可在路边、林缘使用，一路伴随着行人，但这种香味一定要清淡或中性，不使大多数人过敏，如桂花。选择枝干大、气味浓的芳香树木，作为一株引导树，在远处散发香味，未见其花，先闻其香，吸引游人前行，如槐、桂花、含笑等。

3. 听觉美

植物是不会发声的，然而在外力的作用下，它会发出千奇百怪的声音，需要我们去感知。叶片在风、雨、雪等作用下，可发出声音，如松涛阵阵、雨打芭蕉，响叶杨的叶片互相拍打，犹如拍手一样清脆，有的地方称为鬼拍手。明代陈继儒《小窗幽记》把芭蕉雨声评为"天地之清籁"；拙政园的听雨轩，轩外庭院植有芭蕉翠竹，阴翳如盖，清池的黄石假山叠岸，参差垒块，凹凸自如，每当雨声疏滴，蕉叶竹叶皆响，清脆圆润，如听《雨打芭蕉》，动人诗情，兴人乐感。

可以植物的响声为主题，构建一个具有浓厚中国古典意境的园林景观或场所，唐代李商隐的"留得枯荷听雨声"众口相传，在拙政园内就建有"留听阁"，而在避暑山庄有"万壑松风"等。也可使用"蝉噪林愈静，鸟鸣山更幽"的对比突出植物的安静本色。

4. 运动与光影美

风可吹动树枝颤动，甚至再微弱的风也能吹动树叶摇摆，在炎热的天气里，加快空气流动，提升了人的舒适感，在寒冷的天气里，这一运动给死气沉沉的空间带来一丝生气。

由于光线的投影，植物的影子会随着太阳一天中的移动产生奇妙的变化，给园林带来奇妙的感觉。夏天，我们在树木阴影处，可以休息乘凉，同时，看着地面光怪陆离的影子，会有很多的趣味产生。

第二节 园林植物的形态识别与分类方法

一、园林植物的形态识别

园林植物种类繁多，形态各异。不同园林植物器官的形态千差万别。为了应用方便，我们通常根据园林植物器官的形态特征实施识别。园林植物有根、茎、叶、花、果实、种子六大器官。

（一）园林植物的根

园林植物的根通常呈圆柱形，愈向下愈细，向四周分枝，形成复杂的根系。我们把一株植物所有的根称为根系。

1. 根的类型

（1）定根

植物最初生长出来的根，是由种子的胚根直接发育来的，它不断向下生长，这种根称主根。在主根上通常能形成若干分枝，称为侧根。在主根或侧根上还能形成小分枝，称纤维根。主根、侧根和纤维根都是直接或间接由胚根生长出来的，有固定的生长部位，所以称定根，如松类的根。

（2）不定根

有些植物的根并不是直接或间接由胚根所形成，而是从茎、叶或其他部位生长出来的，这些根的产生没有一定的位置，因此称不定根，如菊、桑的枝条插入土中后所生出的根都是不定根。在栽培上常利用此特性进行扦插繁殖。

2. 根系的类型

根系常有一定的形态，按其形态的不同可分为直根系和须根系两类。

（1）直根系

主根发达，主根和侧根的界限非常明显的根系称直根系。它的主根一般较粗大，一般垂直向下生长，上面产生的侧根较小。多数双子叶植物和裸子植物根系属此类。

（2）须根系

主根不发达，或早期死亡，而从茎的基部节上生长出许多大小、长短相仿的不定根，簇生呈胡须状，没有主次之分。大部分单子叶植物根系属此类。

（二）园林植物的茎

茎是植物的重要营养器官，也是运输养料的重要通道。一般植物的茎根据质地或生长习性的不同，可分为下列几种类型。

1. 依茎的质地分

（1）木质茎

茎中木质化细胞较多，质地坚硬。具木质茎的植物称木本植物，依据形态的不同可分为乔木、灌木和木质藤本。

（2）草质茎

茎中木质化细胞较少，质地较柔软，植物体较矮小。具草质茎的植物称草本植物。由于生长期的长短及生长状态的不同草本植物又可分为一年生、二年生和多年生。

（3）肉质茎

茎的质地柔软多汁，呈肥厚肉质状态，如仙人掌、芦荟、景天等。

2. 依茎的生长习性分

（1）直立茎

直立茎为常见的茎。茎直立生长于地面，比如松、杉、女贞、向日葵、紫苏等。

（2）缠绕茎

茎一般细长，自身不能直立，必须缠绕他物作螺旋状向上生长，如牵牛花、笃萝等。根据缠绕方向，又分为左旋缠绕茎和右旋缠绕茎。

（3）攀缘茎

茎细长，不能直立，以卷须、不定根、吸盘或其他特有的攀附物攀缘他物向上生长，如爬山虎、葡萄等。

（4）匍匐茎

茎细长平卧地面，沿水平方向蔓延生长，节上有不定根，如甘薯、草莓、狗牙根；节上不产生不定根，则称平卧茎，如地锦、蒺藜等。

（三）叶的组成及类型

1. 叶的组成

叶的大小相差很大，但它们的组成部分基本是相似的。叶可分为叶片、叶柄和托叶三部分。具备此三部分的叶称完全叶，如桃、梨、柳、桑的叶。但也有不少植物的叶缺少叶柄和托叶，如龙胆、石竹的叶；或有叶柄而无托叶，如女贞、连翘的叶；这些缺少一个部分或两个部分的叶，都称为不完全叶。

2. 叶的类型

（1）单叶。一个叶柄上只生一个叶片的叶称为单叶，多数植物的叶是单叶。

（2）复叶。一个叶柄上生两个以上叶片的叶，称为复叶。

复叶根据小叶数目和在叶轴上排列的方式不同，可分为四种类型：

（1）三出复叶。叶轴上着生有三片小叶的复叶，如刺桐、酢浆草。

（2）掌状复叶。叶轴短缩，在其顶端集生三片以上小叶，呈现掌状展开，如鹅掌柴、七叶树，瓜栗、大麻叶等。

（3）羽状复叶。叶轴长，小叶片在叶轴两侧排成羽毛状，如刺槐、合欢、黄柴、含羞草等。如果顶生一片小叶，小叶数目为单数，称奇数羽状复叶，如刺槐、月季等；若顶生两片小叶，小叶数目为偶数，称偶数羽状复叶，如皂荚，决明等。在羽状复叶中，如果总叶柄不分枝，称一回羽状复叶；总叶柄分枝一次，称二回羽状复叶；总叶柄分枝两次，称三回羽状复叶。

（4）单身复叶。总叶柄顶端只有一片发达的小叶，两侧小叶已退化，叶柄常作叶状或翼状，在柄端有关节与叶片相连，如金橘、柑橘、柚等。

（四）花的组成及类型

1. 花的组成

典型被子植物的花通常是由花梗、花托、花萼、花冠、雄蕊群和雌蕊群几部分组成的。其中雄蕊和雌蕊是花中最重要的生殖部分，有时合称花蕊；花萼和花冠合称花被，有保护花蕊和引诱昆虫传粉的作用；花梗和花托起支持花各部的作用。

2. 花的类型

被子植物的花，在长期的演化过程中，它的大小、数目，形状，内部构造等方面，都会发生不同程度的变化。花的类型多种多样，通常按照花部组成情况等将花分为下列几种类型。

（1）完全花和不完全花

一朵花中凡具有花萼、花冠、雄蕊和雌蕊四部分的花称完全花，如桃、桔梗等的花；若缺少其中一部分或几部分的花称为不完全花，如南瓜、桑等的花。

（2）重被花、单被花和无被花

一朵花中凡具有花萼和花冠的称重被花或两被花，如桃、杏、豌豆等的花；若只有花萼或花冠的花称单被花，单被花的花被常具鲜艳的颜色如花瓣状，但仍称为无瓣花，如桑、芫花等。不具花被的花称无被花或裸花。无被花常有苞片，如柳树、杨树的花。

（3）两性花、单性花和无性花

一朵花中具备雄蕊和雌蕊的称两性花，如柑橘、桔梗、桃花等的花。仅具雄蕊或雌蕊的称单性花，如南瓜、四季秋海棠的花；具有雄蕊而缺少雌蕊，或仅有退化雌蕊的花称雄花；具有雌蕊而缺少雄蕊，或仅有退化雄蕊的花称雌花。单性花中雌花和雄花同生于一植株上称雌雄同株，如四季秋海棠等；雌花和雄花分别生于不同植株上的称雌雄异株，如银杏、苏铁。花中既无雄蕊又无雌蕊或雌雄蕊退化的，称无性花或中性花，如八仙花。

（4）辐射对称花、两侧对称花和不对称花

通过一朵花的中心可作几个对称面的花，称辐射对称花或整齐花，如桃、牡丹的花。若通过一朵花的中心只可作一个对称面的花，称两侧对称花或不整齐花，如益母草的唇形花、菊科植物的舌状花等。如果通过花的中心不能作出对称面的花称不对称花，如缬草的花。

二、园林植物的分类

在园林中以观赏性植物居多，从观赏角度来分，园林中的花木大致可划分为以下几类。

（一）观叶类

观叶类，以植物的叶形、叶态、叶姿为观赏对象，如黄杨、棕榈、枫、柳、芭蕉等。江南园林中种植芭蕉，可形成充满诗情画意的植物景观。芭蕉茎修叶大，叶片呈长圆形，长达 3m，顶部钝圆，基部圆形，叶形不对称，叶脉粗大明显，色泽青翠如洗，多植于窗前墙角。每有细雨披落，可于窗前檐下聆听雨打芭蕉的美妙旋律，而修长纤弱的柳叶则另具一番风情。微风轻送，倒垂拂地，风情万种。"虽无香艳，而微风摇荡，每当黄莺交语之香，鸣蝉托息之所，人皆取以悦耳娱目，乃园林必需之木也"。

柳树生命力极强，南北园林都可栽植，尤其适宜水边。园中有水的地方基本都有它袅娜的身姿，"河边杨柳百丈枝，别有长条宛地垂"，的确，烟花三月，漫步湖堤，柔柔嫩嫩的柳枝轻拂水面，与粼粼水波相依相偎，如绿纱佛水。

（二）观花类

观花类植物的应用主要以植物的花朵为观赏对象，如梅花、菊花、桃花、桂花、山茶花、迎春花、海棠花、牡丹、芍药、丁香花、杜鹃花等，这些植物具有自然的色彩、美艳的姿态、美妙的芳香或是美洁的品性。观花类植物适宜成片种植，形成园中特定的观赏区；或植于厅前堂后的空地上供人观赏。

例如，扬州瘦西湖玲珑花界专设花圃种植芍药，每年仲春时节，细雨过后，一朵朵一丛丛姿容艳艳，体态轻盈，或浓或淡的花朵美艳动人，竞相开放，把瘦西湖的春天装扮得分外妖娆。苏州网师园的殿春簃也是一处以芍药为主题的园林小景。

（三）观果类

观果类，以植物果实为观赏对象。观果类植物在时令上也与观花类、观叶类植物相交错。园林中常见的观果类植物有枇杷、橘子、无花果、南天竹、石榴等。灼灼绽放的花朵展现出生命横溢之美，而嘉实累累的硕果则让人感觉到生命的充实。植物的果实不但可观、可嗅，还可以品尝，真正做到了色、香、味俱全。岭南地区是四季飘香的花地，也是水果之乡，因此栽种果树便成了岭南园林的一大特点。东莞可园"擘红小榭"前庭院就是以荔枝、龙眼等果木作为主要景物，枝干粗壮的荔枝浓荫蔽日，创造出幽邃宁静的庭院氛围。夏日炎炎之时，又可于绿荫下乘凉小憩，品尝新荔，其甜润清凉的味觉沁人心脾，于口于心都是一种享受。

（四）荫木类

荫木类植物是指生长繁茂又浓荫的植物，如梧桐、香樟、银杏、合欢、皂荚、枫杨、槐树等。有时园林为营造清幽静谧的空间氛围经常借助一些枝繁叶茂的树木来加强这种景意。这类树木的基本特征是树干高大粗壮、枝叶繁茂，以巨大的树冠遮出成片的浓荫。

无锡寄畅园阴翳幽深的园林空间得益于园内几棵老香樟树，尤其是园中部和北部的绿色空间结构中香樟起着举足轻重的作用。它以浓绿的色调渲染了沿池亭榭的生机活力，而且彼此呼应，共同荫庇园内中北部的生态空间。

又比如嘉兴烟雨楼月台前的两棵银杏树，树体虬枝苍干，伟岸挺拔，一年四季都有景可赏。据说这两棵古银杏树已有四百多年的历史，至今虬枝劲干，枝叶婆娑，风韵盎然，成为烟雨楼几百年沧桑风雨的历史见证。

（五）松针类

松针类，如马尾松、白皮松、罗汉松、黑松等。松树，常绿或者落叶乔木，少数为灌木，因生长期长而受到皇家园林的青睐，表达了封建帝王以企江山永固的愿望。颐和园东部山地上自然随意地点种着各种松树，气势森然，让人一进园就有苍山深林的感觉。避暑山庄松云峡、松林峪植以茂密苍劲的松林，构成莽莽的林海景观，长风过处，松涛澎湃犹如千军万马组成的绿色方阵，声威浩大，于是园林中衍生出许许多多的"听松处"。

（六）竹类

竹类如象竹、紫竹、斑竹、寿星竹、观音竹、金镶玉竹、石竹等。中国古人向来喜欢竹，它修长飘逸，有翩翩君子之风；干直而中空，秉性正直，品性谦虚；竹节毕露，竹梢拔高，比喻高风亮节。这些都是古人崇尚的品质，与文人士大夫的审美趣味、伦理道德意识契合。古人爱竹，爱得真诚，爱得坦然，是个人品性的一种自然流露。魏晋时期，有因竹而盟的竹林七贤。宋代苏轼在《于潜僧绿筠轩》中说："可使食无肉，不可居无竹。无肉令人瘦，无竹令人俗。"

苏州沧浪亭也以竹胜，园内有各种竹子20多种。看山楼北部曲尺形的小屋翠玲珑前后，绿竹成林，枝叶萦绕，是园中颇具山林野趣之景。

（七）藤蔓类

藤蔓类比如紫藤、蔷薇、金银花、爬山虎、常春藤等。藤蔓类基本上是攀缘植物，必须有所依附，或缘墙，或依山，形成一种牵牵连连的纠缠之美。

（八）水生植物

水生植物如莲、荷、芦苇等。池中种植莲荷是中国古典园林的传统，因此常把中心水池称为荷花池。荷花出淤泥而不染，花洁叶圆，清雅脱俗，与水淡远的气质相通相宜，是与水配景的最佳植物。

第二章 园林植物的生长发育

第一节 园林植物器官及其生长发育

一、根系及其生长发育

根系是植物个体地下部分所有根的总体。按根系的形态和分布状况，可分为直根系和须根系两类。大部分双子叶植物和裸子植物的根系为直根系，如刺槐、华山松等；大部分单子叶植物的根系属于须根系，如棕榈、麦冬等。此外，由营养繁殖而来的植物，它的根系由不定根组成，虽然没有真正的主根，但其中的一两条不定根往往发育粗壮，外表上类似主根，具备直根系的形态，习惯上把这种根系看成是直根系。

（一）根系在土壤中的分布

在自然条件下，根系的深度和宽度一般大于树冠面积的 5 ~ 10 倍其深度和宽度因植物的种类、生长发育状态、环境条件、人为影响等因素不同而有差异，一般可分为深根性和浅根性两类。

1. 深根性

根系主根发达，垂直向下生长，整个根系分布在较深的土层中，比如马尾松一年生苗，主根长达 20 ~ 30cm，成年后主根可深达 5m 以上。这种具深根性根系的树种，称为深根性树种。

2. 浅根性

主根不发达，侧根或不定根向四周发展，根系大部分在土壤的上层，如悬铃木的根系通常分布在 20 ~ 30cm 的土壤表层中。这种具浅根性根系的树种，称为浅根系树种。

根系的深浅不但决定于植物的遗传性，也决定于外界条件，特别是土壤条件。长期生长在河流两岸或低湿地区的树种，如垂柳、枫杨等，由于在土壤表层中就能获得充足的水分，因而形成浅根性根系。生长在干旱或沙漠地区的树种，如马尾松、骆驼刺等，长期适应吸收土壤深层的水分，一般发育成深根性根系。同一植物，生长在地下水位较低、土壤肥沃、排水和通气良好的地区，根系分布于较深土壤；反之，则分布在较浅土壤。此外，人为影响和树龄等也会影响根系在土壤中的分布状况。

（二）根系的生长及其影响因素

根系是树木重要的营养器官，全部根系占植株体总的 25% ~ 30%，它是树木在进化过程中为适应陆地生活而发展起来的。树木根系没有自然休眠期，只要条件合适，就可全年生长或随时可由停顿状态迅速过渡到生长状态。其生长势的强弱和生长量的大小，跟随土壤的温度、水分、通气与树体内营养状况以及其他器官的生长状况而异。

1. 土壤温度

树种不同，开始发根所需要的土温也不相同，通常原产温带、寒地的落叶树木需要的温度低，而热带亚热带树种所需温度较高。根的生长都有最适合的上、下限温度，温度过高过低对根系生长都不利，甚至造成伤害。由于土壤不同深度的土温随季节而变化，所以分布在不同土层中的根系活动也不同。以中国中部地区为例，早春土壤化冻后，地表 30cm 以内的土温上升较快，温度也适宜，表层根系活动较强烈；夏季表层土温度过高，30cm 以下土层温度较适合，中层根系较活跃。90cm 以下土层，周年温度变化小，根系往往常年都能生长，所以冬季根的活动以下层为主。

2. 土壤湿度

土壤含水量达最大持水量的 60% ~ 80% 时，最适宜根系生长，过干易促使根木栓化和发生自疏；过湿能抑制根的呼吸作用，导致生长停止或腐烂死亡。可见选栽树木要根据其喜干、喜湿程度，正确进行灌水和排水。

3. 土壤通气

通气良好的根系密度大，分枝多，须根量大。通气不良处发根少，生长慢或停止，易引起树木生长不良和早衰。城市由于铺装路面多、市政工程施工夯实以及人流践踏频繁，土壤紧实，影响根系的穿透和发展；内外气体不易交换，引起有害气体（二氧化碳）的累积中毒，影响菌根繁衍和树木的吸收。土壤水分过多会影响土壤通气，从而影响根系生长。

4. 土壤营养

在一般土壤条件下，其养分状况不至于使根系处于完全不能生长的程度，所以土壤营养一般不成为限制因素，但可影响根系的质量，比如发达程度、细根密度、生长时间的长短。根有趋肥性。有机肥有利于树木发生吸收根；适当施无机肥对根的生长有好处。如施氮肥通过叶的光合作用能增加有机营养及生长激素来促进发根；磷和微量元素（硼、锰等）对根的生长都有良好的影响。但在土壤通气不良的条件下，有些元素会转变成有害的离子（如铁、锰会被还原为二价的铁离子和锰离子，提高了土壤溶液的浓度）使根受害。

5. 树体有机养分

根的生长与执行其功能依赖于地上部分所供应的碳水化合物。土壤条件好时，根的总量取决于树体有机养分的多少。叶受害或结实过多，根的生长就受阻碍，即使施肥，一时作用也不大，需保叶或通过疏果来改善。

另外，土壤类型、厚度及地下水位高低等，与根系的生长和分布都有密切关系。

二、茎与枝条及其生长发育

（一）树木的枝芽特性

芽是多年生植物为适应不良环境和延续生命活动而形成的重要器官。它是枝、叶、花的原始体，与种子有相类似的特点。所以芽是树木生长、开花结实、更新复壮、保持母株性状和营养繁殖的基础。

1. 芽的异质性

芽形成时，随枝叶生长时的内部营养状况和外界环境条件的不同，使处在同一枝上不同部位的芽存在着大小、饱满程度等差异的现象，称之为芽的异质性。枝条基部的芽，多在展雏叶时形成。这一时期，因叶面积小、气温低，故芽瘦小，常称之为隐芽。其后，叶面积增大，气温升高，光合效率高，芽的发育状况得到改善；到枝条缓慢生长期后，叶片光合和累积养分多，能形成充实的饱满芽。有些树木（如苹果、梨等）的长枝有春、秋梢，即一次枝春季生长后，于夏季停长，秋季温湿度适宜时，顶芽又萌发成秋梢。秋梢组织不充实，在冬寒地易受冻害。如果长枝生长延迟至秋后，由于气温降低，梢端往往不能形成新芽。

2. 芽的早熟性与晚熟性

已形成的芽，需经一定的低温时期来解除休眠，到第二春才能萌发的芽，叫作晚熟性芽。有些树木在生长季早期形成的芽，于当年就能萌发（如桃等，有的达 2 ~ 4 次梢），具有这种特性的芽，叫早熟性芽。这类树木当年即可形成小树的形状。其中也有些树木，芽虽具早熟性，但不受刺激通常不萌发，而当受病虫害等自然伤害和人为修剪、摘叶等刺激时才会萌发。

3. 萌芽力和成枝力

各种树木与品种叶芽的萌发能力不同。有些强，比如松属的许多种、紫薇、小叶女贞、桃等；有些较弱，如梧桐、梅子花、核桃、苹果和梨的某些品种等。母枝上芽的萌发能力，叫萌芽力，常用萌发数占该枝条总数的百分率来表示，所以又称萌发率。枝条上部叶芽萌发后，并不是全部都抽成长枝。母枝上的芽能抽发生长枝的能力，叫成枝力。

4. 芽的潜伏力

树木枝条基部芽或上部的某些副芽，在通常情况下不萌发而呈潜伏状态。当枝条受到某种刺激（上部或近旁受损，失去部分枝叶）或冠外围枝处于衰弱状态时，能由潜伏芽发生新梢的能力，称为芽的潜伏力，也称为芽的寿命。芽的潜伏力强弱与树木地上部分能否更新复壮有关。有些树种芽的潜伏力弱，如桃的隐芽，越冬后潜伏一年多，多数就失去萌发力，仅个别的隐芽能维持 10 年以上，因此不利于更新复壮，即使萌发，何处萌枝也难以预料。而仁果类果树、柑橘、杨梅、板栗、核桃、柿子、梅、银杏、槐等树种，其芽的潜伏力则较强或很强，有助于树冠更新复壮。

（二）茎枝的生长

树木的芽萌发后形成茎枝，茎以及由它长成的各级枝、干是组成树冠的基本部分，茎枝是长叶和开花结果的部位，也是扩大树冠的基本器官。

1. 茎枝的生长类型

茎枝的生长方向与根系相反，大多表现出背地性。按园林树木茎枝的伸展方向和形态，大致可分为以下四种生长类型。

（1）直立型

茎干有明显的背地性，垂直地面，枝直立或斜生，多数树木都是如此。在直立茎的树木中，也有一些变异类型，按枝的伸展方向可分为垂直型、斜生型、水平型和扭旋型等。

（2）下垂型

这类树种的枝条生长有十分明显的向地性，当萌芽呈水平或斜向生出之后，随着枝条的生长而逐渐向下弯曲。该类树种容易形成伞形树冠，如垂柳、龙爪槐等。有时也把下垂生长类型作为直立生长类型的一种变异类型。

（3）攀缘型

茎细长而柔软，自身不能直立，但能缠绕或具有适应攀附他物的器官（如吸盘、卷须、吸附气根、钩刺等），借助他物支撑向上生长。在园林中，常把具有缠绕茎和攀缘茎的木本植物统称为木质藤本，简称藤木，如紫藤、葡萄、地锦类、凌霄类、蔷薇类。

（4）匍匐型

茎蔓细长，自身不能直立，又无攀附器官的藤本或直立主干的灌木，常匍匐于地面生长。在热带雨林中，有些藤如绳索状趴伏地面或呈不规则的小球状匍匐地面。匍匐灌木如铺地柏等。攀缘藤木在无他物可攀时，也只能匍匐于地面生长，这种生长类型的树木，在园林中常用作地被植物。

2. 枝干的生长特性

枝干的生长包括加长生长和加粗生长，生长的快慢用一定时间内增加的长度和宽度，即生长量来表示。生长量的大小及其变化，是衡量树木生长势强弱和生长动态变化规律的重要指标。

（1）加长生长

跟随芽的萌动，树木的枝、干也开始了一年的生长。加长生长主要是枝、茎尖端生长点的向前延伸，生长点以下各节一旦形成，节间长度就基本固定。

树木在生长季的不同时期抽生的枝质量不同，枝梢生长初期和后期抽生的枝一般节间短、芽瘦小；枝梢旺盛生长期抽生的枝，不但长而粗壮，营养丰富，且芽健壮饱满。枝梢旺盛生长期树木对水、肥需求量大，应加强抚育管理。

（2）加粗生长

树木枝、干的加粗生长是形成层细胞分裂、分化、增大的结果。加粗生长比加长生长稍晚，其停止也略晚；在同一植株上新梢形成层活动自上而下逐渐停止，所以下部枝干停止加粗生长比上部稍晚，并以根颈结束最晚。因此，落叶树种形成层的开始活动稍晚于萌发，同时离新梢较远的树冠底部的枝条，形成层细胞开始分裂的时期也较晚。新梢生长越旺盛，则形成层活动也越强烈，时间越长。秋季由于叶片积累大量光合产物，枝干明显加粗。

不同的栽培条件和措施，对树木的加长和加粗生长都会产生一定的影响。如适当增加栽植密度有助于加长生长，保留枝叶可以促进加粗生长。

三、叶和叶幕的形成

叶是进行光合作用制造有机养分的主要器官，植物体内90%左右的干物质是由叶片合成的。另外，植物体的生理活动，如蒸腾作用和呼吸作用也主要是通过叶片进行的。因此了解叶片的形成对园林树木的栽培有重要作用。

（一）叶片的形成与生长

树木单叶自叶原基出现以后，经过叶片、叶柄（或托叶）的分化，直到叶片的展开和叶片停止增长为止，构成了叶片的整个发育过程。对于不同树种、品种和同一树种的不同树梢来说，单个叶片自展叶到叶面积停止增长所用的时间及叶片的大小是不一样的。从树梢看来，一般中下部叶片生长时间较长，而中上部较短；短梢叶片除基部叶片发育时间短外，其余叶片大体比较接近。单叶面积的大小，通常取决于叶片生长的天数以及旺盛生长期的长短。如生长天数长，旺盛生长期也长，叶片则大；反之则小。

初展的幼嫩叶，由于叶组织量少，叶绿素浓度低，光合效率较低；随着叶龄增加，叶面积增大，生理上处于活跃状态，光合效率大大提高，直到达到一定的成熟度为止，然后随叶片的衰老而降低。展叶后在一定时期内光合能力强。常绿树以当年的新叶光合能力为最强。因为叶片出现的时期有先后，同一树体上就有各种不同叶龄的叶片，并处于不同发育时期。

（二）叶幕的形成

叶幕是指叶在树冠内集中分布区而言的，它是树冠叶面积总量的反映。园林树木的叶幕，随着树龄、整形、栽培的目的与方式不同，其叶幕形成和体积也不相同。幼年树，由于分枝尚少，内膛小枝存在，内外见光，叶片充满树冠；其树冠的形状和体积就是叶幕的形状和体积。自然生长无中心干的成年树，叶幕与树冠体积并不一致，其枝叶一般集中在树冠表面，叶幕往往仅限于冠表较薄的一层，多呈弯月形叶幕。其中心干的成年树，多呈圆头形；老年多呈钟形叶幕，具体依树种而异。成林栽植树的叶幕，顶部呈平面形或立体波浪形。为结合花、果生产的，多经人工整剪使其充分利用光能；为避开架空线的行道树，常见有杯状叶幕，比如桃树和架空线下的悬铃木、槐等。用层状整形的，就形成分层形叶幕；按圆头形整的呈圆头形、半圆头形叶幕。

藤木叶幕随攀附的构筑物体而异。落叶树木叶幕在年周期中有明显的季节变化。其叶幕的形成规律也呈慢—快—慢"S"形动态曲线式过程。叶幕形成的速度与强度，因树种和品种、环境条件和栽培技术的不同而异。一般幼龄树，长势强，或以抽生长枝为主的树种或品种，其叶幕形成时期较长，出现高峰晚；树长势弱、树龄大或短枝型品种，其叶幕形成与高峰到来早。如桃以抽长枝为主，叶幕高峰形成较晚，其树冠叶面积增长最快是在长枝旺盛之后；而梨和苹果的成年树以短枝为主，其树冠叶面积增长最快是在短枝停长期，故其叶幕形成早，高峰出现也早。

落叶树木的叶幕，从春天发叶到秋季落叶，大致能保持 5 ~ 10 个月的生活期；而常绿树木，因为叶片的生存期长，多半可达一年以上，而且老叶多在新叶形成之后逐渐脱落，故其叶幕比较稳定。对生产花果的落叶树木来说，较理想的叶面积生长动态是前期增长快，后期适合的叶面积保持期长，并要避免叶幕过早下降。

四、花的形成和开花

（一）花的形成

树木在整个发育过程中，最明显的质变是由营养生长转为生殖生长。花芽分化及开花是生殖发育的标志。

1. 花芽分化的概念

树木新梢生长到一定程度后，体内积累了大量的营养物质，一部分叶芽内部的生理和组织状态便会转化为花芽的生理和组织状态，这个过程称为花芽分化。狭义的花芽分化指的是其形态分化；广义的花芽分化包括生理分化、形态分化、花器官的形成与完善，直至性细胞的形成。花芽分化是树木重要的生命活动过程，是完成开花的先决条件。花芽分化的数量和质量直接影响开花。了解花芽分化的规律，对促进花芽的形成和提高花芽分化的质量，增加花果质量和满足观赏需要都具有重要意义。

2. 花芽分化期

根据花芽分化的指标，树木的花芽分化可划分为生理分化期、形态分化期以及性细胞形成期。

（1）生理分化期

树木叶芽内生长点内部由叶芽的生理状态转向形成花芽的生理状态的过程称为生理分化期。此时叶芽与花芽外观上无区别，主要是生理生化方面的变化，如体内营养物质、核酸、内源激素和酶系统的变化。生理分化时期，芽内部生长点不稳定，代谢极为活跃，对外界因素高度敏感，条件不适极易发生逆转。因而，促进发芽分化的各种措施必须在生理分化期进行才有效。树种不同，生理分化开始的时期也不同，如牡丹在7—8月，月季在3—4月。生理分化期持续时间的长短，除与树种和品种的特性有关外，与树营养状况及外界的温度、湿度、光照条件均有密切关系。

（2）形态分化期

由叶芽生长点的细胞组织形态转化为花芽生长点的组织形态过程称为形态分化期。这一时期是叶芽经过生理分化后，在产生花原基的基础上，花或花器的各个原始体的发育过程。此时，芽内部发生形态上的变化，依次由外向内分化出花萼、花冠、雄蕊、雌蕊原始体，并逐渐分化形成整个花蕾或花序原始体，形成花芽。

（3）性细胞形成期

从雄蕊产生花粉母细胞或雌蕊产生胚囊母细胞开始，到雄蕊形成二核花粉粒和雄蕊形成卵细胞，称为性细胞形成期。于当年内进行一次或多次分化并开花的树木，其花芽性细胞都在年内较高温度下形成；在夏季分化、次春开花的树木，其花芽经形态分化后要经过冬春一定低温累积条件，方可形成花器和进一步分化完善与生长，再在第二年春季开花前较高温度下完成。性细胞形成时期，如不能及时供应消耗掉的能量及营养物质，就会导致花芽退化，并引起落花落果。

（二）植物花芽分化的类型

由于花芽开始分化的时间及完成分化全过程所需时间的长短不同（随植物种类、品种、地区、年份及多变的外界环境条件而异），可分为以下几个类型。

1. 夏秋分化型

绝大多数春夏开花的观花植物，如海棠、牡丹、丁香、梅花、榆叶梅、樱花等，花芽分化一年一次，于6—9月高温季节进行，至秋末花器的主要部分完成，第二年早春或春天开花。但其性细胞的形成必须经过低温。此外，球根类花卉也在夏季较高温度下进行花芽分化，而秋植球根在进入夏季后，地上部分全部枯死，进入休眠状态停止生长，花芽分化却在夏季休眠期间进行，此刻温度不宜过高，超过20℃，花芽分化则受阻，通常最适温度为17～18℃，但也视种类而异。春植球根则在夏季生长期进行分化。

2. 冬春分化型

原产于温暖地区的某些木本花卉及一些园林树种属此类型。如柑橘类从12月至翌年3月完成，特点是分化时间短并连续进行。一些二年生花卉和春季开花的宿根花卉仅在春季温度较低时期进行。

3.当年一次分化型

某些当年夏秋开花的种类，在当年枝的新梢上或花茎顶端形成花芽。如紫薇、木槿、木芙蓉等以及夏秋开花的宿根花卉，如萱草、菊花、芙蓉葵等，基本属此类型。

4.多次分化型

一年中多次发枝，并于每枝顶形成花芽而开花。如茉莉、月季、倒挂金钟、香石竹、四季桂、四季石榴等四季开花的花木及宿根花卉，在一年中都可继续分化花芽，当主茎生长达一定高度时，顶端营养生长停止，花芽逐渐形成，养分即集中于顶花芽。在顶花芽形成过程中，其他花芽又继续在基部生出的侧枝上形成，如此在四季中可以开花不绝。

5.不定期分化类型

每年只分化一次花芽，但无一定时期，只要达到一定的叶面积就能开花，主要视植物体自身养分的积累程度而异。比如凤梨科和芭蕉科的某些种类。

（三）开花

一个正常的花芽，当花粉粒和胚囊发育成熟，花萼与花冠展开时，称为开花。

1.开花的顺序性

树种间开花先后：树木的花期早晚与花芽萌动先后相一致，不同树种开花早晚不同。长期生长在温带、亚热带的树木，除在特殊小气候环境外，同一地区，各树木每年开花期有一定顺序性。如梅花花期早于碧桃，结香早于榆叶梅，玉兰早于樱花等。我国部分地区部分树种开花先后顺序为梅花—柳树—杨树—榆树—玉兰—樱花—桃树—紫荆—紫薇—刺槐—合欢—梧桐—木槿—槐树。

在同一地区，同一树种不同品种间开花时间早晚也不同，按花期可分为早花、中花、晚花三类，如樱花即有早樱和晚樱之分。同一树体上不同部位枝条开花早晚不同，一般短花枝先开放，长花枝和腋花芽后开。同一花序开花早晚也不同，如伞形总状花序其顶花先开，伞房花序基部边先开，而柔黄花序于基部先开。

不论是雌雄同株，还是雌雄异株树木，雌、雄花既有同时开放，也有雌花先开放或雄花先开放的。如银杏在江苏省泰州市于4月中旬至下旬初开花，通常雄花比雌花早开1～3d。

2.开花的类型

不同树木开花与新叶展开的先后顺序不同，概括起来可以分为三类。

（1）先花后叶类

此类树木在春季萌动前已完成花器分化，花芽萌动不久即开花，先开花后长叶。如迎春、连翘、紫荆、梅花、榆叶梅等。

（2）花、叶同放类

此类树木的花器分化也是在萌动前完成，开花和展叶几乎同时，如紫叶李等。此外，多数能在短枝上形成混合芽的树种也属此类，如海棠、核桃等。混合芽虽先抽枝展叶而后开花，但多数短枝抽生时间短，很快见花，此类开花较前类稍晚。

（3）先叶后花类

此类树木如云南黄素馨、牡丹、丁香、苦楝等，是由上一年形成的混合芽抽生相当长的新梢，在新梢上开花，加之萌发要求的气温高，故萌发开花较晚。此类多数树木花器是在当年生长的新梢上形成并完成分化，通常于夏季开花。在树木中属开花最迟的一类，如木槿、紫薇、槐树、桂花等。有些能延迟到初冬才开花，如木芙蓉、黄槐、伞房决明等。

五、果实（种子）的生长发育

（一）果实的生长发育

从花谢后至果实达到生理成熟为止，需经过细胞分裂、组织分化、种胚发育、细胞膨大和细胞内营养物质的积累和转化等过程。这种过程称为果实的生长发育。

果实生长发育与其他器官一样，也遵循由慢至快再到慢的"S"形生长曲线规律。果实的生长首先以伸长生长为主，后期转为以横向生长为主。因果实内没有形成层，其增大完全靠果实细胞的分裂与增大，重量的增加大致与其体积的增大成正比。

一般早熟品种发育期短，晚熟品种发育期长。此外，还受环境条件的影响，如高温干燥，果实生长期缩短，反之则长；山地条件、排水好的地方果熟期早。

果实的着色是由于叶绿素的分解，细胞内已有的类胡萝卜素、黄酮素等使果实显出黄、橙等色；而果实中的红、紫色是由叶片中的色素原输入果实后，在光照、温度及氧气等环境条件下，经氧化酶产生的花青素苷 [是碳水化合物在阳光（特别是短波光）的照射下形成的] 而显示出颜色。

一般地，对许多春天开花、坐果的多年生树木来说，供应花果生长的养分主要依靠去年贮藏的养分，所以采用秋施基肥、合理修剪、疏除过多的花芽等，对促进幼果细胞的分裂具有重要作用。因此，根据观果要求，为观"奇""巨"之果，可适当疏幼果；为观果色者，尤应注意通风透光。果实生长前期可多施氮肥，后期则应多施磷钾肥。因此在果实成熟期，保证良好的光照条件，对碳水化合物的合成和果实的着色很重要。有些园林树木果实的着色程度决定了它的观赏价值高低，如忍冬类树木果实虽小，但色泽或艳红或黑紫，煞是好看。

（二）种子的结构与种子形成

被子植物的种子一般由胚、胚乳和种皮构成。

胚是种子最主要的部分，是植株开花、授粉后卵细胞受精的产物，其发育是从受精卵即合子开始的。合子是胚的第一个细胞，形成后通常经过一定时间的形态与生理准备后，开始分裂，经过原胚阶段、器官分化阶段和生长成熟阶段的发育，最后形成成熟胚。胚由胚芽、胚轴、子叶、胚根四个部分构成，播种后发育形成实生苗。

胚乳是种子内贮藏营养的地方，其发育是从极核受精形成的初生胚乳核开始的。初生胚乳核的分裂一般早于胚的发育，有助于为幼胚的生长发育及时提供必需的营养物质。

有的树种，胚乳发育后不久，其营养物质被子叶吸收，到种子成熟时，胚乳消失，而子叶通常发达，成为无胚乳种子，如槐树、樟树等；有的树种，胚乳则维持到种子成熟时供萌发之用，如莛莲、牡丹等。种子成熟时主要部分是胚乳，胚占的比例很小。

种皮是由胚珠的珠被发育而来，包裹在种子外部起保护作用的一种结构。有些植物珠被为一层，发育形成的种皮也为一层，如核桃；有的植物珠被有两层，相应形成内、外两层种皮，如苹果。在许多植物中，一部分珠被的组织和营养被胚吸收，所以只有部分珠被称为种皮。一般种皮是干燥的，但也有少数种类是肉质的，如石榴种子的种皮，其外表皮由多汁细胞组成，是种子可食用的部分。大部分树种的种皮成熟时，外层分化为厚壁组织，内层分化为薄壁细胞，中间各层分化为纤维、石细胞或薄壁组织。以后随着细胞的失水，整个种皮为干燥坚硬的包被结构，使保护作用得以加强。成熟种子的种皮上，常可见到种脐、种孔和种脊等结构；有些种皮上具有各种色素，形成各种花纹，如樟树；有些种皮表面有网状皱纹，如梧桐；有些种皮十分坚实，不易透水透气，与种子休眠有关，如红豆树、紫荆、胡枝子等；有些种皮上还出现毛、刺、腺体、翅等附属物，比如悬铃木、垂柳等。种皮上这些不同的形态与结构特征随树种而异，往往是鉴定种子种类的重要依据。

裸子植物种子同样是由胚、胚乳、种皮三部分组成，是由裸露在大孢子叶上的胚珠发育形成的。大孢子叶类似于被子植物的心皮，只是没有闭合成为封闭的结构，常可变态为珠鳞（松柏类）、珠柄（银杏类）、珠托（红豆杉）、套被（罗汉松）和羽状大孢子叶（苏铁）等结构。胚珠由珠被、珠孔、珠心构成，其中珠被发育为种皮，珠孔残留为种孔，珠心组织中产生的卵细胞在受精后发育为胚。与被子植物不同，裸子植物在珠心内发育出雌配子体，其内形成数个颈卵器，每个颈卵器又各有一个卵细胞，所以种子常常具有多胚现象，不过最后一般只有一个胚发育成熟，其余的则被吸收。胚乳由雌配子体除去颈卵器的部分发育而成，为单倍体（被子植物的胚乳是双受精的产物，是三倍体）。裸子植物中，不管卵细胞是否受精并发育成胚，其胚乳都已经先胚而发育，其作用也是为胚的生长发育提供营养物质。

（三）种子成熟

种子的成熟过程，实质上就是胚从小长大，以及贮藏物质在种子中变化和积累的过程。不同植物的种子，贮藏物质不同。禾本科植物胚乳主要贮藏淀粉，豆科植物的子叶主要贮藏蛋白质和脂肪。总体而言，在种子成熟过程中，可溶性糖类转化为不溶性糖类，非蛋白质转变为蛋白质，而脂肪是由糖类转化而来的。

种子含水量随着植物种子的成熟逐步减少，细胞的原生质由溶胶状态转变为凝胶状态。由于含水量的减少，种子的重量减少，实际上干物质却在增加。

种子在积累贮藏物质过程中，要不断合成有机物，这时需要能量的供应，因此，贮藏物质的积累和种子的呼吸量成正比，贮藏物质积累迅速，呼吸作用旺盛，种子接近成熟后，呼吸作用降低。

六、植物整体性及器官生长发育的相关性

（一）植物生长发育的整体性

树木作为结构与功能均较复杂和完善的有机体，是在与外界环境进行不断斗争中生存和发展的。而且树木本身各部分间，生长发育的各阶段或过程间，既存在相互依赖、互相调节的关系，也存在相互制约，甚至相互对立的关系。这种相互对立与统一的关系，就组成了树木生长发育的整体性。

（二）器官生长发育的相关性

1. 顶芽和侧芽

幼、青年树木的顶芽通常生长较旺，侧芽相对较弱或缓长，表现出明显的顶端优势。除去顶芽，则优势位置下移，并促使较多的侧芽萌发。修剪时用短枝来削减顶端优势，以促使分枝。

2. 根端和侧根

根的顶端生长对侧根的形成有抑制作用。切断主根先端，有利于促进侧根的生长；断侧生根，可多发些侧生须根。对实生苗多次移植，有利于出圃栽植成活；对壮老龄树，深翻改土，切断一些一定粗度的根（因树而异），有助于促发吸收根，增强树势，更新复壮。

3. 果与枝

正在发育的果实，争夺养分较多，对营养枝的生长、花芽分化有抑制作用。其作用范围虽有一定的局限性，但如果结实过多，就会对全树的长势和花芽分化起抑制作用，并且出现开花结实的"大小年"现象。其中种子所产生的激素抑制附近枝条的花芽分化更为明显。

4. 营养器官与生殖器官

营养器官和生殖器官的形成都需要光合产物。而生殖器官所需的营养物质是由营养器官供给的。扩大营养器官的健壮生长，是达到多开花、结实的前提。但营养器官的扩大本身也要消耗大量养分。因此常与生殖器官的生长发育出现养分的竞争。这二者在养分供求上，表现出十分复杂的关系。

5. 其他器官之间的相关性

树木的各器官是互相依存和作用的，如叶面水分的蒸腾与根系吸收水分的多少有关、花芽分化的早晚与新梢生长停止期的早晚有关、枝量与叶面积大小有关、种子多少与果实大小及发育有关等，这些相关性是普遍存在的，体现了植株整体的协调和统一。

总而言之，树木各部位和各器官互相依赖，在不同的季节有阶段性，局部器官除有整体性外，又有相对独立性。在园林树木栽培中，利用树木各部分的相关性可以调节树体的生长发育。

（三）顶端优势

一般来说，植物的顶芽生长较快，而侧芽的生长则受到不同程度的抑制，主根与侧根之间也有类似的现象。如果将植物的顶芽或根尖的先端除掉，侧枝和侧根就会迅速长出。这种顶端生长占优势的现象叫作顶端优势。顶端优势的强弱，与植物种类有关。松、杉、柏等裸子植物的顶端优势强，近顶端侧枝生长缓慢，远离顶端的侧枝生长较快，因此树冠呈塔形。

利用顶端优势，生产上可根据需要来调节植物的株形。对于松、杉等用材树种需要高大笔直的茎干，要保持其顶端优势；雪松具明显的顶端优势，形成典型的塔形树冠，雄伟挺拔，姿态优美，故为优美的观赏树种；对于以观花为目的的观赏植物，则需要消除顶端优势，以促进侧枝的生长，多开花多结果。

第二节　园林植物的生命及年生长发育周期

一、园林植物的生命周期

（一）园林植物生命周期的一般规律

1. 离心生长与离心秃裸

植物自播种发芽或经过营养繁殖成活后，以根颈为中心进行生长。根具备向地性，在土中逐年发生并形成各级骨干根和侧生根，向纵深发展；地上芽按背地性发枝，向上生长并形成各级骨干枝和侧生枝，向空中发展。这种由根颈向两端不断扩大其空间的生长，叫"离心生长"。

以离心生长方式出现的树冠的"自然打枝"和"根系自疏"，统称为"离心秃裸"。根系在离心生长过程中，随着年龄的增长，骨干根上早年形成的须根，由基部向根端方向出现衰亡，这种现象称为"自疏"。同样，地上部分，由于不断地离心生长，外围生长点增多，枝叶茂密，使内膛光照恶化。壮枝竞争养分的能力强；而内膛骨干枝上早年形成的侧生小枝，由于所处地位，得到的养分较少，长势较弱。侧生小枝起初有利于积累养分，开花结实较早，但寿命短，逐年由骨干枝基部向枝端方向出现枯落，这种现象叫"自然打枝"或"自然整枝"。有些树木（如棕榈类的许多树种），因为没有侧芽，只有以顶端逐年延伸的离心生长，而没有典型的离心秃裸，但从叶片枯落而言仍是按离心方向的。

2. 向心更新与向心枯亡

随着树龄的增加，离心生长与离心秃裸造成地上部分大量的枝芽生长点及其产生的叶、花、果都集中在树冠外围，因为受重力影响，骨干枝角度变得开张，枝端重心外移，甚至弯曲下垂。离心生长造成分布在远处的吸收根与树冠外围枝叶间的运输距离增大，使枝条生长势减弱。当树木生长接近其最大树体时，某些中心干明显的树种，其中心干延长枝发生分杈或弯曲，叫作"截顶"或"结顶"。

当离心生长日趋衰弱，具长寿潜芽的树种，常于主枝弯曲高位处，萌生直立旺盛的徒长枝，开始进行树冠的更新。徒长枝仍按离心生长和离心秃裸的规律形成新的小树冠，俗称"树上长树"。随着徒长枝的扩展，加速主枝和中心干的先端出现枯梢，全树由许多徒长枝形成新的树冠，逐渐代替原来衰亡的树冠。当新树冠达到其最大限度以后，同样会出现先端衰弱、枝条开张而引起的优势部位下移，从而又可萌生新的徒长枝来更新。这种更新和枯亡的发生，一般都是由（冠）外向内（膛）、由上（顶部）而下（部），直至根颈部进行的，故叫"向心更新"和"向心枯亡"。

对于乔木类树种，由于地上骨干部分寿命长，有些具长寿潜伏芽的树种，在原有母体上可靠潜芽所萌生的徒长枝进行多次主侧枝的更新。虽具潜芽但寿命短，也难以向心更新，如桃等；由于桃潜伏芽寿命短（仅个别寿命较长），一般很难自然发生向心更新，即使由人工更新，锯掉衰老枝后，在下部从不定地方发出枝条来，树冠也多不理想。

所有无潜伏芽的，只有离心生长和离心秃裸，而无向心更新。如松属的许多种，虽有侧枝，但没有潜伏芽，也就不会出现向心更新，而多半出现顶部先端枯梢，或由于衰老，易受病虫侵袭造成整株死亡。只具顶芽无侧芽的树种，只有顶芽延伸的离心生长，而无侧生枝的离心秃裸，也就无向心更新，如棕榈等。有些乔木除靠潜伏芽更新外，还可靠根蘖更新；有些只能以根蘖更新，如乔型竹等。竹笋当年在短期内就达到离心生长最大高度，生长很快；只有在侧枝上具有萌发能力的芽，大部分只能在数年中发细小侧枝进行离心生长，地上部分不能向心更新，而以竹鞭萌蘖更新为主。

对于灌木类树种，离心生长时间短，地上部分枝条衰亡较快，寿命多不长，有些灌木干、枝也可向心更新，但多从茎枝基部及根上发生萌蘖更新为主。

对于藤木类树种，先端离心生长常比较快，主蔓基部易光秃。其更新有的类似乔木，有的类似灌木，也有的介于二者之间。

（二）草本植物的生命周期

一二年生草本植物，只生活 1～2 年，经历幼苗期、成熟期（开花期）和衰老期三个阶段。幼苗期指从种子发芽开始至第一个花芽出现为止，一般 2～4 个月。二年生草本花卉多数需要通过冬季低温，第二年春才能进入开花期。成熟期指从植株大量开花到花量大量减少为止。这一时期植株大量开花，花色、花形最有代表性，是观赏盛期，自然花期 1～3 个月。除了水肥管理外，可对枝条摘心、扭梢，使其萌发更多的侧枝并开花，如一串红摘心 1 次可以延长开花期 15d 左右。衰老期指从开花量大量减少，种子逐渐成熟开始，到植株枯死为止，是种子收获期，应及时采收，以免散落。

多年生草本植物，要经历幼年期、青年期、壮年期和衰老期，寿命 10 年左右，各生长发育阶段与木本植物相比短些。

需要注意的是，各发育时期是逐渐转化的，各时期之间无明显界限，通过合理的栽培措施，能在一定程度上加速或延缓下一阶段的到来。

（三）木本植物的生命周期

木本植物的生命周期划分为幼年期（童期）、青年期、壮年期和衰老期。各个生长发育时期有不同特点，栽培上应使用相应的措施，以更好地服务于园林。营养繁殖（扦插、嫁接、压条、分株等）的个体，其发育阶段是母体发育阶段的延续，因此没有胚胎期和幼年期或幼年期很短，只有老化过程，一生只经历青年期、壮年期和衰老期。各时期的特点及管理措施与实生树相应时期基本相同。

1. 幼年期

从种子萌发到植株第一次开花为幼年期。在这一时期树冠和根系的离心生长旺盛，光合作用面积迅速扩大，开始形成地上的树冠和骨干枝，逐步形成树体特有的结构，树高、冠幅、根系长度和根幅生长很快，同化物质积累增多，为营养生长转向生殖生长从形态和内部物质上做好了准备。有的植物幼年期仅1年，如月季，桃、杏、李为3~5年，而银杏、云杉、冷杉却高达20~40年。总之，生长迅速的木本园林植物幼年期短，生长缓慢的则长。

在该时期的栽培措施是加强土壤管理，充分供应肥水，促进营养器官匀称而稳壮地生长；轻修剪多留枝，形成良好的树体结构，为制造和积累大量营养物质打基础。另外，对于观花、观果的园林植物，当树冠长到适宜大小时，应设法促其生殖生长，可喷施适当的生长抑制物质，或适当环割、开张枝条的角度等促进花芽形成，提早观赏，缩短幼年期。园林绿化中，常用多年生大规格苗木、灌木栽植，其幼年期基本在苗圃内度过，由于此时期植物体高度和体积上迅速增长，应注意培养树形，移植时修剪细小根，促发侧根，提升出圃后的定植成活率。行道树、庭荫树等用苗，应注意养干、养根和促冠，保证达到规定主干高度和一定的冠幅。

2. 青年期

从植株第一次开花到大量开花之前，花朵、果实性状逐渐稳定为止为青年期。是离心生长最快的时期，开花结果数量逐年上升，但花和果实尚未达到本品种固有的标准性状。为了促进多开花结果，一要轻修剪，二要合理施肥。对于生长过旺的树木，应多施磷、钾肥，少施氮肥，并适当控水，也可以使用适量的化学抑制物质，以缓和营养生长。相反，对于过弱的树木，应增加肥水供应，促进树体生长。

总而言之，在栽植养护过程中，应加强肥水管理，花灌木合理整形修剪，调节植株长势，培养骨干枝和丰满优美的树形，为壮年期的大量开花打下基础。

3. 壮年期

从植株大量开花结实时开始，到结实量大幅度下降，树冠外沿小枝出现干枯时为止为壮年期。这是观花、观果植物一生中最具观赏价值的时期。花果性状已经完全稳定，并充分反映出品种固有的性状。为了最大限度地延长壮年期，较长期地发挥观赏效益，要充分供应肥水，早施基肥，分期追肥。此外，要合理修剪，使生长、结果和花芽分化达到稳定平衡状态。除此之外，平时注意剪除病虫枝、老弱枝、重叠枝、下垂枝和干枯枝，以保持树冠通风透光条件。

4. 衰老期

从骨干枝及骨干根逐步衰亡，生长显著减弱到植株死亡为止为衰老期。这一时期，营养枝和结果母枝越来越少，植株生长态势逐年下降，枝条细且生长量小，树体平衡遭到严重破坏，对不良环境抵抗力差，树皮剥落，病虫害严重，木质腐朽，树体衰老，逐渐死亡。

这一时期的栽培技术措施应视目的不同而异。对于一般花灌木来说，可以截枝或截干，刺激萌芽更新，或砍伐重新栽植，古树名木采取复壮措施，尽可能延长其生命周期。只有在无可挽救、失去任何价值时才予以伐除。

对于无性繁殖树木的生命周期，除没有种子期外，也可能没有幼年期或幼年阶段相对较短。所以，无性繁殖树木生命周期中的年龄时期，可以划分为幼年期、成熟期和衰老期三个时期。各个年龄时期的特点及其管理措施与实生树相应的时期基本相同。

二、园林植物的年生长发育周期

（一）植物年周期的意义

园林植物的年生长发育周期（简称年周期），是指园林植物在一年中随着环境条件，特别是气候的季节变化，在形态上和生理上产生的与之相适应的生长和发育的规律性变化，如萌芽、抽枝、开花、结实、落叶、休眠等（园林植物栽培学中也称为物候或物候现象）。年周期是生命周期的组成部分，栽培管理年工作历的制定是以植物的年生长发育规律为基础的。因此，研究园林植物的年生长发育规律对于植物造景和防护设计以及制定不同季节的栽培管理技术措施具有极其重要的意义。

（二）园林植物的年周期

1. 草本花卉的年周期

园林植物与其他植物一样，在年周期中表现最明显的有两个阶段，即生长期和休眠期。

一年生花卉因为在一年内完成整个生长过程，因此年周期就是生命周期。

二年生花卉秋播后，以幼苗状态越冬休眠或半休眠。

多数宿根花卉和球根花卉则在开花结实后，地上部分枯死，地下贮藏器官形成后进入休眠状态越冬，如萱草、芍药、鸢尾，以及春植球根类的唐菖蒲、大丽花等，或越夏，如秋植球根类的水仙、郁金香、风信子等。还有许多常绿性多年生草本植物，在适宜的环境条件下，周年生长保持常绿状态而无休眠期，如万年青、书带草和麦冬等。

2. 落叶木本植物的年周期

由于温带地区一年中有明显的四季，所以温带落叶树木的季相变化明显，年周期可明显地区分为生长期和休眠期。在这两个时期中，某些树木可能因不耐寒或不耐旱而受到危害，这在大陆性气候地区表现尤其明显。

（1）生长期

从树木萌芽生长到秋后落叶时止，为树木的生长期，包括整个生长季，是树木年周期中时间最长的一个时期。在此期间，树木随季节变化气温升高，会发生一系列极为明显的生命活动现象，如萌芽、展叶抽枝、开花、结实等，并形成许多新的器官，如叶芽、花芽等。萌芽常作为树木生长开始的标志，其实根的生长比萌芽要早。

每种树木在生长期中，都按其固定的物候顺序通过一系列的生命活动。不同树种通过某些物候的顺序不同。有的先萌花芽，而后展叶；有的先萌叶芽，抽枝展叶，而后形成花芽并开花。树木各物候期开始、结束和持续时间的长短，也因树种或品种、环境条件和栽培技术而异。

生长期不仅体现了树木当年的生长发育、开花结实情况，也对树木体内养分的贮存和下一年的生长等各种生命活动有着重要的影响，同时也是发挥其绿化作用的重要时期。因此，在栽培上，生长期是养护管理工作的重点，应创造良好的环境条件，满足肥水的需求，以帮助生长、开花、结果。

（2）休眠期

秋季叶片自然脱落是落叶树木进入休眠的重要标志。在正常落叶前，新梢必须经过组织成熟过程，才能顺利越冬。早在新梢开始自下而上加粗生长时，就逐渐开始木质化，并在组织内贮藏营养物质。新梢停止生长后，这种积累过程继续加强，同时有利于花芽的分化和枝干的加粗等。结有果实的树木，在采、落成熟果实后，养分积累更为突出，一直持续到落叶前。

植物的休眠可根据生态表现和生理活性分为自然休眠和强迫休眠。自然休眠是由植物体内部生理过程决定的，它要求一定时期的低温条件才能顺利通过自然休眠而进入生长，否则此时即使给予适宜的外界条件，也不能正常萌发生长。一般植物自然休眠期从12月始至翌年2月止，植物抗寒力较强。强迫休眠是植物已经通过自然休眠期，但由于环境条件的限制，不能正常萌发，一旦条件合适，即开始进入生长期。

园林树木在休眠期内，虽然没有明显的生长现象，但树体内仍旧进行着各种生命活动，如呼吸、蒸腾、芽的分化、根的吸收、养分合成和转化等。所以休眠只是个相对概念。

3. 常绿树的年周期

常绿树的年生长周期不如落叶树那样在外观上有明显的生长和休眠现象，因为常绿树终年有绿叶存在。但常绿树种并非不落叶，而是叶寿命较长，多在一年以上至多年。每年仅脱落一部分老叶，同时又能增生新叶。因此，从整体上看全树终年连续有绿叶。

在常绿针叶类树种中，松属针叶可存活 2～5 年，冷杉叶可存活 3～10 年，紫杉叶存活高达 6～7 年。它们的老叶多在冬春间脱落，刮风天更严重。常绿阔叶树的老树，多在萌芽展叶前后逐渐脱落。常绿树的落叶，主要是失去正常生理机能的老化叶片所发生的新老交替现象。

热带、亚热带的常绿阔叶树木，其各器官的物候动态表现极为复杂。有些树木在一年中能多次抽梢，如柑橘可有春梢、夏梢、秋梢及冬梢；有些树木在一年内能多次开花结实，甚至抽一次梢结一次果，如金橘；有些树木同一植株上，并且可见有抽梢、开花、结实等几个物候重叠交错的情况；有些树木的果实发育期很长，常跨年才能成熟。

在赤道附近的树木，年无四季，终年有雨，全年可生长而无休眠期，但也有生长节奏表现。在离赤道稍远的季雨林地区，因有明显的干、湿季，多数树木在雨季生长和开花，在干季落叶，因高温干旱而被迫休眠。在热带高海拔地区的常绿阔叶树，也受低温影响而被迫休眠。

第三节　园林植物群体及其生长发育规律

一、园林植物群体组成

（一）园林植物群体的概念

在自然界，任何植物都不是单独地生活，而是有许多不同植物和它生活在一起。这些生长在一起的植物，占据了一定的空间和面积，按照自己的规律生长发育、演变更新，并与环境发生相互作用，形成一个相互依存的植物集体，此称植物群体。按照其在形成和发展中与人类栽培活动的关系来划分，可以划分为两类：一类是植物自然形成的，称为自然群体或自然植物群落；另一类是人工栽培形成的，称为栽培群体或人工植物群落。

（二）园林植物群体的组成与特征

1. 自然植物群体的组成与特征

在特定空间或特定生境下由一定的不同植物种类所组成，但各植物种类在数量上并不是均等的。在群体中数量最多或数量虽不多但所占面积却最大的成分，称为优势种，亦称建群种。优势种可以是一种植物，也可以是几种植物。优势种是本群体的主导者，对群体的影响最大。各种自然群体具有一定的形貌特征。

第一，群体的外貌主要取决于优势种的生活型。比如，一片针叶树群体，其优势种为云杉时，则群体的外形呈现尖峭突立的林冠线；若优势种为铺地柏时，则形成一片贴伏地面的、低矮的、宛如波涛起伏的外貌。

第二，群体中，植物个体的疏密程度与群体的外貌有着密切的关系，例如，稀疏的松林与浓郁的松林有着不同的外貌。此外，具有不同优势种的群体，其所能达到的最大密度也极不相同，例如，沙漠中的一些植物群落常表现为极稀疏的外貌，而竹林则呈浓密的丛聚外貌。

群体的疏密度通常用单位面积上的株数来表示。与疏密度有一定关系的是树冠的郁闭度和草本植物的覆盖度，它们均可用"十分法"来表示。以树木而论，树林中完全不见天日者为10，树冠遮阴面积与露天面积相等者为5，其余则依次按比例类推。

第三，群体中植物种类的多少，对其外貌有很大的影响。例如，单纯一种树木的林丛常形成高度一致的线条，而如果是多种树木生长在一起时，则不论在群体的立面上或平面上的轮廓、线条，都可有不同的变化。

第四，各种植物群体所具有的色彩形相称为色相。例如，针叶林常呈蓝绿色，柳树林呈浅绿色，银白杨树林则呈碧绿与银光闪烁的色相。由于季节不同，在同一地区所产生的植物群落形相称为季相。例如，银杏在春夏表现为绿色，秋冬则为黄色直至落叶。对同一个植物群体而言，一年四季中因为优势种的物候变化以及相应的可能引起群体组成结构的某些变化，也都会使该群体呈现出季相的变化。

第五，植物生活期的长短由于优势种寿命长短的不同，亦可影响群体的外貌。例如，多年生树种和一二年生或短期生草本植物的多少，可以决定季相变化的大小。

第六，各地区各种不同的植物群体，常有不同的垂直结构"层次"。"层次"少的如荒漠地区的植物通常只有一层；"层次"多的如热带雨林中常达六七层及以上。这种"层次"的形成是依植物种的高矮及不同的生态要求而形成的。

在热带雨林中，藤本植物和附生、寄生植物很多，它们不能自己直立而是依附于各层中的直立植物，不能自己独立地形成层次，这些就被称为"层间植物"或"填空植物"。

另外，还有一个概念，即"层片"。"层片"与上述分层现象中的"层次"概念是有差异的。层次是指植物群体从结构的高低来划分的，即着重于形态方面，而层片则是着重于从生态学方面划分的。在通常情况下，按较大的生活型类群划分时，则层片与层次是相同的，即大高位芽植物层片即为乔木层，矮高位芽植物层片即为灌木层。但是，当按较细的生活型单位划分时，则层片与层次的内容就不同了。例如，在常绿树与落叶树的混交群体中，从较细的生活型分类来讲，可分为常绿高位芽植物与落叶高位芽植物两个层片，但从群体的形态结构来讲均属于垂直结构的第一层次，即二者属于同一层次。从植物与环境间的相互关系来讲，层片则更好地表明了其生态作用，因为落叶层片与常绿层片对其下层的植物及土壤的影响是不同的。由于层片的水平分布不同，在其下层常形成具有不同习性植物组成小块组群的、镶嵌状的水平分布。

2.栽培群体的组成与特征

栽培群体完全是人为创造的，其中有采用单纯种类的种植方式，也有采用间作、套种或立体混交的各种配植方式，因而，其组成结构的类型是多种多样的。栽培群体所表现的形貌也受组成成分、主要的植物种类、栽植的密度和方式等因子制约。

二、园林植物群体的生长发育和演替

在自然界中，植物对环境的适应及其生态分化无时无刻不在发生，这种适应和分化表现在个体的形态、生理、生活史等诸多方面。分化的方向和途径主要由种群及个体所面临的环境条件而定。在环境条件的综合影响中，植物生活所必需的光、温度、水分、土壤等，总是会在一定条件下成为影响植物生态适应的主导因子，对植物产生深刻的影响。

群体是由个体组成的。在群体形成的最初阶段，特别是在较稀疏的情况下，每个个体所占空间较小，彼此间有相当的距离，它们之间的关系是通过其对环境条件的改变而发生相互影响的间接关系。随着个体植株的生长，彼此间地上部分的枝叶愈益密接，地下部的根系也逐渐互相扭接。至此，彼此间的关系就不再只为间接的，而是有生理上及物理上的直接关系了。例如，营养的交换、根分泌物质的相互影响以及机械的挤压、摩擦等。研究群体的生长发育和演变规律时，既要注意组成群体的个体状况，也要从整体的状况以及个体与集体的相互关系上来考虑。

目前，有学者认为，园林植物群体的生长发育可以分为以下几个时期。

（一）群体的形成期（幼年期）

这是未来群体的优势种，在一开始就有一定数量的有性繁殖或无性繁殖的物质基础，如种子、萌蘖苗、根茎等。自种子或根茎开始萌发到开花前的阶段属于本期。在本期内不仅植株的形态与以后诸期不同，而且在生长发育的习性上也有不同。在本期中植物的独立生活能力弱，与外来其他种类的竞争能力较弱，对外界不良环境的抗性弱，但植株本身与环境相统一的遗传可塑性却较强。一般言之，处于本期的植物群体要比后述诸期都有较强的耐阴能力或需要适当的荫蔽和较良好的水湿条件。例如，许多极喜日光的树种，如松树等，在头一两年也是很耐阴的。一般的喜光树或中性树幼苗在完全无荫蔽的条件下，因为综合因子变化的关系，反而会对其生长不利。随着幼苗年龄的增长，其需光量逐渐增加。至于具体的由需阴转变为需光的年龄，则因树种及环境的不同而异。在本期中，从群体的形成与个体的关系来讲，个体数量的众多对群体的形成是有利的。在自然群体中，对于相同生活型的植物而言，哪个植物种类能在最初具有大量的个体数量，它就较易成为该群体的优势种。在形成栽培群体的农、林及园林绿化工作中，人们也常采取合理密植、丛植、群植等措施以保证该植物群体的顺利发展。群体生长发育期中，个体的数量较少，群体密度较小时，植物个体常分枝较多，个体高度的年生长量较少；反之，群体密度大时，则个体的分枝较少，高生长量较大，但密度过大时，易发生植株衰弱，病虫孳生的弊害，因此在生产实践中应加以控制，保持合理的密度。

（二）群体的发育期（青年期）

这是指群体中的优势种从开始开花、结实到树冠郁闭后的一段时期，或先从形成树冠（地上部分）的郁闭到开花结实时止的一段时期。在稀疏的群体中常发生前者的情况，在较密的群体中则常发生后者的情况。从开花结实期的早晚来讲，在相同的气候、土壤等环境下，生长在郁闭群体中的个体常比生长在空旷处的单株（孤植树）个体开花迟，结实量也较少，结实的部位常在树冠的顶端和外围。以生长状况而言，群体中的个体常较高，主干上下部的粗细变化较小，而生于空旷处的孤植树则较矮，主干下部粗而上部细，即所谓"削度"大，枝干的机械组织也较发达，树冠较庞大而分枝点低。在群体发育期中由于植株间树冠彼此密接形成郁闭状态，因而大大改变了群体内的环境条件。由于光照、水分、肥分等因素的关系，使个体发生下部枝条的自枯现象。这种现象在喜光树种表现得最为明显，而耐阴树种则较差，后者常呈现长期的适应现象，但在生长量的增加方面较缓慢。

在群体中的个体之间，由于对营养的争夺结果，有的个体表现生长健壮，有的则生长衰弱，渐处于被压迫状态乃至枯死，即产生了群体内部同种间的自疏现象，而留存适合于该环境条件的适当株数。与此同时，群体内不同种类间也继续进行着激烈的竞争，从而逐渐调整群体的组成与结构关系。

（三）群体的相对稳定期（成年期）

这是指群体经过自疏及组成成分间的生存竞争后的相对稳定阶段。虽然在群体的发展过程中始终贯穿着生理生态上的矛盾，但是在经过自疏及种间竞争的调整后，已形成大体上较稳定的群体环境和大体上适应于该环境的群体结构和组成关系（虽然这种作用在本期仍然继续进行，但是基本上处于相对稳定的状态），这时群体的外貌特征，多表现为层次结构明显、郁闭度高、物种稳定、季相分明等。各种群体相对稳定期的长短是有很大差别的，主要由群体的结构特征、发育阶段以及外界的环境因子间关系所决定。

（四）群体的衰老期及群体的更新与演替（老年及更替期）

由于组成群体主要树种的衰老与死亡以及树种间竞争继续发展的结果，整个群体不可能永恒不变，而必然发生群体的演变现象。因为个体的衰老，形成树冠的稀疏，郁闭状态被破坏，日光透入树下，土地变得较干，土温亦有所增高，同时由于群体使其内环境发生改变。例如，植物的落叶等对于土壤理化性质的改变等。总之，群体所形成的环境逐渐发生巨大的变化，因而引起与之相适应的植物种类和生长状况的改变，因此造成群体优势种演替的条件。例如，在一个地区上生长着相当多的桦树，在树林下生长有许多桦树、云杉和冷杉幼苗；由于云杉和冷杉是耐阴树，桦树是强喜光树，所以前者的幼苗可以在桦树的保护下健壮生长，又由于桦树寿命短，经过四五十年就逐渐衰老，而云杉与冷杉却正是转入旺盛生长的时期。所以一旦当云杉与冷杉挤入桦树的树冠中并逐渐高于桦树后，由于树冠的逐渐郁闭，形成透光性差的阴暗环境，不论对成年桦树或其幼苗都极不利，但云杉、冷杉的幼苗却有很强的耐阴性，因此最终会将喜强光的桦树排挤掉，而代之为云杉与冷杉的混交群落。

这种树种更替的现象，是由于树种的生物学特性及环境条件的改变而不断发生的。但每一演替期的长短是很不相同的，有的仅能维持数十年（即少数世代），有的则可呈长达数百年的（即许多世代的）长期稳定状态。对此，有的生态学家曾主张植物群落演变到一定种类的组成结构后就不再变化了，故称为"顶极群落"的理论。其实这种看法是不正确的，因为环境条件不断发生变化，群落的内部与外部关系永远都在旧矛盾的统一和新矛盾的产生中不断地发生变化，因此只能认为某种群体可以有较长期的相对稳定性，却绝不能认为它们是永恒不变的。

一个群体相对稳定期的长短，除了因本身的生物习性及环境影响等因子外，与其更新能力也有密切的关系。群体的更新一般有两种方式，即种子更新和营养繁殖更新。在环境条件较好时，由大量种子可以萌生多数幼苗，若环境对幼苗的生长有利，则提供了该种植物群落能较长期存在的基础。树种除了能用种子更新外，还可以用根蘖、不定芽等方式进行　养繁殖更新，尤其当环境条件不利于种子时更是如此。例如，在高山上或寒冷处，许多自然群体常不能产生种子，或由于生长期过短，种子无法成熟，因而形成从水平根系发出大量根蘖而得以更新和繁衍的现象。由种子更新的群体和由营养繁殖更新的群体，在生长发育特性上有许多不同点，前者在幼年期生长的速度慢但寿命长，成年后对于病虫害的抗性强；后者则由于有强大的根系，故生长迅速，在短期内即可成长，但由于个体发育上的阶段性较老，故易衰老。园林工作者应分情况，按不同目的和需要采取相应措施，以确保群体的个体更新过程能顺利进行。

总之，通过对群体生长发育和演替的逐步了解，园林工作者的任务即在于掌握其变化的规律，改造自然群体，引导其向有利于我们需要的方向变化。对于栽培群体，则在规划设计之初，就要能预见其发展过程，并在栽培养护过程中保证其具备较长期的稳定性。但是，这是一个相当复杂的问题，应在充分掌握种间关系和群体演替等生物学规律的基础上，进行能满足园林的"改善防护、美化和适当结合生产"的各种功能要求。例如，有的城市曾将速生树与慢长树混交，将钻天杨与白蜡、刺槐、元宝枫混植而株行距又过小、密度很大，结果在这个群体中的白蜡、元宝枫等越来越受到抑制而生长不良，致使配植效果欠佳。

若采用乔木与灌木相结合，按其习性进行多层次的配植，则可形成既稳定而生长繁茂又能发挥景观层次丰富、美观的效果。比如，人民大会堂绿地中，以乔木油松、元宝枫与灌木珍珠梅、锦带花、迎春等配植成层次分明，又符合植物习性的树丛，则是较好的例子。

第三章 园林植物与生态环境

第一节 植物与环境的生态适应

一、植物与环境关系所遵循的原理

（一）最小因子定律

1840年利比希在研究各种生态因子对作物生长的作用时发现，作物的产量往往不是受其大量需要的营养物质（如 CO_2 和水）所制约，因为这些营养物质在自然环境的贮存量是很丰富的，而是取决于那些在土壤中较为稀少，并且又是植物所需要的营养物质，如硼、镁、铁等。后来进一步的研究表明，利比希所提出的理论也同样适用于其他生物种类或生态因子，因而，利比希的理论被称为最小因子定律（lawoftheminimum）。定律的基本内容是：任何特定因子的存在量低于某种生物的最小需要量，是决定该物种生存或分布的根本因素。

为了使这一定律在实践中运用，奥德姆（E.P.Odum）等一些学者对它进行两点补充。

①该法则只能用于稳定状态下。如果在一个生态系统中，物质和能量的输入和输出不是处于平衡状态，那么植物对于各种营养物质的需要量就会不断变化，在这种情况下，该法则就不能应用。譬如，人为活动使污水流入水体中，由于富营养化作用造成水体的

38

不稳定状态，出现严重的波动，即藻类大量繁殖，然后死亡，再大量繁殖。在波动期间，磷、氮、二氧化碳和许多其他成分可以迅速互相取代而成为限制因子。要解除限制，根本措施是要控制污染，减少有机物的输入，尽管有机物产生二氧化碳，促进植物生长。

②应当用该法则时，必须要考虑各种因子之间的关系。当一个特定因子处于最小量时，其他处于高浓度或过量状态的物质可能起着补偿作用。例如，当环境中缺乏钙但有丰富的锶时，软体动物就会部分地用锶来补偿钙的不足。

（二）耐性定律

利比希定律指出了因子低于最小量时成为影响生物生存的因子，实际上因子过量时，同样也会影响生物生存。1913 年，美国生态学家谢尔福德（V.Shelford）提出了耐性定律，它的内容是：任何一个生态因子在数量上或质量上的不足或过多，即当其接近或达到某种生物的耐受限度时，就会影响该种生物的生存和分布。即生物不仅受生态因子最低量的限制，而且也受生态因子最高量的限制。生物对每一种生态因子都有其耐受的上限和下限，上下限之间就是生物对这种生态因子的耐受范围，称生态幅。在耐受范围当中包含着一个最适区，在最适区内，该物种具有最佳的生理或繁殖状态，当接近或达到该种生物的耐受性限度时，就会使该生物衰退或不能生存。耐性定律可以形象地用一个钟形耐受曲线来表示。

通常生物对环境的耐受性有以下几种情况。

①不同生物物种对各种生态因子的耐受范围不一样。譬如，鲑鱼对温度这一生态因子的耐受范围是 0 ~ 12℃，最适温度为 4℃；豹蛙对温度的耐受范围是 0 ~ 30℃，最适温度为 22℃；斑鳟的耐受范围是 10 ~ 40℃，而南极鳕所能耐受的温度范围最窄，只有 –2 ~ 2℃。

像豹蛙、斑鳟这种可耐受很广温度范围的，称为广温性生物；只能耐受很窄的温度范围（如鲑鱼、南极鳕），称狭温性生物。对其他的生态因子也是一样，有所谓的广湿性、狭湿性，广盐性、狭盐性等。

②同一种生物对不同生态因子的耐受范围存在着差异，生物可能对一种因子的耐受范围很广，而对另一种因子耐受范围很窄，对所有因子耐受范围很广的生物，分布也较广。

③当一种生物的某个生态因子不是处于最适状态时，另一些生态因子的耐受限度将下降。比如当土壤含氮下降时，植物的抗旱能力就下降。

④生物在不同的生长发育时期耐受范围不同，一般生物在繁殖期对各生态因子要求比较严格，耐受范围较窄；而在休眠期抗性较强，对各生态因子的耐受范围较广。

另外，需要特别强调的是生物对环境的适应和对环境的耐受并不完全是被动的，生物并不是自然环境的奴隶，进化迫使它积极地适应环境，并且改变自然环境。

3. 限制因子

耐受性定律和最小因子定律相结合便产生了限制因子（limiting{actors）的概念。在诸多生态因子中，使植物的生长发育受到限制，甚至死亡的因子称为限制因子。任何一种生态因子只要接近或超过生物的耐受范围，就会成为这种生物的限制因子。

如果一种生物对某生态因子的耐受范围很广，而且这种因子又极其稳定，那么这种因子就不可能成为限制因子；相反，如果一种生物对某一生态因子的耐受范围很窄，而且这种因子又易于变化，那么这种因子就值得特别研究，因为它很可能是一种限制因子。如氧气对陆生植物来讲，数量多、含量稳定而且容易获得，因此一般不会成为限制因子；但是氧气在水体中的含量是有限的，而且经常波动，因此常成为水生植物的限制因子。限制因子概念的主要价值是使人们掌握了认识生物与环境关系的钥匙，一旦找到了限制因子，就意味着找到了影响生物生长发育的关键因子。在园林植物的栽培与养护中，掌握限制因子知识尤显重要。

二、植物的生态适应

生物有机体与环境的长期相互作用中，形成了一些具有生存意义的特征，依靠这些特征，生物能免受各种环境因素的不利影响和伤害，同时还能有效地从其生境获取所需的物质能量以保证个体生长发育的正常进行，这种现象称为生态适应。

生物与环境之间的生态适应通常可分为两种类型：趋同适应与趋异适应。

（一）趋同适应

不同种类的生物，生存在相同或相似的环境条件下，常形成相同或相似的适应方式和途径，称为趋同适应。这些生物在长期相同或相似的环境作用下，常形成相同或相似的习性，并从生物体的形态、内部生理和发育上表现出来。如长期干旱的环境条件下不同的生物往往都具有抵抗干旱的形态、行为或生理适应。

（二）趋异适应

亲缘关系相近的生物体，因为分布地区的间隔，长期生活在不同的环境条件下，因而形成了不同的适应方式和途径，称为趋异适应。趋异适应常在变化的环境中得到不断的发展和完善，从而构成了生物分化的基础。

三、植物生态适应的类型

植物由于趋同适应和趋异适应而形成不同的适应类型：植物的生活型和生态型。

（一）植物的生活型

长期生活在同一区域或相似区域的植物，由于对该地区的气候、土壤等因素的共同适应，产生了相同的适应方式和途径，并从外貌上反映出来的植物类型，都属于同一生活型。

植物的生活型是植物在同一环境条件或相似环境条件下趋同适应的结果，它们可以是同种，也可以是不同种类。趋同适应范围可大可小，比如在荒漠地区，植物种类较少，对该环境的适应结果是形成了相同的生活型；而在复杂的森林群落内，生物环境复杂，物种繁多，植物对该环境的适应形成不同的生活型。表现为成层现象，即在每层的小范围内形成相同的生活型，如乔木、灌木、藤本、草本等属于不同的生活型。

C.Raunkiaer 以休眠芽或复苏芽所处的位置高低和保护的方式为依据，把高等植物划分为高位芽植物、地上芽植物、地面芽植物、地下芽植物和一年生植物五大类，称作 Raunkiaer 生活型系统。

生活型谱（lifeformspectrum）指生活在一区域各生活型的植物种数占该地区全部植物种数的比值关系。它能从侧面反映出该地区气候特点以及同一区域内各植物群落及其生存环境的差异。

（二）植物的生态型

同种植物的不同种群分布在不同的环境里，因为长期受到不同环境条件的影响，在生态适应的过程中，发生了不同种群之间的变异与分化，形成不同的形态、生理和生态特征。并且通过遗传固定下来，这样在一个种内就分化出不同的种群类型，这些不同的种群类型就称为"生态型"。

显然，生活型是不同植物对相同环境条件趋同适应的结果，而生态型是同种植物的不同种群对不同环境条件趋异适应的结果。

生态型一词是由瑞典学者 Turesson 于 1922 年提出的，他强调生态型是一个种对某一特定生境发生基因型反应的产物。Turesson 对多种分布很广的欧亚大陆性植被（主要是多年生草本）进行了生态型的研究后指出，来自不同地区和生境的同种植株，表现出某些稳定的差异，如开花早迟、株高、直立与否、叶子厚度等。这种差异与它们生存的生境有明显的关系，如有的只限于高山地区，有的只限于低地。有的只限于滨海地区等。由此表明分类学上种不是一个生态单元，而可能是由一个到许多个在生理上和形态上具有稳定性差异的生态型组成。因此，他认为生态型是植物对生态环境条件相适应的基因型类群。

生态型是植物种内遗传基础的生态分化，其分化程度通常与种的地理分布幅度呈正相关。也就是说，生态分布广的植物比生态分布窄的植物所形成的生态型相应的多一些。当然，生态型多少也与该种对环境的适应能力呈正相关关系，生态型多的植物种，必然能够适应大范围的环境变化，而生态型少的植物种对环境的变化适应性相对较弱。

生态型的形成有很多原因，比如地理因素、气候因素、生物因素、人为因素等，通常按照形成生态型的主导因子将其划分为气候生态型、土壤生态型、生物生态型和人为生态型 4 类。

①气候生态型

气候生态型是植物长期受气候因素影响所形成的生态型。气候生态型在全球非常普遍，表现为形态上的差异、生理上的差异或二者兼而有之。如美国 Clausen，Keck 和 Hiesey 等在研究 Artermisiavulgaris 时发现其 3 个生态型就既具有形态上的差异，也具有生理上的差异。

②土壤生态型

因为长期受不同土壤条件的作用而产生的生态型叫土壤生态型。如地处河洼地和碎石堆上的牧草鸭茅（Dactylicsagg10merate），由于土壤水分的差别而形成两个明显的生态型：长在河洼地上的生长旺盛、高大、叶厚、色绿、产量高；而长在碎石堆上的植株矮小、叶小、色淡、萌发力微弱，产量低等。再如对土壤中矿质元素的耐性不同也会形成不同的生态型，如羊茅（FestucaoT）ina）有耐铅的生态型，细弱剪股颖（Agrostistenuis）有耐多种金属的生态型等。

③生物生态型主要由于种间竞争、动物的传媒以及生物生殖等生物因素的作用所产生的生态型叫生物生态型（bio10gicalecotype）。

④人为生态型

由于人类的影响而形成的生态型。人类对生态型的影响伴随科技发展日渐扩大，人类利用杂交、嫁接、基因重组、组织培养等手段培育筛选的生态型能更好地适应光照、水分、土壤等一个或几个生态因子。

四、植物生态适应的方式及其调整

（一）植物生态适应的方式

植物的生态适应方式取决于植物所处的环境条件以及与其它生物之间的关系，在一般逆境时，生物对环境的适应通常并不限于一种单一的机制，往往要涉及到一组（或一整套）彼此相互关联的适应方式，乃至存在协同和增效作用。这一整套协同的适应方式就称为适应组合。如沙漠植物为适应该环境，不但形成了如表皮增厚、气孔减少、叶片卷曲（这样气孔的开口就可以通向由叶卷缩所形成的一个气室，从而在气室中保持很高的湿度），而且有的植物还形成了贮水组织等特性，同时具有减少蒸腾（只有在温度较低的夜晚才打开气孔）的生理机制，运用适应组合来维持（如有的植物在夜晚气孔开放期间吸收环境中的二氧化碳并将其合成有机酸贮存在组织中，在白天该有机酸经过脱酸作用将二氧化碳释放出来，以维护低水平的光合作用）低水分条件下的生存，甚至达到了干旱期不吸水也能维持生存的程度。

在极端环境条件下，植物通常采用一个共同的适应方式 —— 休眠。因为休眠植物的适应性更强，若环境条件超出了植物生存的适宜范围而没有超过其致死点，植物往往通过休眠方式来适应这种极端逆境，休眠是植物抵御暂时不利环境条件的一种非常有效的生理机制。

有规律的季节性休眠是植物对某一环境长期适应的结果，如热带、亚热带树木在干旱季节脱落叶片进入短暂的休眠期，温带阔叶树则在冬季来临前落叶以避免干旱与低温的威胁等等；植物种子通过休眠度过不利的环境条件并可延长其生命力，比如埃及睡莲历经 1000 年仍保持 80% 以上的萌芽能力。

（二）植物生态适应的调整

植物对于某一环境条件的适应是跟随环境变化而不断变化的，这种变化表现为范围的扩大、缩小和移动，使植物的这种适应改变的过程就是驯化的过程。

植物的驯化分为自然驯化和人工驯化两种。自然驯化往往是由于植物所处的环境条件发生明显的变化而引起的，被保留下来的植物往往能更好地适应新的环境条件，所以说驯化过程也是进化的一部分，人工驯化是在人类的作用下使植物的适应方式改变或适应范围改变的过程。人工驯化是植物引种和改良的重要方式，如将不耐寒的南方植物经人工驯化引种到北方，将不耐旱的植物经人工驯化引种到干旱、半干旱地区，将不耐盐碱的植物经人工驯化引种到耐盐碱地区等。

第二节　园林植物的生态效应

园林绿化植物是构成园林风景的主要材料，也是发挥园林功能绿化效益的主要植物群落体。园林树木是指城市植物中的木本植物，包括乔木、灌木和藤本植物。有人比喻说，乔木是园林风景中的"骨架"或主体，灌木是园林风景中的"肌肉"或副体，藤木是园林风景中的"筋络"或支体。从宏观来讲，城市园林绿化工作的主体是城市植物，其中又以园林树木所占比重最大，从园林建设的趋势来讲，必定是以植物造园（景）为主体。因此，城市植物～园林树木，在城市环境建设和园林绿化的建设中占有非常重要地位。充分地认识、科学地选择和合理地应用城市植物，对提高城乡园林绿化水平，绿化、美化、净化以及改善城市自然环境，保持自然生态平衡，充分发挥园林的综合功能和效益，都具有重要意义。

一、园林植物的净化作用

（一）吸收有毒气体，降低大气中有害气体浓度

由于环境污染，空气中各种有害气体增多，主要有二氧化硫、氯气、氟化氢、氨、汞、铅蒸气等，尤其是二氧化硫是大气污染的"元凶"，在空气中数量最多，分布最广，危害最大。

在污染环境条件下生长的植物，都能不同程度地拦截、吸收和富集污染物质。园林植物是最大的"空气净化器"，植物首先通过叶片能够吸收二氧化硫、氟化氢、氯气和致癌物质——安息香吡啉等有多种害气体或富集于体内而减少大气中的有毒物质含量。有毒物质被植物吸收后，并不是完全被积累在体内，植物能使某些有毒物质在体内分解、转化为无毒物质，或者毒性减弱，从而避免有毒气体积累到有害程度，进而达到净化大气的目的。

1. 二氧化硫（SO_2）

SO_2 被叶片吸收后，在叶内形成亚硫酸和毒性极强的亚硫酸根离子，后者能被植物本身氧化转变为毒性小 30 倍的硫酸根离子。硫酸根离子的毒性相对较小，比亚硫酸根离子的毒性小 97%，因此达到解毒作用而不受害或受害减轻。有的硫和氮的氧化物被植物吸收后，经过植物生理活动能转化为有机物，组成植物体的一部分。

植物吸收有毒气体的量因植物种类而异，不同树种吸收 SO_2 的能力是不同的，普通的松林每天可从 $1m^3$ 空气中吸收 20mg 的 SO_2；每 $1hm^2$ 柳杉林每年可吸收 720kgSO_2；每 $1hm^2$ 垂柳在生长季节每月可吸收 10kgSO_2，还有研究表明：植物在生长良好的情况下，每日每千克叶片（干重）吸收二氧化硫的量，构树为 135.22mg，无花果为 34.38mg。

有关植物吸收二氧化硫的能力有许多学者进行了相关研究，发现空气中的二氧化硫主要是被各种物体表面所吸收，而植物叶片的表面吸收二氧化硫的能力最强。硫是植物必需的元素之一，正常情况下植物中均含有一定量的硫，但在二氧化硫污染的环境中，植物中的硫含量可为其正常含量的 5 ~ 10 倍。研究表明绿地上空空气中二氧化硫的浓度低于未绿化地区的上空；污染区树木叶片的含硫量高于清洁区许多倍，在植物可以忍受的限度内，其吸收量随空气中二氧化硫的浓度提高而增大。每公顷柳杉林每天能吸收 60kg 二氧化硫，松林每天可从 $1m^3$ 的空气中吸收 20mg 的二氧化硫。研究还表明，对二氧化硫抗性越强的植物，通常吸收二氧化硫的量也越多，阔叶树对二氧化硫的抗性比针叶树要强。

据测定，当二氧化硫通过树林时，随着距离增加气体浓度有明显降低，特别是当二氧化硫浓度突然升高时，浓度降低更为明显。

研究表明臭椿吸取二氧化硫的能力特别强，超过一般树木的 20 倍，另外夹竹桃、罗汉松、大叶黄杨、槐树、龙柏、银杏、珊瑚树、女贞、梧桐、泡桐、紫穗槐、构树、桑树、喜树、紫薇、石榴、菊花、棕榈、牵牛花、广玉兰等植物都有极强的吸收二氧化硫的能力。

2. 氯气（Cl_2）

根据吸毒能力较强而抗性亦较强的标准来筛选，银柳、赤杨、花曲柳都是净化 Cl_2 的较好树种；此外，银桦、悬铃木、柽柳、女贞、君迁子等均有较强的吸 Cl_2 能力；构树、合欢、紫荆、木槿等则具有较强的抗氯和吸氯能力。

3. 氟及氟化氢

氟化氢对人体的毒害作用比二氧化硫大 20 倍，但不少树种都有较强的吸 HF 能力。据国外报道柑橘类可吸收较多的氟化物而不受害。而女贞、泡桐、刺槐、大叶黄杨等有较强的吸氟能力，其中女贞的吸氟能力比普通树木高 100 倍以上；梧桐、大叶黄杨、桦树、垂柳等均有不同程度的吸 HF 能力。经观测，桑树林叶片中氟的含量可达到对照区的 512 倍；氟化氢气体在通过 40m 宽的刺槐林带后，浓度比通过同距离的空气降低 50%。

4. 其他有毒物质

喜树、梓树、接骨木等树种具有吸苯能力；樟树、悬铃木、连翘等具有良好的吸臭氧能力；夹竹桃、棕榈、桑树等能在汞蒸气的环境下生长良好，不受危害；每公顷臭椿每年可吸收 469 与 0.105g 的铅和汞，桧柏则分别为 3g 与 0.021g；大叶黄杨、女贞、悬铃木、榆树、石榴等在铅蒸气条件下都未有受害症状。因而，在产生有害气体的污染源附近，选择与其相应的具有吸收和抗性强的树种进行绿化，对于防止污染、净化空气是十分有益的。

另外，大片的树林不但能够吸收空气中的有害气体，并且能降低温度，与周围地区空气产生温度差，促进有害气体的扩散，从而降低下层空气中有害气体的浓度。

（二）净化水体

城市和郊区的水体常受到工厂废水及居民生活污水的污染而影响环境卫生和人们的身体健康，而植物有一定的净化污水的能力。研究证明，树木可以吸收水中的溶解质，减少水中的细菌数量。如在通过 30 ~ 40m 宽的林带后，一升水中所含的细菌数量比不经过林带的减少 1/2。

许多植物能吸收水中的毒质而在体内富集起来，富集的程度，可比水中毒质的浓度高几十倍至几千倍，因此水中的毒质降低，得到净化。而在低浓度条件下，植物在吸收毒质后，某些植物可在体内将毒质分解，并转化成无毒物质。

不同的植物以及同一植物的不同部位，它们的富集能力是很不相同的。如对硒的富集能力，大多数禾本科植物的吸收和积聚量均很低，约为 30mg/kg，但是紫云英能吸收并富集硒达 1000 ~ 10000mg/kg。一些在植物体内转移很慢的毒质，如汞氰、砷、铬等，以在根部的积累量最高，在茎、叶中较低，在果实种子中最低。所以在上述物质的污染区应禁止栽培根菜类作物以免人们食用受害。至于镉、硒等物质，在植物体内很易流动，根吸入后很少贮存于根内而是迅速运往地上部贮存在叶片内，亦有一部分存于果实、种子之中。镉是骨痛病的元凶，所以在硒、镉污染区应禁止栽种菜叶种类和禾谷类作物，如稻、麦等以免人们长期食用造成危害。水中的浮萍和柳树均可富集镉，可以利用具有强度富集作用的植物来净化水质。但在具体实施时，应考虑到食物链问题，造成人类受害。

最理想的是植物吸收毒质后转化和分解为无毒物质，例如水葱、灯芯草等可吸收水或土中的单元酚、苯酚、氰类物质使之转化为酚糖苷、CO_2、天冬氨酸等而失去毒性。

许多水生植物和沼生植物对净化城市的污水有明显的作用。每平方米土地上生长的芦苇一年内可积聚 6kg 的污染物，还可以消除水中的大肠杆菌。在种有芦苇的水池中，水中的悬浮物要减少 30%，氯化物减少 90%，有机氮减少 60%，磷酸盐减少 20%，氨减少 60%，总硬度减少 33%。水葱可吸收污水池中有机化合物；水葫芦可以从污水里吸取银、金、铅等金属物质。

（三）净化土壤

植物的地下根系能吸收大量有害物质而具有净化土壤的能力。有的植物根系分泌物能使进入土壤的大肠杆菌死亡；有植物根系分布的土壤，好气性细菌比没有根系分布的土壤多几百倍至几千倍，故能促使土壤中有机物迅速无机化，因此，既净化了土壤，又增加了肥力。

并且研究证明，含有好气细菌的土壤，具有吸收空气中一氧化碳的能力。

二、园林植物的滞尘降尘作用

城市空气中含有大量的尘埃、油烟、碳粒等。大气除有毒气体污染外，灰尘、粉尘等也是主要的污染物质。这些微尘颗粒虽小，但其在大气中的总重量却十分惊人。尘埃中除含有土壤微粒外，尚含有细菌和其他金属性粉尘、矿物粉尘、植物性粉尘等，它们会影响人体健康。

城市园林植物可以起到滞尘和减尘作用，是天然的"除尘器"。树木之所以能够减尘，一方面由于枝叶茂密，具有降低风速的作用，随着风速的降低，空气中携带的大颗粒灰尘便下降到地面。另一方面是因为叶子表面是不平滑的，有的多褶皱，有的多绒毛，有的还能分泌黏性的油脂和汁浆，当被污染的大气吹过植物时，它能对大气中的粉尘、飘尘、煤烟及铅、汞等金属微粒有明显的阻拦、过滤和吸附作用。蒙尘的植物经过雨水淋洗，又能恢复其吸尘的能力。由于植物能够吸附和过滤灰尘，使空气中灰尘减少，从而也减少了空气中的细菌含量。

植物除尘的效果与植物种类、种植面积、密度、生长季节等因素有关。通常高大、枝叶茂密的树木较矮小、枝叶稀少的树木吸尘效果好；另外，植物滞尘量的大小与叶片形态结构、叶面粗糙度、叶片着生角度，以及树冠大小、疏密度等因素有关。一般叶片宽大、平展、硬挺且叶面粗糙的植物能吸滞大量的粉尘，如山毛榉林吸附灰尘量为同面积云杉林的8倍，而杨树林的吸尘量仅为同面积榆树林的1/7。据测定，绿化较好的城市的平均降尘相当于未绿化好的城市的 1/9 ~ 1/8。

在国内北京曾测定当绿化覆盖率为 10% 时，采暖期总悬浮颗粒下降为 15.7%，非采暖期为 20%；当绿化覆盖率为 40% 时，采暖期总悬浮颗粒下降为 62.9%，非采暖期为 80%。

由于绿色植物的叶面积远远大于它的树冠的占地面积，如森林叶面积的总和是其占地面积的 60 ~ 70 倍，生长茂盛的草皮也有 20 ~ 30 倍，所以其吸滞烟尘的能力是很强的。所以园林植物被称为"空气的绿色过滤器"。

三、园林植物的降温增湿作用

园林植物是城市的"空调器"。园林植物通过对太阳辐射的吸收、反射和透射作用以及水分的蒸腾，来调节小气候，降低温度，增加湿度。减轻了"城市热岛效应"。降低风速，在无风时还可以引起对流，产生微风。冬季因为降低风速的关系，又能提高地面温度。在市区内，由于楼房、庭院、沥青路面等比重大，形成一个特殊的人工下垫面，对热量辐射、气温、空气湿度都有很大影响。盛夏在市区内形成热岛，因而对市区增加湿度、降低温度尤其重要。植物通过蒸腾作用向环境中散失水分，同时大量地从周围环境中吸热，降低了环境空气的温度，增加了空气湿度。这种降温增湿作用，特别是在炎热的夏季，起着改善城市小气候状况，提高城市居民生活环境舒适度的作用。

四、园林植物的减噪作用

城市园林植物是天然的"消声器"。城市植物的树冠和茎叶对声波有散射、吸收的作用，树木茎叶表面粗糙不平，其大量微小气孔和密密麻麻的绒毛，就像凹凸不平的多孔纤维吸音板，能把噪声吸收，减弱声波传递，因此具备隔音、消声的功能。

不同绿化树种及不同类型的街道绿带、不同类型的绿化布置型式、不同的树种绿化结构以及不同树高，不同冠幅、不同郁闭度的成片成带的绿地对噪声的消减效果不同。有研究指出，森林能更强烈地吸收和优先吸收对人体危害最大的高频噪声和低频噪声。

第三节　抗污、吸污植物选择

一、抗性树种选择

（一）植物的抗污机理

树木之所以产生对大气污染物的抗性，从机制上可划分为下列三种类型：

生理学抗性：是抗性中较为重要的一种类型。大气中有害物质通过气孔进入植物叶片后，通过生理生化过程对有害物质进行降解，或通过根系器官排出体外，或积累于一定的器官中而在一定数量范围内使植物可以忍受。

生物学抗性：这也是抗性中的一种重要类型，有些树木再生能力很强，当受到大气污染危害时芽枯死，叶片受害脱落，但短期内便能恢复，重新萌出新芽新叶，继续生长。而这种受害恢复的过程又常常进一步提高了树木本身对大气污染的抗性。

形态解剖学抗性：树木通过其形态解剖学特性，如针状叶、鳞片状叶、叶面密生叶毛、角质层厚、蜡腺发达、气孔下陷等保护机体，减少有害物质进入体内的数量。

当然，树木对大气污染的抵抗力不是无限制的，当超过它的忍受限度时，生活力就会明显减退，严重者枯萎死亡。

（二）绿化树种对主要大气污染物的抗性综合比较

木本植物对大气污染的抗性因树种不同而有明显差异。通常情况下，阔叶树种的抗性要比针叶树种为强。从现场栽植和熏气综合表现来看，阔叶树中抗污染性强的树种有：

桑树、山桃、皂角、臭椿、加拿大杨、柳树、白蜡、桂香柳等；针叶树种中桧柏、侧柏、云杉、杉松冷杉等较好，而落叶松、油松对大气污染最敏感。

木本植物对大气污染的抗性与外部形态特征密切相关。通常树皮光滑、小枝粗壮的树种，对大气污染的抗性较强，如臭椿、皂角、枣树等；具革质叶、针状叶、有绒毛叶或鳞片状叶的树种抗性也较强，如白蜡、云杉、桧柏、桂香柳、柽柳等。

木本植物对大气污染的抗性与其抗干旱、耐盐碱特性之间具有明显相关，如臭椿、桂香柳等抗旱力强。柽柳是耐盐碱植物，也是空气污染地区绿化的先锋树种。

豆科树种对有害气体的抗性较强，如国槐、刺槐、皂角、紫穗槐等。

豆科树种对大气污染的抗性具备一定的相关性，即对一种有害气体表现抗性的树种对其他一种或几种有害气体也表现出抗性；反之，对一种有害气体敏感，也往往对其他一种或几种有害气体敏感。

二、树种抗污性与吸污能力的关系

（一）树木对二氧化硫抗性与吸硫量的关系

当大气中的二氧化硫超过了正常浓度使大气受到污染时，生活于该环境中的植物为其本身的生存与发展而不断地进行适应，这种适应实际也就是对不良的大气条件的抗性。查明树木抗性与吸硫量间的关系，不仅具有一定的科学意义，而且在污染区的生物防治中也具有一定的实践意义。

树木对二氧化硫的抗性与吸硫量之间无明显相关。与抗氯树种相反，通常对二氧化硫抗性强的树种，吸硫量也较高，与对二氧化硫敏感的树种相比，吸硫量大致在一个水平上。例如 20 余种实验树种在 1.8mg/m³ 浓度二氧化硫中暴露 8h 后抗性强的树种吸硫量平均为 44.99mg/m² 叶面积；抗性中等的树种平均为 43.72mg/m² 叶面积；敏感树种平均为 36.63mg/m² 叶面积。

根据树木对二氧化硫的抗性强弱及吸收量的大小，可将树木划分如下 9 类：

抗性强、吸硫量高树种：加拿大杨、花曲柳、臭椿、刺槐、卫矛、丁香、玫瑰。

抗性强、吸硫量中等树种：杉松、冷杉、旱柳、枣树。

抗性强、吸硫量低树种：白皮松、银杏。

抗性中等、吸硫量高树种：水曲柳、新疆杨。

抗性中等、吸硫量中等树种：赤杨。

抗性中等、吸硫量低树种：樟子松。

抗性弱、吸硫量高树种：水榆。

抗性弱、吸硫量中等树种：白桦、枫杨、暴马丁香。

抗性弱、吸硫量低树种：连翘。

由于二氧化硫中的硫是植物必需的大量元素，空气中一定量的二氧化硫不仅对于植物无害，有时反而有利。据报道，一般植物组织中硫的积累的临界值为正常含硫量的 5 ~ 10 倍，植物的含硫营养物愈高，对二氧化硫的抗性愈强，因此树木的抗性与吸硫量之间未表现出明显相关。树木的这一特性，为污染区生物防治中的绿化建设提供了有利条件，即可选择对二氧化硫抗性强同时吸收量又大的树种。凡抗性强，吸硫的能力大而且枝叶繁茂，冠大荫浓叶面积系数大的树种是建造防污林的优良树种。

（二）树木对氯气抗性与吸氯量的关系

对大气污染抗性强的树种，一般吸氯量都较少。在生长期内以 $0.6mg/m^3$ 的氯气对树木熏气 8h，结果抗性强树种的吸氯量平均 $32.38mg/m^2$ 叶面积。而敏感树种的吸氯量要大得多，在同样的熏气条件下，各树种的吸氯量平均高达 $77.91mg/m^2$ 叶面积。当然也有少数树种，抗性很强而吸氯量也很大，即在大气氯污染的环境中通过叶片可吸收大量氯而并不表现症状或仅表现出较轻的症状。比如山桃就是典型的吸氯抗氯树种。此外，山杏、糖槭、花曲柳等也是抗氯强吸氯高的树种。在敏感树种中也有少数树种吸氯并不太高如赤杨、油松等。

大多数木本植物对氯的抗性与吸氯量之间存在负相关，对氯抗性强的树种，大多数吸氯量低；而吸氯量高的树种，大多数对大气氯污染表现敏感。

根据树木对大气氯污染的抗性及吸氯量的大小，可划分为如下 9 类：

抗性强、吸氯量高树种：山桃、山杏、糖槭。

抗性强、吸氯量中等树种：花曲柳、糠椴、桂香柳、皂角。

抗性强、吸氯量低树种：桧柏、茶条槭、稠李、银杏、杉松冷杉、旱柳、云杉、辽东栎、麻栎。

抗性中等、吸氯量高树种：榆树。

抗性中等、吸氯量中等树种：枣树、枫杨、文冠果、连翘。

抗性中等、吸氯量低树种：黄檗、丁香。

抗性弱、吸氯量高树种：紫椴、暴马丁香、山梨、水榆、山楂、白桦。

抗性弱、吸氯量中等树种：落叶松（针叶树中落叶松为吸氯高树种）。

抗性弱、吸氯量低树种：赤杨、油松。

（三）树木对氟化氢的抗性与吸氟量的关系

对大气氯污染物，抗性强的树木一般利用其保护组织拒有害气体于体外，少吸收，从而表现出较强的抗性，而敏感树种则大多对该污染物吸收量较大。

无论是模拟熏气实验还是在污染区树木生长调查中都看到类似情况。枣树在供试树种中是吸氟量最高的树种，而同时对大气氟污染的抗性也很强。同样，对氟敏感的树种，吸氟量也不一定都很高，如油松对氟化氢是非常敏感的，而其吸收量仅为 $1.2mg/m^2$ 叶面积。当然也有些树种抗氟性强吸氟量少，如银杏、侧柏等；或抗氟性弱吸氟量多，如山杏、毛樱桃。

大部分树种对氟的抗性与吸氟量之间无明显相关。通常对氟抗性强的树种吸氟量并不低，而对氟敏感的树种也并不都是吸氟量高的。

根据吸氟量的大小，可将树木划分为下列 8 类：

抗性强、吸氟量高树种：枣树、榆树、桑树；

抗性强、吸氟量中等树种：臭椿、旱柳、茶条槭、紫丁香、卫矛；

抗性强、吸氟量低树种：银杏、桧柏、侧柏、山桃；

抗性中等、吸氟量中等树种：皂角、紫椴、雪柳、白皮松、杉松冷杉；

抗性中等、吸氟量低树种：加拿大杨、刺槐、稠李、樟子松；

抗性弱、吸氟量高树种：山杏；

抗性弱、吸氟量中等树种：毛樱桃、落叶松；

抗性弱、吸氟量低树种：暴马丁香、油松。

三、抗污吸污树种选择

在轻污染区和生活区可挑选吸污能力强的树种，然而在污染区，则适宜选择抗污、吸污性皆强的树种。

（一）抗吸二氧化硫强的树种

加拿大杨、旱柳、花曲柳、桑树、桂香柳、榆树、皂角、山桃、黄檗、色赤杨、刺槐、紫丁香、卫矛、水曲柳、新疆杨、赤杨、忍冬、水蜡、柽柳、叶底珠、玫瑰、银杏、东北赤杨、美青杨、柳叶绣线菊、叶底珠、枸杞、臭椿、梓树。

（二）抗吸氯气强树种

花曲柳、桑树、旱柳、桂香柳、山桃、山杏、糠椴、糖槭、榆树、黄檗、卫矛、紫丁香、刺槐、茶条槭、皂角、忍冬、水蜡、复叶槭、木槿、大枣、紫穗槐、小叶朴、加拿大杨、臭椿、柽柳、夹竹桃、叶底珠、枣树、枫杨、文冠果、连翘。

（三）抗吸氟化氢强树种

枣树、榆树、桑树、刺槐、花曲柳、茶条槭、梓树、桂香柳、旱柳、紫丁香、桃叶卫矛、美青杨、加拿大杨、臭椿、云杉、桧柏、皂角、紫椴、雪柳、白皮松、杉松冷杉。

第四章 园林植物的繁殖与栽培

第一节 园林植物繁殖

一、概述

园林植物繁殖是繁衍后代，保存种质资源的手段，只有将种质资源保存下来，繁殖一定的数量，才能为园林应用，并且为植物选种、育种提供条件。不同种或不同品种的园林植物，各有其不同的适宜繁殖方法和时期。

（一）有性繁殖

有性繁殖也称种子繁殖，是经过减数分裂形成的雌、雄配子结合后，产生的合子发育成的胚再生长发育成新个体的过程。近年来也有将种子中的胚取出，进行培养以形成新株，称为"胚培养"方法。大部分一二年生草花和部分多年生草花常使用种子繁殖，具有优良的性状，但需要每年制种，如翠菊、鸡冠花、一串红、金鱼草、金盏菊、百日草、三色堇、矮牵牛等。

（二）无性繁殖

无性繁殖也称营养繁殖，是以园林植物营养体的一部分（根、茎、叶、芽）为材料，利用植物细胞的全能性而获得新植株的繁殖方法。一般包括分生、扦插、嫁接、压条等方法。温室木本花卉，多年生花卉，多年生作一二年生栽培的花卉常用分生、扦插方法繁殖，如一品红、变叶木、金盏菊、矮牵牛、瓜叶菊等，仙人掌类多浆植物也常采用扦插、嫁接繁殖。

（三）孢子繁殖

孢子是由蕨类植物孢子体直接产生的，它不经过两性结合，因此与种子的形成有本质的不同。蕨类植物中有不少种类为重要的观叶植物，除使用分株繁殖外，也可采用孢子繁殖法，如肾蕨属、铁线蕨属、蝙蝠蕨属等都可采用孢子繁殖。

（四）组织培养

组织培养是指将植物体的细胞、组织或器官的一部分，在无菌的条件下接种到特定的培养基上，在培养容器内进行培养，从而得到新植株的繁殖方法。组织培养又称为微体繁殖。

二、播种繁殖

园林植物的种子通常都比较细小、质轻；采收、贮存、运输、播种均较简便；繁殖系数高，短时间内可以产生大量幼苗；实生幼苗生长势旺盛，寿命长。种子繁殖的缺点是对母株的性状不能全部遗传，易丧失优良种性，F_1 代植株种子必然发生性状分离等。

（一）种子萌发条件

一般园林植物的健康种子在适宜的水分、温度和氧气等条件下都能顺利萌发。

1. 水分

种子萌发需要吸收充足的水分。种子吸水膨胀后，种皮破裂，呼吸强度增大，各种酶的活性也随之加强，蛋白质及淀粉等贮藏物质分解、转化，供胚萌发生长。

种子的吸水能力与种子的构造有关，如文殊兰的种子，胚乳本身含有较多的水分，播种后吸水量较少；而对于较干燥的植物种子，吸水量就大。

2. 温度

园林植物种子萌发的适宜温度，依种类及原产地的不同而有差异。通常原产热带的植物需要较高温度，亚热带及温带者次之，而原产温带北部的植物则需要一定的低温才易萌发。比如原产美洲热带地区的王莲在 30～35℃ 水池中，经 10～21 天萌发。而原产于南欧的大花葱则需要在 2～7℃ 条件下经过较长时间才能萌发，高于 10℃ 则基本不能萌发。

一般来说，种子萌发适温比其生育适温高 3～5℃。原产温带的一二年生花卉萌芽适温为 20～25℃，萌芽适温较高的可达 25～30℃，如鸡冠花、半枝莲等，适于春播；也有一些种类适温为 15～20℃，如金鱼草、三色堇等，适于秋播。

3. 氧气

氧气是园林植物种子萌发的条件之一。供氧不足会妨碍种子萌发。但对于水生花卉来说，只需少量氧气就可满足种子萌发需要。

4. 光照

大多数种子的发芽与光照的有无无关。但有些园林植物种子需要在有光照的环境才能萌发，称好光性种子。这类种子常常较细小，发芽靠近土壤表面，在那里幼苗能很快出土

并开始进行光合作用。这类种子没有从深层土中伸出的能力，因此在播种时覆土要薄或不覆土，如报春花、毛地黄、瓶子草类等。

还有一些植物的种子在光照下不能萌发或萌发受到光的抑制，称嫌光性种子，如黑种草、雁来红等。

5. 基质

基质将直接改变种子发芽的水、热、气、肥、病、虫等条件。播种用基质一般要求细而均匀，不带石块、植物残体及杂物，通气排水好，保湿性能好，肥力低并且不带病虫。

（二）播种时期与播种方法

播种期应根据各种植物的生长发育特性、计划供花时间以及环境条件与控制程度而定。保护地栽培条件下，可按需要时期播种；露地自然条件播种，则依种子发芽所需温度及自身适应环境的能力而定。适时播种能节约管理费用，出苗整齐，且能保证苗木质量。

1. 露地苗床播种

（1）场地选择

播种床应选富含腐殖质、轻松而肥沃的砂质壤土，在日光充足、空气流通、排水良好的地方。

（2）整地

播种床的土壤应翻耕深30cm，打碎土块、清除杂物后，上层覆盖约12cm厚的土壤，最好用1.5cm孔径的土筛筛过，再将床面耙平耙细。整地时最好施入少量过磷酸钙，以促进根系强大、幼苗健壮。另外，还可施以氮肥或细碎的粪干，但应于播种前一个月施入床内。播种床整平后应进行镇压，然后整平床面。

（3）播种

根据园林植物种子大小，可以采取点播、条播或撒播等方式。

（4）播后覆土

播种后覆土深度取决于种子的大小。一般大粒种子覆土深度为种子厚度的3倍；小粒种子以不见种子为度，覆盖种子用土最好用0.3cm孔径的筛子筛过。

（5）播后管理

覆土完毕后，在床面均匀地覆盖一层稻草，然后用细孔喷壶充分喷水。干旱季节可在播种前充分灌水，待水分渗入土中再播种覆土，这样可以较长时间保持湿润的状态。雨季应有防雨设施。种子发芽出土时，应撤去覆盖物，以防幼苗徒长。

2. 露地直播

对于某些不宜移植的直根性种类，直接播种到应用地。若需要提早育苗时，可先播种于小花盆中，成苗后带土球定植于露地，也可用营养钵或纸盆育苗，如虞美人、花菱草、香豌豆、羽扇豆、扫帚草、牵牛及茑萝等。

3. 温室内盘播（盆播）

通常在温室内进行，受季节性和气候条件影响较小，播种期没有严格的季节性限制，常随所需花期而定。

（1）播种用盆及用土

常用深 10cm 的浅盆，以富含腐殖质的砂质壤土为宜。

（2）播种方法

用碎盆片把盆底排水孔盖上，填入碎盆片或粗砂砾，为盆深的三分之一，其上填入筛出的粗粒培养土，厚约三分之一，最上层为播种用土，厚约三分之一。盆土填入后，用木条将土面压实刮平，使土面距盆沿约 1cm。用"盆浸法"将浅盆下部浸入较大的水盆或水池中，使土面位于盆外水面以上，待土壤浸湿后，将盆提出，待过多的水分渗出后，就可播种。

细小种子宜采用撒播法，播种不可过密，可掺入细沙，与种子一起播入，用细筛筛过的土覆盖，厚度为种子大小的 2~3 倍。秋海棠、大岩桐等细小种子，覆土极薄，以不见种子为度。大粒种子常用点播或条播法。覆土后在盆面上覆盖玻璃、报纸等，以减少水分的蒸发。多数种子宜在暗处发芽，像报春花等好光性种子，可用玻璃盖在盆面。

（3）播种后

管理应注意维持盆土的湿润，干燥时仍然用盆浸法给水。幼苗出土后逐渐移到日光照射充足之处。

三、分生繁殖

分生繁殖是指从植物体上分割或分离自然分生出来的幼植物体或营养器官的一部分，另行栽植形成独立植株的繁殖过程。这种方法成苗较快，开花早，能维持品种的优良特性，缺点是繁殖系数较小。

（一）分株繁殖

分株繁殖就是将母株从土中掘起或从盆中倒出，分成数丛，每丛都带有根、茎、叶、芽，另行栽植，培育成独立生活的新株的方法。宿根花卉大多采用此法繁殖。另外，对于丛生性灌木，可以用锄头或利刃分离株丛周围的分苗，每丛 2~3 根枝条（带根），另行栽植也可形成新的植株，如蜡梅、紫玉兰等可采用此法繁殖。

通常早春开花的种类在秋季生长停止后进行分株；夏秋开花的种类在早春萌动前进行分株。

（二）分球繁殖

分球繁殖是指利用具有贮藏作用的地下变态器官（或特化器官）实施繁殖的一种方法。

1. 鳞茎

由小鳞片组成，鳞茎中心的营养分生组织在鳞片腋部发育，产生小鳞茎。鳞茎、小鳞茎、鳞片都可作为繁殖材料。郁金香、水仙和球根鸢尾常用长大的小鳞茎繁殖。

2. 球茎

为茎轴基部膨大的地下变态茎，短缩肥厚呈球形，为植物的贮藏营养器官。球茎上有节、退化叶片和侧芽。老球茎萌发后在基部形成新球，新球旁再形成子球。新球、子球和老球都可作为繁殖体另行种植，亦可带芽切割繁殖。

3. 块茎

是匍匐茎的次顶端部位膨大形成的地下茎的变态。块茎含有节，有一个或多个小芽，由叶痕包裹。块茎为贮藏与繁殖器官，冬季休眠，第二年春季形成新茎而开始一个新的周期。主茎基部形成不定根，侧芽横向生长为匍匐茎。块茎的繁殖可用整个块茎进行，也可带芽切割，如花叶芋、菊芋、仙客来等。但仙客来不能自然分生块茎，因而，生产中常用种子繁殖。

4. 根茎

也是特化的茎结构，主轴沿地表水平方向生长。根茎鸢尾、铃兰、美人蕉等都有根茎结构。根茎含有许多节和节间，每节上有叶状鞘，节的附近发育出不定根和侧生长点。根茎代表着连续的营养阶段和生殖阶段，其生长周期是从在开花部位孕育和生长出侧枝开始的。根茎的繁殖通常在生长期开始的早期或生长末期进行。根茎段扦插时，要确保每段至少带一个侧芽或芽眼，实际上相当于茎插繁殖。

四、扦插繁殖

切取植物的营养器官（茎、叶、根）的一部分插入沙或其他基质中，在适宜条件下，使其发生不定芽和不定根，成为新植株的繁殖方法。扦插繁殖的优点是比播种苗生长快，开花时间早，短时间内可育成多数较大幼苗，能保持原有品种的特性。缺点是扦插苗无主根，根系常较播种苗弱，常为浅根。对不易产生种子的植物，多采用这种繁殖方法，也是多年生植物的主要繁殖方法之一。

（一）影响扦插生根的因素

1. 内在因素

（1）植物种类

不同植物间遗传性也反映在插条生根的难易上，不同科、属、种，甚至品种间都会存在差别。如仙人掌、景天科、杨柳科的植物普遍易扦插生根；木犀科的大多数易扦插生根，但流苏树则难生根；山茶属的种间反应不一，山茶、茶梅易，云南山茶难；菊花、月季花等品种间差异大。

（2）母体状况与采条部位

营养良好、生长正常的母株，体内含有各种丰富的促进生根物质，是插条生根的重要物质基础。不同营养器官的生根、出芽能力不同。有试验表明，侧枝比主枝易生根，硬木扦插时取自枝梢基部的插条生根较好，软木扦插以顶梢做插条比下方部位的生根好，营养枝比果枝更易生根，去掉花蕾比带花蕾者生根好，如杜鹃花。有研究表明，许多花卉如大丽花、木槿属、杜鹃花属、常春藤属等，光照较弱处母株上的插条比强光条件下的生根较好，但菊花却相反，充足光照下的插条生根更好。

2. 扦插的环境条件

（1）温度

通常花卉插条生根的适宜温度，气温白天为 18 ~ 27℃，夜间为 15℃左右，基质温度（地温）需稍高于气温 3 ~ 6℃，可促使根的发生；气温低有抑制枝叶生长的作用。

（2）水分与湿度

插穗在湿润的基质中才能生根。基质中适宜水分的含量，依植物种类的不同而异。通常以 50% ~ 60% 土壤含水量为宜，水分过多常导致插条腐烂。扦插初期含水量可以较多，后期应减少水分。为避免插穗枝叶中水分的过分蒸腾，要求保持较高的空气湿度，通常以 80% ~ 90% 的相对湿度为宜。

（3）光照扦插

生根期间，许多木本花卉，比如木槿属、锦带花属、荚蒾属、连翘属，在较低光照下生根较好，但许多草本花卉，如菊花、天竺葵及一品红，适当的强光照生根较好。一般地，扦插后，前期需有 60% ~ 80% 的遮阴，若具有自动喷雾系统，可以全光照扦插。

（4）扦插基质

要求土壤质地均匀，疏松透气，排水和保水性能良好；以中性为宜，酸性不易生根。扦插常用的基质有河沙、蛭石和珍珠岩的混合物等。不论采用哪种基质，使用前都要进行严格的消毒。

（二）扦插繁殖的种类及方法

园林植物依扦插材料可分为叶插（全叶插和片叶插）、茎插和根插。根据插穗的成熟度可以将茎插分为叶芽插、硬枝扦插、半硬枝扦插、软枝扦插等。

1. 叶插

叶插是指用一片全叶或叶的一部分作为插穗的一种方法。用于能自叶上发生不定芽及不定根的种类，如秋海棠、灰莉等。所有能进行叶插的植物，大都具有粗壮的叶柄、叶脉或肥厚的叶片。叶插须选取发育充实的叶片，在设备良好的繁殖床内进行，维持适宜的温度及湿度，才能获得良好的效果。

2.茎插

茎插是指用一带芽的茎段作为插条繁殖的方法。

（1）叶芽插

插穗仅一芽附带一叶片，扦插时仅露芽在外面。此法具有操作简单，节约插穗，单位面积产量高等优点，但成苗较慢，如橡皮树、山茶、天竺葵、宿根福禄考、八仙花及部分热带灌木可以采用此法进行繁殖。

（2）软枝扦插

亦称绿枝扦插或嫩枝扦插。通常在生长期选取枝梢部分作为插穗，长度依植物种类、节间长度及组织软硬而定，一般5～10cm为宜，枝梢保留部分叶片。枝梢组织老熟适中，过于柔嫩易腐烂，过老则生根缓慢。枝条下切口以平剪、光滑为好。以浅插为宜，入土深度3～4cm。此法适用于某些常绿木本及落叶木本植物和草本花卉。

（3）半硬枝扦插

以生长季节发育充实的带叶枝梢作为插条，若枝梢过嫩，可剪去嫩梢部分。此法常用于月季、米兰、海桐、黄杨、茉莉、桂花等扦插。

（4）硬枝扦插

以生长成熟的休眠枝条作为插穗的繁殖方法。多用于落叶木本植物，如紫薇、紫藤、蜡梅、银芽柳等，一般在秋冬季休眠期进行。

所有扦插可以在露地进行，也可在室内进行。露地扦插能够利用露地插床进行大量繁殖，依季节及种类的不同，可以覆盖塑料棚保温，或荫棚遮光，或喷雾，以利成活。少量繁殖时或寒冷季节也可以在室内进行扣瓶扦插、大盆密插及暗瓶水插等方法。应依花卉种类、繁殖数量以及季节的不同使用不同的扦插方法。

3.根插

有些植物能从根上产生不定芽形成幼株，可采用根插繁殖。可用根插繁殖的花卉大多具有粗壮的根，直径不应小于2mm。晚秋或早春均可进行根插，也可在秋季掘起母株，贮藏根系过冬，至来年春季扦插。冬季也可在温室或温床内进行扦插。可采用根插繁殖的植物如芍药、蜡梅、非洲菊、牡丹、紫藤等。

4.扦插时间

在花卉繁殖中以生长期的扦插为主。在温室条件下，可全年保持生长状态，不论草本或木本花卉均可随时进行扦插，但依花卉的种类不同，各有其最适时期。

一些宿根花卉的茎插，从春季发芽后至秋季生长停止前均可进行。在露地苗床或冷床中进行时，最适时期是夏季七八月雨季。多年生花卉做一二年生栽培的种类，如一串红、金鱼草、三色堇、美女樱等，为确保优良品种的性状，也可行扦插繁殖。

多数木本植物宜在雨季扦插，因此时空气湿度较大，插条叶片不易萎蔫，易生根成活。

五、嫁接繁殖

嫁接繁殖是将植物体的一部分（接穗）嫁接到另外一个植物体（砧木）上，其组织相互愈合后，培养成独立个体的繁殖方法。砧木吸收的养分及水分输送给接穗，接穗又把同化后的物质输送到砧木，形成共生关系。同实生苗相比，这种方法培育的苗木可提早开花，能保持接穗的优良品质，可以提高抗逆性，展开品种复壮，克服其他方式不易繁殖（扦插难以生根或难以得到种子的花木类）。嫁接成败的关键是嫁接的亲和力，砧木的选择，应注意适应性及抗性，以及调节树势等优点。

园林植物中除了温室木本植物采用嫁接外，草本花卉应用不多，一是宿根花卉中菊花常以嫁接法进行菊艺栽培，如大立菊、塔菊等，是用黄蒿或白蒿为砧木嫁接菊花品种而成；二是仙人掌科植物常采用嫁接法进行繁殖，同时具有造型作用。

六、压条繁殖

压条繁殖是枝条在母体上生根后，再和母体分离成独立新株的繁殖方式。某些植物，如令箭荷花属、悬钩子属的一些种，枝条弯垂，先端与土壤接触后可生根并长出小植株，是自然的压条繁殖，栽培上称为顶端压条。压条繁殖操作烦琐，繁殖系数低，成苗规格不一，难大量生产，因此多用于扦插、嫁接不易的植物，有时用于一些名贵或稀有品种上，可保证成活并能取得大苗。

压条繁殖的原理和枝插相似，只需在茎上产生不定根即可成苗。不定根的产生原理、部位、难易等均与扦插相同，和植物种类有密切关系。

七、繁殖育苗新技术

（一）组织培养

组织培养繁殖是将植物组织培养技术应用于繁殖上。种子、池子、营养器官均可用组织培养法培育成苗，许多植物的组培繁殖已成为商品生产的主要育苗方法。近代的组织培养在花卉生产上应用最广泛，除具有快速、大量的优点外，还通过组织培养以获得无病毒苗。许多花卉，譬如波士顿蕨、多种兰花、彩叶芋、花烛、喜林芋属、百合属、萱草属、非洲紫罗兰、唐菖蒲、非洲菊、芍药、秋海棠属、杜鹃花、月季及许多观叶植物用组织培养繁殖都很成功。

（二）保护地育苗

保护地育苗是通过设置一系列保护性设施，在人为创造的较为理想的环境中进行育苗的方式，比如塑料大棚、玻璃温室、人工气候室、电热温床等。利用保护地育苗，采用不同技术，培育不同苗龄和不同大小的苗再行定植，表现出不同季节多样化的育苗方式。

（三）穴盘育苗

穴盘育苗技术是与植物温室化、工厂化育苗相配套的现代栽培技术之一，广泛运用于花卉、蔬菜、苗木的育苗，目前已成为发达国家的常用栽培技术。该技术的突出优点是：在移苗过程中对种苗根系伤害很小，缩短了缓苗的时间；种苗生长健壮，整齐一致；操作简单，节省劳力。该技术一般在温室内进行，需要高质量的种子和生产穴盘苗的专业技术，以及穴盘生产的特殊设备，如穴盘填充机、播种机、覆盖机、水槽（供水设施）等。另外，对环境、水分、肥料需要精确管理，如对水质、肥料成分配比精度要求较高。

种苗生产中常用的育苗容器有穴盘、育苗盘、育苗钵等。

（四）工厂化育苗

工厂化育苗是指以机械化操作为主的，在室内高密度，按一定的工序进行流水作业、集中育苗的方式，是园林作物现代育苗发展的高级阶段。它应用控制工程学和先进的工业技术，也就是应用现代化设施温室、标准化的农业技术措施，以及机械化、自动化手段，不受季节和自然条件限制，培育出大量优质苗木。

第二节　园林植物栽培与养护

一、园林花卉的栽培与养护

（一）露地栽培

1. 整地与作畦

根据不同种类花卉对土壤肥力的不同要求选择栽培地块，土壤肥力的好坏与土壤质地、土壤结构、土壤有机质以及土壤水分状况等密切相关。整地的目的是改良土壤结构，增强土壤的通气和透水能力，促进土壤微生物的活动，进而加速有机物的分解，以利于露地花卉的吸收利用。整地还可将土中的杂草、病菌、虫卵等暴露于空气中，通过紫外线及干燥、低温等方式使之消灭。

（1）整地深度

整地的深度依花卉的种类和土壤状况而定。一二年生草花的根系分布较浅，整地宜浅，一般耕深为20cm左右。宿根花卉、球根花卉、木本花卉整地宜深，耕深需30~50cm。

大型木本花卉要根据苗木根系情况，深挖定植穴。

（2）整地方法

整地可用机耕或人力翻耕，整地翻耕的同时清除杂草、残根、石块等。不立即栽苗的休闲地，翻耕后不要将土细碎整平，待种植前再灌水耙平，否则容易由于自然降水等造成再次板结。此外，在挖掘定植穴和定植沟时，应将表土（熟土）和底土（生土）分开投放，便于栽苗时使表土接触根系，促进根系对养分的及时吸收。

（3）整地时间

春季使用的土地最好在上一年秋季翻耕，这有利于使表层土保持相对良好的结构。秋季使用的土地应在上茬苗木出圃后立即翻耕。

耙地应在栽种前进行。如果土壤过干，土块不易破碎，可先灌水，灌后待土壤含水量达60%左右时，将田面耙平。土层过湿时耙地容易造成土壤板结。

（4）作畦或作垅

畦面高度、宽度及畦埂方式可按照栽培目的、花卉习性、当地自然降水量、灌水量的多少和灌水方式进行。通常南方常采用高畦，北方采用低畦。在雨水较多的地区，牡丹、大丽花、菊花等不耐水湿的花卉地栽时，最好打造高畦或高垅，四周开挖排水沟，防止过分积水。

播种育苗后待移植的圃地畦宽多不超过1.6m，以便进行中耕除草、移苗等田间作业。而球根类花卉的地栽繁殖、鲜切花生产、多年生木本花卉苗圃则应保留较宽的株行距，畦面应大些。

采用渠道自流给水时，如果畦面较大，畦埂应加高，以防外溢。用漫灌、喷灌或滴灌时，因水量不大，畦埂不必过高。畦埂的宽度和高度是对应的，砂质土应宽些，黏壤土可狭些，但一般不窄于30cm，以便于来往行走作业。

2. 间苗与移栽

间苗主要是对露地直播而言。为了确保足够的出苗率，播种量都大大超过留苗量，因此需要间苗，以保证每棵花苗都有足够的生长空间和土壤营养面积。间苗还有利于通风透光，使苗木苗壮生长并减少病虫害的发生。通过间苗还能选优去劣，拔掉其中混杂的花种和品种，保持花苗的纯度，同时结合间苗可拔除杂草。

露地培育的花苗一般多间苗两次。第一次在花苗出齐后进行，第二次间苗谓之"定苗"。除成丛培养的草花外，一般均留一株壮苗，其余的拔掉。定苗应在出现三四片真叶时进行。

间下来的花苗还可用来补栽，对于一些耐移栽的花卉，还可以把它们移到其他圃地上栽植。

不论是草本花卉还是木本花卉，除直播于花坛、路旁外，一般都需要进行移植。根据生产实际，许多花苗移植需分两次进行。第一次是从苗床移至圃地内，用加大株行距的方法来培养大苗；第二次是起苗出售，或定植于园林中。用大苗布置园林可以短期内见到景观效果。

3. 灌溉与排水

各种花卉由于长期生活在不同的环境条件下，需水特点和需水量不尽相同；同一种花卉在不同生育阶段或不同生长季节对水分的需求也不一样。

（1）灌水量与灌水次数

主要根据土壤干湿情况来掌握，就全年来说，春、夏两季气温高，蒸发量大，灌水量要大，灌水要勤。立秋以后露地花卉多数逐步停止生长，应减少灌水量和灌水次数，如果不是天气太旱，大多不再灌水，以防止秋后徒长和延长花期。就每次的灌水量来说，应以彻底灌透为原则，若只灌表面水，使根系分布浅，就会大大降低花卉对高温和干旱的抗性。

就土质来讲，黏土的灌水次数要少，砂土的灌水次数要多。遇表土浅薄、下有黏土盘的情况，每次灌水量宜少，但次数宜多；土层深厚的砂质壤土，灌水应一次灌足，待见干后再灌。

（2）灌水时间

生产实践中，通过测定土壤含水量来确定灌水时间是最科学、可靠的。土壤含水量为田间持水量的 60%～80% 时，最适合大多数树木的生长需要；当土壤含水量低于田间持水量的 50% 时，就要进行灌溉。土壤含水量可以采用仪器测定；如果没有仪器，则需要根据经验来判断是否需要灌溉，如早晨时叶片下垂，中午时叶片严重萎蔫，傍晚时萎蔫的叶片恢复较慢或难以恢复、叶尖焦干等，出现这些情况则说明需要灌溉。

灌溉时期划分为休眠期灌水和生长期灌水。休眠期灌水在植株处于相对休眠状态时进行，北方地区常对园林树木灌"封冻"防寒水。具体灌水时间因季节而异，在一天当中，夏季应在早、晚灌水；严寒的冬季因早晨气温较低，灌溉应在中午前后进行。春秋季以清早灌水为宜，这时风小光弱，蒸腾较低，傍晚灌水，湿叶过夜，容易引起病菌侵袭。

（3）灌溉方式

漫灌传统的大面积表面灌水方式。用水量最大，适用于夏季高温地区植物生长密集的大面积草坪。

沟灌适用于宽行距栽培的花卉，采用行间开沟灌水的方式，水能完全到达根区。但灌水后易引起土面板结，应在土面见干后及时进行松土。

畦灌将水直接灌于畦内，是北方大田低畦和树木移植时的灌溉方式。

喷灌利用高压设备系统，使水在高压下喷至空中，再呈雨滴状落在植物上的一种灌溉方式，园林树木和大面积的草坪以及品种单一的花卉适用此法。一般根据喷头的射程范围安装一定数量的喷头。喷灌能使花卉枝叶保持清新状态，调节小气候，为新兴的节水灌溉形式。

滴灌利用低压管道系统，使水缓慢地呈滴状浸润根系附近的土壤，使土壤保持湿润状态。滴灌也是一种节水灌溉形式，主要劣势是滴头易阻塞。

（4）水质

灌溉则是用水以软水为宜，避免使用硬水。河水富含养分，水温接近或略高于气温，是灌溉用水之首选。其次是池塘水和湖水。也可采用自来水或地下井水，当然，先将这些硬水贮存于池内，待水温升高及相对软化后再用，只是费用偏高。

（5）排水

除根据田间畦垅结构简单进行外，必要时可以铺设地下排水层，在栽培基质的耕作层以下先铺砾石、瓦块等粗粒，其上再铺排水良好的细沙，最后覆盖一定厚度的栽培基质。此法排水效果好，但工程面积大、造价高。

4.中耕除草

中耕能疏松表土，切断土壤毛细管，减少水分蒸发，增加土温，使土壤内空气流通，促进土中有机物的分解，为根系正常生长和吸收营养创造良好的条件；中耕还有利于防除杂草。中耕的深度应随着花木的生长逐渐加深，远离苗株的行间应深耕，花苗附近应浅耕，平均深度3~6cm，并应把土块打碎。

除草是指除去田间杂草，不使其与花卉争夺水分、养分和阳光，杂草往往还是病虫害的寄主。除草工作应在杂草发生的初期尽早进行，在杂草结实之前必须清除干净，以免落下草籽。另外，不仅要清除花卉栽植地上的杂草，还应把四周的杂草除净，对多年生宿根杂草还应把根系全部挖出深埋或烧掉。

5.修剪与整形

整形主要是对幼年花木采用的园艺措施。通过设立支架、拉枝等工艺，使花木形成一定干形、枝形。修剪除作为整形的主要手段外，还可通过它们来调节植物的营养生长和生殖生长，协调各部器官的生理机能，进而满足人们对观赏植物的不同观赏要求。

（1）园林植物整形的方式主要有：①单干式。一株一干，一干一花，不留侧枝。②多干式。一株多本，每本一花，花朵多单生于枝顶。③丛生式。许多一二年生草花和宿根花卉都按此法整形。有的是通过花卉本身的自然分蘖而长成丛生状，有的则是通过多次摘心、平茬、修剪，促使根际部位长出稠密的株丛。④悬挂式。当主干长到一定高度，将其侧枝引向某一方向，再悬挂下来。如悬崖菊、金钟连翘等。⑤攀缘式。利用藤本植物善于攀缘的特性，使其附着在墙壁上或者缠在篱垣、枯木上生长。⑥圆球式。通过多次摘心或短剪，促使主枝抽生侧枝，再对侧枝进行短剪，抽生二次枝和三次枝，最后将整个树冠剪成圆球形。⑦雨伞式。通常采用高接方式，将曲枝品种嫁接在干性强的砧木上，使接穗品种自然下垂而形成伞状。

（2）园林植物修剪的主要措施有：①摘心。摘除主枝或侧枝上的顶芽。其目的在于解除顶端优势，促使发生更多的侧芽和抽生更多的侧枝，从而增加着花的部位和数量，使植株更加丰满。摘心可在一定程度上延迟花期。②除芽。摘除侧芽、腋芽和脚芽，可防止分枝过多而造成营养的分散。此外，还可防止株丛过密以及防止一些萌蘖力强的小乔木长成灌木状。③剥蕾。剥掉叶腋间生出的侧蕾，使营养集中供应顶蕾开花，以保证花朵的质量。④短截。剪去枝条先端的一部分枝梢，促使侧枝发生，并防止枝条徒长，使其在入冬前充分木质化并形成充实饱满的叶芽或花芽。⑤疏剪。从枝条的基部剪掉，从而防止株丛过密，以助于通风透光。对木本植物常疏去内膛枝、交叉枝、平行枝、病弱枝等，使植株造型更完美。

6.防寒与降温

防寒越冬是对耐寒能力较差的花卉实行的一项保护措施，以防发生低温冷害或冻害。常用的防寒方法有培土法、覆盖法和包扎法等。培土压埋的厚度和开沟的深度要根据花卉的抗寒力决定。对于一些需要每年萌发新枝后开花的花卉，在埋土前应进行强短剪，以减少埋土的工作量。翌春，萌芽前再将土扒开。覆盖的目的是防止地下球根或接近地表的幼芽受冻，尤其是晚霜危害。方法是在地面上覆盖稻草、落叶、草帘、塑料薄膜等，翌春晚霜过后清除覆盖物。对于无法压埋或覆盖的大型观赏乔木，常包扎草帘、纸袋或塑料薄膜等防寒。在北方，也有在严寒来临前 1 ~ 2d，使用冬灌措施来提高地表温度的方法，此称灌封冻水。夏季温度过高时，可通过人工降温保护花木安全越夏，包括叶面或地面喷水、搭设遮阳网或覆盖草帘等措施。

（二）容器栽培

1. 花盆及盆土

随着科技的发展和人们审美能力的提高，目前花卉栽培的容器类型已多种多样。常用的有素烧泥盆、塑料容器、陶瓷盆、混凝土容器、木桶、金属容器等，各种容器的优缺点不尽相同。泥盆透气性好，价格便宜，但美观性和耐久性差；塑料容器透气性差，价格便宜，美观，材质不同的塑料容器耐久性不同；陶瓷盆透气性好，美观和耐久，价格较贵；混凝土容器仅适于很少挪动时使用，一般表现空间较大；木桶等为简易容器，透气性好，耐久性较差；铜铁等金属做成的大型容器多用于立体组合装饰。

随着科技的进步和栽培手段的提高，当前，一些新的容器也逐步得到应用。

（1）火箭盆控根容器

适用于木本植物的育苗与短期栽培。该容器主要用聚乙烯材料制成，包括底盘、侧壁和插杆三个部件。容器的直径一般在 10 ~ 120cm，高度在 10 ~ 72cm。使用时根据需要选择合适规格的部件，组装起来即可。

火箭盆控根容器的底盘为筛状构造，可以防止根腐病和主根"窝根"现象；侧壁的内壁有一层特殊薄膜，且容器侧壁为凸凹相间的结构，表面积大，向外侧凸起的顶端开有小孔，与外界相通，当苗木根系向外生长接触到空气或侧壁的特殊薄膜时，根尖就停止生长（即所谓的"空气修剪"），而在根尖后部萌发数条新根继续向外向下生长，当新根再接触到空气或侧壁时，又停止生长，继而再发新根，依此类推。容器底盘的特殊结构，可使向下生长的根在基部被空气修剪，使得中小根比例增加，根系总量增多，但不易造成根系缠绕。

火箭盆控根容器提高了苗木的根系质量，加之其拆卸方便，移栽时伤根少，从而提高了苗木移栽的成活率和生长速度，也在一定程度上解决了大苗的全冠移栽和反季节移栽成活率低的问题。然而，在冬季严寒的地区，火箭盆控根容器苗的就地越冬问题还需要进一步探讨。目前采用的越冬防护措施有土埋法（将控根容器苗放入 25cm 深的沟中，周围培土）、覆盖法，也可将控根容器苗移入温室或冷棚。

（2）控根花盆

控根花盆的体积较小，多用于中小型草本植物的育苗与栽培，可以增加侧根数量，提高盆栽植物的移栽成活率和抗性。它包括内外两个盆，两者通过卡扣连接，方便拆装。

控根花盆的控根原理与火箭盆控根容器相似。内盆的侧壁上均匀分布着竖直向下的导根槽和通风孔,可避免盘根、窝根的现象,并实现空气控根。外盆与内盆之间有2～5mm的空隙,外盆檐口和底部都开有多个通风孔,以实现两盆之间的空气流通。

不管哪种容器类型,在兼顾美观的同时,都必须考虑有利于园林植物的生长。

容器栽培时因容积有限,要求盆土必须有着良好的物理性状,如疏松透气,排水良好,富含腐殖质等。盆土通常由园土、沙、腐叶土、泥炭、松针土、谷糠及蛭石、珍珠岩、腐熟的木屑等材料按一定比例配制而成(培养土),培养土的酸碱度和含盐量要适合园林植物的需求,同时培养土中不能含有害微生物和其他有毒的物质。

盆栽园林植物除了以土壤为基质的培养土外,还可用人工配制的无土混合基质,如用珍珠岩、蛭石、泥炭、木屑或树皮、造纸废料、有机废物等一种或数种按一定比例混合使用。因为无土混合基质有质地均匀、重量轻、消毒便利、通气透水等优点,在盆栽园林植物生产中越来越受重视。

培养土具体的配比比例要根据各种园林植物的不同习性、不同生长阶段、不同栽培目的来制定。以下是几种常见的培养土的配置比例。

育苗基质:泥炭:珍珠岩:蛭石为1:1:1。

扦插基质:珍珠岩:蛭石:细沙为1:1:1。

盆栽基质:腐叶土:园土:厩肥为2:3:1。

2. 上盆与换盆

将花苗由苗床或小的育苗盘内移入花盆中的操作称为上盆。上盆前要根据植株的大小或根系的多少来选用大小适当的花盆,对未用过的新盆应泡水"退火";上盆时先放少量底土,将花苗放在盆的中央,使苗株直立,最后在四周填入培养土,并将花盆提起后尽量墩实。在可能的情况下尽量带土坨上盆;填土后应留出盆口2～3cm,大盆和木桶应留出4～6cm,以便于浇水。

所谓换盆,指的是换掉盆中大部分旧培养土,将原有植物材料移入新的容器,或对于多年生观赏植物,长期生长于容器内有限土壤中,会造成养分不足,加之冗根盈盆,因此随植物长大,需逐渐更换新的或大的花盆,扩大其营养面积,助于植株继续健壮生长。

换盆时应根据植物种类、植株发育程度确定花盆大小及换盆的时间和次数。

①盆过大不便于管理,浇水量不易掌握,常会造成缺水或积水现象,不利植物生长。②换盆过早、过迟对植物生长发育均不利。当发现有根自排水孔伸出或自边缘向上生长时,就说明需要换盆了。③多年生盆栽花卉换盆应在休眠期或花后进行,一般每年换一次,一二年生草花的换盆时间可根据花苗长势和园林应用随时进行,并依生长情况可进行多次,每次花盆加大一号。④多年生盆栽花卉或观叶植物换盆时,要将冗根剪除一部分,对于肉质根系类型应适当在阴处短时晾放,以防伤口感染病菌。⑤换盆后应立即浇水,第一次必须浇透,以后浇水不宜过多,尤其是根部修剪较多时,吸水能力减弱,水分过多易使根系腐烂,待新根长出后再逐渐增加水量。为减少叶面蒸发,换盆后应放置阴凉处养护2～3d,并增加空气湿度,有助于迅速恢复生长。

3.浇水与施肥

（1）浇水

盆花浇水的原则是"间干间湿，浇必浇透"，干是指盆土含水量到了再不加水植物就濒临萎蔫的程度。这样既使盆花根系吸收到水分，又使盆土有充足的氧气。

另外，还应根据花卉的不同种类、不同生育期和不同生长季节而采取不同的浇水措施。草本花卉本身含水量大、蒸腾强度也大，盆土应经常保持湿润；蕨类植物、天南星科、秋海棠类等喜湿花卉要保持较高的空气湿度，对水分要求较高，栽培过程"宁湿勿干"；仙人掌科等多浆植物花卉要少浇，即"宁干勿湿"；有些花卉（如兰花）要求有较高的空气湿度，盆栽场地应经常向地面或空间喷水、洒水。

夏季以清晨和傍晚浇水为宜，冬季以上午10点以后为宜，一方面可避免植物与水的温差过大而造成伤害；另一方面，土壤温度情况也直接影响根系的吸水。

一般而言，花卉在幼苗期需水量较少，应少量多次；营养生长旺盛期消耗水量大，应浇透水；现蕾到盛花期应有充足的水分；结实期或休眠期则应减少浇水或停止浇水；气温高、风大多浇水；阴天、天气凉爽少浇水。

盆栽园林植物的根系生长局限在一定的空间，因此对水质的要求比露地花卉高。灌水应以天然降水为主，其次是江、河、湖水。以井水浇花应特别注意水质，如含盐分较高，特别是给喜酸性土花卉灌水时，应先将水软化处理。无论是井水或是含氯的自来水，均应于贮水池24h之后再用，灌水之前，应该测定水分的pH值和EC值，根据园林植物的需求特性分别进行调整。

（2）施肥

盆栽园林植物生活在有限的基质中，因此所需要的营养物质要不断补充。

常用基肥主要有饼肥、牛粪、鸡粪等，基肥施入量不要超过盆土总量的20%，与培养土混合均匀施入。追肥以薄肥勤施为原则，通常以沤制好的饼肥、油渣为主，也可用无机肥或微量元素追施或叶面喷施。

叶面追施要注意液肥的浓度要控制在较低的范围内。通常有机液肥的浓度不宜超过5%，无机肥的施用浓度通常不超过0.3%，微量元素浓度不超过0.05%。叶片的气孔是背面多于正面，背面吸肥力强，所以喷肥应多在叶背面进行。

总体上看，盆养园林植物的施肥在1年当中可分为三个阶段。第一阶段基施应在春季出室后结合翻盆换土一次施用。第二阶段是在生长旺盛季节和花芽分化期至孕蕾阶段进行追肥，根据植株的大小、耐肥力的强弱，可每隔6~15d追肥一次。第三阶段在进入温室前进行，但要区别对待，对一些入室后仅仅为了越冬贮藏的花卉可不再施，而对一些需要在温室催花以供元旦或春节使用的盆花，则应在入室后至开花前继续追肥。

4.整形修剪与植株调整

整形与修剪是盆花栽培管理工作中的重要一环，它可以创造和维持良好的株形，调节生长和发育以及地上和地下部分的比例关系，促进开花结果，从而提高观赏价值。

（1）整形

整形的形式多种多样，概括有两种：自然式着重保持植株自然姿态，仅通过人工修整和疏剪，对交叉、重叠、丛生、徒长枝稍加控制，使枝条布局更加合理完美。自然式多用于株形高大的观叶、观花类花木，如苏铁、棕榈、蒲葵、龟背竹、木槿等。人工式依人们的喜爱和情趣，利用植物的生长习性，经修剪整形做成各种意想的形态，达到寓于自然、高于自然的艺术境界。

不论采用哪种整形方式，都应该将自然美和人工美相结合。在确定整形形式前，必须对植物的特性有充分了解。枝条纤细且柔韧性较好者，可整成镜面形、牌坊形、圆盘形或 S 形等，如常春藤、三角花、藤本天竺葵、文竹、令箭荷花等。枝条较硬者，宜做成云片形或各种动物造型，比如蜡梅、一品红等。整形的植物应随时修剪，以保持其优美的姿态。

在实际操作中，两种整枝方式很难截然分开。

（2）修剪

主要包括疏剪和短截两种类型。疏剪指将枝条自基部完全剪除，主要针对病虫枝、枯枝、重叠枝、细弱枝等。短截指将枝条先端剪去一部分。

在整形修剪之前，必须对园林植物的开花习性有充分的了解。在当年生枝条上开花的扶桑、倒挂金钟、叶子花等，可在春季进行重剪，而对一些只在二年生枝条上开花的杜鹃花、山茶等，如果在早春短剪，势必将花芽剪掉，因而应在花后短剪花枝，使其尽早形成更多的侧枝，为翌年增加着花部位做准备。对非观果类园林植物，在花后也应将残花剪掉，以免浪费营养而影响再次开花。

修剪时还要注意留芽的方向。若使枝条向上生长，则留内侧芽；若使枝条向外倾斜生长，则留外侧芽。修剪时应在芽的对面下剪，距剪口斜面顶部 1～2cm.

（3）绑扎与支架

盆栽花卉中一些攀缘性强、枝条柔软、花朵硕大的花卉，常选择粗细适当、光滑美观的材料设支架或支柱。捆绑时应采用尼龙线、塑料绳、棕线或其他具韧性又耐腐烂的材料，还可在材料上涂刷绿漆，给人以取自天然的感觉。

（4）摘心、抹芽、疏花、疏果

与露地花卉相同，只不过因为盆土的限制，应结合植物的长势，掌握摘心、抹芽、疏花疏、果的程度。

（三）水生植物的栽培与养护

1. 土壤和养分管理

栽培水生园林植物的水池、水塘应具有肥沃的塘泥，并且要求土质黏重。盆栽时的土壤也必须是富含腐殖质的黏土。

由于水生园林植物一旦定植，追肥比较困难，因此，需在栽植前施足基肥。已栽植过水生园林植物的池塘通常已有腐殖质的沉积，视其肥沃程度确定施肥与否。新开挖的池塘必须在栽植前加入塘泥并施入大量的有机肥料。

2.种植深度及水质要求

不同的水生园林植物对水深的要求不同，同一种园林植物对水深的要求一般是随着生长要求不断加深，旺盛生长期达到最深水位。

清洁的水体有益于水生园林植物的生长发育，水生植物对水体的净化能力是有限的。水体不流动时，藻类增多，水浑浊，小面积可以使用 $CuSO_4$，分小袋悬挂在水中，$1kg/250m^3$；大面积可以使用生物防治，放养金鱼藻、狸藻等水草及河蚌等软体动物。轻微流动的水体有利于植物生长。

3.越冬管理

王莲等原产热带的水生园林植物，在我国大部分地区进行温室栽培。其他一些不耐寒者，一般盆栽之后置池中布置，天冷时移入贮藏处，也可直接栽植，秋季掘起贮藏。

半耐寒性水生园林植物如荷花、睡莲、凤眼莲等可行缸植，放入水池特定位置观赏，秋冬取出，放置于不结冰处即可。也可直接栽于池中，冰冻之前提高水位，使植株周围尤其是根部附近不能结冰，少量栽植时可人工挖掘贮存。

耐寒性水生园林植物如千屈菜、水葱、芡实、香蒲等，一般不需特殊保护，对休眠期水位没有特别要求。

残花枯叶不但影响景观，也影响水质，应及时清除。

4.防止鱼食

同时放养鱼时，在植物基部覆盖小石子可以防止小鱼损害；在园林植物周围设置细网，稍高出水面以不影响景观为度，可以避免大鱼啃食。

二、园林树木的栽植与养护

园林树木是园林景观中不可或缺的一部分，其生命周期长，且在保护环境、改善环境和美化环境方面都发挥着草本植物无法替代的作用，因此在园林绿化中始终占据着重要地位。园林树木能否充分发挥其功能，与园林树木的栽植和养护有着直接关系，所谓"栽植是基础，养护是保证"，只有科学的栽植和合理的养护，才能使园林树木最大限度地发挥作用，更好地为人类服务。

（一）园林树木的栽植

1.树木栽植成活原理

从生理的角度来说，树木的根系是吸收土壤水分和养分的重要器官，而根系吸收的水分大多通过地上部分蒸腾到大气当中。移植树木时会使大量的吸收根遗留在土壤中，根总量减少，吸收功能减弱，而地上部分的水分散失仍在进行，这就打破了树木以水分代谢为主的平衡关系。树木栽植后，能否尽快发出新根，恢复吸收功能，对于树木的成活也至关重要。因此，栽植成活的关键在于维持和恢复树体以水分代谢为主的平衡。

为了提高栽植的成活率，在"适地适树"的基础上，起挖时应尽可能多保留吸收根，并且减少树木的水分散失；栽植时应使根系与土壤紧密接触，并促使根系快速再生新根；

栽植后应提供适宜的水分和通气条件,帮助树木维持和尽快恢复以水分代谢为主的平衡。

2.影响树木栽植成活的因素

（1）树种特性

通常来说,多数落叶树比常绿树栽植成活率高;须根多而紧凑、根系再生能力强的树种栽植成活率高,如杨属、柳属、榆、槐、刺槐、银杏、白蜡、悬铃木等。即使是同一树种,在幼年期、青年期栽植,成活率也要高于壮龄期和衰老期栽植。

（2）栽植季节

适宜的栽植季节对于提高成活率很重要。栽植季节应选择地上部分蒸腾量小,并且适合根系再生的时期,同时还要综合考虑树种的特性、当地的气候条件、季节变化以及土壤状况等。一般来说,以处于休眠期的晚秋和早春最为适宜。

早春栽植。早春气温逐渐回升,根系开始活动,但地上部分还未萌芽时,消耗的水分少,易于维持地上部分和地下部分的水分平衡;由于树体内贮藏的营养物质丰富,且早春根系有一个生长高峰,有利于再生新根;加之早春土壤化冻返浆,水分充足,便于树木的挖掘,有利于栽植后根系恢复生长。此外,春季栽植后,树木经过一个生长季,抗性逐渐增强,能够减少越冬防寒工作,对于冬季寒冷地区尤为适宜。

需要注意的是,早春栽植宜尽早进行。落叶树最好在新芽膨大之前栽植,以免新叶展开,散失的水分增多,影响成活。常绿树虽然在萌芽后也可以栽植,但成活率会有所降低。若同时栽植多种苗木,最好根据树种萌芽期的早晚安排好栽植顺序,萌芽早的先栽,萌芽晚的后栽。

晚秋栽植。地上部分在进入休眠至土壤冻结之前的这段时间均可进行栽植,落叶树种在叶片脱落后即可移植。对于大部分地区,特别是春旱严重的地区,晚秋栽植是比较适宜的。但是,由于栽植之后要经过较长的冬季,需要对部分树种采取一定的防寒措施。冬季严寒的地区或耐寒性差的树种不宜在秋季栽植。

雨季栽植。对于有旱季、雨季之分的地区,可在雨季栽植。适宜的时间为春梢停止生长以后,并且要避开强光和高温,选择连绵的阴雨天进行,还要注意及时遮阴和排除积水。

冬季栽植。在冬季气温较温和、土壤不冻结的南方地区,可以在冬季栽植树木;对于冬季严寒、冻土层较深的地区,则可以采取冻土球移植的方法:当土层冻至10cm深时开始挖种植穴和起挖树木,根部土球的四周挖好后,不切断主根,待土球冻实后（也可以向土球洒水,加速其冻结）,切断主根,再进行包装、运输、栽植。在寒冷的北方地区,常用冻土球移植法来移植大树,成活率较高,但要注意避开"三九"天。

（3）栽植方法

树木的栽植方法有裸根栽植和带土球栽植。前者起苗时根部不带土坨,适用于胸径较小、根系再生能力较强的树木;后者起苗时带土坨,适用于裸根栽植难以成活的情况。具体采用哪种方法应综合树种特性、树龄、栽植时期、栽植地的条件而定。栽植过程中的操作是否规范也对成活率有很大影响。

（4）立地条件

栽植地的立地条件与树木生态习性的吻合度越高，栽植成活率就越高。实践中可采用选树适地（选择能适应栽植地条件的树种）、选地适树（根据树种的习性为其选择合适的栽植地）、改地适树（人为改造栽植地条件以适应既定的树种）和改树适地（通过育种方法改良树种特性以适应栽植地条件）的方法尽量使两者相吻合，也就是绿化工作者经常强调的"适地适树"。

3. 园林树木的栽植技术

完整的栽植过程包含起挖、运输和定植三个主要环节。

（1）起挖

起挖前，应事先考察起挖地的土壤墒情，土壤过于干旱时，应在起苗前 3 ~ 5d 浇足水；土壤含水量过多时，应提前开沟排水。对于树冠较大的苗木，可用草绳绑扎树冠，以便于操作。

裸根起挖适用于大多数落叶树种（通常要求胸径小于 8cm）和部分常绿树的小苗。乔木裸根起挖的水平幅度应为其胸径（指乔木主干离地表面 1.3m 处的直径）的 6 ~ 8 倍，如果无法测得胸径，则取其基径（指苗木主干离地表面 0.3m 处的直径）；灌木裸根起挖的水平幅度以株高的 1/3 来确定，绿篱裸根起挖的水平幅度通常为 20 ~ 30cm。

起挖深度应比根系的主要分布区略深一些，根系的分布深度一般为 60 ~ 80cm，浅根性的树种多为 30 ~ 40cm，绿篱通常为 15 ~ 20cm。

切断挖掘过程中遇到的根系：对于较粗的骨干根，要用锋利的手锯锯断，保持切口平滑，不可用铁锹铲断。根系全部切断后，将植株放倒，小心去除根系外围土壤，尽量多保留护心土。及时对根系进行保湿处理，并注意遮阴。保湿处理可以用湿土、湿沙、湿润的草帘或苫布覆盖根系；也能够用保水剂（加水调成凝胶状）或泥浆等保水物质进行蘸根。

带土球起挖适用于珍贵的落叶树、常绿树、胸径在 8cm 以上的苗木及移植成活率低的树种。乔木的土球直径应不小于胸径的 8 倍，土球高度应为土球直径的 2/3；灌木的土球直径应为冠幅的 1/3 ~ 1/2，土球高度为土球直径的 2/3。苗木挖掘到规定深度后，用锹将土球修成苹果形（上宽下窄，土球下部的直径不超过上部直径的 2/3），土球的上表面中部应略高于四周，球体表面平整，以便于包装。

包装方法可以根据具体情况来决定。如果土球较小、土壤紧实且运输距离较短，可以不包装或用塑料布、粗麻布、草包、塑料胶带等软质材料进行简易的包装。

树木起出后，首先要对树冠和根系进行必要的修剪，在不影响观赏效果的情况下，适当稀疏枝条，减少蒸腾面积，并修剪劈裂根、老根、烂根、过长根。主要目的是协调地上

部分与地下部分的比例，方便维持树体的水分平衡，提高成活率。其次对直径在 2.0cm 以上的根修剪后要进行消毒处理，以防腐烂。

（2）运输

尽量做到随挖随运，运输前要对苗木进行包装。裸根苗能够用麻袋、塑料薄膜等材料对根系进行包裹，根间应放湿的苔藓、锯末、稻草等湿润物，绑扎不宜过紧，以利通气。包装外要标明树种、苗龄、数量、规格及苗圃名称等。带土球的树木，若土球直径小于20cm，可紧密地码放2～3层；土球直径超过20cm，则只可码一层，土球上禁止放重物。较大的苗木装车时根系（或土球）应朝向车头，树梢朝向车尾。如果树冠较大，可用支架将树冠支起，以防止树梢拖地。苗木全部装车后，要用绳索固定，树身与车板接触处必须垫软物，以防摩擦损伤树体。土球直径超过70cm的，应使用吊车等机械装卸。

运输途中应注意根部保湿，可以用苫布等材料覆盖，防止暴晒和雨淋。长途运输应适时适量地实施根部洒水，并保持良好的通气条件。

（3）假植

如果苗木起出后不能及时运输或定植，要用湿的沙子或土壤对苗木进行临时的保护性埋植，这就是假植。它的作用是保持苗木根系的湿润，维持根系的活力。假植时间不适宜超过1个月。

裸根苗如果2d内可以定植，只需对根部喷水，再用湿的苫布或稻草帘盖好即可。假植时间超过2d，则应选择靠近栽植地点且排水良好、阴凉背风的地方，挖假植沟，按苗木种类分别假植，并做好标记。若苗木较小，可将苗木逐层码放，每放一层苗木，就覆一层土。假植期间要经常检查，保持适宜的湿度，必要时可向树冠适量喷水。

带土球苗木如果2d内能定植，可不必假植，适当喷水保持土球湿润即可。若假植时间较长，应将树木集中直立放好，用绳扎拢树冠，在土球四周培土，定期向土球、枝干及叶片喷水，保持适度湿润。

（4）定植

是指苗木一经栽植后不再移植的栽植方式。裸根苗定植前应进行必要的冠根修剪，剪除运输过程中劈裂、磨损和折断的根或枝条，并适当修整树形。起苗后未进行修剪的，可在此时期完成。低矮的树木也可以在定植后再修剪地上部分。同时，应按照林业技术部门提倡的"三埋两踩一提苗"的方法进行定植。

第一埋：将表土碾碎，取一部分填入种植穴底，并培成小土堆，然后将苗木放入穴内，使根系舒展地分布在土堆上，苗木的主干要与地面垂直，且位置端正（行列式栽植要注意对齐），使树冠最美的一面朝向观赏方向。

第二埋：继续将其余的表土埋入穴中，表土填完后可以继续填心土。

一提苗：当填土高度到种植穴的1/2时，将树干稍微向上提一下，以使根自然舒展，并使土壤颗粒填满根间的缝隙。

第一踩：将已埋的土向下踩实，使根系和土壤紧密接触，利于根系从土壤中吸水，如果土壤黏重，则不要踩得过实，以防通气不良。

第三埋：继续往穴中填土，直至与地面平齐。

第二踩：再一次将土踩实，最后再盖上一层土。如果树木较大，种植穴较深，则要增加埋土和踩实的次数，通常是每填土20～30cm，就要踩实一次，以防止根系与土壤之间有空隙。

带土球苗木的定植与裸根苗略有差异：将种植穴底的土壤踩实，将苗木放入种植穴内调整深度、位置和角度后，在土球四周垫入适量的土，使苗木直立稳定，拆除土球外的包装材料，此后不可再挪动土球，以防其碎裂（腰箍可以在土填至腰箍下部时再拆除）。先将表土回填入种植穴，然后再填心土，每填土 20～30cm 就踩实一次，注意确保土球完好。

定植苗木要注意栽植深度，不可栽得过深或过浅，填土后的高度要与树木的根颈（地上部分与地下部分的交界处）痕迹相平或比根颈高 3～5cm。

对于交通方便、运输距离短、平坦场地的大树移植，可以使用大树移植机完成。移植机可以完成挖种植穴、起挖树木、运输、定植等一系列作业，起挖和栽植速度快，栽植成活率较高。

（5）裹干

用于常绿乔木和胸径较大的落叶乔木的反季节栽植。用草绳、草帘等保湿、保温且透气的材料严密包裹主干，必要时可以连同一、二级主枝一起包裹，目的是减少水分散失，保持枝干湿润，避免极端温度对枝干造成伤害，提高成活率。

（6）筑灌水堰

用土在种植穴外沿筑 15～20cm 高的灌水堰，堰埂应踩实或者用锹拍实，以防灌水时漏水。栽植密度较大时，可以几株树筑 1 个灌水堰。

（7）立支撑

胸径在 5cm 以上的乔木及树冠较大的灌木都应在种植后及时立支撑，以防止新栽树随风摇摆，影响根系生长或造成树体倒伏，还可以防止灌水或降雨后土壤沉降引起的树体倾斜。支撑点的位置一般在苗木高度的 1/3～2/3 处。事先用胶皮、草绳、软布等软材料将树干的支撑点包好，再用粗铁丝、绳索或其他连接物将树干与支撑杆绑扎牢固。常见的支撑方式有以下几种。

单支式。在适当位置将木桩或水泥桩垂直埋入土中 40～60cm，可于树木定植时埋入，也可定植后在不损伤根系的前提下打入土中，用粗铁丝或尼龙绳等扭成"8"字形将树干与支撑杆绑紧；或者采用专门的支撑配件，一端套在树干上，另一端用螺丝固定在支撑杆上。

也可以将支撑杆支于下风方向，与地面呈 45°角对树干进行支撑。

双支式。将两根支撑杆垂直打入树干两侧的土中，在两根支撑杆上端固定一根横梁，并将其与树干固定。

三支式。将三根支撑杆均匀分布在树干周围，斜撑在树干的支撑点，其中一根支撑杆应在主风向上位。

四支式。将四根支撑杆均匀分布在树干周围，斜撑在树干的支撑点；为了支撑得更牢固，也能够增加辅助的横梁。三支式和四支式的固定效果最好，园林中应用较多。

目前市场上成套出售的树木支撑架，由套杯、绑带和支撑杆组成，绑带长度可调，将 3～4 个套杯穿在绑带上，绑带固定在主干的支撑点上，将支撑杆一端插入套杯的下口，另一端支撑于地面。支撑杆的规格一致，可以是木质或其他材质。此支撑架的优点是整齐、美观，使用方便，但牢固程度不如上述的三支式和四支式支撑。

联合桩支撑适用于栽植密度较大的情况。将支撑杆与树干相垂直，横向固定在相邻树木的支撑点上，每株树木都通过支撑杆与邻近树木相连，最终将整片苗木联合成网格形式，可根据树木的多少，在地面增加几根斜撑的支撑杆，使得整个支撑架更稳固。

（二）园林树木的植后管理

1. 水分管理

树木栽植当天应灌一遍透水（称为"定根水"），以使土壤与根系紧密接触，并能为根系提供充足的水分，利于维持地上部分与地下部分的水分平衡，提高成活率。以后再根据土壤类型、土壤墒情、树木规格和降水情况及时补水。北方地区定植后，至少要灌水三遍，此后的灌水频率和灌水量应视具体情况而定，不可过于频繁。灌水时水流不宜过大，以防止灌水堰被冲毁或根系裸露，最好使水缓慢渗入土壤。灌水结束后，应撤除灌水堰，并用围堰土封树穴，以防积水。必要时还可以对树冠和树干进行喷水，以增加空气湿度，降低环境温度，减少蒸腾失水。

土壤含水量并不是越大越好，湿度越大则土壤的透气性越差，不方便生根，甚至会引起烂根。土壤含水量达到田间持水量的 60% ~ 80%，是最适宜的土壤湿度，因此土壤过湿时也要注意排水。

2. 培土与扶正

新栽树木经过灌水或降雨后，若回填土未踩实，则容易出现局部土壤下陷、根系外露，甚至苗木松动。此时应及时回填种植土，掩埋外露的根系，填平下陷处并踩实。若苗木出现倾斜，应及时扶正，操作时不能用蛮力，避免损伤根系。

3. 补植

栽植后应进行植后调查：①如有漏植，应及时补植；②统计成活率，并仔细分析植株死亡的原因，为避免"假活"现象的影响，成活率的统计最好在秋末进行。

根据调查的情况确定补植任务。补植的树木要在树种、规格、形态和质量上满足要求。

4. 搭遮阳架

高温干燥季节应给新栽植的树木（特别是大树）搭遮阳架，以减少水分蒸腾。遮阳度以 70% 为宜。遮阳架应与树冠的上方和四周保持 30 ~ 50cm 的距离，以便于空气流通。

5. 越冬防寒

北方地区在严冬到来之前，要对不耐寒的树种及秋、冬季栽植的树木进行越冬防寒，如地面盖草，树干基部培土，用草绳、稻草、植物绷带等包裹主干，设防风障，树干涂白等。

（三）园林树木的整形修剪

整形修剪可以培养优美的树形，调整树木体量，增强配置效果，改善通风透光条件，减少病虫害发生，调控开花与结果，提升移植成活率，促进老树更新复壮，提高树木安全性，是园林树木养护管理工作中必不可少的内容。

1.修剪时期

（1）休眠期修剪

也称冬季修剪，适用于大多数落叶树种，宜在树木自然落叶后至春季萌芽前进行。北方地区冬季寒冷，为避免伤口出现冻害，应在早春修剪；需要防寒越冬的花灌木，宜在秋季落叶后重剪，然后再做防寒处理。有伤流现象（指树木体内的养分与水分在树木伤口处外流的现象）的树种，应当避开伤流期修剪。

（2）生长期修剪

也称夏季修剪，指在整个生长季内进行的修剪，即树木萌芽后至进入休眠以前的这段时间。生长期修剪的作用是改善树冠的通风透光条件，通常采用轻剪。常绿树种在冬季修剪的伤口不易愈合，因此应该在枝叶开始萌发后再修剪。对于夏季开花或一年内多次抽梢开花的树木，宜在花后及时修剪。

2.修剪手法

园林树木的修剪与露地花卉和盆栽花卉的修剪差不多，只是因目的不同，而有不同的方式或轻重程度。其主要修剪手法有摘心、摘叶、抹芽、除萌、去蘖、除蕾、疏花、疏果、短截、回缩等。

（1）短截

又称短剪。短截可刺激保留下来的侧芽萌发，增加枝条数量，促进营养生长或开花结果。剪除的长度不同，修剪效果也不同。

轻短截：剪除枝条全长的 1/5 ~ 1/4，由于保留的芽较多，修剪后这些芽萌发，形成中短枝，分化较多的花芽，主要用于修剪观花、观果类树木的强壮枝。

中短截：剪除枝条全长的 1/3 ~ 1/2，剪口处留饱满芽，修剪后养分供应集中，促使这些饱满芽萌发长成营养枝，主要用于培养骨干枝、延长枝以及弱枝的复壮，连续中短截还具有延缓花芽形成的作用。

重短截：剪除枝条全长的 2/3 ~ 3/4，刺激作用较大，修剪后可使枝条基部的隐芽萌发，适用于老树、弱树和老弱枝的复壮更新。

极重短截：只保留枝条基部的 2 ~ 3 个弱芽，其余全部剪除，修剪后会萌生 1 ~ 3 个中、短枝，可以削弱旺枝、徒长枝的生长，并促进花芽形成，还能够降低枝条的位置，主要用于竞争枝的处理。

（2）回缩

亦称缩剪，指剪除多年生枝条（枝组）的一部分。修剪量大，刺激较重，修剪后可促使剪口下方的枝条旺盛生长或刺激休眠芽萌发徒长枝，多用于衰老枝的复壮和结果枝的更新。对中央领导枝干回缩时，要选留剪口下的直立枝做头，直立枝的方向与主干一致时，新的领导干才会姿态自然，剪口方向应与剪口下枝条的伸展方向一致。

（3）除萌、去蘖

除萌即去除主干上的萌蘖，采用嫁接方法繁殖的树木，要及时去除砧木上的萌蘖，以防止其与接穗争夺养分及干扰树形，如垂枝榆、龙爪槐等。去蘖即去除根际滋生的根蘖，生长季要随时除去根蘖，不但可以减少养分的消耗，还可以保持树干基部的卫生状况，减少病虫害的发生。除萌、去蘖越早进行越好。

3. 整形方式

园林树木整形的方式首先应根据树种的特征灵活掌握。主要去除扰乱树形和影响树体健康的枝条，按照顺其自然的原则，对树冠的形状只做辅助性修整，促使其形成优美的自然形态。

当然，也有根据植物景观设计中的特殊要求，将树木整剪成各种形体，如球体、柱体、锥体等规则的几何形体或亭、门、动物造型等非几何形体，在西方园林中应用较多，被称为人工式整形。此整形方式适用于枝繁、叶小且密，萌芽力强的树种，如榆、小叶女贞、水蜡、黄杨等。这种整形方式虽然具有特殊的观赏效果，但它以人的主观想法为出发点，不符合树木的生长发育特性，对树木生长不利。另外，为了维持观赏效果需要频繁修剪，所以在具体应用时应全面考虑。

（四）园林树木的水分管理

园林树木的水分管理是指通过适当的技术措施和管理手段，满足树木生长对水分的需求，包括灌水与排水两方面。

树木的需水特性是制订科学的水分管理方案、合理安排灌排工作的根本。一方面，树木的需水特性会因树种及树木所处的生长发育阶段的不同而有很大差别。通常说来，生长速度快，花、果、叶量大的种类需水量较大；生长期的需水量大于休眠期；喜光树种比耐阴树种、浅根性树种比深根性树种、湿生和中生树种比旱生树种的需水量大；呼吸、蒸腾作用最旺盛时期以及果实迅速生长期都需要充足的水分。另一方面，需水特性还与栽植地的立地条件、树木的栽植年限和园林用途有关。气温高、光照强、空气干燥、风大、土壤保水性差的地区需水较多，栽植年限短的树木以及观花灌木、珍贵树种、孤植树、古树、大树通常都是灌溉的重点。

另外，排水也是园林树木养护中不可忽视的一项内容。常见的排水方法有地面排水、明沟排水、暗沟排水和滤水层排水等。

（五）园林树木的养分管理

园林树木是体量较大的多年生植物，生长发育需要的养分较多；树木长期生长于同一地点，从土壤中选择性吸收某些营养元素，会导致这些元素的匮乏；城市园林绿地土壤的理化性质较差，土壤养分的有效性较低；加之城市园林绿地中的枯枝落叶常被清扫，无法回归土壤，切断了营养物质的循环。上述原因致使城市园林绿地的土壤普遍存在营养物质含量低的情况。因此，为了确保园林树木健康生长，花繁叶茂，就要通过正确的施肥，提高土壤肥力。

1. 施肥类型

（1）基肥

是指能在较长时间段内供给树木多种养分的基础性肥料，以有机肥为主，如厩肥、堆肥、人粪尿、骨粉等。基肥一般在春季和秋季结合土壤深翻施入，也可以在树木定植前施入。

（2）追肥

是指为了满足树木生长过程中对营养物质的迫切需求、补充基肥的不足而施用的肥料，主要为速效性的无机肥。在各个需肥的生长发育阶段施用，如抽梢期、花芽分化期、果实膨大期等；当树木表现出缺素症状时也应及时追肥。

2. 施肥量

施肥量受树种特性、树龄、物候期、土壤条件、气候条件、施肥方法等诸多因素的影响，因而其计算方法也莫衷一是。

（1）理论施肥量

理论上可以采用以下公式计算。

施肥量 =（树木吸收营养元素量－土壤可供给营养元素量）/ 营养元素的利用率

计算前应测定树木每年从土壤中吸收各营养元素的量及当前土壤可供给的各营养元素含量。

（2）经验施肥量

按照每 cm 胸径 180 ～ 1400g 的无机肥计算，普遍使用的最安全用量是每 cm 胸径 350 ～ 700g 完全肥料。胸径小于 15cm 的树木及对化肥敏感的树种施肥量应减半。大树可按每 cm 胸径施用 10-8-6 的 N、P、K 混合肥 700 ～ 900g（10-8-6 表示肥料中有 10% 的 N，8% 的 P_2O_2，6% 的 K）。常绿针叶树的幼树最好不施无机肥，而应施有机肥。

最科学的施肥量应通过对肥料的成分分析结合营养诊断，进而计算出最佳的营养元素配比和施肥量。

3. 施肥方法

适当的施肥方法，对于提高肥料的利用率、促进树木的健康生长至关重要。

（1）土壤施肥

是指将肥料直接施入土壤中，通过根系进行吸收，是园林树木的主要施肥方法。肥料应施在吸收根集中分布的区域或比这个区域稍深、稍远的地方，以促进根系扩大。从深度来看，树木的吸收根主要分布在土壤表层以下 10 ～ 60cm 深的范围内（依树种而定）；从水平幅度来看，吸收根主要分布在树冠垂直投影的外缘线附近，而树干基部几乎没有吸收根。实践中以树冠垂直投影半径的 1/3 值画圆，再以基径的 10 倍值为半径画圆，两圆圈之间的区域即为施肥区域。施肥后要及时灌水，既有利根系吸收养分，又可以避免因局部肥料浓度过高造成烧根现象。

生产上常用的土壤施肥方法有以下几种。

全面施肥：是指将肥料均匀施于土壤。可先将肥料均匀地撒布于地表，然后再通过翻地或灌水使肥料进入深层土中；也可以先将肥料配成溶液，再通过喷灌或滴灌的方式将肥液均匀施入土壤中。全面施肥操作方便、肥效均匀。缺点是用肥量大，且养分有一定量的流失；另外，因肥料施入的土层较浅，容易使根系上浮，进而造成根系的抗性下降，故不宜长期应用。

沟状施肥：即在施肥区域内挖 30～40cm 宽的沟，将肥料均匀地施入沟内，用土将沟填平。沟的走向可以结合实际情况灵活掌握，如条状、环状、放射状等。条状沟施是指在树木行间或株间挖施肥沟，适用于呈行列式栽植的树木。环状沟施是在树冠垂直投影附近挖环状沟，沟可以是连续的，也可以是断续的，适用于孤植树或株距较大的情况。放射状沟施是以树木为中心挖放射状沟，下一次施肥时应更换沟的位置，以扩大施肥面积。沟状施肥的优点是操作简便，用肥经济；缺点是在开沟的过程中会对根系造成一定损伤，且不宜用于草坪上生长的树木，因开沟会破坏草皮。

穴状施肥：是指在施肥区域内挖数个直径 20～30cm 的施肥穴，穴通常以同心圆、的方式排布，根据树木的大小，挖 2～4 圈，内外圈的施肥穴应交错排列，肥料施入穴内后覆土，此法伤根较少。穴状施肥也可以使用专门的打孔施肥设备来完成，该设备的驱动机构可使钻头旋转，在土壤中形成孔洞，钻头内设有与肥料箱相连的通道，完成施肥。打孔施肥设备的作业效率高，对地面破坏小，适用于铺装地面和草坪中生长的树木施肥。

营养钉与营养棒施肥：树木营养钉是将复合肥与树脂黏合剂结合在一起，通过木槌打入深约 45cm 的根区，其溶解释放的营养元素可以被根系吸收利用。高密度营养棒以有机质为主，含有少量的氮、磷、钾元素，使用时将其埋入吸收根集中分布的土壤中即可。

（2）根外施肥

就是利用树木的叶片、枝条和树干吸收养分。根外施肥能够避免肥料在土壤中的固定和淋失，养分吸收速度快，用肥量少，利用率高，但只能施用易于溶解的无机肥，并且要注意浓度不可过高。根外施肥不能完全代替土壤施肥，两者应结合使用。常用的方法有叶面施肥和枝干施肥。

叶面施肥：将配好的无机肥溶液以喷雾的方式均匀喷洒到叶片，养分通过气孔和角质层进入到树木体内，并运输到树木各个器官，适合于在土壤中容易被固定的元素和微量元素的施用，以及土壤施肥效果不好或土壤施肥难以操作的情况。叶面施肥常作追肥使用，并可结合病虫害防治同时进行。

枝干施肥：通过枝或干的木质部吸收营养，并运输到树体的其他部位。枝干施肥可以采用涂抹或输液的方法。

涂抹法是先将枝干刻伤至木质部，再在伤口处放置含有营养液的棉条，注意伤口不可过大。

枝干输液技术适用于胸径 10cm 以上的树木。输液孔的位置应低一些，以使营养液有充分的时间在枝干内横向扩散，有利于营养液在整个植株中均匀分布；对于树脂较多的树种则应提高输液孔的位置，以防堵塞针孔。操作方法是用木工钻在树干自地面以上

20 ~ 30cm 处斜向下（与地面约呈 45° 角）打孔至木质部，孔深 3 ~ 5cm，孔的直径应与输液插头直径相匹配，孔的数量依树体大小而定，若需要多个输液孔，则应注意不要使输液孔位于树干的同一纹理上。将输液插瓶插入输液孔（若为输液袋，则将袋挂在距地面 1.3m 左右的树干上，并注意避光，待营养液从输液插头流出时将插头插入输液孔）。输液的速度不宜过快，有利于木质部充分吸收营养液，减少浪费。输液完毕后，将插头拔出，并用小木棍或泥土将孔封严，在孔口处喷上杀菌剂，以防止病菌侵入。枝干输液技术不但可以用于施肥，还可以用于树木的补水、促进移栽成活以及病虫害防治。

三、园林草坪的建植与养护

草坪：是指由人工建植的绿草地，主要供人们休憩、娱乐和观赏，根据气候可以将草坪分为冷季型草坪和暖季型草坪。冷季型草坪草一般在长江流域以北地区生长，包括白三叶、早熟禾、黑麦草等；而暖季型草坪草主要生长在长江流域以南，广泛分布于亚热带、热带地区，有画眉草、结缕草、百喜草、狗牙根等。

根据植物材料组合可以将草坪分为以下三种，分别为单播、混播、缀花。所谓单播草坪是指以一种草坪草通过播种形成的草坪；以两种或两种以上草坪草播种形成的草坪称为混播草坪；以多年生禾草为主，混有少量草本花卉的称为缀花草坪。

（一）草坪建植技术

1. 场地的清理

清除场地的施工障碍物、杂物、杂草等。在有树木的情况下，根据具体情况，全部或部分移走原有的植物，为后续的施工做好准备。通常情况下，在 35cm 以内的表土中，不应有大的砾石瓦块。

2. 土壤翻耕与改良

根据场地面积采取相宜的施工机械对土地进行犁耕，耕作时要注意土壤的含水量。对于保水性差、养分缺乏、通气不良、酸碱度过高等土壤可以通过加入改良物质来改善土壤的理化性质。同时，必要时要使用底肥，使之更适宜植物的生长。例如，对于酸性土壤可以使用石灰来降低酸度。土壤使用肥料和改良剂后，要通过耙、旋耕等方式把肥料、改良剂翻入土壤一定深度并混合均匀。

3. 整理地形

根据设计意图，做到表面平整，满足设计标高。填充土壤松软的地方，由于土壤会沉实下降，故填土的高度要高出设计的高度。一般用细质土壤填充时，要高出大约 15%；粗质土稍低些。在填土量大的地方，每填 30cm 就要镇压以加速沉实。为了更好地排除场地的地表水，体育草坪多设置成中间高、四周低的地形。地形之上至少需要有 15cm 厚的覆土。

进一步整平地面坪床，并且对表层土壤少量施用氮肥和磷肥，以促进草坪幼苗的发育。

4. 排水与灌溉系统的设置

草坪多采用缓坡排水。缓坡排水就是指在一定面积内修一条缓坡的沟渠，其最低处一段可设雨水口接纳排出的地面水，并经由地下管道排走，或者以沟直接与湖池连接。对于地势过于平坦或者地下水位过高的草坪，应设置明沟排水或暗管排水。灌溉管网系统通常应在场地最后整平之前全部埋设完毕。

5. 直播法建坪

（1）选种以及种子的处理

选取适合当地气候条件的优良草种，选种时要重视草种的纯度以及发芽率。对于混合草籽要对其中的不同草种分别进行测定，以免造成损失。另外，根据种子的具体生理情况，必要时，可以在播种前，对种子进行流水冲洗，或化学药物处理，或机械揉搓等处理，以提高种子的发芽率。

（2）播种的时间与播种量

单播时，一般用量为 0.01 ~ 0.02kg/m²，具体应根据草种及种子发芽率而定。一般来说，暖季型草种为春播，可在春末夏初播种；冷季型草种为秋播，北方最适合的播种时间为 9 月上旬。

几种草坪草混合播种，虽然不易得到颜色纯一的草坪，但是可以适应较差的环境条件，更快地形成草坪，并使其寿命延长，混播时，混合草种包含了主要草种和保护草种。一般情况下，常使用发芽迅速的草种为保护草种，以便为生长缓慢和柔弱的主要草种遮阴及抑制杂草，并在早期可以显示草坪的边沿以方便修剪。

（3）播种的方法

一般采用人工或机械播种。人工播种包括撒播和条播，其中撒播出苗均匀整齐，易于快速成坪，条播则利于播后管理。撒播前要先将草种掺入到 2 ~ 3 倍的细沙或细土中。撒播时，先用细齿耙松表土，再将种子均匀撒在耙松的表土上，并再次用细齿耙反复耙拉表土，然后，用碾子滚压，或用脚并排踩压，以使土层的种子与土壤密切结合，同时播种人应做回纹式或纵横式后退播种。

条播则是在整理好的场地上开沟，沟深 0.05 ~ 0.1m，沟距 0.15m，用等量的细土或沙子与种子混合均匀撒入沟中，播后用碾子碾压。

机械播种常采用草坪喷浆播种法。即利用装有空气压缩机的喷浆机组，通过较强的压力将混合有草籽、肥料、保湿剂、除草剂、颜料以及适量松软的有机物及水等配制成的绿色泥浆液，直接均匀喷送至已经整理好的场地或陡坡上。这种方法机械程度高，易完成陡坡处的播种工作，且种子不会流失，故为公路、铁路、水库的护坡及飞机场等大面积播种草坪的好方法。同时，因为草籽泥浆具有很好的附着力和鲜明的颜色，施工操作能做到不遗漏、不重复，均匀地将草籽喷播到目的地。

6. 植草法建坪

（1）栽植时间

全年生长季均可进行，但最好在生长季的中期种植，此段时间栽植能确保草坪成型。

过晚栽植，则草当年不能长满草坪，影响景观。

（2）栽植方法

点栽法：种植时，一人用铲子挖穴，穴深 6 ~ 7cm，株距 15 ~ 20cm，呈三角形排列；另一人将草皮撕成小块栽入穴中埋实、拍实，并随手搂平地面，最后再碾压一遍，及时浇水。该法植草均匀，形成草坪迅速，但费时费工。

条栽法：条栽法比较省工，省草，施工速度快，但形成草坪时间慢，且成草不均匀。栽植时，一人开沟，沟宽 5 ~ 6cm，沟距 20 ~ 25cm；另一人将草皮撕成碎片放于沟中，再埋土、踩实、碾压和灌水。

密铺法：采用成块带土的草皮连续密铺形成草坪的方法。具有快速形成草坪且易于管理的优点，常用于施工短、成型快的草坪作业。密铺法作业除了冻土期外，不受季节影响。铺草时，先将草皮切成方形草块，按设计标高拉线打桩，沿线铺草。铺草的关键在于草皮间应错缝排列，缝宽 2cm，缝内填满细土，用木片拍实。最后用碾子滚压，喷水养护，一般 10d 后形成草坪。

植生带栽植法：这是一种人工建植草坪的新方法。具备出苗整齐、密度均匀、成坪迅速等优点。特别适合用于斜坡、陡坡的草坪施工。它是先利用两层特制的无纺布作为载体，在其中放置优质草种并施入一定的肥料，经过机械复合、定位后成品。产品规格每卷长 50m，宽 1m，可铺设草坪 50m²。植生带铺设时，先将铺设地的土壤翻耕整平，将准备好的植生带铺于地上，再在上面覆盖 1 ~ 2cm 厚的过筛细土，用碾子压实，洒水保养，若干天后，无纺布慢慢腐烂，草籽也开始发芽。1 ~ 2 个月后，即可形成草坪。

喷浆栽植法：可以用于播种法也可以用于植草法。用于植草时，先将草皮分松、洗净，切成小段，其长度视草种而定，通常 4 ~ 6cm，但要保持芽的完整。然后在栽植地上喷洒泥浆（用塘泥、河泥、黄心土及适量的肥料加水混合而成），再将草段均匀撒在泥浆上即可。此法成坪速度快，草坪长势良好。

（二）草坪的养护管理

为了充分发挥草坪的功能，还需要对其进行必要的养护管理，包括修剪、施肥、浇水及病虫害防治等。

1. 草坪的修剪

为了使草坪整齐、美观，要适时对草坪进行修剪。同时通过修剪，不仅可以促进草坪植物的新陈代谢，改善密度和通气性，减少病原体和虫害的发生，还可以有效地抑制部分杂草的生长。

（1）修剪高度的确定

草坪修剪的基本原则为每次修剪量一般不能超过茎叶组织纵向总高度的 1/3，即修剪的 1/3 原则。例如，若草坪需要修剪的高度为 2cm，那么当草坪草长至 3cm 高时就应进行修剪，剪掉 1cm。若草坪草长得太高，不应一次将草剪到标准高度，这样会使草坪草的根系停止生长，因此可以增加修剪次数，逐渐修剪到要求高度。

（2）修剪的时间和次数

草坪修剪的时间和次数，不但与草坪的生长发育有关，还跟草坪的种类有关，同时跟肥料的供给有关，特别是氮肥的供给，对修剪的次数影响较大。一般说来冷季型草坪草有春秋两个生长高峰期，因此在两个高峰期应加强修剪。在夏季，冷季型草坪进入休眠，一般 2 ~ 3 周修剪 1 次，但在秋、春两季由于生长茂盛，冷季型草需要经常修剪，至少 1 周 1 次。

当前，部分地方为了节约修剪成本或低养护的草坪，如路边、难以修剪的坡地等，常使用植物生长调节剂来延缓草坪草的生长，但要注意生长调节剂的浓度及施用时间。

（3）修剪草屑处理

如果剪下的草叶短，最好不要清除出去，如能严格按照 1/3 原则修剪，修剪物短小，在一般草坪上通常可不用清除；如果草屑较长，会影响草坪的美观，草堆或草的覆盖也将会引起草坪草的死亡或发生疾病，则应收集起来运出草坪。高尔夫球场、足球场等运动场草坪，由于运动的需要，必须清除草屑。有病虫害的草坪的草屑必须清除。

2. 草坪的灌溉与施肥管理

草坪浇水以喷灌为主，以地面不干为准。实际生产中，常用一把小刀或土壤探测器检查土壤。若 10 ~ 15cm 深处的土壤是干燥的，就应该浇水。多数草坪草的根系位于土壤上层 10 ~ 15cm 处。干土壤色淡，湿土壤颜色较深暗。

草坪植物含水量占鲜重的 75% ~ 85%，草坪一旦缺水，会对叶片的蒸腾作用和根系吸收等造成不良影响，因此在生长季节根据降水量和草种类型适时灌溉极为重要。细质黏土与粉沙所需水量大于砂土。雨季空气湿度较大，土壤含水量较高，可基本停止灌水。

湿度高、温度低又有微风时是灌溉的最好时机。因此晚上或早晨浇水，蒸发损失最小，中午及下午大约喷灌水分的 50% 在到地面前就会被蒸发掉。另外，中午浇水还容易使草坪草受到灼伤，进而影响草坪的使用和其他管理操作。

施用氮肥可提高草坪观赏性。春季施肥可促进草坪返青，秋季施肥可延长草坪绿色期。冷季型草坪早春、早秋各施 1 次肥比较适宜，3 月、4 月前期施肥利于草坪提前 2 ~ 3 周萌发。

初夏和仲夏施肥要尽量避免或尽量少施，利于提高冷季型草坪抗胁迫能力。

生产实践中，为了节约成本，一般采用灌溉结合施肥的方式，但要注意灌溉的均一性，而且灌溉后应立即用少量的清水洗掉叶片上的化肥，以防止烧伤叶片。

3. 草坪病虫害的防治

草坪一旦发生病虫害，扩展速度很快，极易造成大面积损失。因此，要加强管理，及时清除枯草层，特别是要及时清除修剪后的残草，注意增加通风并适度多次修剪。草坪的病害主要有德氏霉叶枯病、白粉病、锈病等。德氏霉叶枯病的预防要加强肥水管理，用 50% 乙生 600 倍与绿先锋 700 倍混合每隔 7d 喷施 1 次，一般连续喷 3 次。锈病和白粉病的预防可用腈菌唑 5000 倍与 15% 三唑酮 1500 倍混合每隔 14d 喷 1 次。草坪害虫主要有草地螟、地老虎、金针虫等，用敌杀死 2000 倍和 15% 灭虫因 15000 倍混合每隔 15d 交替喷雾 1 次，连续喷 2 次。喷施的时间选择在无露水的早上或者太阳照射倾斜后的下午，除碱性农药与酸性农药不能混合外，普通的药剂可混合喷施，喷后 8h 内若遇雨应进行补喷。

四、园林地被植物的栽培与养护

园林地被植物是指那些株丛密集、低矮，经简单管理即可用于代替草坪覆盖在地表，防止水土流失，能吸附尘土、净化空气并具有一定观赏和经济价值的植物。它不仅包括多年生低矮草本植物，还有一些适应性较强的低矮、匍匐型的灌木和藤本植物。

（一）地被植物的栽植方法

地被植物栽植前，需要进行种植设计。其种植设计是一门综合艺术，设计得当，不仅会给人以开阔愉快的美感，并且也会给绿地中的花草树木以及山石建筑以美的衬托。

1. 种植前现场施工准备

地被植物种植前，首先要对照设计图纸，踏勘现场。

（1）场地的清理与平整场地

清理的任务就是要拆除所有弃用的建筑物或构筑物，清除所有无用的地表杂物，包括清除土壤中大的石砾、生活垃圾、建筑垃圾等。现场清理后的残土要及时回填，回填后应满足场地排水、植物生长及其他功能要求，力求场地平整自然。地被植物一般为多年生植物，大多没有粗大的主根，根系主要分布在土层 30cm。因而栽植地平整深度应达 30 ～ 40cm，在种植地被植物前尽可能使种植场地的表层土壤土质疏松、透气、肥沃，地面平整，排水良好，为其生长发育创造良好的立地条件。

（2）改良土壤、提高肥力

能够使用有机物质或土壤改良剂，腐熟的人畜粪尿和粪肥、堆肥、碎树皮、树叶覆盖层以及泥炭藓、煤渣、锯木屑等都可以作为土壤改良物，以期为地被植物的茁壮生长营造一个良好的生境。

2. 种植方法

（1）定点放线

种植地被植物应按照设计施工图定点放线，确定种植范围。定点必须按要求保证株行距。面积较大的花坛，可用方格线法，按比例放大到地面。

（2）种植时间

在晴朗天气、春秋季节、最高气温 25℃ 以下时可全天种植；当气温高于 25℃ 时，应避开中午高温时间。

（3）种植的顺序

花坛、花境中的地被植物种植顺序应由上而下、由中心向四周。

高矮不同品种地被混植时，应按先高后矮的顺序种植。种植面积大的地被要先种图案的轮廓线，后种植内部填充部分。

（4）种植密度

种植地被植物的株行距，应按植株高低、分架多少、冠丛大小决定。以成苗后不露出地面为宜。根据苗木品种、规格不同来确定种植密度，通常为 16～36 株/m²，色块、色带的宽度超过 2m 时，中间应留 20～30cm 宽作业道。地被植物不宜种植过密。

（二）地被植物养护管理措施

1. 水肥管理

地被植物在种植后要及时浇灌。灌水以少量多次为原则，每天早晚各 1 次，每次灌水深度以浸透表层土 3～5cm 为宜，同时，应避免地表积水。随着地被植物的发育，灌水次数相对逐渐减少，每次的灌水量相应加大。地被植物一般均选取适应性强的抗旱品种，成活后可不必浇水，但出现连续干旱无雨时，应进行浇水。一是浇好返青水，一般应在 2 月底或 3 月初进行；二是北方栽植的地被植物要浇足冻水，灌冻水时间约为 11 月底或 12 月初；三是生长季灌水，时间依具体情况而定，当表层 10cm 土壤出现干旱时即开始进行灌溉，每次灌水深度不小于 10cm。

地被植物生长期内，根据各类植物的生长习性要求，应及时补充肥力。如果发现幼苗颜色变浅泛黄，生长发育缓慢，那么表明缺肥，应以 0.2% 的复合肥或尿素进行喷施。有时也可在早春和秋末或植物休眠期前后，结合覆土进行撒施。施肥要均匀，施后立即灌水。

2. 防治空秃

在地被植物大面积栽培中，由于光照不均、排水不畅或病虫害等因素影响，往往会造成地被植物生长不良或死亡而形成空秃，有碍景观。因此，万一出现，应立即检查原因，翻松土层。如土质欠佳应换土，并及时进行补栽。

3. 修剪平整

一般低矮类型品种不需要进行经常修剪，以粗放管理为主。但由于近年来，各地大量引入观花地被植物，少数带残花或者花茎高的，需在开花后适当压低，或者结合种子采收，适当修剪。修剪工作最好安排在傍晚前后地被植物上没有露水时进行，可以避免地被植物的人为损害和日间阳光的灼晒，剪下的碎屑应及时清理。

4. 更新复苏与群落调整

当地被植物出现过早衰老时，应根据不同情况，对表土进行刺孔，使根部土壤疏松透气，同时加强施肥浇水，有利于更新复苏。对一些观花类的多年生地被植物，则必须每隔 5～6 年进行 1 次分根翻种，以防止衰退。

地被植物比其他植物栽培期长，但并非一次栽植后一成不变。除了有些品种有着自身更新能力外，一般均需要从观赏、覆盖效果等方面考虑，在必要时进行适当的调整。在种植过程中应注意花色协调，宜醒目，忌杂草。如在绿茵草地上适当布置种植一些观花地被植物，其色彩容易协调，如低矮的白三叶、紫花地丁，开黄花的蒲公英等。又如在道路或草坪边缘种上雪白的香雪球、太阳花，则更显得高雅、醒目和华贵。

5. 病虫害防治

多数地被植物品种具备较强的抗病虫能力，但有时由于排水欠佳或施肥不当及其他原因，也会引起病虫害的发生。在种植前，对于土中的碎石、草根、甲虫、虫卵应尽量清除干净。大面积地被植物的栽植，最容易发生的病害是立枯病，能使成片的地被植物枯萎，应采用喷药措施予以防治，阻止其蔓延扩大。其次是灰霉病、煤污病，亦应注意防治。虫害最易发生的是蚜虫、红蜘蛛等，虫情发生后应及时喷药。因为地被植物种植面积大，防治方法应以预防为主。

第三节　园林植物繁殖栽培设施

一、设施的主要类型与特点

（一）类型

繁殖栽培设施是指人为建造的适宜或者保护不同类型的植物正常生长发育的各种建筑及设备，主要包括温室、塑料大棚、荫棚、冷床与温床、风障、冷窖，以及机械化、自动化设备、各种机具和容器等。

（二）温室的特点

现代化温室主要应用于高附加值的园艺作物生产上，如喜温果类蔬菜、切花、盆栽观赏植物、果树、观赏树木的栽培及育苗等。其中具有设施园艺王国之称的荷兰，其现代化温室的60%用于花卉生产，40%用于蔬菜生产。在生产方式上，荷兰温室基本上全部实现了环境控制自动化，作物栽培无土化，生产工艺程序化和标准化，生产管理机械化、集约化。

我国引进和自行建造的现代化温室除少数用于培育林业上的苗木以外，绝大部分也用于园艺作物的育苗和栽培，而且以种植花卉、瓜果和蔬菜为主。

二、塑料大棚

（一）塑料大棚的结构与类型

目前生产中应用的大棚，按棚顶形状可以分为拱圆形和屋脊形，然而我国绝大多数为拱圆形。按骨架材料则可分为竹木结构、钢架混凝土柱结构、钢架结构、钢竹混合结构等。按连接方式又可分为单栋大棚、双连栋大棚及多连栋大棚。我国连栋大棚的棚顶多为半拱圆形，少量为屋脊形。

塑料大棚的骨架是由立柱、拱杆（拱架）、拉杆（纵梁、横拉）、压杆（压膜线）等部件组成，统称"三杆一柱"。

1. 竹木结构单栋大棚

大棚的跨度为 8 ~ 12m，高 2.4 ~ 2.6m，长 40 ~ 60m，每栋生产面积 333 ~ 666.7 ㎡。由立柱（竹、木）、拱杆、拉杆、吊柱（悬柱）、棚膜、压杆（或压膜线）和地锚等构成。

2.GP 系列镀锌钢管装配式大棚

该系列由中国农业工程研究设计院研制成功，并在全国各地推广应用。骨架采用内、外壁热浸镀锌钢管制造，抗腐蚀能力强，使用寿命 10 ~ 15 年，抗风荷载 31 ~ 35kg/m²，抗雪荷载 20 ~ 24kg/m²。

（二）塑料大棚的性能特点

塑料大棚的增温能力在早春低温时比露地高 3 ~ 6℃。其在园艺作物的生产中应用非常普遍，主要用于园艺作物的提早和延后栽培。园林上主要用作切花生产、盆花摆放和育苗等。

三、荫棚

（一）荫棚的结构

荫棚的种类和形式大致分为临时性和永久性两种。

1. 临时性荫棚

除放置越夏的温室花卉外，还可用于露地繁殖床和切花栽培。临时性荫棚建造一般的方法是早春架设，秋凉时逐渐拆除。主架由木材、竹材等构成，上面铺设苇秆或苇帘，再用细竹材夹住，用麻绳及细铁丝捆扎。荫棚一般都采用东西向延长，高 2.5m，宽 6 ~ 7m，每隔 3m 立柱一根。为了防止上下午的阳光从东或西面照射到荫棚内，在东西两端还应设遮阴帘。注意遮阴帘下缘应距地 60cm 左右，以利通风。

2. 永久性荫棚

用于温室花卉和兰花栽培，在江南地区还常用于杜鹃花等耐阴性植物的栽培。形状与临时性荫棚相同，但骨架多由铁管或水泥柱构成，铁管直径为 3 ~ 5cm，其基部固定于混凝土中，棚架上覆盖苇帘、竹帘或板条等遮阴材料。

（二）荫棚在花卉栽培中的作用

不少温室花卉种类属于半阴性的，如观叶植物、兰花等，不耐夏季温室内的高温，通常均于夏季移出室外，在遮阴条件下培养；夏季的嫩枝叶扦插及播种、上盆或分株植物的缓苗，在栽培管理中均需注意遮阴。所以，荫棚是花卉栽培必不可少的设备。荫棚具有避免日光直射、降低温度、增加湿度、减少蒸发等特点，给夏季的花卉栽培管理创造适宜的环境。

四、繁殖栽培设施的规划布局与环境调控

（一）光照环境及其调节控制

1. 增强光照

①通过改进设施结构以提高透光率。主要包括：选择适宜的建筑场地及合理的建筑方位；设计合理的屋面角；设计合理透明的屋面形状；选择截面积小，遮光率低的骨架材料；选择透光率高且耐候性好的透明覆盖材料等。②改进管理措施。如保持透明屋面清洁，在保温前提下尽可能早揭晚盖外保温和内保温覆盖物，合理密植，合理安排种植行向，挑选耐弱光的品种，覆盖地膜，加强地面反光，（后墙）利用反光幕等。③通过人工补光的方式以弥补光照的不足。

2. 减弱光照

降低光照目的主要有两个：一是减弱设施内的光照强度；二是降低设施内的温度。遮光常用的方法是覆盖各种遮阴材料，如遮阳网、无纺布、苇帘等，或将采光屋面涂白，主要用于玻璃温室，可遮光 50% ~ 55%，降低室温 3.5 ~ 5.0℃。

（二）温度环境及其调节控制

温度环境的调控包含保温、加温和降温。

1. 保温

根据温室的热量收入和支出规律，保温措施应主要从减少贯流放热、换气放热和地中热传导等方面进行。

（1）减少贯流和换气放热

目前减少贯流和换气放热主要采取减小材料间的缝隙、使用热阻大的材料和采用多层覆盖三项措施。

减小缝隙主要是在园艺设施建造及覆盖透明材料时加以注意，此外，温室的保温性能除与各种材料的热阻有关外，还与其厚度有关。多层覆盖主要采用室内保温幕、室内小拱棚和外面覆盖等措施。据测定，玻璃温室和塑料大棚在内加一层 PVC 保温幕时，可分别降低热贯流率 35% 和 40%；而在外部只加一层草苫时，可以分别降低 60% 和 65%。

（2）减少地中热传导

地中热传导有垂直传导和水平横向传导。垂直传导的快慢主要与土质和土壤含水量有关，通常黏重土壤和含水量大的土壤导热率低；而水平横向传导除了与土质和土壤含水量有关外，还与室内外地温差有关。因此，可以通过土壤改良、增施有机质使土壤疏松，减少土壤含水量，在室内外土壤交界处增加隔热层等措施减少地中热转导。

（3）蓄积太阳能

白天温室内的温度常常高于作物生育适温，若把这些多余的能量蓄积起来，以补充晚间低温时的不足，将会大量节省寒冷季节温室生产的能量消耗。具体方法主要有地中热交换、水蓄热、砾石和潜热蓄热四种方式。

2.加温

（1）热水加温

温室中通常使用铸铁的圆翼形散热器，也可采用其他形式的暖气片。热水加温法加热缓和，温度分布均匀，热稳定性好，余热多，停机后保温性高，是温室加温诸多方法中较好的办法之一，但是设施一次性投资较高。

（2）暖风加温

其具体设备是热风炉，常用的燃料有煤、天然气或柴油。这种方法预热时间短，加热快；容易操纵，热效率高，可达70%～80%；设备成本低（燃油的较高），大概是热水采暖成本的1/5；但是停机后保温性差，需要通风换气。暖风采暖可广泛应用于多种类型的温室中。

（3）电热加温

这种方式是用电热温床或电暖风加热。特点是预热时间短，设备费用低，但是停机后保温性能差，并且使用成本高，生产用不经济。主要适用于小型温室或育苗温室地中加温或辅助采暖。

（4）火炉加温

这种方法设备投资少，保温性能较好，使用成本低，但是操作费工，容易造成空气污染。

多用于土温室或大棚短期加温。

3.降温

（1）通风换气

这是最简单而常用的降温方式，一般可分为强制通风和自然通风两种。自然通风的原动力主要靠风压和温差，据测定，风速为2m/s以上时，通风换气以风压为主要动力；风速为1m/s时，通风换气以内外温差为主要动力；风速在1～2m/s时，根据换气窗位置与风向间的关系，有时风力换气和温差换气相互促进，有时相互颉颃。强制通风的原动力是靠换气扇，在设计安装换气扇时，要注意考虑换气扇的选型、吸气口的面积、换气扇和吸气口的安装位置以及根据静压—风量曲线所确定的换气扇常用量等。

（2）蒸发冷却法

可分为湿热风扇法、水雾风扇法、细雾降温法和屋顶喷雾法等，这些方法主要是通过水分蒸发吸热而使气体降温后进入温室内，从而起到降低室内温度的目的。

（3）植物喷雾降温法

此法是直接向植物体喷雾，或室内地面洒水，这种方法会显著增加室内湿度，通常仅在扦插、嫁接和高温干燥季节采用。

第五章　园林植物的养护与灾害的防治

第一节　养护管理的意义与内容

一、养护管理概述

（一）养护管理的意义

园林树木需要精细的养护管理，是由以下因素决定的：

1.培育目标的多样性与养护管理

园林树木的功能是多种多样的，从生态功能上能够保护环境、净化空气，维持生态平衡；从景观功能上可以美化环境；同时，许多园林树木还具有丰富的文化内涵。园林树木与人的距离很近，关系密切，人们对树木多种有益功能的需求是全天候的、持久的，且随季节的变换而改变。因而，养护管理的首要任务是保证园林树木正常生长，这是树木发挥多种有益功能的前提，其次要采取人为措施调整树木的生长状况，使其符合人们的观赏要求。例如，随着年龄的增大和季节的变换，树木个体或者群体的外貌不断发生改变，为了使树木保持最佳的观赏效果，就必须对树木进行必要的整形修剪。

2.园林树木生长周期的长期性与养护管理

园林树木的生长周期非常长，短的几十年，长的数百年，乃至上千年。在漫长的生命历程中，树木一方面要与本身的衰老做斗争，另一方面要面临各种天灾人祸的考验。只有通过细致的养护管理，方可培育健壮的树势，以克服衰老、延长寿命，同时提高对各种自然灾害的抵抗力，达到防灾减灾的目的。

3. 生长环境的特殊性与养护管理

园林树木的生长环境远不及其他地方的树木。从树木根系生长的条件来看，由于城市建设已把原生土壤破坏，园林树木生长的土壤大多为客土，多数建筑地面已达心土层，有的甚至达到母质层，树木的根系被限制在狭小的"树洞"内。同时，根系的生长还经常受到城市地下管道的阻碍，大量的水泥地面使树木得不到正常的水分供应。

从树木地上部分的生长环境看，园林树木经常处在不利的环境中，城市特有的各种有毒气体、粉尘、热辐射、酸雨、生活垃圾和工业废弃物等都严重影响树木的生长，其还经常遭受人为践踏和机械磨损。因此，园林树木养护管理的任务非常艰巨，需要长期、精细的管护，其管护成本比其他地方的树木要高得多。

4. 园林树木的栽培特点与养护管理

与大规模的植树造林相比，园林树木栽植具有以下特点：①为了满足景观的需要，大量使用外来树种，而外来树种对环境的适应能力通常不如乡土树种；②为了保证城市建设工程的按时完成，经常在非适宜季节栽植园林树木，增加了管理的难度；③为了达到某种观赏效果或符合规则式配置的要求，限制了树种选择，以致在不太适宜某树种生长的地方不得不栽植该树种，必须加强管理才能保证该树木的正常生长；④由于城市土地空间的限制，许多园林树木只能采用孤植或团块状栽植，其结构较为简单，而处于孤立状态的树木，其抵御不良环境侵害的能力远不如结构复杂的森林中的林木。

（二）养护管理的内容

园林树木的养护管理包括土、肥、水的管理，自然灾害防治，病虫害防治，整形修剪和树体养护等。这些管理措施的使用是相辅相成的，其综合结果对树木的生长发育产生着影响。

二、园林植物养护工作年历

（一）1 月

全年中气温最低的月份，露地树木处于休眠状态。

（1）防寒与维护。随时检查树木的防寒情况，发现防寒物有漏风等问题的，应及时补救；对于易受损坏的树木要加强保护，必要时可以采取捆裹树干的方法加强保护。

（2）冬季修剪。全面进行整形修剪作业，对悬铃木、大小乔木上的枯枝、伤残枝、病虫枝及妨碍架空线和建筑物的枝杈进行修剪。

（3）行道树检查。检查行道树绑扎、立桩情况，发现松绑、铅丝嵌入树皮、摇桩等情况时立即整改。

（4）防治害虫。冬季是消灭园林害虫的有利季节，一般有事半功倍的效果。可在树下疏松的土中挖刺蛾的虫蛹、虫茧，集中焚烧。1月中旬的时候，蚧壳虫类开始活动，但这时候行动迟缓，可以采取刮除树干上的幼虫的方法。

（5）绿地养护。要注意防冻浇水，拔除绿地内大型野草；草坪要及时挑草、切边，对于当年秋天播种晚或长势弱的草坪，在1月上旬应采取覆盖草帘、麦秆等措施保护草坪越冬。

（6）做好年度养护工作计划，包括药剂、肥料、机具设备等材料的采购。

（二）2月

气温较1月有所回升，树木仍旧处于休眠状态。

（1）养护基本与1月相同。

（2）主要是防止草坪被过度践踏。对温度回升快的地方，在2月下旬应浇1次解冻水，促进草坪的返青。1月下旬可对老草坪进行疏草工作，清除过厚的草坪垫层和枯枝落叶层。

（3）修剪。继续对大小乔木的枯枝、病枝进行修剪，月底以前结束。

（4）防治害虫。继续以防治刺蛾和蚧壳虫为主。

（三）3月

气温继续上升，3月中旬以后，树木开始萌芽，有些树木已开花。

（1）植树。春季是植树的有利时机。土壤解冻后，应立即抓紧时机植树。种植大小乔木前做好规划设计，事先挖（刨）好树坑，要做到随挖、随运、随种、随浇水。种植灌木时也应做到随挖、随运、随种，并充分浇水，以提高苗木存活率。

（2）春灌。因春季干旱多风，蒸发量大，为防止春旱，对绿地应及时浇水。

（3）施肥。土壤解冻后，对植物施用基肥并灌水。

（4）防治病虫害。本月是防治病虫害的关键时刻。一些植物（如山茶、海桐）出现了煤污病（可喷3~5波美度的石硫合剂，消灭越冬病原），瓜子黄杨绢野螟也出现了，可采用喷洒杀螟松等农药进行防治。防治刺蛾可以继续采取挖蛹方法。

（5）草坪养护。草坪剪去冬季干枯的叶梢，保持较低的高度，以利接受更多的太阳辐射，提早返青。草坪开始进入返青期，应全面检查草坪土壤平整状况，可适当添加细沙进行平整。如果洼地超过2cm，应将草皮铲起添沙、肥泥并浇水、镇压。及早灌溉是促进草坪返青的必要措施，地温一旦回升应及时浇1次透水。3月中旬应追施1次氮肥，3月下旬根据实际情况可在叶面喷施1次磷钾肥。3月中下旬适当进行低修剪，可促进草坪提早返青，同时能吸收走草坪上的枯草层或枯枝落叶。对践踏过度、土壤板结的草坪，应利用打孔机具（人工、机动）打孔透气，发现有成片空秃及质量差的草坪应安排计划及早补种。做好草坪养护机具的保养工作。

（6）拆除部分防寒物。冬季防寒所加的防寒物，可部分撤除，但不能过早。冬季整形修剪没有结束的应抓紧时间剪完。

（四）4月

气温继续上升，树木均已发芽、展叶，开始进入生长旺盛期。

（1）继续植树。4月上旬应当抓紧时间种植萌芽晚的树木，对冬季死亡的灌木应及时拔除补种。

（2）灌水。继续对养护绿地进行及时的浇水。

（3）施肥。对草坪、灌木结合灌水，追施速效氮肥，或者根据需要进行叶面喷施。

（4）修剪。剪除冬、春季干枯的枝条，可以修剪常绿绿篱，做好绿化护栏油漆、清洗、维修等工作。

（5）防治病虫害。一是防治蚧壳虫。蚧壳虫在第二次蜕皮后陆续转移到树皮裂缝内、树洞、树干基部、墙角等处分泌白色蜡质薄虫化蛹，可以用硬竹扫帚扫除，然后集中深埋或浸泡处理；也可喷洒杀螟松等农药进行防治。二是防治天牛。天牛开始活动了，可以采用嫁接刀或自制钢丝挑除幼虫，但是伤口要做到越小越好。三是防止锈病。施用烯唑醇或三唑酮2～3次。4月下旬对发生虫害的地段可采用菊酯类等药物防除。4月下旬喷施两次杀菌剂对草坪病害进行防治，如多菌灵、三唑酮、甲基硫菌灵、代森锰锌。四是进行其他病虫害的防治工作。

（6）绿地内养护。注意大型绿地内的杂草及攀缘植物的拔除。对草坪也要进行挑草及切边工作。拆除全部防寒物。

（7）草花。迎五一替换冬季草花，注意做好浇水工作。

（五）5月

气温急剧上升，树木生长迅速。

（1）浇水。树木抽条、展叶盛期，需水量很大，应适时浇水。

（2）施肥。可结合灌水追施化肥。

（3）修剪。修剪残花；新植树木剥芽、去蘖等；行道树进行第一次的剥芽修剪。

防治病虫害。继续以捕捉天牛为主。刺蛾第一代孵化，但尚未达到危害程度，根据养护区内的实际情况做出相应措施。由蚧壳虫、蚜虫等引起的煤污病也进入了盛发期（在紫薇、海桐、夹竹桃等上），在5月中下旬喷洒松脂合剂10～20倍液及50%辛硫磷乳剂1500～2000倍液以防治病害及杀死害虫。

草坪养护。草坪开始进入旺盛生长时期，应每隔10天左右剪1次。可按照草坪品种不同，留茬高度控制在3～5cm。对于早春干旱缺雨地区，及时进行灌溉，并适当施用磷酸二铵以促进草坪生长。对易发生病害的草坪进行防治，比如喷洒多菌灵、三唑酮、井冈霉素以防止锈病及春季死斑病的发生。

（六）6月

气温急剧升高，树木迅速生长。

（1）浇水。植物需水量大，要及时浇水。

（2）施肥。结合松土、除草、浇水进行施肥以达到最好的效果。

（3）修剪。继续对行道树进行剥芽去蘖工作，对过大过密树冠适当疏剪。对绿篱、球类及部分花灌木实施修剪。

（4）中耕锄草。及时消灭绿地内的野草，避免草荒。

（5）排水工作。雨季将来临，预先挖好排水沟，做好排水防涝的准备工作，大雨天气时要注意低洼处的排水工作。

（6）防治病虫害。6月中下旬刺蛾进入孵化盛期，应及时采取措施，现基本采用50%杀螟硫磷乳油500～800倍液喷洒。继续对天牛进行人工捕捉。月季白粉病、青桐木虱等也要及时防治。草坪病害防治：褐斑病、枯萎病、叶斑病开始发生，喷灌预防性杀菌剂，如多菌灵、代森锰锌和百菌清等。草坪黏虫防治：黏虫1年可发生2～4代，对草坪破坏性极大。及时发现是防治黏虫的关键。黏虫为3龄以内，施用1～2次杀虫剂可控制。

（7）做好树木防汛防台风前的检查工作，对松动、倾斜的树木进行扶正、加固及重新绑扎。

（8）草坪养护。草坪进入夏季养护管理阶段，定期修剪的次数一般为10天左右。每次修剪后要及时喷洒农药，防止病菌感染。主要杀菌剂有多菌灵、甲基硫菌灵、代森锰锌等。肥以钾肥为主，防止施用氮肥，施肥量以15g/m为宜。浇水应在早、晚浇灌，避开中午高温时间。

（七）7月

气温最高，7月中旬以后会出现大风大雨情况。

（1）移植常绿树。雨季期间，水分充足，蒸发量相对较低，可以移植常绿树木，特别是竹类最宜在雨季移植。但要注意天气变化，一旦碰到高温天气要及时浇水。

（2）大雨过后要及时排涝。

（3）施追肥，在下雨前干施氮肥等速效肥。

（4）巡查、救危。进行防台风剥芽修剪，对与电线有矛盾的树枝一律修剪，并对树桩逐个检查，发现松垮、不稳现象立即扶正绑紧。事先做好劳力组织、物资材料、工具设备等方面的准备，并随时派人检查，发现险情及时处理。

（5）防治病虫害。继续对天牛及刺蛾进行防治。防治天牛可以采用50%杀螟硫磷乳油50倍液注射，再封住洞口，也可达到很好的效果。香樟樟巢螟要及时地剪除，并销毁虫巢，以免再次造成危害。草坪病害防治：褐斑病、枯萎病、叶斑病开始发生，喷灌预防性杀菌剂，如多菌灵、代森锰锌和百菌清等。草坪黏虫防治：黏虫1年可发生2～4代，对草坪破坏性极大。及时发现是防治黏虫的关键。黏虫为3龄以内，施用1～2次杀虫剂可控制。

（6）草坪养护。天气炎热多雨，是冷季型草坪病害多发季节，养护管理工作主要以控制病害为主。浇水应选择早上为好，控制浇水量，以湿润地表15～20cm为准。这时候是杂草大量发生的季节，要及时清除杂草，对阔叶杂草可使用苯磺隆等除草剂防除。修剪应遵循"1/3原则"；每次剪去草高的1/3，病害发生时修剪草坪应对剪草机的刀片进行消毒处理，防止病害蔓延；每次修剪后还要及时喷洒多菌灵、甲基硫菌灵、代森锰锌、百菌清、三唑酮、井冈霉素等，可以单用也可混合使用，建议施药时要避开午间高温时间和有露水的早晨。根据实际情况可适当增施磷、钾肥。

（八）8月

仍为高温多雨时期。

（1）排涝。大雨过后，对低洼积水处要及时排涝。

（2）行道树防台风工作。继续做好行道树的防台风工作。

（3）修剪。除普通树木夏修外，要对绿篱进行造型修剪。

（4）中耕除草。杂草生长也旺盛，要及时除草，并可结合除草进行施肥。草坪养护同7月份。

（5）防治病虫害。捕捉天牛为主，注意根部的天牛捕捉。蚜虫危害、香樟樟巢螟要及时防治。潮湿天气要注意白粉病及腐烂病，要及时采取措施。

（九）9月

气温有所下降，做好迎国庆相关工作。

（1）修剪。迎接市容工作，行道树三级分权以下剥芽。绿篱造型修剪。绿地内除草，草坪切边，及时清理死树，做到树木青枝绿叶，绿地干净整齐。

（2）施肥。秋季施肥是一年中施肥量最多的季节。对一些生长较弱、枝条不够充实的树木，应追施一些磷、钾肥。

（3）草花。迎国庆，草花更换，挑选颜色鲜艳的草花品种，注意浇水要充足。

（4）防治病虫害。穿孔病（多发于樱花、桃、梅等上）为发病高峰，采用50%多菌灵1000倍液防止侵染。天牛开始转向根部危害，注意根部天牛的捕捉；对杨、柳上的木蠹蛾也要及时防治；做好其他病虫害的防治工作。

（5）绿地管理。天气变凉，是虫害发生的主要时期，管理工作以防治虫害为主，草地害虫如蝼蛄、草地螟等应及时防除。选用的药物主要有呋喃丹、西维因、敌杀死、辛硫磷、氧化乐果等，若单一药物作用不是很大，则应按适应的比例把几种药物混合使用。该月病害基本不再蔓延，应及时清除枯死的病斑，对于草坪中出现的空秃可进行补播。草坪施肥以磷肥为主，可施入少量钾、氮肥，增强其抗病能力和越冬能力。本月是建植草坪的最佳时期，草皮补植及绿化维修服务主要在本月进行。

（6）国庆节前做好各类绿化设施的检查工作。

（十）10月

气温下降，10月下旬进入初冬，树木开始落叶，陆续进入休眠期。

（1）做好秋季植树的准备。10月下旬耐寒树木——落叶，就可以开始栽植。

（2）绿地养护。及时去除死树，及时浇水。绿地、草坪挑草切边工作要做好。草花生长不良的要施肥，晚秋施肥可增加草坪绿期及促进草坪提早返青。留茬高度应适当提高，利于草坪正常越冬。浇水次数可适当减少，增施氮、磷、钾肥（肥料配比应是高磷、高钾、低氮）促进草坪生长，以便于越冬。

（3）防治病虫害。继续捕捉根部天牛，香樟樟巢螟也要注意观察防治。

（十一）11 月

气温继续下降，冷空气频繁，天气多变，树木落叶，进入休眠期。

（1）植树。继续栽植耐寒植物，土壤冻结前完成。

（2）翻土。有条件的可以在土壤封冻前施基肥；对绿地土壤翻土，暴露准备越冬的害虫。清理落叶：如草坪上有落叶，要及时清理，避免伤害草坪。

（3）浇水。对干、板结的土壤浇水，灌冻水要在封冻前完成。

（4）防寒。对不耐寒的树木做好防寒工作，灌木可搭风障，宿根植物可培土。

（5）病虫害防治。各种害虫在 11 月下旬准备过冬，防治任务相对较轻。

（十二）12 月

低气温，开始冬季养护工作。

（1）冬季修剪，对一些常绿乔木、灌木进行修剪。

（2）消灭越冬病虫害。

（3）做好明年调整工作准备。待落叶植物落叶以后，对养护区进行观察，绘制要调整的方位。根据情况及时进行冬灌；避免过度践踏草坪，避免翌年出现秃斑。

第二节　自然灾害的预防

一、低温危害

（一）低温危害的种类

1. 冻害

冻害是指气温降至 0℃以下，树木组织内部结冰所引起的伤害。冻害通常发生在树木的越冬休眠期，以北方温带地区常见，南方亚热带有些年份也出现冻害。树木冻害的部位和程度及受害状依树种、年龄大小和具体的环境条件而异，主要有下列症状：

（1）溃疡

溃疡指低温下树皮组织的局部坏死。这种冻伤一般只局限于树干、枝条或分权部位的某一较小范围内。受冻部位最初微微变色下陷，不易察觉，以后逐渐干枯死亡、脱落。这种现象在经过一个生长季后的秋末十分明显。若冻害轻，形成层尚未受伤，可以逐渐恢复。

多年生枝杈，特别是枝基角内侧，位置荫蔽而狭窄，易遭受积雪冻害或一般冻害；

树木根颈部也是易遭冻害的部位之一，特别是在嫁接口和插穗的上切口部位，不管是小苗还是大树，该部位的输导系统发育较差，组织脆弱，容易受冻害。根颈冻害可能是局部斑块状溃疡，也可能是环状溃疡，对树木的危害非常大，常引起树木衰弱甚至整株死亡；树木组织的抗冻性与木质化程度关系大，进入休眠期晚、木质化程度低的幼嫩部分，如树冠外围枝条的先端部位等，容易遭受冻害；根系因有土壤的保护而较少遭受冻害，但若土壤结冰，许多细根就可能产生冻伤。通常新栽树木或幼树细根多，分布浅，易遭冻害，土壤疏松、干燥、沙性重时，树木根系受冻的可能性大。

（2）冻裂

冻裂是树皮因冻而开裂的现象。冻裂常引起树干纵裂，给病虫的入侵制造机会，影响树木的健康生长。冻裂常在气温突然降至0℃以下时发生，是面对骤降的低温，树干木材内外收缩不均而引起的。

冻裂多发生在树干向阳的一面，因这一方向昼夜温差大；通常落叶树种，较常绿树种易发生冻裂，如苹果属、椴属、悬铃木属、七叶树属的某些种及鹅掌楸属、核桃属、柳属等；一般孤立木和稀疏的林木比密植的林木冻裂严重；幼壮龄树比老年龄树冻裂严重。

（3）冻拔

冻拔又叫冻举，指温度降至0℃以下，土壤结冰与根系连为一体。水在结冰时体积会变大，使根系和土壤同时被抬高，化冻后，土壤与根系分离，土壤在重力作用下下沉，根系则外露，貌似被拔出，故称冻拔。冻拔的危害主要是影响树木扎根，使树木倒伏死亡。冻拔常发生在苗木和幼树上，土壤含水量大、质地黏重时容易发生冻拔。

2. 霜害

气温急剧下降至0℃或0℃以下，空气中的过饱和水汽与树体表面接触，凝结成霜，使幼嫩组织或器官受害的现象，叫霜害。霜害一般发生在生长期内。霜冻可分为早霜和晚霜。秋末的霜冻叫早霜，春季的霜冻叫晚霜。

早霜危害的发生常常是当年夏季较为凉爽，而秋季又比较温暖，树木生长期推迟，当霜冻来临时，树体还未做好抗寒的准备，导致一些木质化程度不高的组织或器官受伤。在正常年份，如霜冻突然来临也容易造成早霜危害。

晚霜危害通常是在树体萌动后，气温突然下降至0℃或更低，使刚长出的幼嫩部分受损。一般晚霜危害发生后，阔叶树的嫩枝、叶片萎蔫、变黑和死亡；针叶树的叶片变红和脱落。早春温暖，树木过早萌发，最易遭受突如其来的晚霜的危害。黄杨、火棘、朴树、檫树等对晚霜比较敏感。南方树种引种到北方，容易遭受早霜危害；秋季水肥过量，特别是氮素供应过多的树木，也易遭受早霜危害。不同树种，同一树种的不同品种，抗霜冻的能力不一样。

3. 寒害

寒害又称冷害，是指0℃以上的低温对林木造成的伤害。寒害常发生于热带和南亚热带地区，在这一地区的某些树种耐寒性很差，当气温降至0℃~5℃时，就会破坏细胞的生理代谢，产生伤害。

（二）低温危害的预防

低温危害的发生除与树木本身的抗寒性有关外，还受其他因素的影响。从前述中已知，树木的冻害、霜害和寒害是有明确定义的，但下面要讨论的树木的"抗寒性"则包括了抗冻害、霜害和寒害的特性。据观测，桂花属中月桂的抗寒性不及丹桂强，但若月桂树势强、养分积累多，则抗寒能力强；嫁接树种所用砧木不同，则抗寒性不同，砧木抗寒性强的，则树木抗寒性也强；其他如树木主干受伤（包括病虫危害或树皮受损）都会降低树木的抗寒性。外界环境如地形、高差、土壤、小气候也直接影响树木的抗寒能力。栽培管理水平也影响抗寒性，如水肥条件好，修剪好，病虫少，栽植深度适当则抗寒性强，反之抗寒性弱。新栽树木的抗寒能力往往不及栽植多年的树木。

综上所述，影响林木抗寒性的因素很多，防止低温危害要采取综合措施，生产上比较行之有效的方法有以下几种：

1. 选用抗寒的树种、品种和砧木

选择耐寒树种是避免低温危害最有效的措施，在栽植前必须了解树种的抗寒性，有针对性地选择抗寒性强的树种。例如，有关专家以北京市园林绿化中最常见的乡土树种及近年来引种推广的园林树种为测试对象，将北京地区园林树种的抗寒性分为4级。乡土树种由于长期适应当地气候，具有较强的抗寒性。在有低温危害的地区引进外来树种，要经过引种试验，证明其具有适应低温的能力再推广种植。对于同一个树种，应选择抗寒性强的种源、家系和品种。对于嫁接的树木，应挑选抗寒性强的砧木。

2. 加强水肥管理，培育健壮树势

树木生长越健壮，积累的营养越多，病虫害越少，在与低温危害的斗争中就越处于优势地位。对于存在低温危害可能性的树木，在春夏季节可加强水肥供应，促进树木的营养积累；在生长期的后期，则要控制水肥，尤其是少施氮肥，注意排水，以免树木徒长，降低抗寒性。可适当施些磷、钾肥，以促进树木木质化，提高树木的抗寒性。

3. 地形和栽培位置的选择

不同的地形造就了不同的小气候，气温可相差 3～5℃。一般而言，背风处，温度相对较高，低温危害较轻；当风口，温度较低，树木受害较重；地势低的地方为寒流汇集地，受害重，反之受害轻。在栽植树木时，应根据城市地形特点和各树种的耐寒程度，有针对性地选择栽植位置。

4. 改善树木生长的小气候

这里指的是人工改善林地小气候，使林木免受低温危害。

（1）设置防护林带

防护林带可以降低风速，增加大气湿度。据观测，在林带的保护范围内，冬季极限低温可比无林带保护的地方高 1～2℃，林带树种一般为抗性强的常绿针阔叶树种。实践证明，在果园、花园、苗圃及梅园、竹园、棕榈园等专类园的周围建立防护林带，能有效减轻低温的危害。当前，许多大城市建立的环城林带，也具有预防低温危害的作用。

（2）熏烟法

熏烟法是在林地人工放烟，通过烟幕减少地面辐射散热，同时烟粒吸收湿气，使水汽凝结成水滴放出热量，进而提高温度，保护林木免受低温危害的方法。熏烟一般在晴朗的下半夜进行，根据当地的天气预报，事先每隔一定距离设置放烟堆（由秸秆、谷壳、锯末、树叶等组成），约在 3:00—6:00 点火放烟。其优点是简便、易行、有效，缺点是在风大或极限低温低于 –3℃时，效果不明显，放烟本身还会污染环境，在中心城区不宜用此法。

（3）喷水法

根据当地天气预报，在将要发生霜冻的凌晨，利用人工降雨和喷雾设备，向树冠喷水。因为水的温度比气温高，水洒在树冠的表面可减少辐射散热，水遇冷结冰还会释放热能，喷水能有效阻止温度的大幅度降低，减轻低温危害。

5. 其他防护措施

（1）设置防风障

用草帘、彩条布或塑料薄膜等遮盖树木，防护效果好，但费工费时，成本高，影响观赏效果，对于抗寒性弱的珍贵树种可用此法。给乔木树种设置防风障要先搭木架或钢架，绿篱、绿球等低矮植物通常不需搭架，直接遮盖，但要在四周落地处压紧。

（2）培土增温

一些低矮的植物可以全株培土，如月季、葡萄等，较高大的可在根颈处培土，一般培土高度为 30cm。培土可以减轻根系和根颈处的低温危害。如果培土后用稻草、草包、腐叶土、泥炭藓、锯末等保温性好的材料覆盖根区，效果更好。另外还有泄"冻水""春水"，喷洒药剂等方法。

（三）受害植株的养护

低温危害发生后，如果树木受害严重，继续培养无价值或已死亡的，应及时清除。多数情况下，低温危害只引起树木部分组织和器官受害，不至于毁掉整株树木，但要采取必要的养护措施，以帮助受害树木恢复生机。

1. 适当修剪

低温危害过后，要全部清除已枯死的枝条，为便于辨别受害枝，可等到芽发出后再修剪。如果只是枝条的先端受害，可将其剪至健康位置，不要将整个枝条都剪掉，避免过分破坏树形，增加恢复难度。

2. 加强水肥管理

如果树木遭受低温危害较轻，在灾害过后可增施肥料，促进新梢的萌发和伤口的愈合；如果树木受害较重，则灾害后不宜立即施肥，因为施肥会刺激枝叶生长，增加蒸腾，而此时树木的输导系统还未恢复正常的运输功能，过多施肥可能会扰乱树木的水分和养分代谢平衡，不利于树木恢复。因此，对于受害较重的树木，一般要等到 7 月后再增施肥料。

3. 防治病虫害

树木遭受低温危害后，树势较弱，树体上有创伤，给病虫害以可乘之机。防治的办法是结合修剪，在伤口涂抹或喷洒化学药剂。药剂用杀菌剂加保湿胶黏剂或高膜脂制成，具有杀菌、保湿、增温等功效，有助于树木伤口的愈合。

4. 其他措施

对树木不能愈合的大伤口进行修补；因低温危害树形缺陷的，可通过嫁接弥补。

二、高温危害

高温危害是指在异常高温的影响下，强烈的阳光灼伤树体表面，或干扰树木正常生长而造成伤害的现象。高温危害常发生在仲夏和秋初。

（一）高温危害的致害机理

日灼是最常见的高温危害。当气温高、土壤水分不足时，树木会关闭部分气孔以减少蒸腾，这是植物的一种自我保护措施。蒸腾减少，因此树体表面温度升高，灼伤部分组织和器官，一般情况是皮层组织或器官溃伤、干枯，严重时引起局部组织死亡，枝条表面被破坏，出现横裂，降低负载力，甚至枝条死亡。果实如遭日灼，表面出现水烫状斑块，而后扩大，导致裂果，甚至干枯。通常苗木和幼树常发生根颈部灼伤，因为幼树尚未成林，林地裸露，当气温高、光照强烈时，地表温度很高，过高的温度灼伤根颈处的形成层。故根颈灼伤常呈环状，阳面一般更严重。

对于成年树和大树，常在树干上发生日灼，使形成层和树皮组织坏死，通常树干光滑的耐荫树种易发生树皮灼伤。树皮灼伤一般不会造成树木死亡，但灼伤破坏了部分输导组织，影响树木生长，给病虫害入侵创造了机会。灼伤也可能发生在树叶上，灼伤使嫩叶、嫩梢烧焦变褐。若持续高温，超过了树木忍耐的极限，可能导致新梢枯死或全株死亡。

不同树种抗高温的能力不同，二球悬铃木、樱花、檫树、泡桐、樟树、部分竹类等易遭皮灼；槭属、山茶属树木的叶片易遭灼害；同一树种的幼树，同一植株的当年新梢及幼嫩部分，易遭日灼危害。日灼的发生也与地面状况有关，在裸露地、沙性土壤或有硬质铺装的地方，树木最易发生根颈部灼伤。

（二）高温危害的防治

预防高温危害，要采取综合措施：选择抗性强、耐高温的树种和品种；加强水分管理，促进根系生长。土壤干旱常加剧高温危害。所以，在高温季节要加强对树木的灌溉，加强土壤管理，促进根系生长，提高其吸水能力；树干涂白；地面覆盖。对于易遭日灼的幼树或苗木，可用稻草、苔藓等材料覆盖根区，也可用稻草捆缚树干。

三、雪害

雪害是指树冠积雪太多，压断枝条或树干的现象。例如，2003年11月北京的一场雪灾，据调查，有多达1347万株树木遭受雪害，直接经济损失1.1亿元。通常情况下，常绿树种比落叶树种更易遭受雪害，落叶树如果在叶片未落完前突降大雪，也易遭雪害；下雪之前先下雨，雪花更易黏附在湿叶上，雪害更重；下雪后又遇大风，将加剧雪害。雪害的程度受树形和修剪方法的影响。通常情况下，当树木扎根深、侧枝分布均匀、树冠紧凑时，雪害轻。不合理的修剪会加剧雪害。例如，许多城市的行道树从高2.5m左右"砍头"，然后再培养5~6个侧枝，由于侧枝拥挤在同一部位，树体的外力高度集中，积雪过多极易造成侧枝劈裂。

雪害看似天灾，不可避免，但人们仍可通过多种措施减轻其危害。第一，通过培育措施促进树木根系的生长，使其形成发达的根系网。根系牢，树木的承载力就强，头重脚轻的树木易遭雪压。第二，修剪要合理，不要过分追求某种形状而置树木的安全于不顾。事实上，在自然界树木枝条的分布是符合力学原理的，侧枝的着力点较均匀地分布在树干上，这种自然树形的承载力强。第三，合理配置，栽植时注意乔木与灌木、高与矮、常绿与落叶树木种类之间的合理搭配，使树木之间能相互依托，以强化群体的抗性。第四，对易遭雪害的树木进行必要的支撑。第五，下雪时及时摇落树冠积雪。

四、风害

在多风地区，大风使树木偏冠、偏心或出现风折、风倒和枝杈劈裂的现象，称风害。偏冠给整形修剪带来困难，影响生态效益发挥；偏心的树木易遭冻害和日灼。北方冬季和早春的大风，易使树木枝梢干枯而死亡；春季的旱风常将新梢枝叶吹焦。在沿海地区，夏季常遭台风的袭击，引起风折、风倒和大枝断裂。

（一）影响树木抗风性的因素

树木抗风性的强弱与它的生物学特性有关。主根浅、主干高、树冠大、枝叶密的树种，抗风性弱。相反，主根深、主干短、枝叶稀疏、枝干柔韧性好的树种，抗风性强。一些已遭虫蛀或有创伤的树木，易遭风害。环境条件和栽植技术也影响抗风性的强弱。在当风口和地势高的地方，风害严重；行道树的走向如果与风方向一致，就成为风力汇集的廊道，风压增加，加剧风害；土壤浅薄、结构不良时，树木扎根浅，易遭风害；新植的树木和移栽的大树，在根系未扎牢前，易遭风害；整地质量好、水肥管理及时、株行距适宜、配置合理的林木，风害轻。

（二）风害的预防

预防风害要采取综合措施。

（1）选择抗风性强的树种在易遭风害的风口、风道处，要挑选抗风强的树种，适当密植，最好选用矮化植株栽植。

（2）设置防风林带。防风林带既能防风，又能防冻，是保护林木免受风害的有效措施。

（3）促进根系生长。包括改良土壤，大穴栽植，适当深栽，促进根系发展。

（4）合理修剪。见"雪害"。

（5）设立支撑或防风障。定植后及时支柱，对结果多或易遭风害的树木要采用吊枝、顶枝等措施；对幼树和名贵树种，可设置防风障。

第三节　园林植物的病虫害防治

一、园林害虫概述

（一）害虫危害植物的方式和危害性

（1）食叶

将园林植物叶片吃光、吃花，轻者影响植物生长和观赏，重者可造成园林植物长势衰弱，甚至死亡。

（2）刺吸

以针状口器刺入植物体吸取植物汁液，有的造成植物叶片卷曲、黄叶、焦叶，有的引起枝条枯死，严重时使树势衰弱，造成次生害虫侵入，造成植物死亡。刺吸害虫还是某些病原物的传媒体。

（3）蛀食

以咀嚼方式钻入植物体内啃食植物皮层、韧皮部、形成层、木质部等，直接切断植物输导组织，引起园林植物枯干、枯萎，严重的甚至整株枯死。

（4）咬根、茎

以咀嚼方式在地下或贴近地表处咬断植物幼嫩根茎或啃食根皮，影响植物生长，严重时可造成植物枯死。

（5）产卵

某些昆虫将产卵器插入树木枝条产下大量的卵，破坏树木的输导组织，造成枝条枯死。

（6）排泄

刺吸害虫在危害植物时的分泌物不仅污染环境，还会引起某些植物发生煤污病。

（二）检查园林植物害虫的常用方法

1. 看虫粪、虫孔

食叶害虫、蛀食害虫在危害植物时都要排粪便，比如槐尺蠖、刺蛾、侧柏毒蛾等食叶害虫在吃叶子时排出一粒粒虫粪。通过检查树下、地面上有无虫粪就能知道树上是否有虫子。一般情况下，虫粪粒小则虫体小，虫粪粒大说明虫体较大；虫粪粒数量少，虫子量少，虫粪粒数量多，虫子量多。另外，蛀食害虫，如光肩星天牛、木蠹蛾等危害树木时，向树体外排出粪屑，并挂在树木被害处或落在树下，很容易被发现。通过检查树木有无虫粪或虫孔，能够发现有无害虫。虫孔与虫粪多少能说明树上的虫量多少。

2. 看排泄物

刺吸害虫危害树木的排泄物不是固体物而是呈液体状，如蚜虫、蚧壳虫、斑衣蜡蝉等在危害树木时排出大量"虫尿"落在地面或树木枝干、叶面上，甚至洒在停在树下的车上，像洒了废机油一样。因而，通过检查地面、树叶、枝干上有无废机油样污染物可以及时发现树上有无刺吸害虫。

3. 看被害状

一般情况下，害虫危害园林植物，就会出现被害状。如食叶害虫危害植物，受害叶就会出现被啃或被吃等症状；刺吸害虫会引起受害叶卷曲或小枝枯死，或部分枝叶发黄、生长不良等情况；蛀食害虫危害植物，被害处以上枝叶很快呈现生长萎蔫或叶片形成鲜明对比。同样，地下害虫危害植物后，其植株地上部分也有明显表现。只要勤观察、勤检查就会很快发现害虫的危害。

4. 查虫卵

有很多园林害虫在产卵时有明显的特征，抓住这些就能及时发现并消灭害虫。如天幕毛虫将卵呈环状产在小枝上，冬季非常容易看到；又如斑衣蜡蝉的卵块、舞毒蛾的卵块、杨扇舟蛾的卵块、松蚜的卵粒等都是发现害虫的重要依据。

5. 拍枝叶

拍枝叶是检查松柏、侧柏或龙柏树上是否有红蜘蛛的一种简单易行的方法。只要将枝叶在白纸上拍一拍，就可看到白纸上是否有蜘蛛及数量多少。

6. 抽样调查

抽样调查是检查害虫的一种较科学的方法，工作量较大。一般是选择有代表性的植株或地点进行细致调查，根据抽样调查取得的数据确定防治措施。

二、园林病害概述

（一）园林植物病害的危害性

（1）危害叶片、新梢

可引起叶片部分或整片叶子出现斑点、坏死、焦叶、干枯，影响生长和观赏。如月季黑斑病、毛白杨锈病、白粉病等。

（2）危害根、枝干皮层

引起树木的根或枝干皮层腐烂，输导组织死亡，导致枝干甚至整株植物枯死。如立枯病、腐烂病、紫纹羽病、柳树根朽病等。

（3）危害根系、根茎或主干

生物的侵入和刺激，造成各种肿瘤，消耗植物营养，破坏植物吸收。如线虫病、根癌病等。

（4）危害根茎维管束造成植物萎蔫或枯死。病原物侵入植物维管束，直接引起植物萎蔫、枯死。如枯萎病。

（5）危害整株植物

病原物侵入植株，引发各种各样的畸形、丛枝等，影响植物生长，甚至造成植物死亡。如枣疯病、泡桐丛枝病等。

（6）低温危害

可直接造成部分植物在越冬时抽梢、冻裂，甚至死亡。比如毛白杨破腹病等。

（7）盐害

北方城市冬季雪后撒盐或融雪剂对行道树危害较大，严重时可造成行道树死亡。

（二）检查园林植物病害的方法

园林植物病害种类很多，按其病原可将病害大致分两类：一类是传染性病害，其病原有真菌、细菌、病毒、线虫等；另一类是非传染性病害，其病原有温度过高或过低、水分过多或过少、土壤透气不良、土壤溶液浓度过高、药害及空气污染等不利环境条件。检查、及时发现病害对控制和防治病害的大发生十分重要。常用的方法有以下几种：

1. 检查叶片上出现的斑点

病斑有轮廓，比较规则，后期上面又生出黑色颗粒状物，这时再切片用显微镜检查。叶片细胞里有菌丝体或子实体，为传染性叶斑病，根据子实体特征再鉴定为哪一种。病斑不规则，轮廓不清，大小不一，查无病菌的则为非传染性病斑。传染性病斑在一般情况下，干燥的多为真菌侵害。斑上有溢出的脓状物，病变组织一般有特殊臭味的，多为细菌侵害。

2. 看叶片正面是否生出白粉物

叶片生出白粉物多为白粉病或霜霉病。白粉病在叶片上多呈片状，霜霉病则多呈现颗粒状。如黄栌白粉病、葡萄霜霉病。叶片背面（或正面）生出黄色粉状物，多为锈病。如毛白杨锈病、玫瑰锈病、瓦巴斯草锈病等。

3. 检查叶片出现的黄绿相间或皱缩变小

节间变短，丛枝、植株矮小情况出现上述情况多为病毒引起。叶片黄化，整株或局部叶片均匀褪绿，进一步白化，通常由类菌质体或生理原因引起。如翠菊黄化病等。

4. 观察阔叶树的枝叶枯黄或萎蔫情况

如果是整株或整枝的，先检查有没有害虫，再取下萎蔫枝条，检查其维管束和皮层下木质部，如发现有变色病斑，则多是真菌引起的导管病害，影响水分输送造成；如果没有变色病斑，可能是茎基部或根部腐烂病或土壤气候条件不好所造成的非传染性病害。如果出现部分叶片尖端焦边或整个叶片焦边，再观察其发展，看是否生出黑点，检查有无病菌。如果发现整株叶片很快都焦尖或焦边，则多由土壤、气候等条件引起。

5. 检查松树的针叶

枯黄如果先由各处少量叶子开始，夏季渐渐传染扩大，到秋季又在病叶上生出隔段，上生黑点的则多为针枯病；很快整枝整株全部针叶焦枯或枯黄半截，或者当年生针叶都枯黄半截的，则多为土壤、气候等条件引起。

6. 辨别树木花卉干、茎皮层

出现起泡、流水、腐烂情况，局部细胞坏死多为腐烂病，后期在病斑上生出黑色颗粒状小点，遇雨生出黄色丝状物的，多为真菌引起的腐烂病；只起泡流水，病斑扩展不太大，病斑上还生黑点的，多为真菌引起的溃疡病，如杨柳腐烂病和溃疡病。树皮坏死，木质部变色腐朽，病部后期生出病菌的子实体（木耳等），是由真菌中担子菌引起的树木腐朽病。草本花卉茎部出现不规则的变色斑，发展较快，造成植株枯黄或萎蔫的多为疫病。

7. 检查树木根部皮层病变情况

如根部皮层产生腐烂，易剥落的多为紫纹羽病、白纹羽病或根朽病等。前者根上有紫色菌丝层；白纹羽病有白色菌丝层；后期病部生出病菌的子实体（蘑菇等）的多为根朽病；根部长瘤子，表皮粗糙的，多为根癌病；幼苗根际处变色下陷，造成幼苗死亡的，多为幼苗立枯病。有些花卉根部生有许多与根颜色相似的小瘤子，多为根结线虫病，如小叶黄杨根结线虫病。地下根茎、鳞茎、球茎、块根等细胞坏死腐烂的，如表面较干燥，后期皱缩的，多为真菌危害所致；如有溢脓和软化的，多为细菌危害所致。前者如唐菖蒲干腐病，后者如鸢尾细菌性软腐病。

8. 检查树干树枝情况

树干和树枝流脂流胶的原因较复杂，通常由真菌、细菌、昆虫或生理原因引起。如雪松流灰白色树脂、油松流灰白色松脂（与生理和树蜂产卵有关）、栾树春天流树液（与天牛、木蠹蛾危害有关）、毛白杨树干破裂流水（与早春温差、树干生长不匀称有关）、合欢流黑色胶（由吉丁虫危害引起）等。

9. 观察树木小枝枯梢情况

枝梢从顶端向下枯死，多由真菌或生理原因引起。前者一般先从星星点点的枝梢开始，发展起来有个过程，如柏树赤枯病等；后者通常是一发病就大部或全部枝梢出问题，而且发展较快。

10. 辨认叶片、枝或果上出现的斑点

病斑上常有轮纹排列的突破病部表皮的小黑点，由真菌引起，如小叶黄杨炭疽病、兰花炭疽病等。

11. 检查花瓣上出现的斑点

花瓣上出现斑点并有发展，沾污花瓣，花朵下垂，多为真菌引起的花腐病。

三、园林植物病虫害综合治理

病虫害防治方针是预防为主，综合治理。综合治理考虑到有害生物的种群动态和与之相关的环境关系，尽可能地协调运用技术和方法，使有害生物种群保持在经济危害水平之下。病虫害综合治理是一种方案，它能控制病虫的发生，防止相互矛盾，尽量发挥有机的调和作用，保持经济允许水平之下的防治体系。

（一）综合治理的特点

综合治理有两大特点：一是它允许一部分害虫存在，这些害虫为天敌提供了必要的食物；二是强调自然因素的控制作用，最大限度地发挥天敌的作用。

（二）综合治理的原则

1. 生态原则

病虫害综合治理从园林生态系的总体出发，按照病虫和环境之间的相互关系，通过全面分析各个生态因子之间的相互关系，全面考虑生态平衡及防治效果之间的关系，综合解决病虫危害问题。

2. 控制原则

在综合治理过程中，要充分发挥自然控制因素（如气候、天敌等）的作用，预防病虫的发生，将病虫害的危害控制在经济损失水平之下，不要求完全彻底地消灭病虫。

3. 综合原则

在实施综合治理时，要协调运用多种防治措施，做到以植物检疫为前提，以园林技术防治为基础，以生物防治为主导，以化学防治为重点，以物理机械防治为辅助，以便有效地控制病虫的危害。

4. 客观原则

在进行病虫害综合治理时，要考虑当时、当地的客观条件，采取切实可行的防治措施，如喷雾、喷粉、熏烟等，避免盲目操作所导致的不良影响。

5. 效益原则

进行综合治理，目标是实现"三大效益"，即经济效益、生态效益和社会效益。进行病虫害综合治理的目标是以最少的人力、物力投入，控制病虫的危害，获得最大的经济效益；所采用措施必须有利于维护生态平衡，避免破坏生态平衡及造成环境污染；所使用的防治措施必须符合社会公德及伦理道德，避免对人、畜的健康造成损害。

四、园林植物病虫害综合治理方法

（一）植物检疫法

植物检疫是国家或地方行政机关通过颁布法规禁止或限制国与国、地区与地区之间，将一些危险性极大的害虫、病菌、杂草等随着种子、苗木及其植物产品在引进、输出中传播蔓延，对传入的要就地封锁和消灭，是病虫害综合防治的一项重要措施。从国外及国内异地引进种子、苗木及其他繁殖材料时应严格遵守有关植物检疫条例的规定，办理相应的检疫审批手续。苗圃、花圃等繁殖园林植物的场所，对一些主要随苗木传播，经常在树木、木本花卉上繁殖和造成危害的，危害性又较大的（如蚧壳虫、蛀食枝干害虫、根结线虫、根癌病等）病虫害，应当在苗圃彻底进行防治，严把苗木外出关。

（二）园林技术防治法

病虫害的发生和发展都需要适宜的环境条件。园林技术防治是利用园林栽培技术来防治病虫害的方法，即创造有利于园林植物和花卉生长发育而不利于病虫害危害的条件，促使园林植物生长健壮，增强其抵抗病虫害危害的能力，是病虫害综合治理的基础。若采取选用抗病虫品种、合理的水肥管理、实行轮作和植物合理配置、消灭病原和虫源等措施，及时清除病叶及虫枝，并加以妥善处理，减少侵染来源。

（三）物理机械和引诱剂法

利用简单的工具及物理因素（如光、温度、热能、放射能等）来防治害虫的方法，称为物理机械防治。物理机械防治的措施简单实用，容易操作，见效快，可以作为害虫大发生时的一种应急措施。特别对于一些化学农药难以解决的害虫或发生范围小时，往往是一种有效的防治手段。

1. 人工捕杀

人工捕杀是利用人力或简单器械，捕杀有群集性、假死性的害虫。比如，用竹竿打树枝振落金龟子，组织人工摘除袋蛾的越冬虫囊，摘除卵块，发动群众于清晨到苗圃捕捉地老虎，以及利用简单器具钩杀天牛幼虫等，都是行之有效的措施。

2. 诱杀法

诱杀法是指利用害虫的趋性设置诱虫器械或诱物诱杀害虫，利用此法还可以预测害虫的发生动态。常见的诱杀方法有以下几种：

（1）灯光诱杀

灯光诱杀是利用害虫的趋光性，人为设置灯光来诱杀防治害虫。目前生产上所用的光源主要是黑光灯，此外，还有高压电网灭虫灯。黑光灯是一种能辐射出 360nm 紫外线的低气压汞气灯，而大多数害虫的视觉神经对波长 330 ~ 400nm 的紫外线特别敏感，具有较强的趋性，因而诱虫效果很好。利用黑光灯诱虫，除能消灭大量虫源外，还可以用于开展预测预报和科学实验，进行害虫种类、分布和虫口密度的调查，为防治工作提供科学依据。安置黑光灯时应以安全、经济、简便为原则。黑光灯诱虫时间一般在 5 ~ 9 月份，灯要设置在空旷处，选择闷热、无风、无雨、无月光的夜晚开灯，诱集效果最好，通常以晚上 9:00—10:00 诱虫最好。设灯时易造成灯下或灯的附近虫口密度增加，因此应注意及时消灭灯光周围的害虫。除黑光灯诱虫外，还可以利用蚜虫对黄色的趋性，用黄色光板诱杀蚜虫及美洲斑潜蝇成虫等。

（2）毒饵诱杀

利用害虫的趋化性在其所嗜好的食物中（糖醋、麦麸等）掺入适当的毒剂，制成各种毒饵诱杀害虫。例如，蝼蛄、地老虎等地下害虫，可用麦麸、谷糠等作饵料，掺入适量敌百虫或其他药剂制成毒饵来诱杀。所用配方通常是饵料100份、毒剂1～2份、水适量。另外，诱杀地老虎、梨小食心虫成虫时，通常以糖、酒、醋作饵料，以敌百虫作毒剂来诱杀。所用配方是糖6份、酒1份、醋2～3份、水10份，再加适量敌百虫。

（3）饵木诱杀

许多蛀干害虫如天牛、小蠹虫、象虫、吉丁虫等喜欢在新伐倒不久的倒木上产卵繁殖。因此，在成虫发生期间，在适当地点设置一些木段，供害虫大量产卵，待新一代幼虫完全孵化后，及时进行剥皮处理，以消灭其中害虫。例如，在山东泰安岱庙内，每年用此方法诱杀双条杉天牛，取得了明显的防治效果。

（4）植物诱杀

植物诱杀或者称作物诱杀，即利用害虫对某种植物有特殊嗜好的习性，经种植后诱集捕杀的一种方法。例如，在苗圃周围种植蓖麻，使金龟子误食后麻醉，可以集中捕杀。

（5）潜所诱杀

利用某些害虫的越冬潜伏或白天隐蔽的习性，人工设置类似环境诱杀害虫。注意诱集后一定要及时消灭。例如，有些害虫喜欢选择树皮缝、翘皮下等处越冬，可于害虫越冬前在树干上绑草把，引诱害虫前来越冬，将其集中消灭。

3. 阻隔法

人为设置各种障碍，切断病虫害的侵害途径，称为阻隔法。

（1）涂环法

对有上下树习性的害虫可在树干上涂毒环或胶环，进而杀死或阻隔幼虫。多用于树体的胸高处，一般涂2～3个环。

（2）挖障碍沟

对于无迁飞能力只能靠爬行的害虫，为阻止其危害和转移，可在未受害植株周围挖沟；对于一些根部病害，也可以在受害植株周围挖沟，阻隔病原菌的蔓延，以达到防止病虫害传播蔓延的目的。

（3）设障碍物

设障碍物主要防治无迁飞能力的害虫。如枣尺蠖的雌成虫无翅，交尾产卵时只能爬到树上，可在其上树前于树干基部设置障碍物阻止其上树产卵。

（4）覆盖薄膜

覆盖薄膜能增产，同时也能达到防病的目的。许多叶部病害的病原物是在病残体上越冬的，花木栽培地早春覆膜可大幅度减少叶病的发生。由于薄膜对病原物的传播起了机械阻隔作用，覆膜后土壤温度、湿度提高，加速病残体的腐烂，减少了侵染来源。如芍药地覆膜后，芍药叶斑病大幅减少。

4. 其他杀虫法

利用热水浸种、烈日暴晒、红外线辐射等方法，都可以杀死在种子、果实、木材中的病虫；依据某些害虫的生活习性，应用光、电、辐射、人工等物理手段防治害虫；利用高温处理，可防治土壤中的根结线虫；利用微波辐射可防治蛀干害虫。设置塑料环可防治草履蚧、松毛虫等；人工捕捉，采摘卵块虫包，刷除虫或卵，刺杀蛀干害虫，摘除病叶病梢，刮除病斑，结合修剪去除病虫枝、干等。

（四）生物防治法

用生物及其代谢产物来控制病虫的方法，称为生物防治，主要有以虫治虫、以微生物治虫或治病、以鸟治虫等。生物防治法不但可以改变生物种群的组成成分，而且能直接消灭大量的病虫；对人、畜、植物安全，不杀伤天敌，不污染环境，不会引起害虫的再次猖獗和形成抗药性，对害虫有长期的抑制作用；生物防治的自然资源丰富，易于开发，且防治成本低，是综合防治的重要组成部分和主要发展方向。然而，生物防治的效果有时比较缓慢，人工繁殖技术较复杂，受自然条件限制较大。害虫的生物防治主要是保护和利用天敌、引进天及进行人工繁殖与释放天敌控制害虫发生。

生物防治还包括鸟类等其他生物的利用，鸟类以捕食害虫为主。目前，以鸟治虫的主要措施是保护鸟类，严禁在城市风景区、公园打鸟；人工招引及人工驯化等。如在林区招引大山雀防治马尾松毛虫，招引率达60%，对抑制松毛虫的发生有一定的效果。蜘蛛、捕食螨、两栖动物及其他动物，对害虫也有一定的控制作用。例如，蜘蛛对控制南方观赏茶树（金花茶、山茶）上的茶小绿叶蝉起着重要的作用；而捕食螨对酢浆草岩螨、柑橘红蜘蛛等螨类也有较强的控制力。一些真菌、细菌、放线菌等微生物，在它的新陈代谢过程中分泌抗生素，可杀死或抑制病原物。这是目前生物防治研究中的一个重要内容。比如哈茨木霉菌能分泌抗生素，杀死、抑制茉莉白绢病病菌。又如菌根菌可分泌萜烯类等物质，对许多根部病害有拮抗作用。保护和利用病虫害的天敌是生物防治的重要方法。主要天敌有：天敌昆虫、微生物和鸟类等。天敌昆虫分寄生性和捕食性两类。寄生性天敌主要有赤眼蜂、跳小蜂、姬蜂、肿腿蜂等。捕食性天敌主要有螳螂、草蛉、瓢虫、蝽象等。增植蜜源（开花）植物、鸟食植物，有利于各种天敌生存发展。选择无毒或低毒药剂，避开天敌繁育高峰期用药等，有利于天敌生存。

（五）生物农药防治法

生物农药作用方式特殊，防治对象比较专一，对人类和环境的潜在危害比化学农药要小，因此尤其适用于园林植物害虫的防治。

1. 微生物农药

以菌治虫，就是利用害虫的病原微生物来防治害虫。可引起昆虫致病的病原微生物主要有细菌、真菌、病毒、立克次氏体、线虫等。目前，生产上应用较多的是病原细菌、病原真菌和病原病毒三类。利用病原微生物防治害虫，具有繁殖快、用量少、不受园林植物生长阶段的限制、持效期长等优点。近年来，其作用范围日益扩大，是目前园林害虫防治中最有推广应用价值的类型之一。

2. 生化农药

生化农药指那些经人工合成或从自然界的生物源中分离或派生出来的化合物，如昆虫信息素、昆虫生长调节剂等，主要来自昆虫体内分泌的激素，包括昆虫的性外激素、昆虫的蜕皮激素及保幼激素等内激素。在国外已有100多种昆虫激素商品用于害虫的预测预报及防治工作，我国已有近30种性激素用于梨小食心虫、白杨透翅蛾等昆虫的诱捕、迷向及引诱绝育法的防治。现在我国应用较广的昆虫生长调节剂有灭幼脲 I 号、Ⅱ 号、Ⅱ 号等，对多种园林植物害虫如鳞翅目幼虫、鞘翅目叶甲类幼虫等具有很好的防治效果。有一些由微生物新陈代谢过程中产生的活性物质，也具有较好的杀虫作用。比如，来自浅灰链霉素抗性变种的杀蚜素，对蚜虫、红蜘蛛等有较好的毒杀作用，且对天敌无毒；来自南昌链霉素的南昌霉素，对菜青虫、松毛虫的防治效果可达90%以上。

（六）化学防治法

化学防治是指用农药来防治害虫、病害、杂草等有害生物的方法。害虫大发生时可使用化学药剂压低虫口密度，具有收效快、防治效果好、使用方法简单、受季节限制较小、适合于大面积使用等优点。然而也有明显的缺点如抗药性、再猖獗及农药残留。长期对同一种害虫使用相同类型的农药，使某些害虫产生不同程度的抗药性；用药不当杀死了害虫的天敌，从而造成害虫的再度猖獗危害；农药在环境中存在残留毒性，特别是毒性较大的农药，对环境易产生污染，破坏生态平衡。施药方法主要有喷雾、土施、注射、毒土、毒饵、毒环、拌种、飞机喷药、涂抹、熏蒸等。

施药时的注重事项。①在城区喷洒化学药剂时，应选用高效、无毒、无污染、对害虫的天敌也较安全的药剂。控制对人毒性较大、污染较重、对天敌影响较大的化学农药的喷洒。用药时，对不同的防治对象，应对症下药，按规定浓度和方法准确配药，不得随意加大浓度。②抓准用药的最有利时机（既是对害虫防效最佳时机，又是对主要天敌较安全期）。③喷药均匀周到，提高防效，减少不必要的喷药次数；喷洒药剂时，必须注意行人、居民、饮食等安全，防治病虫害的喷雾器和药箱不得与喷除草剂合用。④注意不同药剂的交替使用，减缓防治对象抗药性的产生。⑤尽量采取兼治，减少不必要的喷药次数。⑥选用新药剂和方法时，应先试验。证明有效和安全时，才能大面积推广。

（七）外科治疗法

一些园林树木常受到枝干病虫害的侵袭，特别是古树名木由于历尽沧桑，病虫害的危害已经形成大大小小的树洞和创痕。对于此类树木可通过外科手术治疗，对损害树体实行镶补后使树木健康地成长。常见的方法有以下几种：

1. 表层损伤的治疗

表皮损伤修补是指树皮损伤面积直径在10cm以上的伤口的治疗。基本方法是用高分子化合物（聚硫密封胶）封闭伤口。在封闭之前对树体上的伤疤进行清洗，并且用硫酸铜30倍液喷涂两次（间隔30分钟），晾干后密封（气温23℃ ±2℃时密封效果好）。

最后用粘贴原树皮的方法实施外表装修。

2. 树洞的修补

首先对树洞进行清理、消毒，把树洞内积存的杂物全部清除，并刮除洞壁上的腐烂层，用硫酸铜 30 倍液喷涂树洞消毒，30 分钟后再喷 1 次。若壁上有虫孔，可注射氧化乐果 50 倍液等杀虫剂。树洞清理干净、消毒后，树洞边材完好时，采用假填充法修补，即在洞口上固定钢板网，其上铺 10 ~ 15cm 厚的 10 胶水泥砂浆（沙：水泥：107 胶：水 =4：2：0.5：1.25），外层用聚硫密封胶密封，再粘贴树皮。树洞大，边材部分损伤，则采用实心填充，即在树洞中央立硬杂木树桩或水泥柱做支撑物，在其周围固定填充物。填充物和洞壁之间的距离以 5cm 左右为宜，树洞灌入聚氨酯，把填充物和洞壁粘成一体，再用聚硫密封胶密封，最后粘贴树皮进行外表修饰。修饰的基本原则是随坡就势，因树作形，修旧如故。

3. 外部化学治疗

对于枝干病害可以采用外部化学手术治疗的方法，即先用刮皮刀将病部刮去，然后涂上保护剂或防水剂。常用的伤口保护剂是波尔多液。

（八）园林树木害虫防治方法

防治树木害虫多采取喷药法，其虽有一定的防治效果，但大量药液弥散于空气中污染环境，容易造成人畜中毒，且对桑天牛、光肩星天牛、蒙古木蠹蛾等蛀干害虫一般喷药方法很难奏效，必须采用特殊方法。针对以上病害的防治方法如下：

1. 树干涂药法

防治柳树、刺槐、山楂、樱桃等树上的蚜虫、金花虫、红蜘蛛和松树类上的蚧壳虫等害虫，可在树干距地 2m 高部位涂抹内吸性农药，如氧化乐果等，防治效果可达 95% 以上。此法简单易行，若在涂药部位包扎绿色或蓝色塑料纸，药效更好。塑料纸在药效显现 5 ~ 6 天后解除，避免包扎处腐烂。

2. 毒签插入法

将事先制作的毒签插入虫道后，药与树液和虫粪中的水分接触产生化学反应形成剧毒气体，使树干内的害虫中毒死亡。将磷化锌 11%、阿拉伯胶 58%、水 31% 配合，先将水和胶放入烧杯中，加热到 80℃，待胶溶化后加入磷化锌，拌匀后即可使用。使用时用长 7 ~ 10cm、直径 0.1 ~ 0.2cm 的竹签蘸药，先用无药的一端试探蛀孔的方向、深度、大小，后将有药的一端插入蛀孔内，深 4 ~ 6cm，每个蛀孔插 1 支。插入毒签后用黄泥封口，防止漏气，毒杀钻蛀性害虫的防治效果达 90% 以上。

3. 树干注射法

天牛、柳瘿蚊、松梢螟、竹象虫等蛀害树木树干、树枝、树木皮层，用打针注射法防治效果显著。可用铁钻在树干离地面 20cm 以下处打孔 3 ~ 5 个（具体钻孔数目根据树体的大小而定），孔径 0.5 ~ 0.8cm，深达木质部 3 ~ 5cm。注射孔打好后，用兽用注射器将内吸性农药如氧化乐果、杀虫双等缓缓注入注射孔。注药量按照树体大小而定，一般是高为 2.5m、冠径为 2m 左右的树，每株注射原药 1.5 ~ 2 毫升，幼树每株注射原药 1 ~ 1.5 毫升，成年大树可适当增加注射量，每株注射原药 2 ~ 4 毫升，注药 1 周内害虫即可大量死亡。

4. 挂吊瓶法

给树木挂吊瓶是指在树干上吊挂装有药液的药瓶，用棉绳棉芯把瓶中的药液通过树干中的导管输送到枝叶上，从而达到防治的目的。此法适合于防治各种蚜虫、红蜘蛛、蚧壳虫、天牛、吉丁虫等吸汁、蛀干类害虫等。挂瓶方法是，选树主干用木钻钻一小洞，洞口向上并与树干呈 45°的夹角，洞深至髓心；把装好药液的瓶子钉挂在洞上方的树干上，将棉绳拉直。针对不同害虫，挑选具有较高防效的内吸性农药，从树液开始流动到冬季树体休眠之前均可进行，但以 4 ~ 9 月份的效果最好。

5. 根部埋药法

一是直接埋药。用 3% 呋喃丹农药，在距树 0.5 ~ 1.5m 的外围开环状沟，或开挖 2 ~ 3 个穴，1 ~ 3 年生树埋药 150 克左右，4 ~ 6 年生树埋药 250 克左右，7 年生以上树埋药 500 克左右，可明显控制树木害虫，药效可持续 2 个月左右。尤其对蚜虫类害虫防治效果很好，防治松梢螟效果可达 95%。二是根部埋药瓶。将 40% 氧化乐果 5 倍液装入瓶子，在树干根基的外围地面，挖土让树根暴露，选择香烟粗细的树根剪断根梢，将树根插进瓶里，注意根端要插到瓶底，然后用塑料纸扎好瓶口埋入土中，通过树根直接吸药，药液很快随导管输送到树体，可有效防治害虫。

（九）园林病虫害冬季治理措施

园林植物病虫害的越冬场所相对固定、集中，在防治上是一个关键时期。因此，研究病虫害的越冬方式、场所，对于其治理措施的制定具有重要意义。

1. 病害的越冬场所

（1）种苗和其他

繁殖材料带病的种子、苗木、球茎、鳞茎、块根、接穗和其他繁殖材料是病菌、病毒等病原物初侵染的主要来源。病原物可附着在这些材料表面或潜伏其内部越冬，如百日菊黑斑病、瓜叶菊病毒病、天竺葵碎锦病等。带病繁殖材料常常成为绿地、花圃的发病中心，生长季节通过再侵染使病害扩展、蔓延，甚至引起流行。

（2）土壤

土壤对于土传病害或根部病害是重要的侵染来源。病原物在土壤中休眠越冬，有的可存活数年，如厚垣孢子、菌核、菌索等。土壤习居菌腐生能力很强，可在寄主残体上生存，还可直接在土壤中营腐生生活。引起幼苗立枯病的腐霉菌和丝核菌可以腐生方式长期存活于土壤中。在肥料中若混有未经腐熟的病株残体，其常成为侵染来源。

（3）病株残体

病原物可在枯枝、落叶、落果上越冬，翌年侵染寄主。

病株的存在，也是初侵染来源之一。多年生植物一旦染病后，病原物就可在寄主体内存留，如枝干锈病、溃疡病、腐烂病，可以营养体或繁殖体在寄主体内越冬。温室花卉因为生存条件的特殊性，其病害常是露地花卉的侵染来源，如多种花卉的病毒病、白粉病等。

2. 虫害的越冬场所

虫害以各种方式在树基周围的土壤内、石块下、枯枝落叶层中、寄主附近的杂草上越冬，比如日本履绵蚧、美国白蛾、尺蛾类、美洲斑潜蝇、杜鹃三节叶蜂、棉卷叶野螟、月季长管蚜、霜天蛾。以卵等形态在寄主枝叶上、树皮缝中、腋芽内、枝条分杈处越冬，如大青叶蝉、紫薇长斑蚜、绣线菊蚜、日本纽绵蚧、考氏白盾蚧、水木坚蚧、黄褐天幕毛虫。以幼虫在植物茎、干、果实中越冬，如星天牛、桃蛀螟、亚洲玉米螟。以其他方式越冬：小蓑蛾以幼虫在护囊中越冬；多数枣蛾以幼虫在枝条或植物根际做茧越冬；蛴、蝼蛄、金针虫等地下害虫喜在腐殖质中越冬。

3. 治理措施

对带有病虫的植物繁殖材料，须加强检疫，进行处理，杜绝来年种植扩大蔓延。以球茎、鳞茎越冬的繁殖材料，收前应防止大量浇水，要在晴天采收，减少伤口，剔除有病虫的材料后在阳光下暴晒几日；贮窖要预先消毒、通气，贮存温度 5℃，空气相对湿度 70% 以下。用辛硫磷、甲基异柳磷、五氯硝基苯、代森锌等农药处理土壤。农家杂肥要充分腐熟，以免病株残体将病原物带入，防止蝼蛄、蛴螬、金针虫繁衍滋生。接近封冻时，对土壤翻耕，使在土壤中越冬的害虫受冻致死，改变好气菌、厌氧菌的生存环境，降低土壤含虫、含菌量。翻耕深度以 20～30cm 为宜。

把种植园内有病虫的落枝、落叶、杂草、病果处理干净，集中烧毁、深埋，可减少大量病虫害。对有病虫的植株，结合冬季修剪，消灭病虫。将病虫枝剪掉，集中烧毁；用牙签剔除受精雌蚧壳虫外壳，人工摘除枝条上的刺蛾茧；刮除在树皮缝、树疤内、枝杈处的越冬害虫、病菌；对有下树越冬习性的害虫可在其下树前绑草诱集，集中杀灭。冬季树干涂白，以两次为好，第一次在落叶后至土壤封冻前进行，第二次在早春进行，此法可减轻日灼、冻害。如加入适量杀虫、杀菌剂，还可兼治病虫害。植物发芽前喷施晶体石硫合剂 50～100 倍液，既可杀灭病菌，又可杀除在枝条、腋芽、树皮缝内的蚜、蚧、螨的虫体及越冬卵。

在使用涂白剂前，最好先将林园行道树的树木用枝剪剪除病枝、弱枝、老化枝及过密枝，然后将剪下来的树枝收集起来予以烧毁，并且把折裂、冻裂处用塑料薄膜包扎好。在仔细检查过程中如发现枝干上已有害虫蛀入，要用棉花浸药把害虫杀死后再进行涂白处理。涂白部位主要在离地 1～1.5m 处。如老树更新后，为避免日晒，则涂白位置应升高，或全株涂白。

第六章 园林植物的肥水管理及整形修剪

第一节 树体养护

树体养护是对树体本身开展的保养措施，主要内容有树干伤口的处理、树洞的处理、树木的支撑和树干的涂白等。

一、树干伤口的处理

对于树木枝干上因低温、日灼、病虫、鼠、鸟和人畜破坏造成的各种伤口，必须及时进行处理。先用锋利的刀刮净削平伤口的四周，如已腐烂，应削过腐烂部分直至活组织中，使皮层边缘成弧形，然后用2%的硫酸铜液或5° Be的石硫合剂液进行消毒，最后涂上保护剂，预防伤口腐烂，并促其愈合。保护剂有桐油和接蜡等。液体接蜡是用松香（64%）、油脂（8%）、酒精（24%）、松节油（4%）熬制而成的。另外还可用黏土2份、牛粪1份，并加少量羊毛和石硫合剂用水调成保护剂就地应用，效果较好。

皮层腐烂不可愈合连接的可用植皮法。先去掉皮层腐烂部分，将伤口上下端健康皮层掀开3.3cm左右，然后取两块新鲜皮层，一块相当于伤口面积大小，反贴于伤口处，另一块（比伤口长6.6cm）正贴于第一块皮层上，并将上下端插入掀开的皮层中，再用铁钉钉实，外用薄膜包扎，让其生长愈合。疏枝形成的伤口等应立即将切面削平，涂上保护剂，防止腐烂。有的大枝因某些原因造成劈裂或破伤，应及时采用撑、吊、绑等措施使其恢复原位并固定，让其愈合。

二、树洞的处理

（一）树洞形成的原因

树木在长期的生命历程中，经常要经受各种人为或自然灾害的伤害，造成树皮创伤，如未对这些伤口及时采用保护、治疗和修补措施，经过长期雨水浸蚀、病菌寄生繁殖和蛀干害虫的蚕食，伤口逐渐扩大，最后形成树洞。树洞不仅影响林木的生长发育，降低树体的机械强度，缩短树木的寿命，而且有碍观瞻。

（二）树洞处理的目的和原则

树洞处理的主要目的是阻止树木的进一步腐朽，清除各种病菌、蛀虫、蚂蚁、白蚁、蜗牛和啮齿类动物的繁殖场所，重建一个保护性的表面；同时，通过树洞内部的支撑，增强树体的机械强度，提高其抗风倒雪压的能力，并改善观赏效果。树木具有一定的抵御有害生物入侵的能力，其特点是在健康组织与腐朽心材之间形成障壁保护系统。树洞处理并非一定要根除腐朽心材和杀灭所有的寄生生物，因为这样做必将去掉这一层障壁，造成新的创伤，且降低树体的机械强度。所以，树洞处理的原则是阻止腐朽的发展而不是根除，在保持障壁层完整的前提下，清除已腐朽的心材，进行适当的加固和填充，最后进行洞口的整形、覆盖和美化。

（三）树洞处理的步骤和方法

1. 清理

用凿和刀等工具从洞口开始逐渐向内清除已腐朽或虫蛀的木质部，要注意保护障壁层。一般木材已变色，但质地较硬的部分就是障壁层所在，因此，清理时对于已完全变黑变褐、松软的心材要去掉，对已变色而未完全腐朽的要保留。对于已基本愈合封口的树洞，可不进行树洞清理，但应向洞内注入消毒剂，以阻止内部的进一步腐朽。

2. 整形

树洞整形分内部整形和洞口整形。内部整形是为了消灭水袋，防止积水。对较浅的树洞，如果洞口高里面低，可切除洞口树皮的外壳，使洞底向外向下倾斜。有些较深的树洞，可在洞的下方斜向上用电钻打一通道，直达洞内最低处，钻孔要确保通道最短，在通道内安排水管，管的出口稍突于树皮。如果树洞的底面低于地面，可在其内塞入填充物，使洞底高于地平面 10～20cm。洞口整形最好保持其自然轮廓线。在不破坏形成层、不制造新的创伤的情况下，尽量使洞口呈长椭圆形，长轴与树高方向一致。

3. 树洞的加固

通常小树洞对树木的机械强度影响不大，不需加固。大树洞有时需要加固，以增强洞壁的刚性，使以后的填充材料更加牢固。树洞加固可用螺栓或螺钉，先用电钻打孔，所用螺栓和螺钉的长度要适宜，保证加固后螺帽不突出形成层，以利愈伤组织覆盖其表面，所有的钻孔都要消毒并用树木涂料覆盖。

4. 消毒和涂漆

树洞清理后，用木馏油或 3% 的硫酸铜溶液涂抹洞内外表面，实施消毒，然后再刷上油漆。

5. 填充

树洞填充可以阻止木材的进一步腐朽，增强树洞的机械强度，改善树体的美观效果。过去在进行树洞填充时，多使用水泥等硬质材料做填充物，水泥坚硬、比重大、膨胀系数与木材不同，填充物的周围常存在间隙，给病菌侵入创造机会，同时随着树体的摇晃，坚硬的水泥可能挤破树干，因此，许多城市绿化工作者认为树洞填充弊多利少。

不过，随着一些高分子填充材料的研制成功和投入使用，这一状况将很快发生改变，树洞填充的优越性将突显出来。为了更好地固定填料，填充前可在经过清理、消毒的树洞内壁钉一些平头钉，一半钉入木材，另一半与填料浇注在一起。现阶段，填充材料常见的有水泥、沥青和聚氨酯塑料等。

水泥填料是将水泥、细砂和卵石按 1 ：2 ：3 的比例加水调制，大树洞要分层分批注入，中间用油毛毡隔开。水泥填料可用于小树洞，特别是干基或大根的空洞填充，这些位置一般不会因为树体摇摆而挤破洞壁。沥青填料是由 1 份沥青熔化后加入 3 ~ 4 份锯末或木屑混合制成，注入时注意不要弄脏树体和周围的环境。聚氨酯塑料、弹性环氧胶等是近年来推出的新型高分子材料，它们的共同特征是坚韧结实、有弹性、与木材的黏合性好，且重量轻、易灌注，同时具有杀菌作用，因而在生产中应用越来越普遍，代表了树洞填充材料的发展方向。

6. 树洞覆盖

有些树木的树洞，木质部严重腐朽，洞壁已十分脆弱，进行广泛的凿铣清理和填充加固已不可能，为了延缓进一步的腐朽和美化树洞，可对树洞进行覆盖。方法是先按前述方法进行必要的清理、消毒和涂漆，然后在洞口周围用利刀切出一条 1.5cm 左右宽的树皮带，露出木质部，深度以覆盖物略低于或平于形成层为准。在切削部涂上紫胶漆后在洞口盖一张大纸，裁成与切口边缘相吻合的图形，依据此图形裁制一块镀锌铁皮或铜皮，背面涂上沥青或焦油后将铁皮或铜皮钉在露出的木质部上。最后在覆盖物的表面涂漆防水。

三、树木的支撑

栽植较大的树木时，一般要进行树干支撑，但新栽树木在根系未扎牢前，因风吹雨打可能造成土陷树歪，应及时扶正，重新支撑。通常在下过透雨后必须进行一次全面检查，树干动摇的应松土夯实；树穴泥土下沉缺土的，应及时覆土填平，防止雨后积水引起烂根；树穴泥土堆得过高的要耙平，防止深埋影响根系发育；如果支撑树木的扶木已松动，要重新绑扎加固；如果树木栽植不久就倾斜，应立即扒开原填的土壤扶正；在生长季节由于下雨、灌溉或土体沉降而倾斜的，暂时不扶正，在秋末树木进入休眠后再扶正。方法是在树木倾斜的一侧沿原栽植穴的坑壁向下挖沟至穴底，再向内掏底土至树干的下方，用锹或木板伸入底沟向上撬起，向底沟塞土压实，保证在抽出锹或木板后树木直立，最后回土踩实。如果倾斜的树木栽植浅，可按上法在倾倒方向的反侧挖沟至穴底，再向内掏土至稍超过树干中轴线，将掏土一侧的根系下压，确保树干直立，再回土踩实即可。对于已完全倒伏的树木必须重新栽种。在树木扶正或重新栽植后，仍要设立支撑物。定植多年的大树或古树如有树干倾斜不稳的，要设立支柱。树木的侧枝过长下垂，影响树形或易遭风害雪压的，要顶枝。果树结果多，可能压垮枝条的，一般采用吊枝的办法。树木支撑要注意支撑点树皮的保护，要在树干或枝条的支撑点处加上软垫，避免损伤树皮。

四、树干的涂白

树干涂白的目的是防治病虫害，减轻低温危害和日灼伤害，延迟树木萌发且美化树干。树干涂白可以反射阳光，减少热能吸收，在夏秋可减轻日灼，冬春可减轻冻害。涂白剂的配方各地不一，常用的配方为：水72%，生石灰22%，石硫合剂和食盐各3%，均匀混合即可。在南方多雨地区，每50千克涂白剂加入桐油0.1千克，以提高涂白剂的附着力。

五、树体养护技术

（一）移前修剪法提高成活率

此法尤其适合反季节绿化（5～9月份），如夏季移植红叶李等难植树种，提前7～10天修剪，枝条损失的水分和营养及时由根部补充，维持水分平衡。待小芽刚萌发时起树移植，缩短苗木康复期。需要注意三点：一是重复修剪减少水分蒸发，修剪量为3/4以上修剪方式为（疏枝与短截）；二是适当加大土球；三是适当摘叶控制叶面水分蒸发。配合移前摘花、摘果效果更好。

（二）移前吊瓶输液强化树体营养

此法适合名贵树种反季节移植，如银杏、对节白腊、广玉兰等。在移植前几天输入生根粉等营养液，也可自制营养液，用医用葡萄糖05%（原液），也可起到很好的作用。用凉开水或矿泉水最好。这种移前进补能提前补充水分及植物营养，促进移栽树的营养积累，以备后期之需，能有效保证树木成活。

（三）大树移植设置排水孔

可用直径18～20cm塑料管，长度1.5m左右，埋设于树木土球边缘，与树干夹角50°～60°。对于怕水湿的树种，种植点在高水位地区，雨季可用小塑料桶人工排水。如白皮松、雪松、油松、造型黑松、银杏、马褂木、广玉兰等，有良好的排水降渍效果。雨季排水应作为养护重点，掌握好水的供应平衡。

（四）树木缺铁黄化的防治

一是用 10% 硫酸亚铁水溶液涂刷树干，可以通过树皮增加铁的吸收。二是向树叶喷洒尿素铁溶液，配制方法是 1 吨水加 5 千克尿素、3 千克硫酸亚铁，叶面喷洒，1 周后再喷 1 次效果更好，适用于法桐、银杏、油松、黑松等缺铁的防治。

（五）最好的抗蒸腾剂——黄腐酸

反季节绿化的重要环节是控制叶面水分蒸发。目前国内生产的各种抗蒸腾剂，一般都不标明成分，也有从国外进口的，也不标明成分。FA 是黄腐酸的代号，是我国的发明，把国产的黄腐酸应用于大树移植也是一种捷径，只是需要进行使用浓度的试验。树种不同，季节不同，地区不同，用量也应该不同。叶片正反面都要喷，尤其是反面，因为气孔主要在叶子背面，建议叶面喷洒浓度为 1% 左右。

（六）苗圃扦插——最好用泥炭和蛭石扦插苗木

经我们多年实践试验，泥炭 1/2+ 蛭石 1/2 可扦插各种苗木，如大叶黄杨、金银木、石榴、木槿，成活率高于其他基质。用蛭石 1/3、混炭 1/3、沙土 1/3，也有很好的扦插效果。

（七）大树生根肥防治假活

长效促根介质土，有效成分为英联生根剂、生长素、蛭石、黄腐酸，其特色是通透性好，长效促根效果明显。大树生根肥对新芽回抽假活早期和中期施用效果好。在土壤外缘根际处边缘挖两三个洞穴，施入大树生根肥，通常 1 周萌发新叶。盐碱地可用大树生根改良肥专用配方。

（八）栽培银杏要控水管理

银杏适生于水分偏低的土壤，栽培地点选地势高、排水容易的地段。过量的大水浸灌会造成其根系死亡。银杏最喜欢保水力强的沙土、壤土。银杏栽培不管什么季节都宜带土球栽植，我们 10 年大树移植的经验是栽后 10 天内不用浇水，这种控水法栽培的银杏成活率能达到 100%。

（九）自制简易容器基质

筐苗基质配方：蛭石 22%，泥炭 30%，珍珠岩 2%，过磷酸钙 4%，细土 25%，腐酸 15%，基酸 1%。用这种基质栽培假植苗，操作简单，取材容易。这种自制筐苗须根多，由于经过了二次移栽，工地成活率会极大提高。

（十）控制树体水分蒸发的好办法

反季节移植，控制树体水分蒸发，可在树干四周用草帘子绑扎，然后用塑料薄膜捆绑，也可用此方法防寒。关键点是要在塑料薄膜上捅若干小孔适当透气，这种方式比单用塑料薄膜效果要好，草帘子（好于草绳）能够调控膜内水分及温度，从而很好地保存树体水分，为树木成活创造了基本条件。

（十一）栽植深度与浇水的科学

树木栽植深度直接影响树木成活率。树穴土壤下沉系数要准确预测，这是确定栽植深度的关键。种植过深或树盘表面浮土过多，会导致根系窒息引起树木死亡。所以一般栽植深度不宜超过苗木根颈5cm，带土球栽植应与地面一致或稍高于地面为宜。浇水要透，第一次浇水务必浇透，土壤中水气和谐有利于新根扩展。浇水过大会造成树木烂根死亡。我们的经验：胸径20cm的大树，树盘水圈应在直径1.5m左右，水浇满20分钟才能渗完，这是浇透的标准。浇水还要区别耐湿耐干旱树种，按树种生态习性开展养护和管理，达到因树管理的效果。

（十二）细节决定成活率

提高树木成活率是一项综合性技术，各种小技术体现出细节决定成败。适地适树，选择合适的植物。种植前应对土壤的理化性质进行化验分析，盐碱土应重点化验含盐量pH值。因树管理，按树木的生态习性进行管理，不可忽视栽植与管理的每个细节，不可忽视立地条件的差异，从调控水分、土壤空气及根部营养入手。种树就是养根，细节决定成活率。

第二节　园林植物的肥水管理

一、园林植物的施肥管理

园林植物的生长需要不断从土壤中吸收营养元素，而土壤中含有营养元素的数量是有限的，势必会逐渐减少，所以必须不断地向土壤中施肥，以补充营养元素，满足园林植物生长发育的需要，使得园林树木生长良好。

（一）植物生长所需元素与缺素症

除碳、氢、氧以外，还有氮、磷、钾、钙、镁、硫、铁、铜、硼、锌、锰、钼、氯等13种元素是植物生长发育必不可少的。植物万一缺少这些元素就会表现出相应的症候，即植物的缺素症。

（1）缺氮

植物黄瘦、矮小；分蘖减少，花、果少而且易脱落。由于氮元素可以从老叶转移到新叶重复利用，所以会出现老叶发黄，植株则表现为从下向上变黄。相反，如果氮元素过量也会引起植物徒长，表现为节间伸长，叶大而深绿，柔软披散，茎部机械组织不发达，易倒伏。

（2）缺磷

细胞分裂受阻，幼芽、幼叶停长，根纤细，分蘖变少，植株矮小，花果脱落，成熟延缓，叶片呈现不正常的暗绿色或紫红色。由于磷元素也可以移动，老叶最先出现受害状。相反，如果磷元素过量，也会有小斑点，是磷沉淀所致。还可以引发缺锌、缺硅，禾本科缺硅易倒伏。

（3）缺钾

茎柔弱，易倒伏；抗旱和抗寒能力降低；叶片边缘黄化、焦枯、碎裂；叶脉间出现坏死斑点，也是最先表现于老叶。

（4）缺钙

幼叶呈淡绿色，继而叶尖出现典型的钩状。随后死亡。

（5）缺镁

叶片失绿，叶肉变黄，叶脉仍呈明显的绿色网状，与缺氮有区分。

（6）缺硫

幼叶表现为缺绿，均匀失绿，呈黄色并脱落。

（7）缺铁

幼叶失绿发黄，甚至变为黄白色，下部老叶仍为绿色。若土壤中铁元素丰富，植物还是表现出缺铁症状，可能是由于土壤呈碱性，铁离子被束缚。

（8）缺硼

受精不良，籽粒减少，根、茎尖分生组织受害死亡。比如苹果的缩果病。

（9）缺铜

叶子生长缓慢，呈蓝绿色，幼叶失绿随即发生枯斑，气孔下形成空腔，使叶片蒸发枯干而死。

（10）缺钼

叶片较小，脉间失绿，有坏死斑点，叶缘焦枯向内卷曲。

（11）缺锌

苹果、梨、桃易发生小叶病，且呈丛生状，叶片出现黄色斑点。

（12）缺锰

叶脉呈绿色而脉间失绿，与缺铁症状有区分。

（13）缺氯

叶片萎蔫失绿坏死，最后变为褐色，根粗短，根尖呈棒状。

（二）肥料的种类

1. 有机肥

有机肥来源广泛、种类繁多，常用的有堆沤肥、粪尿肥、厩肥、血肥、饼肥、绿肥、泥炭和腐殖酸类等。有机肥料的优点是，不但可以提供养分还可以熟化土壤；缺点是虽然成分丰富但有效成分含量低，施用量大而且肥效迟缓，还可能给环境带来污染。

2. 无机肥

无机肥即一般所说的化肥。按其所含营养元素分为氮肥、磷肥、钾肥、钙肥、镁肥、微量元素肥料、复合肥料、混合肥料、草木灰和农用盐等。无机肥料的优点是，所含特定营养元素充足，不但用量少而且肥效快；缺点是肥分单一，如果长期使用会破坏土壤结构。

3. 微生物肥

微生物肥也叫作菌肥或接种剂。确切地说它不是肥，由于它自身并不能被植物吸收利用，但是向土壤施用菌肥会加速熟化土壤，使土壤中的有效成分利于植物吸收；还有一些菌肥如根瘤菌肥料、固氮菌肥料可与植物建立共生关系，帮助植物吸收养分。针对不同种类的肥料特点，人们已经总结出很多行之有效的使用方法和经验。

（三）施肥原则

（1）根据树木种类合理施肥。生长快、生长量大需肥多。

（2）根据生长发育阶段合理施肥。

休眠期需肥少，营养生长需氮肥，生殖生长需磷、钾肥。

（3）根据树木用途合理施肥。

观形、观叶需氮肥；观花、观果需磷、钾肥。

（4）根据土壤条件合理施肥。

水少施肥难吸收，水多会流失肥料。

（5）根据气候条件合理施肥。

低温难吸收，干旱缺硼、磷、钾，多雨缺镁等。

（6）根据营养诊断合理施肥。

植物缺什么元素，补什么元素肥料。

（7）根据养分性质合理施肥。

有机肥提前施入，化肥深施，复合配方施肥。

（四）常用的施肥方法

1. 基肥

基肥分为秋施和春施，草本植物一般在播种前一次施用；而木本植物还需要定期施用。方法是将混合好的肥料（有机肥为主，但一定要腐熟，还可以掺入化肥和微生物肥料）深翻或者深埋进土壤中根系的下部或者周围，但不要与根直接接触，防止"烧根"。

2. 追肥

追肥是在植物生长季施用，应配合植物的生理时期进行合理补肥。通常使用速效的化学肥料，要掌握适当浓度以免"烧根"。生产上常常使用"随施随灌溉"的方法。

3. 根外追肥

根外追肥也叫叶面喷肥，一定要控制施肥的浓度。根据叶片对肥料的吸收速度不同，一般配制时较低，吸收越慢的浓度也越低。防止吸收过程中肥料浓缩产生肥害，一般下午施用。常用的叶肥有磷酸二氢钾、尿素、硫酸亚铁等。以树木的施肥为例。树木是多年生植物，长期向周围环境吸收矿质养分势必导致营养成分的缺失。另外，由于土壤条件的变化也可能给树木吸收肥料带来很大阻力，所以适当施肥必不可少。首先根据树木的生命规律确定合理的施肥时机。因为根是最重要的吸收器官，所以根系的活动高峰也是树木吸收肥料的高峰。

对于落叶树木而言，根系活动在一年中有三个明显的高峰期。即树液流动前后的春季；新梢停长的夏季或秋季，此时往往出现一年中的最高峰；还有树液回流、落叶前后的秋季。对常绿树木而言，由于冬季温度较低，所以根系活动最旺盛的时期也在春、夏、秋三季。由于树木种类繁多，难以确定具体的施肥时机，但是树木生长的更迭是有规律的，所以需要根据形态指标法确定各种树木的需肥时机。

春季树液开始流动。树木枝条开始变柔软，有水分，一些树木有伤流发生。在此之前的1个月内如果土壤解冻就可以施用基肥了。

夏季新梢停长，大量营养回流根部建立新根系。此刻可以观察到节间不再伸长，顶芽停止生长。此外，此时期也是花芽、果实发展的重要时期，应视树情追施氮肥和磷、钾肥。

秋季最明显的标志是树木开始落叶，此时是秋季施用基肥的最佳时期。值得注意的是基肥要腐熟、深埋，在树冠投影附近采用条状沟、放射沟等方法，施后覆土。树木的用肥量，要结合树势、气候条件和土壤肥力。一般按经验施肥，即看树施肥，看土施肥；基肥量大于落叶、枯枝、产果总量；弱树追肥要少量多次。

（五）施肥注意事项

①由于树木根群分布广，吸收养料和水分全在须根部位，施肥要在根部的四周，不要靠近树干。②根系强大，分布较深远的树木，施肥宜深，范围宜大，如油松、银杏、臭椿、合欢等；根系浅的树木施肥宜较浅，范围宜小，如法桐、紫穗槐及花灌木等。③有机肥料要充足发酵、腐熟，切忌用生粪，且浓度宜稀；化肥必须完全粉碎成粉状，不宜成块施用。④施肥（尤其是追化肥后），必须及时适量灌水，使肥料渗入土内。⑤应选天气晴朗、土壤干燥时施肥。阴雨天由于树根吸收水分慢，不但养分不易吸收，而且肥分还会被雨水冲失，造成浪费和水体富营养。⑥沙地、坡地、岩石易造成养分流失，施肥要深些。⑦氨肥在土壤中移动性较强，所以浅施即可渗透到根系分布层内，被树木吸收；钾肥的移动性较差，磷肥的移动性更差，宜深施至根系分布最多处。⑧基肥因发挥肥效较慢应深施，追肥肥效较快，则宜浅施，供树木及时吸收。⑨叶面喷肥是使肥料通过气孔和角质层进入叶片，而后运送到各个器官，一般幼叶较老叶吸收快，叶背较叶面吸水快，吸收率也高。所以，实际喷肥时一定要把叶背喷匀喷到，使之有利于树干吸收。⑩叶面喷肥要严格掌握浓度，避免烧伤叶片，最好在阴天或上午10时以前和下午4时以后喷施，以免气温高，溶液很快浓缩，影响喷肥或导致药害。⑪园林绿化地施肥，在选择肥料种类和施肥方法时，应考虑到不影响市容卫生，散发臭味的肥料不宜施用。

（六）花卉追肥技术

花卉栽培需要及时追施肥料，其追肥方式多种多样。但不同的方法各有利弊，应根据花卉生长的不同情况，合理选用。

1. 冲施

结合花卉浇水，把定量化肥撒在水沟内溶化，随水送到花卉根系周围的土壤。采用这种方法，缺点是肥料在渠道内容易渗漏流失，还会渗到根系达不到的深层，引起浪费。优点是方法简便，在肥源充足、作物栽培面积大、劳动力不足时可以采用。

2. 埋施

在花卉植物的株间、行间开沟挖坑，将化肥施入后填上土。采用这种办法施肥浪费少，但劳动量大、费工，还需注意埋肥沟坑要离作物茎基部10cm以上，以免损伤根系。通常在冬闲季节、劳动力充足、作物生长量不大时可采用这种方法。在花卉生长高峰期也可采用此法，但为防止产生烧苗等副作用，埋施后一定要浇水，使肥料浓度降低。此方法在缺少水源的地方埋施后更应防烧苗。

3. 撒施

在下雨后或结合浇水，趁湿将化肥撒在花卉株行间。此法虽然简单，但仍有一部分肥料会挥发损失。所以，只宜在田间操作不方便、花卉需肥比较急的情况下采用。在生产上，碳铵化肥挥发性很强，不宜使用这种撒施的方法。

4. 滴灌

在水源进入滴灌主管的部位安装施肥器，在施肥器内将肥料溶解，将滴灌主管插入施肥器的吸入管过滤嘴，肥料即可随浇水自动进入作物根系周围的土壤中。配合地膜覆盖，肥料几乎不会挥发、损失，又省工省力，效果很好。但此法要求有地膜覆盖，并要有配套的滴灌和自来水设备。

5. 插管渗施

这种施肥技术主要适用于木本、藤本等植物。在使用时应针对不同的植物对肥料的不同需求，选择不同的肥料配方。这种方法施肥操作简便，肥料利用率高，能有效地降低化肥投入成本。其插管制作方法是，取长20～25cm、直径2～3cm、管壁厚3～5毫米的塑料管1根，将塑料管底部制成圆锥形，便于插入土中。在塑料管四周（含下端圆锥体）均匀钻成直径为1～2毫米的小圆孔。塑料管的顶口部用稍大的塑料管制成罩盖，以防雨水淋入管内。渗施的方法是，插管制成后，可根据不同花卉对肥料元素需求的不同，将氮、磷、钾合理混配（一般按8:12:5的比例）后装入插管内，并封盖。然后将塑料管插入距花卉根部5～10cm的土壤中，塑料管顶部露出土壤3～5cm，以便于抽取塑料管查看或换装混配肥料。当装有混配化肥的塑料插管插入土壤后，土壤中的水分可通过插管的小圆孔逐渐渗入塑料管内将肥料分解。肥料分解物又可通过小圆孔持续向土壤中输送。

6. 根外追肥

根外追肥即叶面喷肥，可结合喷药根外追肥。此法肥料用量少、见效快，又可避免肥料被土壤固定，在缺素明显和花卉生长后期根系衰老的情况下使用，更能显示其优势。

除磷酸二氢钾、尿素、硫酸钾、硝酸钾等常用的大量元素肥料外，还有适于叶面喷施的大量元素加微量元素或含有多种氨基酸成分的肥料，比如植保素、喷施宝、叶面宝等。花卉生长发育所需的基本营养元素主要来自基肥和其他方式追施的肥料，根外追肥只能作为一种辅助措施。

二、园林植物的水分管理

园林植物生长过程中离不开施肥、浇水等管理活动，水分管理能改善园林树木的生长环境，确保园林树木的健康生长及其园林功能的正常发挥。植物短期水分亏缺，会造成临时性萎蔫，表现为树叶下垂、萎蔫等现象，如果能及时补充水分，叶片就会恢复过来；而长期缺水，超过植物所能承受的限度，就会造成永久性萎蔫，即缺水死亡。而土壤水分过多，会导致根系窒息死亡。因此，应该调整好植物与土壤等环境的水分平衡关系。

（一）浇水量

植物种类不同，需浇水的量不同。通常来说，草本花卉要多浇水；木本花卉要少浇水。蕨类植物、兰科植物生长期要求丰富的水分；多浆类植物要求水分较少。同种植物不同生长时期，需浇水的量也不同。进入休眠期浇水量应减少或停止，进入生长期浇水量需逐渐增加，营养生长旺盛期浇水量要充足。开花前浇水量应予适当控制，盛花期适当增多，结实期又需要适当减少浇水量。

同种植物不同季节，对水分的要求差异很大。春夏季干旱，蒸发量大，应适当勤浇、多浇，一般每周或 3 ~ 4 天浇 1 次；夏秋之交虽然高温，但降水多，不必浇得太勤；秋季植物进入生长后期，需水量低，可适当少浇水。对于新栽或新换盆的花木，第一次浇水应浇透，一般应浇两次，第一遍渗下去后，再浇 1 遍。用干的细腐叶土或泥炭土盆栽时，这种土不易浇透，有时需要浇多遍才行。碰到这种情况，最好先将土稍拌湿，放 1 ~ 2 天再盆栽。

（二）浇水时间

在高温时期，中午切忌浇水，宜早、晚进行；冬天气温低，浇水宜少，并在晴天上午 10 时左右浇水；春天浇水宜中午前后进行。每次浇水不宜直接浇在根部，要浇到根区的四周，以引导根系向外伸展。每次浇水，按照"初宜细、中宜大、终宜畅"的原则来完成，以免表土冲刷。冬季，在土壤冻结前，应给花木浇足冻水，以确保土壤的墒情。在早春土壤解冻之初，还应及时浇足返青水，以促使花木的萌动。

（三）浇水次数

浇水次数应根据气候变化、季节变化、土壤干湿程度等情况而定。喜湿植物浇水要勤，始终保持土壤湿润；旱生植物浇水次数要少，每次浇水间隔期可隔数日；中生植物浇水要"见干见湿"，土壤干燥就浇透。喜湿的园林植物，如柳树、水杉、池杉等植物应少量多次灌溉；而五针松耐旱植物，灌水次数可适当减少。

（四）浇水水质

灌溉用水的水质通常划分为硬水和软水两类。硬水是指含有大量的钙、镁、钠、钾等金属离子的水；软水是指含上述金属离子量较少的水。水质过硬或过软对植物生长均不利，相对来说，水质以软水为好，一般使用河水，也可用池水、溪水、井水、自来水及湖水，水最好是微酸性或中性。若用自来水或可供饮用的井水浇灌园林植物，应提前1～2天晒水，一是使自来水中的氯气挥发掉，二是可以提高水温。城市中要注意千万不能用工厂内排出的废水。

（五）叶面喷水

园林植物生长发育所需要的水分都是从土壤和空气中汲取的，其中主要是从土壤中汲取，同时也需要一定的空气湿度，因此不可忽视叶面喷水。植物叶面喷水可以增加空气湿度、降低温度，冲洗掉植物叶片上的尘土，有利于植物光合作用。一般我们注重给植物浇水，往往忽视植物叶片也需要水分。除了通过直接向土壤浇水，还应通过喷水保持空气的湿度，以满足园林植物对水分的要求。在干旱的高温季节，应增加喷水的次数，保持空气的湿度。特别是对喜湿润环境的花木，如山茶、杜鹃、玉兰、栀子等，即使正常的天气，也要经常向叶面喷水，空气相对湿度在60%以上它们才能正常发育。如四季秋海棠、大岩桐等一些苗很小的花卉，必须用细孔喷壶喷水，或用盆浸法来使其湿润。许多花木叶面不能积水，否则易引起叶片腐烂，如大岩桐、荷包花、非洲紫罗兰、蟆叶秋海棠等，其叶面有密集的茸毛，不宜对叶面喷水，特别不应在傍晚喷水。有些花木的花芽和嫩叶不耐水湿，如仙客来的花芽、非洲菊的叶芽，遇水湿太久容易腐烂。墨兰、建兰的叶片常发生炭疽病，感染后叶片损伤严重，发现病害时，应停止叶面喷水。

（六）浇水方法

浇水前要做到土壤疏松，土表不板结，以利水分渗透；待土表稍干后，应及时加盖细干土或中耕松土，减少水分蒸发。沟灌是在树木行间挖沟，引水灌溉；漫灌是在树木群植或片植，株行距不规则，地势较平坦时，采用大水漫灌，此法既浪费水，又易使土壤板结，一般不宜采用；树盘灌溉是在树冠投影圈内，扒开表土做一圈围堰，堰内注水至满，待水分渗入土中后，将土堰扒平复土保墒，一般用于行道树、庭荫树、孤植树，以及分散栽植的花灌木、藤本植株；滴灌是将水管安装在土壤中或树木根部，将水滴入树木根系层内，土壤中水、气比例合适，是节水、高效的灌溉方式，但缺点是投资大；喷灌属机械化作业，省水、省工、省时，适用于大片的灌木丛和经济林。

（七）绿地排水

长期阴雨、地势低洼渍水或灌溉浇水太多，使得土壤中水分过多形成积水称为涝。容易造成渍水缺氧，使园林植物受涝，根系变褐腐烂，叶片变黄，枝叶萎蔫，产生落叶、落花、枯枝，时间长了全株死亡。为减少涝害损失，在雨水偏多时期或对在低洼地势又不耐涝的园林植物要及时排水。

常用的排涝方法有：地表径流的地面坡度控制在0.1%～0.3%，不留坑洼死角；常用于绿篱和片林；明沟排水适用于大雨后抢排积水，特别是忌水树种，如黄杨、牡丹、玉兰等；暗沟排水采用地下排水管线并与排水沟或市政排水相连，但造价较高。园林植物是否进行水分的排灌，取决于土壤的含水量是否适合根系的吸收，即土壤水分和植物体内水分是否平衡。当这种平衡被打破时，植物会表现出一些症状。要根据这些特点，对土壤及时排灌。但是这些症状有时极易混淆，如长期积水导致根系死亡后，植物表现的也是旱害症状。这时就需要对其他因子进行合理分析才能得出正确的解决方案。

三、园林花卉的管理

园林花卉，是风景园林中不可缺少的材料，不同的花卉品种开花季节和花期长短各不相同。为实现一年四季鲜花盛开，除了科学搭配不同品种种植，抓好管理是关键。

（一）地栽花卉的管理

地栽花卉在栽培上要求土地肥沃疏松，通透性好，保水保肥力强。

肥水管理：前期肥水充足，以氮肥为主，结合施用磷、钾肥，中期氮、磷、钾肥结合；开花前控肥控水，促进花芽分化；开花后补施磷、钾、氮肥，可延长开花期。每月进行1次浅松表土，除去杂草，结合施肥。草本花卉，多施液肥；木本花卉，雨季可开小穴干施。植株高大的地栽花木，不能露根，适当培土可防止倒伏。

修剪覆盖：在生长中要及时剪去干枯的枝叶，此外在夏秋季节进行地表覆盖，可保湿、防旱和抑制杂草生长。

病虫防治：每月喷1次杀虫药剂，在修剪后或暴雨前后喷1次杀菌剂，均有防治效果。藤本花卉管理的不同之处，是要树柱子或搭支架，使之攀缘生长。

（二）盆栽花卉的管理

盆栽花卉在园林绿化中主要指盆栽时花和盆栽阴生植物。盆栽花卉是经过两个阶段培育而成的；第一个阶段是在花圃进行培育；第二个阶段是装盆后生长到具有观赏价值或开花前后，摆放到室外广场（花坛）、绿化景点中，以及亭台楼阁甚至室内的办公室、会议室、厅堂、阳台等。花圃培育盆栽花卉，首先选择各类各种时花和阴生植物，进行整地播种或扦插（在荫棚沙池无性繁殖），幼苗期加强肥水管理和病虫害的防治；其次准备规格合适的陶瓷、塑料花盆，装上事先拌好的配方花泥（干塘泥粒65%～70%、腐熟有机质10%、沙20%、复合肥3%～5%），盆底漏水孔压上瓦片，装量八成；最后种上幼苗，分类摆放加强管理，长大或者开花前后放至摆放点。

盆栽花卉第二阶段的管理。由于摆放分散，重点做好"三防"：防旱、防渍、防冻。防旱：高温炎热天气，水分蒸腾蒸发快，室外2～3天浇1次水，室内5～7天浇1次水。防渍：盆体通透性和渗漏性很差，只靠盆底漏水孔渗漏渍水。室外盆栽严禁盆底直落泥地，室内及阳台盆栽，不要每天淋水，每次淋水后观察盆底是否有滴水，若滴水不漏，一是盆土板结，应适当松土，二是盆底漏水孔堵塞，应及时疏通或转盆。盆栽花卉失败大多是因为盆底部分渍水烂根影响生长以致死亡。防冻：热带花卉和阴生植物如绿巨人、万年青等在冬季气温18℃以下时，不少品种开始出现冻害；露天和阳台盆栽花卉，在低温、霜冻天气，要搭棚覆盖保温或搬进暖房防冻。除了做好以上"三防"，阴生植物还要注意防晒，烈日会灼伤叶片，影响生长，乃至导致植物死亡，宜放于室内和厅堂及阳台无直射光的背日处。

盆栽施肥：施肥种类为有机、无机肥结合，木本以有机肥为主，草本以无机肥为主，观花的磷、钾、氮肥比例是3:2:1，观叶的是2:1:3。施肥次数，视长势每月1～2次，结合淋水施液肥，减少干施；严禁施用未腐熟的有机肥，否则易造成肥害伤根。施肥量视盆土多少，能少勿多，免于肥害。必要时采用根外施肥等，可使叶色浓绿，花期延长。

换盆：为使盆栽花卉根多叶茂，按时盛开花期长，多数多年生的木本和部分其他花卉需要换盆。换盆的时间要考虑两个因素：一是盆土多少和盆土质量，土量少质量差的早换，土量多质量好（如纯干塘泥的配方花泥）的迟换；二是花卉的大小、高矮，高大花卉早换，矮小花卉迟换，通常2～3年换盆1次。换盆方法：空盆放上瓦片压住盆底孔，在瓦片上放上一把粗沙，然后将配方花泥放入1/3，换盆前3～5天不淋水。换盆时，盆内周边淋少量的水，振动盆体，花盆侧倾，用木棍或两个大拇指顶住盆底瓦片，边摇边压，以使盆土离盆。用花铲铲去1/3的旧泥（最多不能超过50%），保留新根，用枝剪剪去老根，剪齐断根，然后小心放入新盆，根顺干正，填上配方花泥，压实淋透（盆底滴水）。

盆栽花卉由于分散，通风透光好，病虫较少，但要细心查看。一经发现病虫害，要用手提喷雾器逐盆喷药。此外，部分花卉对土壤pH值要求较严，如含笑、茶花等要求酸性土壤生长才正常，可每月淋柠檬酸水2～3次，土壤pH值保持4左右。居民家庭养花绝大多数是盆栽花卉，上述管理措施也适用于家庭养花、阳台绿化等的日常管理。

第三节　园林植物的整形修剪

一、整形修剪概述

（一）整形修剪的目的和作用

对园林植物进行整形修剪处理具有多方面的目的。总的来说，主要有以下几个目的。

1. 提高园林植物移栽的成活率

苗木起运移栽时，不可避免地会对植株造成伤害，特别是对根部的伤害最为严重。苗木移栽后，短时间之内，根部难以及时适应环境的变化以及时供给地上部分充足的水分和养料，造成树体的吸收与蒸腾比例失调，虽然顶芽或者一部分侧芽仍可萌发，但仍有可能发生树叶凋萎甚至造成整株死亡的现象。通常情况下，在起苗之前或起苗后，适当剪去病虫根、劈裂根、过长根，疏去徒长枝、病弱枝、过密枝，有些还需根据实际情况（比如：温度，季节等条件）适当摘除部分叶片乃至是主干，以确保栽植后顺利成活。

2. 调控树体结构

整形修剪可使树体的各层主枝在主干上分布有序、错落有致、主从关系明确、各占一定空间，形成合理的树冠结构，满足特殊的栽培要求。

3. 调控开花结实

修剪打破了树木原先的营养生长与生殖生长之间的平衡，重新调节树体内的营养分配，促进开花结实。正确运用修剪可使树体养分集中、新梢生长充实，控制成年树木的花芽分化或果枝比例。及时有效的修剪，既可促进大部分短枝和辅养枝成为花果枝，达到花开满树的效果，也可防止花、果过多而造成的大小年现象。

4. 保证园林植物健康生长

修剪整形可使树冠内各层枝叶获得充分的阳光和新鲜的空气。否则，树木枝条年年增多，叶片拥挤，相互遮挡阳光，尤其树冠内膛光照不足，通风不良。总的来说，适当疏枝有三方面的作用：可以增强树体通风透光能力；可以提高园林植物的抗逆能力；减少病虫害的发生概率。

5. 促使衰老树的更新复壮

树体进入衰老阶段后，树冠出现秃裸，生长势减弱、花果量明显减少，采用适度的修剪措施可刺激枝干皮层内的隐芽萌发，诱发形成健壮的新枝，达到恢复树势、更新复壮的目的。

6. 创造各种艺术造型

现代社会，人们越来越追求美的享受。能够通过对园林植物进行修剪整形，使其形成各种形态，并具有一定的观赏价值，如各种动物、建筑、主体几何形的类型。通过修剪整形也可使观赏树木像树桩盆景一样造型多姿、形体多娇，具有"虽由人作，宛自天开"的意境。虽然花灌木没有明显的主干，也可以通过修剪协调形体的大小，创造各种艺术造型。在自然式的庭园中讲究树木的自然姿态，崇尚自然的意境，常用修剪的方法来维持"古干虬曲，苍劲如画"的天然效果。

（二）整形修剪的原则

1. 根据不同的绿化要求修剪

应明确该树木在园林绿化中的目的要求，是作庭荫树还是作片林，是作观赏树还是作绿化篱。不同的绿化目的各有其特殊的整剪要求，如同样的日本珊瑚树，做绿篱时的修剪和做孤植树的修剪，就有完全不同的修剪要求。

2. 根据树木生长地的环境条件特点修剪

生长环境的不同，树木生长发育及生长势状况也不相同，尤其是园林立地的条件不如苗圃的条件优越，剪切、整形时要考虑生长环境。生长在土壤瘠薄、地下水位较高处的树木，通常主干应留得低，树冠也相应地小。生长在土地肥沃处的以修剪成自然式为佳。

3. 根据树木年龄修剪

不同年龄的树木其生长发育能力、生长发育状态有明显的差异，对这类树木进行修剪应逐一采取不同的整形修剪措施。例如：幼树，生长势旺盛，但是植株整体处于较脆弱的阶段，在修剪时应求扩大树冠，快速成型，所以可以轻剪各主枝，否则会影响树木的生长发育。成年树，生长速度渐渐趋于平缓，在修剪的过程之中，应以平衡树势为主要目的，对壮枝要轻剪，缓和树势；而对弱枝需要重剪，增强树势。衰老树，为了复壮更新以及避免残枝对营养物质的吸收和利用，一般要重剪，刺激其恢复生长势。对于大的枯枝、死枝应及时锯除，防止掉落砸伤行人、砸坏建筑和其他设施。

（三）整形修剪的依据

园林植物在整形修剪前要对其生态环境条件、生长发育习性、分枝规律、枝芽特性等基本知识进行了解，遵循植物的生长发育规律，才能进行科学合理的整形修剪。

1. 与生态环境条件相统一

任何一种植物在生长的过程之中，在自然界中总是不断协调自身各个器官的相互关系，维持彼此间的平衡生长，以求得在自然界中继续生存。因此，对园林植物进行修剪整形的过程之中，保留一定的树冠，及时调整有效叶片的数量，维持高粗生长的比例关系，就可以培养出良好的树冠与干形。若剪去树冠下部的无效枝，使养分相对集中，可加速高度生长。

2. 弄清生长发育习性

园林树木种类繁多，习性各异。在对园林植物进行整形修剪的过程之中需要以园林植物的生长与发育规律为依据，将其有限的养分充分利用到必要的生长点或发育枝上去，避免植物吸收的养分的浪费。

3. 满足园林植物的分枝规律

在整形修剪的过程之中，可以按照观赏花木的分枝习性进行修剪。园林树木在生长进化的过程中形成了一定的分枝规律，一般有假二叉分枝、多歧分枝、主轴分枝、合轴分枝等类型。

①假二叉分枝。具有生芽的植物，顶芽自枯或分化为花芽，由其下对生芽同时萌枝生长所接替，形成叉状侧枝，以后如此继续。其外形上似二叉分枝，因此称为"假二叉分枝"。如树木如泡桐、丁香等，树干顶梢在生长季末不能形成顶芽，而是由下面对生的侧芽向相对方向分生侧枝，修剪时可留一枚壮芽来培养干高，剥除枝顶对生芽中的一枚。

②多歧分枝。多歧分枝的树木顶梢芽在生长季末发育不充实，侧芽节间短，或顶梢直接形成三个以上势力均等的芽，在下一个生长季节，每个枝条顶梢又抽生出三个以上新梢同时生长，致使树干低矮。对这类树进行修剪通常在树木的幼年时期，采用短截主

枝重新培养主枝法和抹芽法培养树形。

③主轴分枝。有些树种顶芽长势强、顶端优势明显。自然生长成尖塔形、圆锥形树冠，如钻天杨、毛白杨、桧柏、银杏等；而有些树种顶芽优势不明显，侧枝生长能力很强，自然生长形成圆球形、半球形、倒伞形树冠，如馒头柳、国槐等。喜阳光的树种，如梅、桃、樱、李等，可采用自然开心形的修剪整形方式，以便使树冠呈开张的伞形。

④合轴分枝。比如悬铃木、柳树、榉树、桃树等，新梢在生长期末因顶端分生组织生长缓慢，顶芽瘦小不充实，到冬季干枯死亡；有的枝顶形成花芽而不能向上，被顶端下部的侧芽取而代之，继续生长。

4. 枝芽特性

一些园林树木萌芽发枝能力很强、耐剪修，可以剪修成多种形状并可多次修剪，如桧柏、侧柏、悬铃木、大叶黄杨、女贞、小檗等，而另一些萌芽力很弱的树种，只可作轻度修剪。因此要根据不同的习性采用不同的修剪整形措施。

5. 树体内营养分配与积累的规律

树叶光合作用合成的养分，一部分直接运往根部，供根的呼吸消耗，剩余的大部分改组成氨基酸、激素，然后再随上升的液流运往地上部分，供枝叶生长需要。通过修剪可以有计划地将树体营养进行重新分配，并有计划性地供给某个需要的生长中心。例如：培养主干高直的树木时，可以截去生长前期的大部分侧枝，这样能够将树木所吸收的养分主要供给主干顶端生长中心，促进主干的高生长，而防止了侧枝对养分的消耗达到主干高直的目的。

二、整形修剪的方法

（一）整形修剪的一般程序

修剪程序能够用以下五步来进行精确的概括："一知、二看、三剪、四检查、五处理"。

"一知"。修剪人员必须掌握操作规程、技术及其他特别要求。修剪人员只有了解操作要求，才可以避免错误。

"二看"。实施修剪前应对植物进行仔细观察，因树制宜，合理修剪。具体是要了解植物的生长习性、枝芽的发育特点、植株的生长情况、冠形特点及周围环境与园林功能，结合实际进行修剪。

"三剪"。对植物按要求或规定进行修剪。剪时由上而下，由外及里，由粗剪到细剪。

"四检查"。检查修剪是否合理，有无漏剪与错剪，便于修正或重剪。

"五处理"。包括对剪口的处理和对剪下的枝叶、花果进行集中处理等。

（二）整形的方法

目前园林植物整形的方法主要有以下几种类别，各种整形方法的目的、条件等都存在着明显的差异。

1. 自然式整形

自然式整形是指按照树种的自然生长特性，采取各种修剪技术，对树枝、芽进行修剪，以及对树冠形状结构作辅助性调整，形成自然树形的修剪方法。在园林地中，比较常用的是自然式整形，其操作方便，省时省工，并且最易获得良好的观赏效果。在自然式整形的过程之中需要注意维护树冠的均匀完整，抑制或剪除影响树形的徒长枝、平行枝、重叠枝、枯枝、病虫枝等。

2. 规则式整形

根据观赏的需要，将植物树冠修剪成各种特定的形式，称为规则式整形，一般适用于萌芽力、成枝力都很强的耐修剪植物。因为不是按树冠的生长规律修剪整形，经过一段时间的自然生长，新抽生的枝叶会破坏原修整好的树形，所以需要经常修剪。

（1）几何形式

这里所说的几何体造型，通常是指单株（或单丛）的几何体造型。

球类整形要求就地分枝，从地面开始。整形修剪时除球面圆整外，还要注意植株的高度不能大于冠幅，修剪成半个球或大半个球体即可。若球类有一个明显的主干，上面顶着一个球体，就称为独干球类。独干球类的上部通常是一个完整的球体，也有半个球或大半个球的，剪成伞形或蘑菇形。独干球类的乔木要先养干，如果选用灌木树种来培养，则采用嫁接法。

除球类和独干球类外，还有其他一些几何形体的造型，如圆锥形、金字塔形、立方体、独干圆柱形等，在欧洲各国比较热衷于此类造型。整形修剪的方法与球类大同小异。

将不同的几何形状在同一株（或同一丛）树木上运用，称为复合型几何体。复合型几何体有的较简单，有的则很复杂，可以按照树木材料的条件和制作者的想象来整形。结合形式有上下结合、横向结合、层状结合的不同类型。上下结合、横向结合的复合型式通常用几株树木栽植在一起造型，而层状结合的复合型造型基本上都是单株的，2层之间修剪时要剪到主干。

（2）其他形式

除了几何形式外，还有多种其他形式。比如建筑形式，如亭、廊、楼等；动物形式，如大象、鸡、马、虎、鹿、鸟等；人物形式，如孙悟空、猪八戒、观音等；古桩盆景等形式。

3. 自然与人工混合式整形

对自然树形以人工改造而成的造型。依树体主干有无及中心干形态的不同，可分为主干形、杯状形、开心形等。

（1）中央领导干形

这是较常见的树形，有强大的中央领导干，顶端优势明显或者较明显，在其上较均匀的保留较多的主枝，形成高大的树冠。中央领导干形所形成的树形有圆锥形、圆柱形、卵圆形等。

（2）杯状形

不保留中央领导干，在主干一定高度留 3 个主枝向四面生长，各主枝与垂直方向的上夹角为 45°，枝间的角度约为 120°。在各主枝上再留两个次级主枝，依此类推，形成杯状树冠。这种树形特点是没有领导枝，树堂内空，形如杯状。这种整形方法，适用于轴性较弱的树种，对顶端优势强的树种不使用此法。

（3）自然开心形

此种树形为杯状形的改良与发展。主枝 2～4 个均可。主枝在主干上错落着生，不像杯状形要求那么严格。为了避免枝条的相互交叉，同级留在同方向。采用此开心形树形的多为中干性弱、顶芽能自剪、枝展方向为斜上的树种。

（4）多领导干形

某些萌发力强的灌木，直接从根茎处培养多个枝干。保留 2～4 个领导干培养成多领导干形，在领导干上分层配置侧生主枝，剪除上边的重叠枝、交叉枝等过密的枝条，形成疏密有序的枝干结构和整齐的冠形。如金银木、六道木、紫丁香等观花乔木、庭荫树的整形。多领导干形还可以分为高主干多领导干和矮主干多领导干。矮干多领导干一般从主干高 80～100cm 处培养多个主干，如紫薇、西府海棠等；高主干多领导干形一般从 2m 以上的位置培养多个领导干，如馒头柳等。

（5）其他形

伞形多用于一些垂枝形的树木修剪整形，如龙爪槐、垂枝榆、垂枝桃等。修剪方法如下：第一年将顶留的枝条在弯曲最高处留上芽短截，第二年将下垂的枝条留 15cm 左右留外芽修剪，再下一年仍在一年生弯曲最高点处留上芽短截。如此反复修剪，即成波纹状伞面。如果下垂的枝条略微留长些短截，几年后就可形成一个塔状的伞面，应用于公园、孤植或成行栽植都很美观。

棚架形包括匍匐形、扇形、浅盘形等，适用于藤本植物。在各种各样的棚架、廊、亭边种植树木后按生长习性加以剪、整、引导，使藤本植物上架，形成立体绿化效果。

人工式修剪具有冠丛形的植物是没有明显主干的丛生灌木，每丛保留 1～3 年主枝 9～12 个，平均每个年龄的树枝 3 到 4 个，以后每年需要将老枝剪除，并在当年新留 3 或 4 个新枝，同时剪除过密的侧枝。适合黄刺玫、玫瑰、鸡麻、小叶女贞等灌木树木。

丛球形主干较短，通常 60～100cm，留有 4 或 5 个主枝呈丛状。具有明显的水平层次，树冠形成快、体积大、结果早、寿命长，是短枝结果树木。多用于小乔木及灌木的整形。

（三）修剪的方法

1. 截

短截又称为短剪，是指将植物的一年生或多年生枝条的一部分剪去。枝条短剪后，养分相对集中，能够刺激剪口下的侧芽萌发，增加枝条数量，促进多发叶多开花。这是在园林植物修剪整形中最常用的方法，短剪程度对产生的修剪效果有明显的影响。

①轻短剪。只剪去一年生枝的少量枝段（一般在原枝段 1/4～1/3 之间）。如在秋梢上短剪，或在春、秋梢的交界处（留盲节）。截后能缓和树势，利于花芽分化，也易

形成较多的中、短枝，需要注意的是截后单枝生长较弱。

②中短剪。在春梢的中上部饱满芽处剪去原枝条的 1/3 ~ 1/2，其能够形成较多的中长枝，而且这些中长枝成枝力高，生长势强。对于各级骨干枝的延长枝或复壮枝具有重大的意义。

③重短剪。在枝条中下部、全长 2/3 ~ 3/4 处短截，刺激作用大，可逼基部隐芽萌发，适用于弱树、老树和老弱枝的复壮更新。

④极重短剪。剪去除春梢基部留下的 1 ~ 2 个不饱满的芽的部分，在极重短剪之后，植株会萌发出 1 ~ 2 个弱枝，通常多用于降低枝位或处理竞争枝。

2. 疏

疏又称疏删或疏剪，即把枝条从分枝基部剪除的修剪方法。疏剪的主要对象是弱枝、病虫害枝、枯枝及影响树木造型的交叉枝、干扰枝、萌蘖枝等各类枝条。特别是树冠内部萌生的直立性徒长枝，芽小、节间长、粗壮、含水分多、组织不充实，宜及早疏剪以免影响树形；但如果有生长空间，可改造成枝组，用于树冠结构的更新、转换和老树复壮。

抹芽和除蘖是疏的一种形式。在树木主干、主枝基部或大枝伤口附近常会萌发出一些嫩芽而抽生蘖梢，妨碍树形，影响主体植物的生长。将芽及早除去，称为抹芽；或将已发育的新梢剪去，称为除蘖。抹芽与除蘖可减少树木的生长点数量，减少养分的消耗，改善光照与肥水条件。如嫁接后砧木的抹芽与除蘖对接穗的生长尤为重要。抹芽与除蘖，还可减少冬季修剪的工作量和防止伤口过多，宜在早春及时进行，越早越好。

3. 回缩

又称为缩剪，是将多年生的枝条剪去一部分。因树木多年生长，离枝顶远，基部易光腿，为了降低顶端优势位置，促多年生枝条基部更新复壮，常采用回缩修剪方法。

常用于恢复树势和枝势。在树木部分枝条开始下垂、树冠中下部出现光秃现象时，在休眠期将衰老枝或树干基部留一段，其余剪去，使剪口下方的枝条旺盛生长来改善通风透光条件或刺激潜伏芽萌发徒长枝来人为更新。

4. 伤

伤是通过各种方法损伤枝条，以达到缓和树势、削弱受伤枝条生长势的目的。伤的具体方法有：刻伤、环剥、折梢、扭梢等。伤对植株整体的生长发育影响并不明显，一般在植物的生长季进行。

5. 变

变是指改变枝条生长方向，控制枝条生长势。如用拉枝、曲枝等方法将直立或空间位置不理想的枝条，引向直立或空间位置理想的方向改变可以使顶端优势转位、加强或削弱，可以加大枝条开张角度。骨干枝弯枝有扩大树冠、改善光照条件，充分利用空间，促进生殖，缓和生长的作用。该类修剪措施大部分在生长季应用。

6. 放

即对一年生枝条不作任何短截，任其自然生长，亦称为缓放、甩放或长放。利用单枝生长势逐年减弱的特点，对部分长势中等的枝条长放不剪，下部易发生中、短枝，停止生长早，同化面积大，光合产物多。有助于促进花芽形成。

（四）综合修剪技术

1. 剪口与剪口芽的处理

剪口的形状可以是平剪口或斜切口，通常对植物本身影响不大，但剪口应离剪口芽顶尖 0.5cm ~ 1cm。剪口芽的方向与质量对修剪整形影响较大。若为扩张树冠，应留外芽；若为填补树冠内膛，应留内芽；若为改变枝条方向，剪口芽应朝所需空间处；若为控制枝条生长，应留弱芽，反之应留壮芽为剪口芽。

若剪枝或截于造成剪口创伤面大，应用锋利的刀削平伤口，用硫酸铜溶液消毒，再涂保护剂，以防止伤口由于日晒雨淋、病菌入侵而腐烂。常用的保护剂有保护蜡和豆油铜素剂两种。保护蜡用松香、黄蜡、动物油按 5：3：1 比例熬制而成的。熬制时，先将动物油放入锅中用温火加热，再加松香和黄蜡，不断搅拌至全部溶化。由于冷却后会凝固，涂抹前需要加热。豆油铜素剂是用豆油、硫酸铜、熟石灰按 1：1：1 比例制成的。配制时，先将硫酸铜、熟石灰研成粉末，将豆油倒入锅内煮至沸腾，再将硫酸铜与熟石灰加入油中搅拌，冷却后即可使用。

2. 病害控制修剪

其目的是防止病害蔓延。从明显感病位置以下 7 ~ 8cm 的地方剪除感病枝条，最好在切口下留枝。修剪应防止雨水或露水时进行，工具用后应以 70% 的酒精消毒，以防传病。

3. 剪口处理与大枝修剪

（1）平剪口

剪口在侧芽的上方，呈近似水平状态，在侧芽的对面作缓倾斜面，其上端略高于芽 5mm，位于侧芽顶尖上方。优点是剪口小，易愈合，是观赏树木小枝修剪中较合理的方法。

（2）留桩平剪口

剪口在侧芽上方呈近似水平状态，剪口至侧芽有一段残桩。优势是不影响剪口侧芽的萌发和伸展。问题是剪口很难愈合，第二年冬剪时，应剪去残桩。

（3）大斜剪口

剪口倾斜过急，伤口过大，水分蒸发多，剪口芽的养分供应受阻，故能抑制剪口芽生长，促进下面一个芽的生长。

（4）大侧枝剪口

切口采取平面反而容易凹进树干，影响愈合，故使切口稍凸呈馒头状，较利于愈合。剪口太靠近芽的修剪易造成芽的枯死，剪口太远离芽的修剪易造成枯桩。

留芽位置不同，禾采新枝生长方向也各有不同，留上、下两枚芽时，会产生向上、向下生长的新枝，留内、外芽时，会产生向内、向外生长的新枝。

（5）大枝修剪

大枝修剪通常采用三锯法。第一锯，在待锯枝条上离最后切口约 30cm 的地方，从下往上拉第一锯作为预备切口，深至枝条直径的 1/3 或开始夹锯为止；第二锯，在离预备切口前方 2～3cm 的地方，从上往下拉第二锯，截下枝条；第三锯，用手握住短桩，根据分枝结合部的特点，从分权上侧皮脊线及枝干领圈外侧去掉残桩。这样可避免锯到半途时因树枝自身的重量而撕裂造成伤口过大，不容易愈合。

将干枯枝、无用的老枝、病虫枝、伤残枝等全部剪除时，应自分枝点的上部斜向下部剪下，这样可以缩小伤口，残留分枝点下部突起的部分，伤口不大，很易愈合，而且隐芽萌发也不多；如果残留其枝的一部分，将来留下的一段残桩枯朽，随其母枝的长大逐渐陷人其组织内，致使伤口迟迟不愈合，很可能成为病虫害的巢穴。

三、常见园林植物的整形修剪

（一）行道树的整形修剪

行道树种植在人行道、绿化带、分车线绿岛、市民广场游径、河滨林荫道及城乡公路两侧等，一般使用树体高大的乔木，枝条伸展，枝叶浓密，树冠圆整有装饰性。枝下高和形状最好与周围环境相适应，通常在 2.5m 以上，主干道的行道树要求冠行整齐，高度和枝下高基本一致，以不妨碍交通和行人行走为基准。

定植后的行道树要每年修剪扩大树冠，调整枝条的伸展方向，增加遮阳保湿效果。冠形根据栽植地点的架空线路及交通状况决定。主干道及一般干道上，修剪整形成杯状形、开心形等规则形树冠，在无机动车通行的道路或狭窄的巷道内可使用自然式树冠。

有时候在行道树上方有管线经过，这时候需要通过修剪树枝给管线让路的修剪。它分为截顶修剪、侧方修剪、下方修剪和穿过式修剪四种。

（二）庭荫树的整形修剪

庭荫树一般栽植建筑物周围或南侧、园路两侧，公园中草地中心，庭荫树的特点明显，具有健壮的树干、庞大的树冠、挺秀的树形。

庭荫树的整形修剪，首先是培养一段高矮适中、挺拔粗壮的树干。树干的高度要根据树种生态习性和生物学特性而定，更主要的是应与周围环境相适应。树干定植后，尽早将树干上 1～1.5m 或以下的枝条全部剪除，以后随着树木的生长，逐年疏除树冠下部的侧枝。庭荫树的枝下高没有固定要求，如果树势旺盛、树冠庞大，作为遮阳树，树干的高度以 2～3m 为好，能更好地发挥遮阳作用，为游人提供在树下自由活动的空间；栽在山坡或花坛中央的观赏树主干可适当矮些，通常不超过 1.0m。

庭荫树一般以自然式树形为宜，于休眠期间将过密枝、伤残枝、枯死枝、病虫枝及扰乱树形的枝条疏除，也可根据置植需要进行特殊的造型和修剪。庭荫树的树冠应尽可能大些，以最大可能发挥其遮阳等保护作用，并对一些树皮较薄的树种还有防止日灼、伤害树干的作用。一般认为，以遮阳为主要目的的庭荫树的树冠占树高的比例以 2/3 以上为佳。如果树冠过小，则会影响树木的生长及健康状况。

（三）花灌木类的修剪整形

花灌木在园林绿化中起着至关重要的作用。花灌木在苗圃期间主要根据将来的不同用途和树种的生物学特性进行整形修剪。此期的整剪工作非常重要，人们常说，一棵小树要长成栋梁之材，要经过多次修枝、剪枝，这是事实。幼树期间若经过整形，后期的修剪就有了基础，容易培养成优美的树形；如果从未修剪任其随意生长的树木，后期要想调整、培养成理想的树形是很难的。所以注意花灌木在苗圃期间的整形修剪工作，是为了出圃定植后更好地起到绿化、美化的作用。

对于丛生花灌木通常情况下，不将其整剪成小乔木状，仍旧保留丛生形式。在苗圃期间则需要选留合适的多个主枝，并在地面以上留 3 ~ 5 个芽短截，促其多抽生分枝，以尽快成形，起到观赏作用。

花灌木之中有的开出鲜艳夺目的花朵；有的具有芬芳扑鼻的香味；有的具有漂亮、鲜艳的干皮；有的果实累累；有的枝态别致；有的树形潇洒飘逸。总之，它们各以本身具有的特点大显其观赏特性。

（四）藤本类的修剪整形

藤本类的修剪整形的目的是尽快让其布架占棚，使蔓条均匀分布，不重叠，不空缺。生长期内摘心、抹芽，使得侧枝大量萌发，迅速达到绿化效果。花后及时剪去残花，以节省营养物质。冬季剪去病虫枝、干枯枝及过密枝。衰老藤本类，应适当回缩，更新促壮。

①棚架式。在近地面处先重剪，促使发生数条强壮主蔓，然后垂直引缚主蔓于棚架之顶，均匀分布侧蔓，这样便能很快地成为荫棚。

②凉廊式。常用于卷须类和缠绕类藤本植物，偶尔也用吸附类植物。因凉廊侧面有隔架，勿将主蔓过早引至廊顶，以免空虚。

③篱垣式。多用卷须类和缠绕类藤本植物，如葡萄、金银花等。将侧蔓水平诱引后，对侧枝每年进行短截。葡萄常采用这种整形方式。侧蔓可以为一层，亦可为多层，即将第一层侧蔓水平诱引后，主蔓继续向上，形成第二层水平侧蔓，以至第三层，达到篱垣设计高度为止。

④附壁式。多用于墙体等垂直绿化，为防止下部空虚，修剪时应运用轻重结合，予以调整。

⑤直立式。对于一些茎蔓粗壮的藤本，如紫藤等亦可整形成直立式，用于路边或草地中。多用短截，轻重结合。

第七章 园林植物景观设计的原则与方法

园林植物景观设计是指园林植物间的配置，即按植物生态习性和园林布局要求，合理配置园林中各种植物，创造与周围环境相协调的、具备一定功能和观赏特性的园林植物景观。植物景观设计也可称为植物种植设计、植物造景。

在园林构成要素中，植物是最重要的元素之一。植物景观设计是园林规划与设计的重要内容之一，是宏观上调控园林整体性空间的根本元素。在很大程度上，植物奠定了场地的特色，构筑了能够满足多种使用功能需要的休闲活动空间。

园林是一个非常复杂的学科，它既要求有实用性又要求有艺术性，植物景观设计必须是科学性与艺术性两方面的高度统一。在开展植物景观设计时，必须在充分了解园林植物的生物学习性和生态学习性的基础上，通过艺术构图原理体现出植物个体及群体的形式美及意境美，创造出优美的景观效果，使生态、经济、社会效益并重。

第一节 植物在景观设计中的作用

一、植物在组织空间中的作用

创造空间是园林设计的根本目的。园林中以植物为主体，经过艺术布局组成各种适应园林功能要求的空间环境，叫作园林植物空间。

在园林植物规划之中已厘清了各植物景区之间的功能关系及其与环境的关系，在此基础上还需将其转化为可用的、符合各种使用目的的植物空间。规划是平面的布置，而设计才是立体空间的创造。

利用植物的各种天然特征如色彩、姿态、高度、质地、季相变化等，可以构成各种各样的自然空间。设计中既要考虑空间本身的质量和特征，又要把所有单个园林植物空间连接成一个调和的统一体以便得到最好的外观。

（一）植物空间及其构成要素

"地""顶""墙"是构成空间的三大要素，地是空间的起点、基础；墙因地而立，或划分空间或围合空间；顶是为了遮挡而设。地与顶是空间的上下水平界面、墙是空间的垂直界面。与建筑室内空间相比，园林外部空间中顶的作用要小些，墙和地的作用要大些。

设计师可以将每一个园林空间作为一个"室外房间"来设计围墙、天花以及地面，以最大限度地满足不同园林空间功能和环境的需要。

地面和园林用地的安排关系紧密，因为我们最关心的园林中各项功能就落实在空间地面上。我们从一个项目的规划中所看到的就是将什么放于这个地面上。项目规划不仅要确立各类用途，也要确立规划上不同用途彼此间的关系。

园林空间的地面可以是草坪、地被、水面、硬质铺装等，这主要根据空间的使用功能和景观要求确定。如宽阔的草坪可供散步、坐卧、游戏；空透的水面、成片种植的地被物可供观赏；硬质铺装地面可开展多种休闲活动；道路可疏散和引导人流等。通过精心推敲的形式、图案、色彩和起伏可以获得丰富的环境景观，提高空间的质量。

在大多数园林中，开阔的草坪给人一种开敞的空间感。在园林中，草坪是地面覆盖材料的首选，因而使得草坪成了一个凉爽舒适的，可以走、坐、卧的地面，在阴凉的秋季和寒冷的冬季，绿色的草坪还能够保持午后的温度。对于一些规则式的观赏草坪，四周缺乏高大的围合材料，但通过草坪植物的种植暗示着一种领域性空间的存在。

草坪与硬质材料铺装的结合还能显示不同质感的比对，形成材料变化的韵律节奏感。在某些现代化的城市广场空间，整个地面的图案由草皮和硬质铺装两种材料组成，一硬一软、一明一暗，地面的平面构图十分简洁明快，有一种与现代城市景观相和谐的气氛。

另外，还须注意，每个区域空间的长宽比例也很重要。一般来说，对于园林植物空间的地面形状，宽一些会比深一些看上去更好。譬如，一个纵深、狭窄的用地如果分成块后，看上去就会更好些，因为这样比原来会显得更宽一些。这个原则可以应用于设计过程中的区域划分。在选择主体空间时，也要记住在比例上宽度大于深度是合适的。

1. 空间中的垂直物

垂直要素是空间的分隔者、屏障、挡板和背景。由许多植物组团混合形成的垂直结构在立面高度上能够满足园林围墙的功能（屏障、防风、围合），同时又区别于建筑墙体，能创造一种宜人的线型。

园林植物非常适合用于围合、分隔或者烘托场地的不同功能空间及空间的连接通道。植物将功能区转化成功能空间。通过它们相关的特性以及它们的色彩、质地、形态，植物可以赋予每一空间与其功能相适的特征。通过植物围合可能将空间分成更合比例的形状。

植物材料的高矮、树冠的形状和疏密，种植的方式决定了空间围合的质量。分枝点高于视线的乔木围合的空间较空透；乔灌木分层围合的空间较封闭；交错种植、种植间距小、树冠较密的情况下围合的空间较封闭。另外，所围合空间的垂直视角对空间封闭性也有影响，当视角大于 45° 时空间十分封闭，当视角小于 18° 时空间渐趋开敞。

通常，我们如果要将兴趣引向植物空间内部的一个景物时，就须增加植物材料的设计与数量，以增强围合要素使注意力向内集中。当要将兴趣引向外部事物或风景时，植物围合就需洞穿或开放，便于强化且框住那些引人注目的事物。

2. 空间中顶面的处理

塑造园林外部空间时，我们可以把顶面当作自由的，一直延伸与树冠或天空相接。开阔无垠的蓝天适合于更多的园林空间作为顶棚，它同时具有欣赏白昼时天空流云的形状及夜晚群星闪烁的特点；当然由大树枝叶、藤本枝叶密布的棚架顶形成的顶面显得柔和而自然；各种材质的网织物、各种几何镂空的亭廊顶等构成的空间顶面则更为现代而多变。

园林植物空间的顶面可轻盈，比如半通透的织物或叶子组成的格网；也可坚固，如钢筋混凝土横梁或厚板。它们可以通过自身的透明度或格网的疏密来控制光线的质与量。通常，空间的天棚要保持简洁，因为它更多的是用于感受而较少用于观看。

（二）植物空间的类型

每个空间都有其特定的形状、大小、构成材料、色彩、质感等构成因素，它们综合地表达了空间的质量和空间的功能作用。一般来说，园林植物构成的景观空间可以分为以下几类。

1. 开敞空间

开敞空间是指在一定区域范围内人的视线高于四周景物的植物空间，一般由低矮的灌木、地被植物、草本花卉、草坪可以形成开敞空间。开敞空间适合人群的聚集、活动、交往、休息等需要。在开放式绿地、城市公园等园林类型中非常多见，如草坪、开阔水面等，其视线通透、视野辽阔，容易让人心胸开阔、心情舒畅，产生轻松、自由的满足感。在较大面积的开阔草坪上，除了低矮的植物以外，若散点种植几株高大乔木也并不妨碍人们的视线，这样的空间也称得上开敞空间。

2. 半开敞空间

半开敞空间是指在一定区域范围内，周围并不完全开敞，而是有部分视角被植物遮挡起来，按照功能和设计需要，开敞的区域有大有小。从一个开敞空间到封闭空间的过渡就是半开敞空间，它也可以借助地形、山石、小品等园林要素与植物配置来共同完成。半开敞空间的障景能够阻隔人们的视线，从而引导空间的方向。

3. 封闭空间

封闭空间是指人的视线被四周植物屏障的空间。当人处在四周用植物材料封闭、遮挡的区域范围内时，其视距缩短，视线受到制约。四周屏障植物的顶部与视线所成的角度越大，人与屏障植物越近，则封闭性越强。封闭空间近景的感染力加强，容易产生亲切感和宁静感。在植物营造的相对封闭的静谧空间中，人们可以开展读书、静坐、交谈、私语等安静性活动。

封闭空间的尺度往往较小，私密性较强，在园林中与开敞空间同样为人所需要。正如有人说过，在我们当代文明中，私密将很快成为最有价值且最稀有的商品。私密性可以理解为个人对空间接近程度的选择性控制。人对私密空间的选择可以表现为希望一个人独处，按照自己的愿望支配自己的环境；或几个人亲密相处而不愿意受到他人干扰。植物是创造私密性空间最好的自然要素。

在道路、广场、草坪的局部边缘，通过应用植物隔离营建一些小尺度空间，在密林、疏林的局部开辟出少量的空旷地域均可营建出自然、舒适的，适合少量人群进行交谈、活动、休憩的空间。然而对于用植物围合庭院或私家花园的优势则更明显而有效。寻求私密的围合不需要完全闭合。一个设置得当的树丛屏障或一些分散安排的灌木就足以保证私密性。

4. 纵深空间

狭长的空间称之为纵深空间，用植物封闭道路或河道两侧垂直面，就构成了纵深空间。那些分枝点较低、树冠紧凑的中小乔木形成的树墙、树列、树丛、树林等都可以用来构成纵深空间。由于垂直空间两侧几乎完全封闭，视线的上部和前方较开敞，很容易产生"夹景"的效果，可以引导游人的行走路线，并且突出空间前端的主体景物。

此外，空间尺度还有大小之分，空间的大小应视空间的功能要求和艺术要求而定。大尺度的空间气势壮观，感染力强，常使人肃然起敬，多见于宏伟的自然景观和纪念性空间。中小尺度的空间较亲切怡人，适合于大多数活动的开展，在这种空间中交谈、漫步、休憩常使人感到舒坦、自在。

为了塑造不同性格的空间就需要采取不同的处理方式。宁静、庄严的空间处理应简洁、流动、活泼。

（三）植物空间的划分

植物空间的划分主要由平面上的林缘线和立面上的林冠线设计来完成。

1. 林缘线设计

所谓林缘线，是指树林、树丛或花木边缘树冠垂直投影于地面的连接线（太阳垂直照射时，树冠投影的边缘线）。是植物配置在平面构图上的反映，是植物空间划分的重要手段。空间的大小、景深、透视线的开辟，气氛的形成等大都依靠林缘线设计。

若在大空间中创造小空间，首先就是林缘线设计，一片树林中用相同或不同的树种独自围成一个小空间，就可以形成如建筑物中的"套间"般的封闭空间，当游人进入空间时，产生"别有洞天"之感。也可以仅仅在四五株乔木之旁，密植花灌木（植株较高的）来形成荫蔽的小空间。若乔木选用的是落叶树，则到了冬天这个荫蔽的小空间就不存在了。

林缘线还可将面积相等、形状相仿的地段与周围环境、功能、立意要求结合起来，创造不同形式与情趣的植物空间。

2. 林冠线设计

所谓林冠线是指树林或树丛空间立面构图的轮廓线。平面构图上的林缘线并不完全体现空间感觉，因为树木有高低的不同，还有乔木分枝点的差异，这些都不是林缘线所能表达的。而不同高度树木所组合的林冠线，决定着游人的视野，影响着游人的空间感觉。当树木高度超过人的视线高度，或树木冠层遮挡了游人的视线时，就会让人感受到封闭，如低于游人的视线时，则感受到空间开阔。

同一高度级的树木配置，形成等高的林冠线，平直而单调，简洁而壮观，表现出某一特殊树种的形态美。如雪松树群的挺拔、垂柳树丛的柔和等。不同高度的树木配置，则可形成起伏多变的林冠线，在地形平坦的植物空间里，林冠线的构图不但要求有起伏、有韵律、有重点，而且要注意四季色彩的变化。

林冠线设计还要与地形结合，同一高度级别的树群，由于地形高低不同，林冠线仍有起伏。而乔木与灌木、落叶与常绿、快长与慢长的不同特性，又都能使林冠线变化多端。这是在设计林冠线的艺术构图时，必须仔细考虑的。

由此可见，林缘线与林冠线所产生的空间感觉，由于树木的种类、树龄、生长状况以及冬、夏季树木形态的不同而差别很大，所以说，林缘线与林冠线是植物空间设计的基础。

3. 空间主景

经过精心设计的园林植物空间，通常都设有主景，这种主景的题材、形式各不相同，但多数由具有特殊观赏价值的园林植物构成。

根据植物空间的大小，可以选择树体高大、宏伟或独特、优美的乔木、灌木，以孤植树、树丛的形式配置于空间的构图重心，作为空间的主景。同时还起到增加景深的作用。主景的设置还必须考虑环境与植物种类选择与配置的关系。

有些大面积的植物空间主景，不是以单纯的植物为主，而是以亭子、假山以及四季有花的大树丛综合组成的一块小园林为主景。在这个主景内可游、可憩，四季都有不同的景观可观赏，是综合性的主景；也有的是以单独的建筑物、置石、雕塑小品等形成空间里十分突出的主景。

（四）植物空间的组织与联系

在园林设计中除了利用植物组合创造一系列的不同的空间之外，有时还需要利用植物进行空间承接和过渡。

为了获得丰富的园林空间，应当注重植物空间的组织与联系。空间的对比是丰富空间之间的关系，形成空间变化的重要手段。当将两个存在着显著差异的空间布置在一起时，由于大小、明暗、动静、纵深与广阔、简洁与丰富等特征的对比，而使这些特征更加突出。没有对比就没有参照，空间就会单调、索然无味；大而不见其深，阔而不显其广。比如，当将幽暗的植物小空间和开敞的植物大空间安排在空间序列中时，从暗小的空间进入较大的空间，由于小空间的暗、小衬托在先，从而使大空间给人以更大、更明亮的感受，这就是空间之间大小、明暗的对比所产生的艺术效果。

当将一系列的园林植物空间组织在一起时，还应考虑空间的整体序列关系，安排游览路线，将不同的空间连接起来，通过空间的对比、渗透、引导、创造富有性格的空间序列。在组织空间、安排序列时应注意起承转合，使空间的发展有一个完整的构思，创造一定的艺术感染力。

二、植物在景观构成中的作用

（一）不同植物种类的景观构成特点

1. 乔木

乔木具备体形高大、主干直立、枝叶繁茂、分枝点高、寿命长的特点。是种植设计中的基础和主体，乔木选择和配置得合理就可形成整个园景的植物景观框架。乔木分为常绿乔木和落叶乔木两大类，同时，乔木因高度差异又主要分为小乔木（6～10m）、中乔木（11～20m）、大乔木（21m以上）。

乔木的景观功能表现为作为植物空间的划分、围合、屏障、装饰、引导以及美化作用。常绿乔木遮阳效果好，四季常青，保持着绿地常年的基本色调；落叶乔木生长季为绿色，深秋叶色变化，冬季落叶后，枝叶能透射阳光，增加了园林中季相变化。

树木的体型大小、分枝点的高低会产生不同的空间感。大乔木可以在风景区、各大公园、广场、大型住宅区、城市主干道旁等进行成片种植，气势雄伟，空间划分效果非常明显；在一般情况下，选用乡土树种中高大荫浓的大乔木作为基调树来统一场地；高大乔木是最容易引人注目的，它们构成了最显著的地域特征和标志。它们还能够遮阳蔽阳，使建筑线条更柔和，充当空间的顶面。

中小乔木包括许多比较优秀的基调植物和装饰植物，可用作特别的孤赏树。中乔木尺度适中适合做主景之用；还具有包容中小型建筑物或建筑群的围合功能，适宜作为背景；也可用来划分空间作为障景和框景。种植中小乔木充当低空屏障，既可阻挡冬季寒风，又可引导夏季凉风。作为分隔框架，尤其适用于把大场地细分为小的功能区和空间。小乔木高度适中，最接近人体的仰视视角，适宜配置于人群集中活动空间和建筑物周围。

2. 灌木

灌木具有体形低矮、主干不明显、枝条成丛生状或分枝点较低、开花或叶色美丽等特点。所以灌木是非常重要的植物景观设计材料，多与乔木配置成立体树木景观。灌木常孤植、丛植、群植为小空间的植物主景；作为低视点的平面构图要素，也可构成较小前景的背景；可以大面积种植形成群体植物景观，丰富城市景观；生长缓慢的灌木经过整形修剪，造型别具一格，使人耳目一新；还可作为绿篱、绿墙等，既可围合空间，还可在一些场合用作迷园的布置；用灌丛作为补充的低层保护和屏障，可用来屏蔽视线、防止破坏景观、避免抄近路、强调道路的线型和转折点、引导人流等。

因为灌木植株低矮，尺度较亲切，所以灌木为建筑周围绿化的主要装饰材料，多为人们休憩空间周围的静态观赏景观，或道路两侧的近景。灌木多处于人们的常视域内，植物景观要能耐细看，所以在灌木设计上尚须注意以下要点：

①灌木布置要顺应地形起伏，而非与道路平行。

②灌木最好呈自然式的成组布置，而不是线状或成片。成片种植只限于矮杜鹃和小栀子这类用作地被的灌木。

③浓绿的常绿灌木在灌木群中应占主要地位，如大杜鹃、冬青、栀子、茶花等，特色灌木则点缀其间，如紫荆、洒金东瀛珊瑚、红瑞木等。

④大灌木布置避免单调，必须用不同规格组合，而非单一规格；大灌木前必须有较小的常绿灌木遮挡其下部枝条；较高的植物配在较矮灌木之后。

⑤灌木间搭配时有细微的叶色对比更佳。比如红枫配红叶小檗就很好，但不可用红叶南天竹配浅绿色的矮连翘。

乔木与灌木搭配种植是园林树木最基本的配置结构，在乔木与灌木组合配置树丛或树群时，乔木种类不宜太多，以 1 ~ 2 种作为基调，并有一定数量的小乔木和灌木作为陪衬。群落内部的树木组合必须符合生态要求，从观赏角度来讲，高大的常绿乔木应居于中后侧作为背景，花色艳丽或叶色奇特的小乔木应在其前面或外缘，然后是大灌木、小灌木，避免互相遮掩。注意林冠线要起伏错落，水平轮廓要有丰富的曲折变化，树木栽植的距离要有疏有密，外围配植的灌木、草本地被植物都要成丛分布，交叉错综有断有续。

3.藤本

不同种类的藤本植物可以被种植用来护坡固沙；可作为墙面绿化、美化材料，为暴露的外墙增添绿意；或把藤本植物作为网状物和帘幕，形成一道悬挂于墙壁和篱笆的花和叶的瀑布；在底层地面上种植藤本地被植物，以维持水土、界定道路和利用区，它们就像是铺于地面之上的一层地毯。

（二）基调树种、骨干树种及一般树种的作用

在园林植物规划中，对于所有大面积的种植，应首先选出基调树种、骨干树种以及一般树种。这一程序有助于形成简洁而有力度的种植。

基调树种指各类园林绿地均要使用的、数量最大，能形成全城统一基调的树种，通常以 1 ~ 4 种为宜。骨干树种指在对城市影响最大的道路、广场、公园的中心点、边界等地应用的孤赏树、绿荫树及观花树木。骨干树种能形成全城的绿化特色，一般以 20 ~ 30 种为宜。

选择作为园林基调树种的类型应当是中等速生的，而且无须太多管理就能长势良好

的乡土树种。对于这些树要采取丛植、列植和群植的种植方式，以形成"大型树木框架"和整体的场地结构；利用骨干树种来补充基调种植，以及在较小尺度内构筑场地空间。在选择骨干树种时，应能使其在为每一空间带来自己的特质的同时，与基调树种和自然景观特征相协调；恰当地利用一般树种来划分或区分出具有独一无二景观特质的区域。这种独特性可以指地形，如山脊、洼地、高地、沼泽；能够指利用类型，如街道或住宅小区庭园、幽静的花园空间，或者一个喧嚣的城市广场绿地；还可以指特殊用途，如密密的防风林、绿荫地或季相色彩。

一般在道路绿化植物种类的选择上，在住宅区和园林中主干道或主环线上可以自由地群植一些骨干树种。住宅小区道路和园林中的次要道路是一种过渡式导引，但是每一种都应利用一般树种（或其他植物）来获得自己的特色，这些一般树种应与土地利用、地形及建筑物十分和谐。

（三）植物主景与背景

植物材料可作为主景，并能创造出各种主题的植物景观。但作为主景的植物景观要有相对稳定的形象，不能偏枯偏荣。

植物材料还可作背景，但应根据前景的尺度、形式、质感和色彩等决定背景植物材料的高度、宽度、种类和栽植密度以保证前后景之间既有整体感又有一定的对比和衬托。背景树一般宜高于前景树，栽植密度要大，最好形成绿色屏障，色调则宜深或与前景有较大的色调和色度上的差异，以强化衬托效果。

背景植物材料一般不宜用花色艳丽、叶色变化大的种类。

（四）植物材料与视线安排

利用植物材料创造一定的视线条件可增强空间感、提高视觉和空间序列质量。安排视线不外乎两种情况，即引导与遮挡。视线的引导与遮挡实际上又可看作景物的藏与露。根据视线被挡的程度和方式可分为以下几种情况。

1. 全部遮挡

全部遮挡一方面可以挡住不佳的景色，另一方面可以挡住暂时不希望被看到的景物内容以控制和安排视线。为了完全封闭住视线，应使用枝叶稠密的灌木和小乔木分层遮挡并形成障景。设置植物屏障来遮挡不雅景致，消除强光，降低噪声。它们在不同季节及不同生长期内的效果是一个值得考虑的因素。

2. 漏景

稀疏的枝叶、较密的枝干能形成面，使其后的景物隐约可见，这种相对均匀的遮挡产生的漏景若处理得好便能获得一定的神秘感，因此，可组织到整体的空间构图或序列中去。

3. 框景

部分遮挡的手法最丰富，可以用来挡住不佳部分，吸收较佳部分。通常，远处的物体可通过向其开放、利用两侧种植植物形成镜框且聚焦于特定目标，将其引入植物空间以形成框景。远处的山峰或近旁的树木就可这样借入园林，这样不仅扩大了空间领域，还丰富了空间层次。框景宜用于静态观赏，但应安排好观赏视距，使框与景有较适合的关系，只有这样才能获得好的构图。

此外，也可以通过引导视线、开辟透景线、加强焦点作用来安排对景和借景。总之，若将视线的收与放、引与挡合理地安排到空间构图中去，就能创造出有一定艺术感染力的空间序列。

（五）其他作用

借助配植技巧来对地形进行弥补，景观的视觉效果会有很大的提高。譬如，在地势较高处种植高大乔木，在低洼处布置较低的植物，能使地势显得更加高耸；反之，高大乔木植于低洼处，而低矮植物种植高处则可以使地势趋于平缓，可起到减弱地形变化的作用。在园林景观营造中，可以结合人工地形的改造巧妙地配置植物材料，形成陡峭或平缓的园林地形，能对景观层次的塑造起到事半功倍的效果。对于相同的地形来说，如果进行不同类型的植物配置，还可以创造出完全不同的景观效果。

植物材料除了具有上述的一些作用外，还具有丰富过渡或零碎的空间、增加尺度感、丰富建筑物立面、软化过于生硬的建筑物轮廓等作用。城市中的一些零碎地，如街角、路侧不规则的小块地，尤其适合用植物材料来填充，充分发挥其灵活的特点。植物材料种类繁多，大小不一，能满足各种尺度的空间的需要。大面积的种植具有一定的视觉吸收力，可以同化一定规模的不佳景色或杂乱景观。

第二节　园林植物景观设计的原则

一、生态学原则

构成园林绿地的主要素材是园林植物，其中的园林树木需要经过数年、数十年甚至上百年的生长与培育，方才达到预期的效果。由于地域、气候、经济及人为因素的制约，不同城市植物种类的利用也受到不同的限制。

（一）生态适应性原则

在进行植物景观设计时，要根据设计的生态环境的不同，因地制宜地选择适当的植物种类，使植物本身的生态习性与栽植地点的环境条件基本一致，使方案能最终得以实施。

在各类绿地的规划与设计中尽量保存现有植被的措施是非常必要的。只要实际可行，街道、建筑物应当协调地布置在自然植被之间。这样景观连续性和风景质量就得以保证；场地种植施工和维护的费用得以降低；对比之下，建筑物、铺装地面和草坪反而会显得更丰富。

植物在长期的系统发育中发展了对不同地域环境的适应性，这些经过长期的自然选择而存活下来的植物就是地带性植物，也称乡土植物。在进行植物配置时应该借鉴本地自然环境条件下植物群落的种类组成和结构规律，合理选择配置植物种类。例如，高山植物长年生活在云雾弥漫的环境中，在引种到低海拔平地时，空气湿度是其存活的主导因子，因此将其配置在树荫下较易成活。

所以植物配置时应根据所在地环境条件选择适合的植物，力图做到适地适树。

任何植物生长发育都不能脱离环境而单独进行。同样，环境中所包含的各种因子对于植物的生存有着直接或间接的影响。园林植物生长的好坏与后期管理固然重要，但栽植前生态环境的预测却直接关系到植物的成活与否。所以在园林建设中，必须掌握好各种植物的生态习性，将其应用到适宜的环境之中。譬如，垂柳耐水湿，适宜栽植在水边，红枫弱阳性、耐半阴，阳光下红叶似火，但是夏季孤植于阳光直射处易遭日灼之害，故宜植于高大乔木的林缘区域；桃叶珊瑚的耐阴性较强，喜温暖湿润气候和肥沃湿润土壤，是香樟林下配置的良好绿化树种。

（二）物种多样性原则

在一个自然植物群落中，物种多样性不仅反映了植物种类的丰富度，也反映了植物群落的稳定水平以及不同环境条件与植物群落的相互关系。物种多样性是群落多样性的基础，天然形成的植物群落一般由多物种组成，与单一物种的植物群落相比具有更大的稳定性，能更有效地利用环境资源。

1. 乡土树种与引种，驯化树种

园林植物配置应选择优良乡土树种为基调树和骨干树，积极引入易于栽培的新品种，驯化观赏价值较高的野生物种，并且，慎重而有节制地引进国内外特色物种，选择重点是原产于我国，但经过培育改良的优良品种，用它们丰富园林植物品种，形成色彩丰富、多种多样的景观。外来物种应被限制在经过良好改善的区域中。它们最好仅用在那些能受到精心照料而且不会减损自然景色的场所中。

要借鉴地带性植物群落的种类组成、结构特点和演替规律，合理选择耐阴植物，开发利用绿化空间资源，丰富林下植物，改变单一物种密植的做法，使自然更新种具备生存和繁衍空间，以快于自然演替的速度建立接近自然和符合潜在植被性的绿地。

2. 植物种类的多样性

城市中多为人工植物群落，因此在进行植物配置时，应该注重"物种多样性"原则，尽量避免采用单一物种的配置形式，物种多样性较高的园林植物群落不仅对环境及其变化有更好的适应调节能力，增强群落的抗逆性和韧性，有利于保持群落的稳定，避免有害生物的入侵，还可以提高群落的观赏价值，创造丰富的景观效果和发挥多样化的功能。只有丰富的物种种类才能形成丰富多彩的群落景观，满足人们不同的审美要求；也只有多样性的物种种类，才能构建不同生态功能的植物群落，更好地发挥植物群落的景观效

果和生态效果。

3. 构建丰富的复层植物群落结构

构建复层植物群落结构有助于丰富绿地的生物多样性，充分利用空间。增加叶面积指数，提高生态效益，有利于提高环境质量，同时也有利于珍稀植物的保存。良好的复层结构植物群落能够最大限度地利用土地及空间，使植物充分利用光照、热量、水分、土肥等自然资源，产出比单纯草坪高数倍乃至数十倍的生态经济效益。复层结构群落能形成多样的小生境，为动物、微生物提供良好的栖息和繁衍场所，形成循环生态系统以保障能量转换和物质循环的持续、稳定发展。由乔木、灌木、草本植物组成的复层群落结构与单一的草坪相比，不但植物种类有差异，而且在生态效益上也有着显著的差异。草坪在涵养水源、净化空气、保持水土、消噪吸尘等方面远不及植物群落，并且大量消耗城市有限的水资源，其养护管理费用较高。

多数自然群落不是由单一的植物区系所组成的，而是多种植物与其他生物的组合。在大型的城郊公园和风景区植物规划时尤其要重视生物多样性问题。从某种意义上讲，重视园林植物多样性是一个模拟和创建自然生态系统的过程。在植物景观设计时，可以营造多种类型的植物群落，在了解植物生态习性的基础上，要熟悉各种植物的多重功效，将乔木、灌木、草本、藤本等植物进行科学搭配，组建一个和谐、有序、稳定的立体植物群落。

（三）生态稳定性原则

对于一个植物群落，人们不仅要注意它的物种组成，还要注意物种在空间上的排布方式，也就是空间结构，充分考虑不同树种的生态位，选配生态位重叠较少的物种，避免种间直接竞争，并利用不同生态位植物对环境资源需求的差异确定合理的种植密度和结构，以保持群落的稳定性，形成结构合理、功能健全、种群稳定的复层群落结构，以利种间互相补充，既充分利用环境资源，又形成优美的景观。

（四）园林树种选择原则

综上所述，园林景观设计师在进行植物选择时，必定要遵循一些基本的原则。既可减少盲目性和不必要的损失，又能使一个城市具有自己的植物环境特色。

1. 要基本切合自然植被分布规律

所选树种最好为当地植被区内具有的树种或在当地植被区域适生的树种。如引种在当地尚无引种记录的树种，应充分比较原产地与当地的环境条件后再做出试种建议。对配置树群或大面积风景林的树种，更应以当地或者相似气候类型地区自然木本群落中的树木为模本。

2. 以乡土树种为主

乡土树种是长期历史、地理选择的结果，最适合当地气候、土壤等生态环境，最能反映地方特色，最持久而不易绝灭，其在园林中的价值已日益受到重视。规划中也要选一些在当地经过长期考验、生长良好并具某些优点的外来树种。如悬铃木在长江流域的许多城乡已作为骨干树种应用。华南的榕树在重庆也较普遍。

3. 乔木、灌木、草本植物相结合

在园林植物的选择中，树木、花卉、草坪、地被应相结合，因地制宜地科学配置。力求以上层大乔木、中层小乔木和灌木、下层地被植物的形式，扩大绿地的复层结构比例。园林植物种植设计，在总体上应以乔木为主。为了创造多彩的园林景观，适量地选择常绿乔木是极其必要的，尤其是对于冬季景观的作用更为突出。

四季常青是园林普遍追求的目标之一。在考虑骨干树种，尤其是基调树种时，要尽量注意选用常绿树种。我国北方气温较低，冬季绿色少，做树种规划时更应注重常绿树，一般从针叶树中选择。

4. 速生与慢生树种结合

速生树容易成荫，能满足近期绿化需要，但易衰老、寿命短，往往在20~30年后便会衰老。如无性繁殖的杨属、柳属树木及银桦、桉树等，见效快、衰老快，不符合园林绿化长期稳定美观的需要；慢生树种能生长上百年甚至上千年，但一般生长较慢，不能在短期内见效，但是绿化效果持久。二者结合，取长补短，可有计划地分期、分批过渡。

在树种比例的确定上，由于各个城市的自然气候不同，土壤水文条件各异，各城市树种选择的数量、比例也应具有各自的特点。例如，确定裸子植物与被子植物比例、常绿树种与落叶树种比例、乔木与灌木比例、木本植物与草本植物比例、乡土树种与外来树种比例、速生与中生和慢生树种比例等。在各地进行园林植物规划时，可参照本地的树种配置比例。如北京居住绿地树种规划中规定：合理确定速生树、慢生树的比例，慢生树所占比例一般不少于树木总量的40%；合理确定常绿植物和落叶植物的种植比例，其中，常绿乔木与落叶乔木种植数量的比例应控制在 1 ∶ 3 ~ 1 ∶ 4；在绿地中乔木、灌木的种植面积比例通常应控制在70%，林下草坪、地被植物种植面积比例宜控制在30% 左右。

二、功能性原则

园林绿地具有生态、休闲、景观、防灾避险、卫生防护等功能。在进行园林植物配置时，应根据城市性质或绿地类型明确植物所要发挥的主要功能，要有明确的目的性。不同性质的地区选择不同的树种，能体现不同的园林功能，创造出千变万化、丰富多彩又与周围环境互相协调的植物景观。譬如，以工业为主的地区，在植物景观设计时就应先充分考虑树种的防护功能；居民区中的植物景观设计则要满足居民的日常休憩需要；在一些风景旅游地区，自然的森林景观及其生态功能就应得到最好的体现。

任何园林景观都是为人而设计的，要体现以人为本的原则，应当首先满足人作为使用者的最根本的功能需求。因此要求设计者必须掌握人们生活和行为的普遍规律，明确设计的用途，使设计能够真正满足人的行为感受和需求，即实现其为人类服务的基本功能，只有明确这一点才能为树种选择和布局指明方向。

要做到选择的每一种植物应符合预期功能。有经验的设计师首先准备一张粗略的概

念种植示意图来辅助决定详细的植物选择。这个示意图通常叠加在场地构筑物图纸上，在它上面分区、分片地勾画出外形轮廓、箭头和描述种植实现目的的注记，比如：某处需要树荫；保护体育场地看台免受强光的照射；为活动场地充当围护和屏风；前景处布置地被植物和春天的球根植物；以常绿植物为背景孤植观赏木兰；构成框景；隐藏停车场、仓库及其他服务设施；屏障遮挡不雅景致，消除强光，降低噪声等。概念示意图和注记越完整，开展植物选择越容易，最后的结果就越理想。

三、美学原则

在植物景观配置中，应遵循统一与变化、对比与调和、均衡与稳定、韵律与节奏、比例与尺度等基本原则，这些原则指明了植物配置的艺术要领。

（一）统一与变化

统一与变化是形式美的主要关系。统一意味着部分与部分及整体之间的和谐关系；变化则表明其间的差异。统一应该是整体的统一，变化应该是在统一的前提下的有秩序变化，变化是局部的。过于统一易使整体单调乏味、缺乏表情，变化过多则容易使整体杂乱无章、无法把握。

园林植物景观设计的统一原则就是将各部分协调地组合在一起，形成一种统一一致的感觉。重复方法的运用最能体现出植物景观的统一感，在园林中反复使用同种植物材料，使它成为主调，并具有更大的影响，也能造成一种统一。某种植物形态的反复，可以使我们的视线在园林景观中舒服、平和地转移，人们可以悠然地观赏景物，如在道路绿带中栽植行道树，等距离配置同种、同龄乔木树种，或在乔木下配置同种花灌木，这种重复最具统一感。

为了防止单调，又必须谨慎地使用重复。变化便是常常用来打破重复并引发游人兴趣的另一个原则。变化的原则能够用在形态、色彩或质感上。变化会增加趣味并使设计师能够控制种植设计的风格气氛。通过园林中植物的形状、质感和色彩的变化，可以避免单调乏味，从而做到引人入胜。

总之，在植物配置时，要把握在统一中求变化、在变化中求统一的原则。如在竹园的景观设计中，众多的竹种均统一在相似的竹叶和竹竿的形状及线条之中，但是丛生竹与散生竹却有聚有散；高大的毛竹、慈竹或麻竹等与低矮的凤尾竹配置则高低错落；龟甲竹、方竹、佛肚竹的节间形状各异；粉单竹、黄金嵌碧玉竹、碧玉嵌黄金竹、黄槽竹、菲白竹等色彩多变。这些竹子经巧妙配置，能够很好地体现统一中求变化的原则。

北方地区常绿景观多应用松柏类植物，松类都是松针、球果，但黑松针叶质地粗硬、叶色浓绿；而华山松、乔松针叶质地细柔，淡绿；油松、黑松树皮褐色粗糙；华山松树皮灰绿细腻；白皮松干皮白色、斑驳，富有变化。柏科都具有鳞叶、刺叶或针叶，其种类有尖峭的台湾桧、塔柏、蜀桧、铅笔柏；圆锥形的花柏、凤尾柏；球形、倒卵形的球桧、千头柏；低矮而匍匐的匍地柏、砂地柏、鹿角桧等，充分体现出不同种类的万千姿态。

（二）对比与调和

调和是由同质部分组合产生的，这种格调是温和的、统一的，但一般变化不足，显得单调。对比是异质部分组合时由于视觉强弱的变化产生的，其特点与调和相反。

差异和变化可以产生对比的效果，具有强烈的刺激感，形成兴奋、热烈和奔放的感受。因此，在植物景观设计中，常用对比的手法来突出主题或引人注目，利用植物不同的形态特征如高低、姿态、叶形、叶色、花形、花色等的对比手法，衬托出主景的植物景观。例如，一般在住宅设计中总是希望住宅的前门能够吸引人的视线。因此，通常使用具有不同色彩、质感、形式且特点突出的植物来强调入口，进而达到这一效果。还有，在引人注目的植物景观周围配置形态、色彩平淡的植物，则起到衬托主体、强调重点的作用。

在植物景观设计中调和是更应该引起注意的景观属性，调和的景观使人感到舒适、放松。将具有近似性和一致性的植物配置在一起，就能产生协调感。在进行基调植物应用和较大面积植物群体景观配置时，均要强调植物种类之间的调和。

园林植物色彩的表现，一般体现为对比色、类似色、同类色的形式。对比色相配的景物能产生对比的艺术效果，给人以醒目的美感；而类似色就较为缓和，同类色配合最能获得良好的协调效果。如在花坛、绿地中常用橙黄的金盏菊和紫色的羽衣甘蓝配置，远看色彩热烈、鲜艳，近看色彩和谐、统一，具备较好的观赏效果和视觉冲击力；在栽植荷花的水面，夏季雨后天晴，绿色荷叶上雨水欲滴之时，粉红色荷花相继怒放，犹如一幅天然水墨画，给人一种自然、可爱的含蓄色彩美；在道路分车带的植物配置中，以疏林草地为主；夏季草坪的绿色也很清新宜人、和谐可爱；在秋季蓝色天空衬托下满树黄叶的银杏树景观令人过目不忘，同时，银杏的黄叶落在绿色的草坪上，黄绿色彩的交相辉映既壮观又协调，给人一种赏心悦目的感觉。

（三）均衡与稳定

我们总是下意识地在看到的所有景物中寻找平衡，平衡给人以稳定感。均衡可以是对称的，轴线两侧的要素完全相同；但也可以是不对称的，轴线两侧的要素不完全相同，但却在重置感上保持一致。这种重量感可以是物质上的也可以是视觉上的。

左右对称的均衡可以通过在入口的两侧、房子的两侧种植相同的植物来实现，就像镜子的两边一样。这种形式的均衡是严格的、规则的，因此不能用在自然式设计中。因为大多数园林中的功能和我们使用的建筑，其自身特征都是非规则的，只有很少数的园林环境需要对称的均衡。

使用形式均衡但大小不同的对象，可以创造非对称的均衡。例如，一棵乔木可以与三棵小灌木构成均衡。均衡不但能被看出来，还能被感觉到。色彩能够通过增加景物的视觉重量来影响均衡。例如，在一个种植单元中，一边的浅色植物可以通过另一边几株大小相似但视觉重量较轻的植物实现均衡。

将体量、质地各异的植物种类按均衡的原则进行配置，景观就显得稳定。如色彩浓重、体量庞大、质地粗厚、枝叶茂密的植物种类，给人以重的感觉；相反，色彩素淡、体量小巧、质地细柔、枝叶疏朗的植物种类，则给人以轻盈的感觉。如当植物种植单元中的质感发生变化时，质感粗糙的植物就需要较多质感细腻的植物与之保持均衡。

均衡也适用于景深，在园林中应该始终保持前景、中景、背景之间的均衡关系。中景植物往往是主景，占据视觉焦点位置，数量与体量均较突出；前景与背景植物在各方面与中景应保持一种视觉与形体上的均衡关系。如果园林植物景观在景深上看起来是不均衡的，那么可能是其中之一出了问题，这样就会引发其他两方面失衡。

（四）韵律与节奏

一般称某一要素有规律的重复为节奏，有组织的变化为韵律。序列可以被看作园林中的韵律与节奏，它能使视线沿着序列延伸到某一视觉中然后离开，接着渐渐地落到下一个视觉中心。韵律与节奏可以分别通过形式、质地或色彩的渐变实现，如在园林设计中经常使用的一个韵律与节奏处理的实例即保持颜色不变，同时逐渐地变换植物的形状，使视线随着植物轮廓线高度的不断增加而流动。反之，也可通过变换颜色而形成韵律与节奏的变化。并且，当植物高度发生变化，达到某一突出点时，其质感也会出现细微的变化，从细致到中等或中等偏粗糙。

植物配置中有规律的变化，就会产生韵律感，如颐和园西堤、杭州白堤以桃树与柳树间隔栽植，就是典型的例子；又如云栖竹径景区两旁为参天的毛竹林，在合适的间隔距离配置一棵高大的枫香树，沿道路行走游赏时就能体会到韵律感的变化而不会感到单调。

（五）比例与尺度

相对比例可看成一种尺度比率，表示两个物体相对大小，而不是确定其绝对测量值。人们倾向于将物体大小与人体做比较。因此与人体具有良好的尺度关系的物体总是被认为是合乎标准的、正常的。比正常标准大的比例会使我们感到畏惧，而小比例则具有从属感 —— 会使我们产生俯视感。

通过控制植物景观的均衡比例，设计师能够唤起相应的情感。通常园林总是使人们感到舒适、放松，因此多数园林设计总是采用人们习惯的标准尺度。当然也有例外，如日本庭院，由于它们是采用一种非常亲密的尺度设计的，因此会使得一个狭小的空间看起来更大一些。另外，如果我们要想通过园林创造一幅全景画，就需要使某些景观看起来显得更大些，同时也更容易辨认。

四、历史文化原则

伴随现代社会文明程度的提高，人们在关注科学技术的进步以及经济发展的同时，也越来越关注外在形象与内在精神文化素质的统一。植物景观是保持和塑造城市风情、文脉和特色的重要方面。植物配置首先要厘清各地历史文脉，重视景观资源的继承、保护和利用，以自然生态条件和地带性植被为基础，使植物景观具有明显的地域性和文化性特征，产生可识别性和特色性。

中国古典园林善于应用植物题材，表达造园意境，或者以花木作为景观设计主题，创造风景点，或建设主题花园。古典园林中，以植物为主景观赏的实例很多，如圆明园中：杏花春馆、柳浪闻莺、曲院风荷、碧桐书屋、汇芳书院、万花阵等风景点。承德避暑山庄中：万壑松风、松鹤清樾、青枫绿屿，梨花伴月、曲水荷香、金莲映日等景点。苏州古典园林拙政园中的枇杷园、远香堂、玉兰堂、海棠春坞、听雨轩、柳荫路曲、梧竹幽居等以枇杷、荷花、玉兰、海棠、柳树、竹子、梧桐等植物为素材，创造植物景观。古典园林植物配置的手法在现代园林也值得延续和继承，在园林空间中应用植物景观的意境美来体现城市文化中与众不同的历史内涵。

植物配置的文化原则是指在特定的环境中通过各种植物配置使园林绿化具有相应的文化气氛，形成不同种类的文化环境型人工植物群落，使得人们产生各种主观感情与客观环境之间的景观意识，即所谓情景交融。这就需要通过以下几方面来实现植物景观的文化特征。

（一）市花、市树的应用

市花、市树，是一个城市的居民经过投票选举并经过市人大常委会审议通过的，是受到大众广泛喜爱的植物种类，也是比较适应当地气候条件和地理条件的植物。我国许多城市都有自己的市花、市树，它们本身所具有的象征意义也上升为该地区文明的标志和城市文化的象征。如北京的市花是菊花和月季、市树是侧柏和国槐，这反映了兄弟树、姊妹花的城市植物形象；上海的市花是白玉兰，象征着一种奋发向上的精神；广州的木棉树有"英雄树"之美名，象征蓬勃向上的事业和生机。还有青岛的耐冬与月季、杭州的桂花、昆明的山茶等，都是具备悠久栽培历史及深刻文化内涵的植物。植物配置时利用市花、市树的象征意义与其他植物或小品、构筑物相得益彰地进行配置，可以赋予环境浓郁的地区特色，彰显城市特有的文化氛围。

（二）地带性植物的应用

如果说市花、市树是城市文化的典型代表之一，那么地域性很强的地带性植物则可以为植物配置提供广阔的景观资源。在丰富的植物种类中，地带性植物是最能适应当地自然生长条件的，不仅能够达到适地适树的要求，还代表了一定的植被文化和地域风情。如在北方城市中，杨、柳、榆树景观是独特的地域性风景体现；而椰子树则是南国风光的典型代表。在广州、珠海、深圳、厦门等南方城市，其得天独厚的自然条件给予了城市颇具特色的植物景观，各类观花乔木、棕榈科植物、彩叶植物、攀缘植物、宿根花卉地被等生长良好，植物景观丰富多彩。各地种类丰富、形态各异的地带性植物，为各具特色的城市植物景观配置提供了便利条件。

（三）古树、名木的保护与应用

在城乡范围内，凡树龄100年以上者称古树。古城、寺庙及古陵墓等地常有大量古树。名木则主要指具有纪念性、历史意义或国家、地方的珍稀名贵树种。如黄山的迎客松、泰山的五大夫松等。

古树和名木不仅构成了各地美丽的植物景观，并且也是活的文物，对我国各地的历史、文化及艺术研究都有很大价值，也为研究古气候变化及树木的生命周期提供了重要资料。古树的存在，说明该树能适应当地的历史气候及土壤条件，它们对一个城镇的树种规划具有重要参考价值。但要引起注意的是，古树是上百年乃至上千年成长的结果，是稀有之物，一旦死亡，则无法再现。因此我们要重视古树名木的保护和管理。

五、经济原则

植物景观以创造生态效益、景观效益、社会效益为主要目的，但这并不意味着可以无限制地增加投入。任何一个城市的人力、物力、财力和土地都是有限的，在植物景观营建时必须遵循经济原则，在节约成本、方便管理的基础上，以最少的投入获得最大的综合效益，为改善城市环境、提高城市居民生活环境质量服务。植物景观设计中多选用生态效益好、生长速度中等、耐粗放管理的乡土植物，以减少资金投入和管理费用。

从经济的角度来讲，则需要适地适树，因地制宜，防止盲目进行大规格树木的移植，以及外来植物种类的大量应用。同时，在进行植物配置时还可以考虑植物景观与生产效益相结合，选择应用一些具有多重经济价值的树种。

第三节　园林植物景观设计的方法

一、植物布局的形式

园林植物布局形式的产生和形成，是与世界各民族、国家的文化传统、地理条件等综合因素的作用分不开的。园林植物的布局是与园林的布局形式相一致的，主要有 4 种方式：规则式、自然式、混合式、抽象图案式。

（一）规则式

规则式植物配置，一般配合中轴对称的总格局来应用。树木配置以等距离行列式、对称式为主，花卉布置通常是以图案为主要形式的花坛和花带，有时候也布置成大规模的花坛群。通常在主体建筑物附近和主干道路旁采用规则式植物配置。规则式种植形式主要源于欧洲规则式园林。

欧洲的建园布置标准要求体现征服自然、改造自然的指导思想。西方园林的种植设计不可能脱离全园的总布局，在强烈追求中轴对称、成排成行、方圆规矩规划布局的系统中，产生了建筑式的树墙、绿篱，行列式的种植形式，树木修剪成各种造型或动物形象，从而构成欧式传统的种植设计体系。例如，法国勒诺特尔式园林中就大量使用了排列整齐、经过修剪的常绿树，如毯的草坪以及黄杨等慢生灌木修剪而成复杂、精美的图案。这种规则式的种植形式，正如勒诺特尔自己所说的那样，是"强迫自然接受匀称的法则"。

随着社会、经济和技术的发展，这种刻意追求形体统一、错综复杂的图案装饰效果的规则式种植方式已显示出其局限性，特别是需要花费大量劳力和资金养护。但是，在园林设计中，规则式种植作为一种设计形式仍是不可或缺的，只是需要赋予新的含义，避免过多的整形修剪。例如，在许多人工化的、规整的城市空间中规则式种植就十分合宜。而稍加修剪的规整图案对提高城市街景质量、丰富城市景观也不无裨益。

（二）自然式

自然式的植物配置，要求反映自然界植物群落之美，将植物以不规则的株行距配置成各种形式。植物的布置方法主要有孤植、丛植、群植和密林等几种；花卉的布置则以花丛、花境为主。在公园、风景区植物配置和住宅庭院植物配置都通常采用自然式。

中国园林的种植方法强调的是借花木表达思想感情。并且，以中国画的画论为理论基础，追求自然山水构图，寻求自然风景。传统的中国园林，不对树木做任何整形，即园林植物的种植方式为自然式种植，正是这一点，成为中国园林和日本园林的主要区别之一。

18 世纪英国形成了与法、意规则式园林风格迥异的自然式风景园。英国风景园中的植物以自然式栽植为特点，园中植物的种植很简单，通常只用有限的几种树木组成疏林或林带，草坪和落叶乔木是园中的主体，有时也偶尔采用雪松和橡树等常绿树。例如，在布朗设计的庭园中，树群常常仅由一两种树种（如桦木、栎类或松树等）组成。18 世纪末到 19 世纪初，英国的许多植物园从其他地区，尤其是北美引进了大量的外来植物，这为种植设计提供了极丰富的素材。以落叶树占主导的园景也因为冷杉、松树和云杉等常绿树种的栽种而改变了以往冬季单调萧条的景象。尽管如此，这种形式的种植仅靠起伏的地形、空阔的水面和溪流还是难以摆脱单调和乏味的局面。美国早期的公园建设深受这种设计形式的影响。南·弗尔布拉塞将这种种植形式称为公园—庭园式的种植，并认为真正的自然植被应该层次丰富，若仅仅将植被划分为乔灌木与地被或像英国风景园中只采用草坪和树木两层的种植都不是真正的自然式种植。

自然式种植注重植物本身的特性和特点，植物间或植物与环境间生态和视觉上关系的和谐，体现了生态设计的基本思想。生态设计是一种取代有限制的、人工的、不经济的传统设计的新途径，其目的就是创造更自然的景观，提倡用种群多样、结构复杂和竞争自由的植被类型。比如，20 世纪 60 年代末，日本横滨国立大学的宫胁昭教授提出的用生态学原理进行种植设计的方法就是将所选择的乡土树种幼苗按自然群落结构密植于近似天然森林土壤的种植带上，利用种群间的自然竞争，保留优势种。二三年内可郁闭，10 年后便可成林，这种种植方式管理粗放，形成的植物群落具有一定的稳定性。

（三）混合式

所谓混合式种植，主要指将规则式、自然式交错组合，没有或形不成控制全园的主轴线和副轴线，只有局部景区、建筑以中轴对称布局。一般情况，多结合地形，在原地形平坦处，按照总体规划需要安排规则式的种植布局。在原地形条件较复杂，具备起伏不平的丘陵、山谷、洼地等地区，结合地形规划成自然式种植。以上述两种不同形式种植的组合即混合式种植。但需注意的是，在一个混合式园林中还是需要以某一形式为主，另一种为辅，否则缺乏统一性。事实上，在现代园林中，纯规划式和纯自然式的园林及其种植方式基本上很少出现，更多的园林布局形式和园林植物种植形式是混合式的应用。混合式植物种植设计强调传统手法与现代形式的结合。

（四）抽象图案式

与前述几种种植设计方式均不相同的是巴西著名设计师罗勃托·布勒·马尔克思早期所提出的抽象图案式种植方法。由于巴西气候炎热、植物自然资源十分丰富，马尔克思从中选出了许多种类作为设计素材组织到抽象的平面图案之中，形成了不同的种植风格。从他的作品中就可看出马尔克思深受克利和蒙德里安的立体主义绘画的影响。种植设计从绘画中寻找新的构思也反映出艺术和建筑对园林设计有着深远的影响。

在马尔克思之后的一些现代主义园林设计师也重视艺术思潮对园林设计的渗透。譬如，美国著名园林设计师彼特·沃克和玛莎·舒沃兹的设计作品中就分别带有极少主义抽象艺术和通俗的波普艺术的色彩。这些设计师更注重园林设计的造型和视觉效果，设计往往简洁、偏重构图，将植物作为一种绿色的雕塑材料组织到整体构图之中，有时还单纯从构图角度出发，用植物材料创造一种临时性的景观。乃至有的设计还将风格迥异、自相矛盾的种植形式用来烘托和诠释现代主义设计。

二、园林树木配置形式

进行树木配置设计时，首先应熟悉树木的大小、形状、色彩、质感和季相变化等内容。在园林树木配置上虽然形式很多，但都是由以下几种基本组合形式演变而来的。

（一）孤植

孤植是指乔木的孤立种植类型。孤植树主要是表现树木的个体美，在园林功能上有两方面：一是单纯作为构图艺术上的孤植树；二是作为园林中庇荫和构图艺术相结合的孤植树。孤植树的构图位置应该十分突出，体形要特别巨大，或者树冠轮廓富于变化、树姿优美、开花繁茂或叶色鲜艳。可以成为孤植树的如银杏、槐树、榕树、香樟、悬铃木、柠檬桉、朴、白桦、无患子、枫杨、柳、青冈栎、七叶树、麻栎等。也可选择观赏价值较高的树种，如雪松、云杉、桧柏、南洋杉、苏铁等，它们的轮廓端正而清晰；罗汉松、黄山松、柏木等，具有优美的姿态；白皮松、白桦等，具有光滑可赏的树干，枫香、元宝枫、鸡爪槭、乌桕等，具有红叶的变化；凤凰木、樱花、紫薇、梅、广玉兰、柿、柑橘等，具有缤纷的花色或可爱的果实。孤植树最好选用乡土树种，而且应尽可能利用原有大树。

所谓孤植树并不意味着只能栽一棵树，有时为了构图需要，增强其雄伟感，也常将两株或三株同一树种的树木紧密地种在一起，形成一个单元，效果如同一株丛生树干。

在园林中孤植树常布置在大草坪或林中空地的构图重心上，与周围的景点要取得均衡和呼应，四周要空旷，不可近距离栽植其他乔木和灌木，以保持其独特风姿。要留出一些的视距供游人欣赏，一般最适观赏距离为树木高度的 3 ~ 4 倍。也可以布置在开朗的水边以及可以眺望辽阔远景的高地上。在自然式园路或河岸溪流的转弯处，也常要布置姿态、线条、色彩特别突出的孤植树，以吸引游人继续前进，所以又叫诱导树。此外，孤植树也是树丛、树群、草坪的过渡树种。

（二）对植

对植是指两株树按照一定的轴线关系做相互对称或均衡的种植方式，主要用于强调公园、建筑、道路、广场的入口，同时结合蔽荫、休息功能种植，在空间构图上是作为配景应用的。

在规则式种植中，利用同一树种、同一规格的树木依主体景物的中轴线做对称布置，两树的连线与轴线垂直并被轴线等分。规则式种植，一般采用树冠整齐的树种。在自然式种植中，对植不要求绝对对称，但左右是均衡的。自然式园林的进口两旁、桥头、蹬道石阶的两旁、河道的进口两边、闭锁空间的进口、建筑物的门口，都需要有自然式的进口栽植和诱导栽植。自然式对植是以主体景物中轴线为支点取得均衡关系，分布在构图中轴线的两侧，必须是同一树种，但大小和姿态必须不同，动势要向中轴线集中。

（三）列植

列植亦称行列栽植，是指成行、成列栽植树木的形式。它在景观上较为整齐、单纯而有气魄。列植是规则式园林绿地中应用较多的栽植形式。在自然式绿地中也可布置比较整形的局部。列植多用于建筑、道路、地下管线较多的地段。列植与道路配合可起夹景效果。

列植宜选用树冠体形比较整齐的树种，如圆形、卵圆形、倒卵形、塔形、圆柱形等，而不选枝叶稀疏、树冠不整齐的树种。行列距取决于树种的特点、苗木规格和园林主要用途，如景观、活动场所等。

列植可分为单行或多行列植。多行列植形成林带，也叫带植。这种组合主要用作背景、隔离和遮挡。单一树种的带状组合常常是高篱形式，犹如一堵"绿墙"；多个树种的带状组合常常是多层次的，具有一定厚度。背景树最好形成完整的绿面，以衬托前景。背景树一定要高于前景树。这是不言而喻的，但宜选择常绿、分枝点低、绿色度深，或与前景植物对比强烈、树冠浓密，枝繁叶茂，开花不明显的乔灌木，如桧柏、雪松、香樟、黄葛树、榕树、广玉兰、垂柳、珊瑚树、海桐等，并按照其前景树和周围环境的种种具体情况综合考虑。

列植还有直线状和曲线状列植等形式，如出现在现代公园、广场、住宅小区等公共空间中的树阵广场形式，树木以多种方式列植，配合坐凳，为市民提供了集生态、观赏、休闲多重功能为一体的空间环境。在树种选择上也要突出观赏与遮阴效果较好的特点，可选择银杏、香樟、广玉兰、棕榈科植物等。

（四）丛植

丛植通常是由两株到十几株乔木或乔灌木自然式组合而成的种植类型。是园林中普遍应用的方式，可用作主景或配景，也可用作背景或空间隔离。丛植配置宜自然，符合艺术构图规律，既能表现出植物的群体美，也能表现出树种的个体美，因此选择单株植物的条件与孤植树相似。

树丛在功能和布置要求上与孤植树基本相似，但是其观赏效果远比孤植树更为突出。作为纯观赏性或诱导树丛，可以用两种以上的乔木搭配栽植，或乔灌木混合配置，亦可同山石花卉相结合。庇荫用的树丛，通常采用树种相同、树冠开展的高大乔木为宜，一般不与灌木配合。树丛下面还可以放置自然山石，或安置座椅供游人休息之用。但是园路不能穿越树丛，避免破坏其整体性。栽植标高，要高出四周的草坪或道路，呈缓坡状利于排水，同时构图上也显得突出，配置的基本形式如下。

1. 两株配合

两株树紧靠在一起，形成一个单元。两株树为同一树种，但两者的姿态、大小有所差异，才能既有统一又有对比，就像明朝画家龚贤所说："二株一丛，必一俯一仰，一倚一直，一向左一向右……"两株间的距离应该小于两树冠半径之和，大则容易形成分离现象，即不称其为树丛了。

2. 三株配合

三株配合最好采用姿态大小有差异的同一种树、栽植时忌三株在同一直线上或成等边三角形。三株的距离都不要相等，其中最大的和最小的要靠近一些成为一组，中间大小的远离一些成为一组，两组之间彼此应有所呼应，使构图不致分割。如果采用两个不同树种，最好同为常绿，或同为落叶，或同为乔木或同为灌木，其中大的和中的同为一种，小的为另一种，这样就可以使两个小组既有变化又有统一。

3. 四株配合

四株一丛搭配仍以姿态、大小不同的同一树种为好。组合的原则以 3∶1 为宜。但最大的和最小的不能单独为一组，否则就失去了平衡和协调。其平面位置呈不等边四边形或不等边三角形。若选用不同的树种应该使最小的为另外一种树木，并且搭配在紧靠最大者一边。

4. 五株配合

五株一丛的搭配组合可以是一种树或两种树，分成 3∶2 或 4∶1 两组。

若为两种树，一种三株，另一种两株，应分配在两组中，不能分别集中为一组。三株一组的组合原则与三株树丛的组合相同，两株一组的组合原则与两株树丛的组合相同。但是两组之间距离不能太远，彼此之间也要有所呼应和均衡。

5. 六株以上的配合

实系二株、三株、四株、五株几个基本形式相互组合而已，因此《芥子园画传》中有"以五株既熟，则千株万株可以类推，交搭巧妙，在此转关"之说。

　　树丛因树种的不同又有同种树树丛和多种树树丛两种，同种树树丛是由同一种树组成，但在体形和姿态方面应有所差异；在总体上既要有主有从，又要相互呼应；用同种常绿树可创造背景树丛，能使被衬托的花丛或建筑小品轮廓清秀，对比鲜明。多种树树丛常用高大的针叶树与阔叶乔木相结合，四周配以花灌木，它们在形状和色调上形成对比。

　　树丛在各类绿地中应用很广，既可用来创造主景，也可创造配景、分景等供观赏与功能应用，特别是在公园、庭园中更为常见。如公园岛屿上常用红叶树、花灌木来布置树丛，具有丰富的景观和色彩变化。在游览绿地上布置高大的树丛，使人感到近在眼前；布置矮小树丛，则具有深远感。在道路的转弯处、交叉路口、道路尽头等处布置树丛，还有组织交通的功能。在公园中配置树丛，一定要注意留出树高 3 ~ 4 倍的观赏视距。树丛还可以和湖石等组合，配在庭园角隅，创造自然小景，能把死角变活；配在白粉墙前，可以创造生动的画面。

（五）群植

　　由 20 ~ 30 株甚至更多的乔灌木成群自然式配置，称为群植，这样的树木群体称为树群。树群主要是表现树木的群体美，所以对单株要求并不严格。但是组成树群的每株树木，在群体外貌上都起一定作用，要能为观赏者看到，所以规模不可过大，通常长度不大于 60m，长宽比不大于 3:1，树种不宜过多，多则容易引起杂乱。

　　树群在园林功能和布置要求上与树丛和孤植树类同，不同之处是树群属于多层结构，水平郁闭度大，林内潮湿，不便解决游人入内休息的问题。在园林中常作为背景，在自然风景区中也可以作为主景。

　　树群中树木种类不宜太多，以 1 ~ 2 种作为基调，并有一定数量的小乔木和灌木作为陪衬，种类不宜超过 10 种，否则会产生凌乱之感。

　　树群可采用纯林，更宜混交林。在外貌上应注意季节变化，树群内部的树木组合必须符合生态要求，从观赏角度来讲，高大的常绿乔木应居中央作为背景，花色艳丽的小乔木应在外缘，大灌木、小灌木更在外缘，避免互相遮掩。

　　但其任何方向上的断面，都不能像金字塔一样依次排列下来，应该是林冠线要有起伏错落，水平轮廓要有丰富的曲折变化，靠近树群向外突出的边缘布置一些大小不同的树丛和孤植树。树木栽植要有疏有密，外围配植的灌木、花卉都要成丛分布，交叉错综，有断有续。栽植的标高要高于草坪、道路或广场，以利排水，树群中也严禁有园路穿过。

（六）树林

　　树林是大量树木的总体。它不仅数量多，面积大，而且具有一定的密度和群落外貌，对周围环境有着明显的影响。为了保护环境、美化城市，除市区内需要充分绿化外，在城市郊区开辟森林公园、休疗养区，也都需要栽植具有森林景观的大面积绿地，常称树林。但是这与一般所说的森林概念有所不同，因为这些林地从数量到规模，一般不能与森林可比，还要考虑艺术布局来满足游人的需要，所以较恰当地说是风景林。风景林可粗略地概括为密林和疏林两种。

1. 密林

郁闭度在 0.7 ~ 1.0，阳光很少透入林下，所以土壤湿度很大，地被植物含水量高、组织柔软脆弱，是经不起踩踏和容易弄脏衣服的阴性植物。树木密度大，不便于游人活动。

密林又有单纯密林和混交密林之分。

单纯密林是由一个树种组成的，它没有垂直郁闭景观和丰富的季相变化。为了弥补这一缺点，可以采用异龄树种造林，结合利用起伏变化的地形，同样可以使林冠得到变化。林区外缘还可以配置同一树种的树群、树丛和孤植树，增强林缘线的曲折变化。林下配置一种或多种开花华丽的耐阴或半阴性草本花卉，以及低矮开花繁茂的耐阴灌木。单纯配植一种花灌木有简洁壮阔之美。多种混交可以取得丰富多彩的季相变化。为了提高林下景观的艺术效果，水平郁闭度不可太高，最好在 0.7 ~ 0.8，以利地下植被正常生长和增强可见度。

混交密林是一个具有多层结构的植物群落，即大乔木、小乔木、大灌木、小灌木、高草、低草各自根据自己生态要求和彼此相互依存的条件，形成不同的层次，所以季相变化比较丰富。供游人欣赏的林缘部分，其垂直层构图要十分突出，但也不能全部塞满，以致影响游人欣赏林地下特有的幽邃深远之美。为了能使游人深入林地，密林内部可以有自然园路通过，但沿路两旁垂直郁闭度不可太大，游人漫步其中犹如回到大自然中。必要时还可留出大小不同的空旷草坪，利用林间溪流水体，种植水生花卉再附设一些简单构筑物以供游人做短暂的休息或躲避风雨之用，更觉寓意深长。

密林种植大面积的可采用片状混交，小面积的多使用点状混交，一般不用带状混交，同时要注意常绿与落叶、乔木与灌木的配合比例，以及植物对生态因子的要求。

单纯密林和混交密林在艺术效果上各有特点，前者简洁壮阔，后者华丽多彩，两者相互衬托，特点更为突出，因此不能偏废。但是从生物学的特性来看，混交密林比单纯密林好，故在园林中单纯密林不宜太多。

2. 疏林

郁闭度在 0.4 ~ 0.6，常与草地相结合，因此又称草地疏林。草地疏林是风景区中应用最多的一种形式，也是林区中吸引游人的地方，不论是鸟语花香的春天、浓荫蔽日的夏天，或是晴空万里的秋天，游人总是喜欢在林间草坪上休息、游戏、看书、摄影、野餐、观景等，即使在白雪皑皑的严冬，草坪疏林内仍然别具风味。所以疏林中的树种应具有较高的观赏价值，树冠应开展，树荫要疏朗，生长要强健，花和叶的色彩要丰富，树枝线条要曲折多致、树干要好看，常绿树与落叶树搭配要合适。树木种植要三五成群、疏密相间，有断有续，错落有致，务使构图生动活泼。林下草坪应该含水量少，组织坚韧耐践踏，不污染衣服，最好冬季不枯黄，尽可能让游人在草坪上活动，所以一般不修建园路。但是作为观赏用的嵌花草地疏林就应该有路可通，不允许让游人在花地上行走，为了能使林下花卉生长良好，乔木的树冠应疏朗一些，不宜过分郁闭。

（七）绿篱

将小乔木或灌木按单行或双行密植，形成规则的结构形式称为绿篱。在园林中的主要用途是在庭院四周、建筑物周围用绿篱四面围合，形成独立的空间，增强庭院、建筑的安全性、私密性。街道外侧用较高的绿篱分隔，可阻挡车辆产生的噪声污染，创造相对安静的空间环境；国外常用绿篱做成迷宫以增加园林的趣味性，或者做成屏障引导视线聚焦于景物，作为雕像、喷泉、小型园林设施等的背景；近代还有利用绿篱结合园景主题，以灵活的种植方式和整形修剪技巧构成如奇岩巨石般绵延起伏的园林景观的。绿篱的分类如下。

1. 依绿篱高度分

高篱：篱高 1.5m 以上，主要用途是划分空间，屏障景物。用高篱形成封闭式的绿墙比用建筑墙垣更富生气；高篱作为雕像、喷泉和艺术设施等景物的背景，可以很好地衬托这些景观小品；高篱应以生长旺、高大的种类为主，如北美圆柏、侧柏、罗汉松、月桂、厚皮香、蚊母树、石楠、日本珊瑚树、桂花、雪柳、女贞、丛生竹类等。

中篱：篱高 1m 左右，多配置在建筑物旁和路边，起联系与分割作用；是园林中应用最多的一种绿篱。多选用大叶黄杨、九里香、枸骨、冬青卫矛、木槿、小叶女贞等。

矮篱：篱高 0.5m 以下，主要植于规则式花坛、水池边缘。矮篱的主要用途是围定园地和作为装饰。常选择慢生、低矮的灌木类，如小檗、黄杨、小月季、六月雪、小栀子等。

2. 依整形方式分

绿篱根据修剪与否，有整形绿篱与自然绿篱两种。前者通常选用生长缓慢，分枝点低、结构紧密、不需要大量修剪或耐修剪的常绿灌木或乔木（如黄杨类、海桐、侧柏类、桃叶珊瑚、女贞类等），修剪成简单的几何形体。后者可选用体积大、枝叶浓密、分枝点低的开花灌木（例如：桂花、栀子、十大功劳、小檗、木槿、枸骨、溲疏、凤尾竹之类），一般不加修剪，使自然成长。

整形绿篱常用于规则式园林中，其高度和宽度要服从整个园林绿地的空间组织和功能要求，切忌到处围篱设防，把绿地分割得支离破碎，既妨碍游人活动，又影响园林景观。另外，忌在中国古典园林和名胜古迹中应用整形绿篱，因为格调不一致，破坏园林景色。

自然绿篱多用于自然式园林或庭园，主要用来分割空间、范围境界、防风遮阴、隐蔽不良景观。栽植的种类可以是一种，也可以由数种组成，但必须协调一致，搭配自然，才能达到更高的艺术效果。

3. 依组成植物种类分

绿篱按植物种类及其观赏特性可划分为绿篱、彩叶篱、花篱、果篱、枝篱、刺篱等，必须根据园景主题和环境条件精心选择筹划。构成绿篱常见的植物种类如下。

绿篱：桧柏、侧柏、大叶黄杨、黄杨、冬青、福建茶、海桐、小叶女贞、珊瑚树、蚊母树、观音竹、凤尾竹等。

花篱：贴梗海棠、桂花、紫荆、金丝梅、金丝桃、金钟花、杜鹃、扶桑、木槿、龙船花、麻叶绣球、迎春花、连翘、九里香、五色梅等。

色叶篱：金枝球柏、金黄球柏、金叶女贞、变叶木、红桑等。

果篱：南天竹、枸骨、红紫珠、山楂、火棘等。

刺篱：小檗、柞木、枳壳、花椒、马甲子、蔷薇、锦鸡、云实等。

蔓篱：炮仗花、木香、凌霄、金银花等。

不同植物种类构成的绿篱，必须根据园景主题和环境条件精心选择与规划。同为针叶树种的绿篱，有的树叶具备金丝绒般的质感，给人以平和、轻柔、舒畅的感觉；有的树叶颜色暗绿，质地坚硬，形成严肃、静穆的气氛；阔叶常绿树种种类众多，则更有多样的效果。花篱不但花色、花期不同，而且花的大小、形状、有无香气等也有差异，从而形成情调各异的景色；果篱除了大小、形状色彩各异以外，还可以招引不同种类的鸟雀。作绿篱用的树种必须具有萌芽力强、发枝力强、愈伤力强、耐阴力强、耐修剪、病虫害少等优良习性。

（八）树木间距

栽植的距离是树木组合的重要问题。一般是根据以下原则确定的。

1. 满足使用功能的要求

如需要郁闭者，以树冠连接为好，其间距大小依不同树种生长稳定时期的最大冠幅为准。如需要提供集体活动的浓荫环境，则宜选择大乔木，间距5~15m，甚至更大，可形成开阔的空间；封闭的空间则小一些，如设置座椅处间距3m左右即可。

2. 符合树木生物学特性的要求

不同的树种生长速度不同，栽植时要考虑树种稳定（即中、壮年）时期的最大冠幅占地。特别要考虑植物的喜光、耐阴、耐寒……生长习性，不使相互妨碍其生长发育，如樱花的树干最怕灼热，其间距宜小，可以相互遮阳；桃花喜阳，间距宜大些，附近不能有大树妨碍其正常的生长发育。

3. 满足审美的要求

配置时力求自然，有疏有密，有远有近，切忌成行成排。考虑不同类型植物的高低、大小、色彩和形态特征，求得与周围环境相协调。

4. 注意经济效益

节约植物材料，充分发挥每一株树木的作用。名贵的或观赏价值很高的树种，应配置于树丛的边缘或游人可近赏的显著位置，以充分发挥其观赏价值。

根据上述原则及实地调查，园林植物空间的树木间距可以下述数据做参考：

阔叶小乔木（如桂花、白玉兰）3 ~ 8m；

阔叶大乔木（如悬铃木、香樟）5 ~ 15m；

针叶小乔木（如五针松、幼龄罗汉松）2 ~ 5m；

针叶大乔木（如油松、雪松）7 ~ 18m；花灌木1 ~ 5m。

一般乔木距建筑物墙面要5m以上，小乔木和灌木可适当减少（距离至少2m）。

总而言之，植物配置应综合考虑植物材料间的形态和生长习性，既要满足植物的生长需要，又要保证能创造出较好的视觉效果，与设计主题和环境相一致。通常来说，庄严、宁静的环境的配置宜简洁、规整；自由活泼的环境的配置应富于变化；有个性的环境的配置应以烘托为主，忌喧宾夺主；平淡的环境宜用色彩、形状对比较强烈的配置；空阔环境的配置应集中，忌散漫。

三、园林花卉配置

园林花卉以其丰富的色彩、优美的姿态而深受人们喜爱，被广泛用于各类园林绿地。成为装饰园林环境，展现草本植物群体美、色彩美不可或缺的材料。在城市绿化中，常用各种草本花卉创造形形色色的花池、花坛、花境、花台、花箱等。它们是一种有生命的花卉群体装饰图案，多布置在公园、交叉路口、道路广场、主要建筑物之前和林荫大道、滨河绿地等风景视线集中处，起着装饰美化的作用。

（一）花坛

凡具有一定几何轮廓的植床内，种植各种低矮的、不同色彩的观花或观叶园林植物，从而构成有鲜艳色彩或华丽图案的花卉应用形式称为花坛。花坛富有装饰性，在园林构图中常做主景或配景，花坛的主要类型及设计要求如下。

1. 独立花坛

独立花坛作为局部构图的主体，通常布置在建筑广场的中央、公园进口的广场上、林荫道交叉口，以及大型公共建筑的正前方。根据花坛内种植植物所表现的主题不同分为花丛式花坛和图案式花坛两种。

花丛式花坛，是以观赏花卉本身或群体的华丽色彩为主题的花坛。栽植的植物必须开花繁茂，花期一致，可以是同一种类，也可以是由几个不同种类组成简单的图案。图案在花丛花坛内只是处于次要地位，使用的植物材料多为一二年生花卉、宿根花卉及球根花卉。要求四季花开不绝，所以必须选择生长好、高矮一致的花卉品种，含苞欲放时带土或倒盆栽植。

图案式花坛指用各种不同色彩的观叶，或叶、花兼美的植物，组成华丽图案的花坛。模纹花坛中常用的观叶植物有虾钳菜、红叶苋、小叶花柏、半边莲、半支莲、香雪球、矮藿香蓟、彩叶草、石莲花、五色草、松叶菊、垂盆草等。

以一定的钢筋、竹、木为骨架，在其上覆盖泥土种植五色苋等观叶植物，创造时钟、日晷、日历、饰瓶、花篮、动物形象的花坛，称为立体模纹花坛。常布置在公园、庭园游人视线交点处，作为主景观赏。近年来，立体花坛的应用为花坛艺术增添新的活力。

2. 花坛群

由两个以上的个体花坛组成一个不可分割的构图整体时称为花坛群。花坛群的构图中心可以是独立花坛，也可以是水池、喷泉、雕像、纪念碑等。

花坛群内的铺装场地及道路，是允许游人活动的，大规模花坛群内部的铺装地面，还能够放置座椅，附设花架供游人休息。

3. 花坛组群

由几个花坛群组合成为一个不可分割的构图整体时，称为花坛组群。

花坛组群通常总是布置在城市的大型建筑广场上，或者是大规模的规则式园林中，其构图中心常常是大型的喷泉、水池、雕像或纪念性构筑物等。

由于花坛组群规模巨大，除重点部分采用花丛式或图案式花坛外，其他多采用花卉镶边的草坪花坛，或由常绿小灌木矮篱组成图案的草坪花坛。

4. 带状花坛

凡宽度在1m以上，长短轴比超过1：4的长形花坛称带状花坛，带状花坛常作为配景，设于道路的中央或道路两旁，以及作为建筑物的基部装饰或草坪的边饰物。一般采用花丛式花坛形式。

5. 连续花坛群

由许多个独立花坛或带状花坛成直线排列成一行，组成一个有节奏的，不可分割的构图整体，常称之为连续花坛群。

连续花坛群通常布置在道路和游憩林荫路以及纵长广场的长轴线上，并常常以水池、喷泉或雕像来强调连续景观的起点、高潮和结尾。在宽阔雄伟的石阶坡道中央也可布置连续花坛群，呈平面或斜面都可以。

6. 连续花坛组群

由许多花坛群成直线排列成一行或几行，或是由好几行连续花坛群排列起来，组成一个沿直线方向演进的、有一定节奏规律的和不可分割的构图整体时称为连续花坛组群，常常结合连续喷泉群、连续水池群以及连续的装饰雕像来设计。并且常常用喷泉群、水池群、雕像群或纪念性建筑物作为连续构图的起点、高潮或结束。

7. 花坛设计要点

花坛设计，首先必须从整体环境来考虑所要表现的园景主题、位置、形式、色彩组合等因素。花坛用花宜选择株形低矮整齐、开花繁茂、花色艳丽、花期长的种类，多以一二年生草花为主。

①作为主景处理的花坛，外形是对称的，轮廓与广场外形相一致，但可以有细微的变化，使构图显得生动活泼一些。花坛纵横轴应与建筑物或广场的纵横轴相重合，或与构图的主要轴线相重合。然而在交通量很大的广场上，为了满足交通功能的需要，花坛外形常与广场不一致。如三角形的街道广场或正方形的街道广场常布置圆形的花坛。

②主景花坛可以是华丽的图案式花坛或花丛式花坛，但是当花坛直接作为雕像、喷泉、纪念性构筑物的基座装饰时，花坛只能处于从属地位，其花纹和色彩应恰如其分，避免喧宾夺主。

③作为配景处理的花坛，总是以花坛群的形式出现，一般配置在主景主轴两侧，如果主景是多轴对称的，作为配景的个体花坛，只能配置在对称轴的两侧，其本身最好不对称，但必须以主轴为对称轴，与轴线另一侧个体花坛取得对称。

④花坛或花坛群的面积与广场面积比，一般在 1/3 ～ 1/5，作为观赏用的草坪花坛面积可以稍大一些，华丽的花坛面积可以比简洁花坛的面积小一些，在行人集散量很大或交通量很大的广场上，花坛面积能够更小一些。

⑤作为个体花坛，面积也不宜过大，大则鉴赏不清而且产生变形，所以一般图案式花坛直径或短轴以 8 ～ 10m 为宜，花丛式花坛直径或短轴以 15~20m 为宜，草坪花坛可以大一些。

为了减少图案式花坛纹样的变形和有利于排水，常将花坛做成中央隆起的球面，图案的线条也不能太细，五色苋通常为 5cm，最细不少于 2cm，矮黄杨做的花纹通常要在 10cm 以上，其他常绿灌木组成的花坛最细也要在 10cm 以上。

⑥花坛主要是以平面观赏为主，所以植床不能太高，为了使主体突出，常把花卉植床做得高出地面 5 ～ 10cm。植床周围用缘石围砌，使花坛有一个明显的轮廓，同时也可以防止车辆驶入和泥土流失污染道路或广场。

边缘石高度通常在 10 ～ 15cm，一般不超过 30cm，宽度不小于 10cm，但也不大于 30cm。缘石虽然对花坛有一定的装饰作用，但对花坛的功能来说只处于从属地位，所以其形式应朴素简洁，色彩应与广场铺装材料相互协调。

（二）花境

花境是以树丛、树群、绿篱、矮墙或建筑物为背景的带状自然式花卉布置，是根据自然风景中林缘野生花卉自然生长的规律加以艺术提炼而应用于园林的种植形式。花境平面轮廓与带状花坛相似，根据设置环境的不同，种植床两边可是平行自然曲线，也可以采用平行直线，并且最少在一边用常绿矮生木本或草本植物镶边。

花境主要选择多年生草本植物和少量的小灌木类，植物间配置是呈自然式的块状混交，主要以欣赏其本身所特有的自然美以及植物自然组合的群落美为主。花境一经建成可连续多年观赏，管理方便、应用广泛，如建筑或围墙墙基、道路沿线、挡土墙、植篱前等均可布置。

花境有单面观赏（2 ～ 4m）及双面观赏（4 ～ 6m）两种。单面观赏植物配置由低到高形成一个面向道路的斜面。双面观赏中间植物最高，两边逐渐降低，但其立面应该有高低起伏错落的轮廓变化。此外，配植花境时还应注意生长季节的变化、深根系与浅根系的种类搭配。总之，配置时要考虑花期一致或稍有迟早、开花成丛或疏密相间等，方能显示出季节的特色。

花境植床一般也应稍稍高出地面，内以种植多年生宿根花卉和开花灌木为主，在有缘石的情况下处理与花坛相同。没有缘石镶边的，植床外缘与草地或路面相平，中间或内侧应稍稍高起形成 5% ～ 10% 的坡高，以利排水。

花境中观赏植物要求造型优美，花色鲜艳，花期较长，管理简单，平时不必经常更换植物，就能长期持续其群体自然景观。花境中常用的植物材料有月季、杜鹃、蜡梅、麻叶绣球、珍珠梅、夹竹桃、笑靥花、郁李、棣棠、连翘、迎春、榆叶梅、南天竺、凤尾兰、芍药、飞燕草、波斯菊、金鸡菊、美人蕉、蜀葵、大丽花、黄秋葵、金鱼草、福禄考、美女樱、蛇目菊、萱草、石蒜、水仙、玉簪等。

（三）花台

在 40 ~ 100cm 高的空心台座中填土并栽植观赏植物，称为花台。它是以观赏植物的体形、花色、芳香及花台造型等综合美为主的。花台的形状各种各样，有几何形体，也有自然形体。一般在上面种植小巧玲珑、造型别致的松、竹、梅、丁香、天竺葵、芍药、牡丹、月季等。在中国古典园林中常使用此形式，现代公园、机关、学校、医院、商场等庭院中也常见。花台还可与假山、座凳、墙基相结合，作为大门旁、窗前、墙基、角隅的装饰。

（四）花丛、花群

花丛在自然式的花卉布置中作为最小的组合单元使用，三五成丛，集丛为群，自然地布置于树林、草坪、水流的边缘或园路小径的两旁。花卉种类可为同种，也可为不同种。因花丛、花群的管理较粗放，所以通常以多年生的宿根、球根花卉为主，也可采用自播力强的一二年生花卉。在园林构图上，其平面和立面均为自然式布置，应疏密有致，种植形式以自然式块状混交为主。

（五）花箱

用木、竹、瓷、塑料、钢筋混凝土等制造的，专供花灌木或草本花卉栽植使用的箱体，叫作花箱。花箱可以制成各种形状，摆成各种造型的花坛、花台外形。可机动灵活地布置在室内、窗前、阳台、屋顶、大门口及道旁、广场中央。

四、草坪及地被配置

在地面上种植地被植物，以保持水土，界定道路和利用区，以及在需要的地带布置草皮。它们就像是铺于地面之上的一层地毯。草坪及地被植物是城市的"底色"，对城市杂乱的景象起到"净化""简化"的统一协调作用。

（一）草坪景观设计

草坪是选用多年生宿根性、单一的草种均匀密植，成片生长的绿地。据计算，草的叶面积比所占地面积大 10 倍以上。所以草坪可以防止灰尘再起，减少细菌危害。由于叶面的蒸腾作用，可使草坪上方的空气相对湿度增加 10%~20%，减少太阳的热辐射，夏季温度可以降低 1 ~ 3℃，冬季则高 0.8 ~ 4℃。草坪覆盖地面，可以防止水土冲刷，维护缓坡绿色景观，冬季可以防止地温下降或地表泥泞。

草坪草是园林地面覆盖材料的首选。对于园林中的大部分功能来说，很难找到一种比铺设完好的草坪更适合的地面材料。因为草坪能为植物和花卉提供一个有吸引力的前景；草坪增加了空间开敞感，并有利于创造景深。同时草坪上可以举行足球、排球、羽毛球及高尔夫球等项目的比赛，并且草坪具有惊人的恢复能力；由于草坪植物的蒸腾作用，使得草坪成了一个凉爽舒适的，可以走、坐、卧的表面，因而草坪为大多数室外活动提供一个理想的场地表面。再没有其他材料的表面有可供赤脚行走的特性了。在阴凉的秋季，黑绿色的草坪还可以保持午后的温度。

在大多数园林中，开阔的草坪给人一种开敞的空间感。当我们漫步在草坪空间时，视觉宽度和深度有恰当的比例感。一块草坪的质地近处粗糙、远处细腻又增强了人们对于园林景观的透视效果。不管是自然起伏的还是园林设计师设计创造的，舒缓而绿草茵茵的地形总能给人以愉悦的视觉享受。

草坪的绿色易与其他园林要素的颜色取得良好的协调，并且使之生机勃勃。草坪低平的平面很容易将我们的视线引向园林中的其他要素，使其他植物更为突出而不像别的覆盖物那样分散人们的注意力。

1. 草坪的分类

（1）按草坪使用功能划分

游息草坪，这类草坪在绿地中没有固定的形状。一般面积较大，管理粗放，允许人们入内游憩活动。其特点是可在草坪内配植孤立树，点缀石景，栽植树群，周边配植花带、树丛等，中部形成空地，能分散容纳较多的人流。选用草种应以适应性强、耐踩踏的为宜，如结缕草、狗牙根、假俭草等。

观赏草坪，在园林绿地中，专供欣赏景色的草坪，也称装饰性草坪。如栽种在广场雕像、喷泉周围和建筑纪念物前等处，多作为景前装饰和陪衬景观，还有花坛草坪。这类草地通常不允许入内践踏，栽培管理要求精细，严格控制杂草，因此栽培面积不宜过大，以植株低矮、茎叶密集、平整、绿色观赏期长的优良细叶草类最为理想。

运动场草坪，供开展体育活动的草坪如足球场、高尔夫球场及儿童游戏活动场草坪等。均要选用适应于某种体育活动项目特点的草种。通常情况下应选用能经受坚硬鞋底的踩踏，并能耐频繁的修剪裁割，有较强的根系和快速复苏蔓延能力的草本种类。

疏林草坪，树林与草坪相结合的草坪，也称疏林草地。多利用地形排水，管理粗放，造价较低。一般铺在城市公园或工矿区周围，与疗养区、风景区，森林公园或防护林带相结合。它的特点是林木夏天可蔽阴，冬天有阳光，可供人们活动和休息。

另外，还有飞机场草地、森林草地、林下草坪、护坡草坪等。

（2）按草坪植物配合种类划分

单纯草坪，由一种草本植物组成。

混合草坪，由多种禾本科多年生草种组成。

缀花草坪，混有少量开花华丽的多年生草本植物，如水仙、鸢尾、石蒜、葱兰、韭兰等的草坪。

（3）按草坪的形式划分

自然式草坪，充分利用自然地形或模拟自然地形起伏，创造原野草地风光，这种大面积的草坪有利于多种游憩活动的进行。

规则式草坪，草坪的外形具有整齐的几何轮廓，多用于规则式园林中。比如用于广场、花坛、路边衬托主景等。

2. 草坪的设计

草坪是城市园林绿地的重要组成部分，广泛应用于各类园林用地。在水边沿岸平坦的草地，以欣赏水景和远景为主。草坪对建筑和街景起着衬托作用，它与花卉相配合，可形成各式花纹图案；与孤植树相配，可以衬托其雄伟、苍劲；与树群、树丛相配，起着调和衬托作用，加强树群、树丛的整体美。

公园中的大草坪，在其边缘可配植孤立树或树丛，从而形成富有高低起伏和色彩变化的开阔景观。草坪的外围配植树林，布以山石，创造山的余脉形象，增强山林野趣；草坪边缘的树丛、花丛也宜前后高低错落，又稳又透，以加强风景的纵深感。在草坪中间，除了特殊的需要而进行适当的小空间划分外，通常不宜布置层次过多的树丛或树群。如将造型优雅的湖石、雕像或花篮等设立在草坪的中心，则使主题突出，给人以美的享受。在庭园中设计闭锁式的草坪，可陪衬、烘托假山、建筑物和花木，借以形成相对宽敞的庭园活动空间。在杭州花港观鱼公园，全园面积 18hm²，草坪就占了 40% 左右，尤其是雪松草坪区，以雪松与广玉兰树群组合为背景，构成空阔景面，气势豪迈；还有柳林草坪区与合欢草坪区，配植以四时花木。

为确保人们的游园活动，规则式草坪的坡度可设计为 5%，自然式草坪的坡度可设计为 5% ~ 15%，一般设计坡度在 5% ~ 10%，以确保排水。为避免水土流失，最大坡度不能超过土壤的自然安息角（30% 左右）。

（二）地被景观设计

地被是指以植物覆盖园林空间的地面。覆盖地面的地被能够起到净化空气、吸收热量、降低温度、固定土壤的作用。而具有各种高度的地被植物，将有助于形成强烈的地表图案。群植的地被植物，还可以用于强化围合效果。同时，地被植物还能为各种野生动物提供良好的栖息场所，尤其是那些为蜜蜂提供花源，或是为鸟兽提供果实的品种。

地被植物种类除有单子叶和双子叶草本类外，还包括一些低矮的木本植物材料。它们的种类多，用途广，适应多种环境条件，但一般不宜整形修剪，不宜践踏。地被植物的形态、色泽各异，多年生，尤其是多能耐阴，如八角金盘、十大功劳、鹅掌柴、撒金珊瑚等很适合在林下、坡地、高架桥下使用。管理上比草坪简便，可以充分覆盖裸露地面，达到黄土不露天的目的，进一步发挥绿色植物的生态环境效益。园林植物空间的地被，一般有以下两种。

1. 叶被

以草本或木本的观叶植物满铺地面，仅供观赏叶色、叶形的栽植面积称为叶被。它和草被虽然同是以叶为主，但草被有的可以入内践踏（少量的或短时间的），故以宏观观赏为主，体现一种"草色遥看近却无"的景观。叶被的植株一般较高，以叶形叶色的美产生既可远赏，亦耐近观的观赏效果。

在南方，叶被植物十分丰富，如红桑、变叶木、八角金盘、十大功劳、鹅掌柴、撒金珊瑚、彩叶草、花叶艳山姜、紫苏、扁竹梗、一叶兰、蕨类、常春藤等均可作地被。

2. 花被

通常是以草本花卉或低矮木本花卉于盛花期满铺地面而形成的大片地被。由于这类植物的花期一般只有数天至十数天，故最宜配合公共节日（如"五一""十一"等），或者是就某种花卉的盛花期特意举办突出该花特色的花节，如牡丹花节、杜鹃花节、郁金香花节、百合花节、水仙花节……即使是同一种类的花，由于品种不同、花色不同，也可以配置成色彩丰富、灿烂夺目的地面花卉景观，如能按照其他灌木、乔木的花期，如樱花、梅花、桃花……则在一年之中，就会使整个园林植物空间连绵不断散发出花卉的芳香，展示出艳丽的花姿花色。

五、植物配置的生态方法

更深意义上的植物景观设计应该是植物景观的生态设计，现代的园林植物生态设计是运用生态学原理，根据植物的形态、生物习性、生态习性和生态效能，将乔木、灌木、藤木、草本植物进行合理搭配，使植物与环境之间、植物与植物之间、植物与环境中的其他生物之间都能很好地适应和融合，建立良好的关系，同时发挥植物的多种功能，进而获取最佳综合效益。

重视对自然环境的保护，运用景观生态学原理建立生态功能良好的景观格局，促进资源的高效利用与循环再生，减少废物的排放，增强景观的生态服务功能，凡是这样的设计都被称为生态设计，其最直接的目的就是资源的永续利用和环境的可持续发展。生态设计的提出也使得植物在景观中的地位更加重要，在设计过程中通过保护自然植物群落，减少人为干预，从而保证生态系统的稳定和可持续发展；通过模拟自然，恢复原生植被，能够逐步地修复破损的自然生态系统。可知，合理利用、充分发挥植物的生态效益是生态设计的核心内容。

（一）立足生态理论，保护自然景观

自然植物群落是一个经过自然选择、不易衰败、相对稳定的植物群体。光、温、水、土壤、地形等是植被类型生长发育的重要因子，群体对包括诸因子在内的生活空间的利用方面保持着经济性和合理性。因此，对当地的自然植被类型和群落结构进行调查和分析无疑对正确理解种群间的关系会有极大的帮助，而且，调查的结果往往可作为种植设计的科学依据。比如，英国的布里安·海克特教授曾对白蜡占主导的，生长在由石灰岩母岩形成的土壤上的植物群落做了调查和分析。根据构成群落的主要植物种类的调查结果作了典型的植物水平分布图，从中可以了解到不同层植物的分布情况，并且加以分析，作出了分析图。在此基础上结合基地条件简化和提炼出自然植被的结构和层次，然后将其运用于设计之中。

这种调查和分析方法不但为种植设计提供了可靠的依据，使设计者熟悉这种自然植被的结构特点，同时还能在充分研究了当地的这种植物群落结构之后，结合设计要求、美学原则，做些不同的种植设计方案，并按规模、季相变化等特点分别编号，以提高设计工作的效率。

每一种植物群落应有一定的规模和面积且具备一定的层次，才能表现出群落的种类组成。在规范群落的水平结构和垂直结构、保证群落的发育和稳定状态、使群落与环境的相对作用稳定时，才会出现"顶级群落"。群落中的植物组合不是简单的乔、灌、藤本、地被的组合，而应该从自然界或城市原有的、较稳定的植物群落中去寻找生长健康、稳定的植物组合，在此基础上结合生态学和园林美学原理建立适合城市生态系统的人工植物群落。

（二）利用生态手段，修复生态系统

生态系统具有很强的自我恢复能力和逆向演替机制，但如果受到的人为干扰过于强烈，环境自我修复能力就会大大降低，譬如后工业时代那些被破坏得已经满目疮痍的工业废弃地，原有的生态系统、植物群落已经被彻底破坏。是放弃，还是修复再利用，面对这样一个问题，许多设计师选择了后者，并且探索出了一条生态修复的思路，尤其是20世纪70年代，保留并再利用场地原有元素修复生态系统成为一种重要的生态景观设计手法，尊重场地现状，采用保留、艺术加工等处理方式已经成为设计师首先考虑的措施，而植物在其中则承担着越来越重要的作用。

第八章 园林绿化组成要素的规划设计

第一节 园林地形规划设计

一、园林地形的形式

按地形的坡度不同分类，它可划分为平地、台地和坡地。平地是指坡度介于1%～7%的地形；台地是由多个不同高差的平地联合组成的地形；坡地可分陡坡和缓坡。

（一）按地形的形态特征分类

1. 平坦地形

平坦地形是园林中坡度比较平缓的用地，坡度介于1%～7%。平坦地形在视觉上空旷、宽阔，视线遥远，景物不被遮挡，具有强烈的视觉连续性；平坦地面能与水平造型互相协调，使其很自然地同外部环境相吻合，并且与地面垂直造型形成强烈的对比，使景物突出；平坦地形可作为集散广场、交通广场、草地、建筑等用地，以接纳和疏散人群，组织各种活动或供游人游览和休息。

2. 凸地形

凸地形具有一定的凸起感和高耸感，凸地形的形式有土丘、丘陵、山峦以及小山峰。凸地形具有构成风景、组织空间、丰富园林景观的功能，特别在丰富景点视线方面起着重要的作用，因凸地形比周围环境的地势高，视线开阔，具有延伸性，空间呈发散状。它一方面可组织成为观景之地，另一方面因地形高处的景物最突出、明显，能产生对某物或某人更强的尊崇感，又能够成为造景之地。

3.凹地形

凹地形也被称为碗状洼地。凹地形是景观中的基础空间，适宜于多种活动的进行，当其与凸地形相连接时，它可完善地形布局。凹地形是一个具有内向性和不受外界干扰的空间，给人一种分割感、封闭感和私密感。凹地形还有一个潜在的功能，就是充当一个永久性的湖泊、水池或者蓄水池。凹地形在调节气候方面也有重要作用，它可躲避掠过空间上部的狂风；当阳光直接照射到其斜坡上时，可使地形内的温度升高，因而凹地形与同一地区内的其他地形相比更暖和，风沙更少，更具宜人的小气候。

4.山脊

山脊总体上呈线状，与凸地形相比较，其形状更紧凑、更集中。山脊可以说是更"深化"的凸地形。

山脊可限定空间边缘，调节其坡上和周围环境中的小气候。在景观中，山脊可被用来转换视线在一系列空间中的位置或将视线引向某一特殊焦点。山脊还可充当分隔物，作为一个空间的边缘，山脊犹如一道墙体将各个空间或谷地分隔开来，使人感到有"此处"和"彼处"之分。从排水角度而言，山脊的作用犹如一个"分水岭"，降落在山脊两侧的雨水，将各自流到不同的排水区域。

5.谷地

谷地综合了凹地形和山脊地形的特点；与凹地形相似，谷地在景观中也是一个低地，是景观中的基础空间，适合安排多种项目和内容。它与山脊相似，也呈线状，具有方向性。

（二）园林地形与生态

生态是指生物的生活状态，指生物在一定的自然环境下生存和发展的状态以及它们之间和它与环境之间环环相扣的关系。现代城市园林和传统园林相比，现代园林更注重生态景观和生态学理论的应用与推广。与传统园林相比，生态理论在现代城市公园生态景观中的运用更为积极和深入。地形设计把生态学原理放在首位，在生态科学的前提下确定景观特征。地形是植物和野生动物在花园中生存的最重要的基础。它不但是创造不同空间的有效方式，而且可以通过不同的形状和高度创造不同的栖息地。不断变化的地形为丰富植物种类和数量提供了更多的空间，也为昆虫、鸟类和小型哺乳动物等野生动物提供了栖息地。

（三）园林地形与美学

现代园林地形的种类更加丰富，地形的使用也日益普遍。我们在日常生活、学习和工作中，经常接触到各种各样的地形。它们所具有地形的三个基本特性是不会改变的。每一个地形都利用点、线、面的组合显示出大量的地理信息及地形特色。

1. 直接表现

一个线条光滑、美观秀丽的优美地形，让人赏心悦目，得到美的感受。具有时代感的优秀山水地形作品，让人信服，得到心理满足。地形可以直接代表外在形式的艺术美感，也可以间接地反映出科学美内在的逻辑意蕴，更能体现理性更深的美；艺术美与科学美的内在联系和外在联系，在园林的地形上蕴含着美的内涵。具有艺术感染力的地形美是客观存在的。但是，运用独特的地形技术，可以正确地反映我国悠久的历史和灿烂的文化。

2. 间接表现

园林地形必须具有严密的科学性、可靠的实用性、精美的艺术性。这是表现园林地形美的 3 个主要方面：①科学性。科学性是地形科学美的基本要求。它体现于设计地形的数学基础（确保精度）、特定的栽植植物和特殊的堆砌方法，主要体现在地形的所需可靠，实施科学的综合概括，从尽可能少和简单的概念出发，规律性地描述园林地形单个对象及其整体。②实用性。实用性是地形美的实质，主要表现在地形内容的完备性和适应性两方面。适应性是地形所处位置的审美特征，指地形承载内容的表现形式、技术手段能使人理解、接受，感到视觉美，感到形式与内容相统一的和谐美。③艺术性。艺术性是地形艺术美所在，主要体现在地形具备协调性、层次性和清晰性三方面。协调性是指地形总体构图平衡、对称，各要素之间能配合协调、相互衬托，地形空间显得和谐；层次性是指园林地形结构合理，有层次感，首先是主体要素突出于第一层视觉平面上，其他要素置于第二或第三视觉层面上；清晰性是指地形有适宜的承载量，地形所承载的植物、构筑、水面等配比合适，各元素之间搭配正确合理，内容明快实在，贴近自然，使人走入园林有一种美的享受。

（四）地形塑造

1. 技术准备

熟悉施工图纸，熟悉施工地块内土层的土质情况。了解地形整理地块的土质及周边的地质等情况。测量放样，在具体的测量放样时，可以依据施工图的要求，做好控制桩并做好保护。编制施工方案，提出土方造型的操作方法，提出需用施工机具、劳动力等。

2. 人员准备

组织并配备土方工程施工所需各专业技术人员管理人员和技术工人；组织安排作业班次；制定较完善的技术岗位责任制和技术、质量安全、管理网络；建立技术责任制和质量保证体系。

3. 设备准备

做好设备调配，对进场挖土、推土、造型、运输车辆及各种辅助设备进行维修检查、试运转并运至使用地点就位。对拟使用的土方工程新机具，组织力量进行研制和试验。

4.施工现场准备

土方施工条件复杂，施工受到地质、气候和周边环境的影响很大，因为我们要把握好施工区域内的地下障碍物，核查施工现场地下障碍物数据，确认可能影响地下管线的施工质量，并指导施工的其他障碍。全面估算施工中可能出现的不利因素，并提出各种相应的预防措施和应急措施，包括临时水、电、照明和排水系统以及铺设路面的施工。在原建筑物附近的挖填作业中，一方面要考虑原建筑物是否有外力作用，从而造成损伤，根据施工单位提供的准确位置图，测量人员进行方位测量，挖出地面，并将隐藏的物体清除；另一方面进行基层处理，由建设单位自检、施工或监理单位验收。在整个施工现场，首先要排除水，按照施工图的布设、精确定位标准的设置和高程的高低，进行开挖和成桩施工。在地形整理工程施工前，必须完成各种报关手续和各种证照。

再好的地形设计，只有经过测绘施工等生产过程中各生产作业人员的认真工作，才能得以实现，这就要求各工序的生产者具有高度的责任心和专业理论知识，具有正确的审美观和较高的修养，要能自觉地、主动地按照自然规律进行创造性的与卓有成效的生产作业。如此，经过大家的共同努力，方能出精品园林景观，让园林景观展现出大自然的魅力，以满足人们及社会的需要。

二、园林地形的功能与作用

（一）地形的基础和骨架作用

地形是构成园林景观的骨架，是园林中所有景观元素与设施的载体，它为园林中其他景观要素提供了赖以存在的基面，是其他园林要素的设计基础和骨架，也是其他要素的基底和衬托。地形可被当作布局和视觉要素来使用，地形有许多潜在的视觉特性。在园林设计中，要根据不同的地形特征，合理安排其他景物，使地形起到较好的基础作用。

（二）地形的空间作用

地形因素直接制约着园林空间的形成。地形可构成不同形状、不同特点的园林空间。地形可以分隔、创造和限制外部空间。

（三）改善小气候的作用

地形可影响园林某一区域的光照、温度、风速和湿度等。园林地形的起伏变化能改善植物的种植条件，能提供阴、阳、缓、陡等多样性的环境。利用地形的自然排水功能，提供干湿不同的环境，使园林中出现宜人的气候及良好的观赏环境。

（四）园林地形的景观作用

作为造园要素中的底界面，地形具有背景角色。例如，平坦地形上的园林建筑、小品、道路、树木、草坪等一个个景物，地形则是每个景物的底面背景。同时，园林凹凸地形可作为景物的背景，形成景物和作为背景的地形之间有很好的构图关系。另外，是地形能控制视线，能在景观中将视线导向某一特定点，影响某一固定点的可视景物和可见范围，形成连续观赏或景观序列，通过对地形的改造和组合，可产生不同的视觉效果。

（五）影响旅游线路和速度

地形可被用在外部环境中，影响行人和车辆运行的方向、速度和节奏。在园林设计中，可用地形的高低变化、坡度的陡缓及道路的宽窄、曲直变化等来影响和控制游人的游览线路及速度。

三、园林地形处理的原则

（一）因地制宜原则

园林地形的设计，首先要考虑对原有地形利用，以充分利用为主，改造为辅，要因地制宜，尽量减少土方量。建园时，最好达到园内的土方量填挖平衡，节省劳力和建设投资。然而，对有碍园林功能和园林景观的地形要大胆改造。

1. 满足园林性质和功能的要求

园林绿地的类型不同，其性质和功能就不一样，对园林地形的要求也就不尽相同。城市中的公园、小游园、滨湖景观、绿化带、居住区绿地等对园林地形要求相对要高一些，可进行适当处理，以满足使用和造景方面的要求。郊区的自然风景区、森林公园、工厂绿地等对地形的要求相对低，可因势就形稍做整理，偏重于对地形的利用。

游人在园林内进行各种游憩活动，对园林空间环境有一定的要求。因此，在进行地形设计时要尽可能为游人创造出各种游憩活动所需的不同的地貌环境。例如，游憩活动、团体集会等需要平坦地形；进行水上活动时需要较大的水面；登山运动需要山地地形；各类活动综合在一起，需要不同的地形分割空间。利用地形分割空间时，常需要有山岭坡地。

园林绿地内地形的状况与容纳的游人量有密切的关系，平地容纳的人多，山地和水面则受到限制。

2. 满足园林景观要求

不同的园林形式或景观对地形的要求是不一样的，自然式园林要求地形起伏多变，规则式园林则需要开阔平坦的地形。要构成开放的园林空间，需要有大片的平地或水面。幽深景观需要有峰回路转层次多的山林。大型广场需要平地，自然式草坪需要微起伏的地形。

3. 符合园林工程的要求

园林地形的设计在满足使用和景观功能的同时，必须符合园林工程的要求。当地形比较复杂时，地形处理应根据科学的原则，山体的高度、土坡的倾斜面、水岸坡度的合理稳定性、平坦地形的排水问题、开挖水体的深度与河床的坡度关系、园林建筑设置的基础以及桥址的基础等都要以科学为依据，避免发生如陆地内涝、水面泛滥与枯竭、岸坡崩坍等工程事故。

4. 符合园林植物的种植要求

地形处理还应与植物的生态习性、生长要求一致，使植物的种植环境符合生态地形的要求。对保存的古树名木要尽量保持它们原有地形的标高，且不要破坏它们的生态环境。总之，在园林地形的设计中，要充分考虑园林植物的生长环境，尽量创造出适宜园林植物生长的环境。

（二）园林地形的造景设计

1. 平坦地形的设计

平坦地形是坡度小于3%（i < 3%）的地形。平坦地形按地面材料可分为土地面、沙石地面、铺装地面和种植地面。土地面如林中空地，适合夏日活动和游憩；沙石地面，如天然的岩石、卵石或沙砾；铺装地面可以是规则或者不规则的；种植地面则是植以花草树木。

平坦地形可用于开展各种活动，最适宜做建筑用地，也可做道路、广场、苗圃、草坪等用地，可组织各种文体活动，供游人游览休息，接纳和疏散人群，形成开朗景观，还可做疏林草地或高尔夫球场（1% ~ 3%）：①地形设计时，应同时考虑园林景观和地表水的排放，要求平坦地形有3% ~ 5%的坡度。②在有山水的园林中，山水交界处应有一定面积的平坦地形，作为过渡地带，临山的一边应以渐变的坡度和山体相接，近水的一旁以缓慢的坡度，慢慢伸入水中，造成冲积平原的景观。③在平坦地形上造景可结合挖地堆山或用植物分隔、作障景等手法处理，以打破平地的单调乏味，防止景观一览无余。

2. 坡地地形的设计

布置道路建筑通常不受约束，可不设置台阶，可开辟园林水景，水体与等高线平行，不宜布置溪流。①中坡地（10% ~ 25%）在该地形设计中，可灵活多变地利用地形的变化来进行景观设计，使地形既相分割又相联系，成为一体。在起伏较大的地形的上部可布置假山，塑造成上部突出的悬崖式陡崖。布置道路时需设梯步，布置建筑最好分层设置，不宜布置建筑群，也不适宜布置湖、池，而宜设置溪流。②陡坡地（25% ~ 50%）视野开阔，但在设计时需布置较陡的梯步。

在坡地处理中，忌将地形处理成馒头形。要充分利用自然，师法自然，利用原有植被和表土，在满足排水、适宜植物生长等使用功能的情况下进行地形改造。

3. 山地地形的设计

山地是坡度大于50%的地形，在园林地形的处理中，通常不做地形改造，不宜布置建筑；可布置蹬道、攀梯。地形常用坡度的范围见表8-2。

表 8-2 极限坡度和常用坡度的范围

内容	极限坡道 /%	常用坡道 /%	内容	极限坡道 /%	常用坡道 /%
主要道路	0.5～10	1～8	停车场地	0.5～8	1～5
次要道路	0.5～20	1～12	运动场地	0.5～2	0.5～1.5
服务车道	0.5～15	1～10	游戏场地	1～5	2～3
边道	0.5～12	1～8	平台和广场	0.5～3	1～2
入口道路	0.5～8	1～4	铺装明沟	0.25～100	1～50
步行坡道	≤12	≤8	自然排水沟	0.5～15	2～10
停车坡道	≤20	1～15	铺草坡面	≤50	≤33
台阶	25～50	33～50	种植坡面	≤100	≤50

4. 假山设计与布局

假山又称掇山、迭山、叠山，包含假山和置石两个部分。假山是人工创作的山体，是以造景游览为主要目的，充分结合其他多方面的功能作用，以灰、土、石等为材料，以自然山水为蓝本并加以艺术的提炼，人工再造的山水景物的通称。置石是以山石为材料做独立性或附属性的造景布置，主要表现山石的个体美或局部的组合，而不具备完整的山形。

我国的园林以风景为骨干的山水园著称，有山就有高低起伏的地势。假山可作为景观的主题以点缀空间，也可起分隔空间和遮挡视线的作用，能调节游人的视点，形成仰视、平视、俯视的景观，丰富园林艺术内容。山石能够堆叠成各种形式的蹬道，这是古典园林中富有情趣的一种创造方式，山石也可用作水体的驳岸。

第一，假山的分类。假山按构成材料可分为土山、石山和土石山三类。①土山全部以土为材料创作的山体。要有 30° 的安息角，不能堆得太高、太陡。②石山全部以石为材料创作的山体。这类山体多变，形态有的峥嵘，有的妩媚，有的玲珑，有的顽拙。③土石山土包石，以土为主，石占 30% 左右。石包土，以石为主，土占 30% 左右。假山按堆叠的形式分类，可分为仿云式、仿抽雕、仿山式、仿生式、仿器式等。

第二，假山的布局与造型设计。假山可以是群山，也可以是独山。在山石的设计中，要将较大的一面向阳，以利于栽植树木或安排主景，特别是临水的一面应该是山的阳面。山石可与植物、水体、建筑、道路等要素相结合，自成山石小景。假山大体上可分为两大类别：一是写意假山。写意假山是以某种真山的意境创作而成的山体，是取真山的山姿山容、气势风韵，经过艺术概括、提炼，再现在园林里，以小山之形传大山之神，给人一种亲切感，富有丰富的想象。比如，扬州个园的假山，用笋石（白果峰）配以翠竹以刻画春季景观；用湖石配以玉兰、梧桐以刻画夏季景观；用黄石配以松柏、枫树衬托秋季景观；用宣石配以蜡梅、天竺葵衬托冬季景观。四季假山各具特色，表达出"春山淡雅而如笑，夏山苍翠而如滴，秋山明净而如妆，冬山惨淡而如睡"和"春山宜游，夏山宜看，秋山宜登，冬山宜居"的诗情画意。二是象形假山。象形假山是模仿自然界物体的形体、形态而堆叠起来的景观。自然界的山形形色色，自然界的石头种类也繁多，用于造园常见的有湖石、黄石、宣石以及灵璧石、虎皮石等种类。每种石头都有它自己的石质、石色、石纹、石理，各有不同的形体轮廓。不同形态和质地的石头也有不同的性格。就造园来说，湖石的形体玲珑剔透，用它堆叠假山，情思绵绵。黄石则棱角分明，质地浑厚刚毅，用它堆叠假山，嵯峨棱角，峰峦起伏，给人的感觉是朴实苍润。因而，要分峰用石，避免混杂。假山的设计与布局应当注意以下四个方面的问题：①满足功能要求。②明确山体朝向和位置。③假山不宜太高，高度通常 10 ～ 30m 即可。④假山的设计按照山水画法，做到师法自然。

5. 置石

第一，特置。也称孤植、单植，即一块假山石独立成景，是山石的特写处理。特置要求山石体量大、轮廓线突出、体姿奇特、山石色彩突出。特置常作为入口的对景、障景、庭园和小院的主景，道路、河流、曲廊拐弯处的对景。特置山石布置时，要相石立意，注意山石体量与环境相协调。

第二，散置。散置又称"散点"，即多块山石散漫放置，以石之组合衬托环境取胜。这种布置方式可增加某地段的自然属性，常用于园林两侧、廊间、粉墙前、山坡上、桥头、路边等或点缀建筑或装点角隅。散置要有聚散、断续、主次、高低、曲折等变化之分，要有聚有散，有断有续，主次分明，高低参差，前后错落，左右呼应，层次丰富，有立有卧，有大有小，仿佛山岩余脉或山间巨石散落或风化后残余的岩石。

第三，群置。群置即"大散点"，是将多块山石成群布置，作为一个群体来表现。布置时，要疏密有致，高低不一。置石的堆放地相对较多，群置在布局中要遵循石之大小不等、石之高低不等、石之间距远近不等的原则。

第四，对置。对置是沿中轴线两侧做对称位置的山石布置。布置时，要左右呼应、一大一小。在园林设计中，置石不宜过多，多则会失去生机，不宜过少，太少又会失去野趣。设计时，注意石不可杂、纹不可乱、块不可均、缝不可多。

叠山、置石和山石的各种造景，必须统一考虑安全、护坡、登高、隔离等各种功能要求。游人进出的假山，其结构必须稳固，应有采光、通风、排水的措施，并应保证通行安全。叠石必须保持本身的整体性和稳定性。山石衔接以及悬挑、假山的山石之间、叠石与其他建筑设施相接部分的结构必须牢固，保证安全。

第二节　园林水体规划设计

水是园林设计中重要的组成部分，是所有景观元素中最具吸引力的一类要素。我国古代的园林设计，通常用山水树石、亭榭桥廊等巧妙地组成优美的园林空间，将我国的名山大川、湖泊溪流、海港龙潭等自然奇景浓缩于园林设计之中，形成山清水秀、泉甘鱼跃、林茂花好、四季有景的"山水园"格调，使之成为一幅美丽的山水画。

大自然中的水，有静水和动水之分。静态的水，面平如镜，清风掠过水面，碧波粼粼，给人以宁静之感。皓月当空时，月印潭心，为人们提供优美的夜景。还有波澜不惊、锦鳞游泳的各类湖泊，与树林、石桥、建筑、山石彼此辉映，相得益彰；又有幽静、深邃的峡谷深潭，使人联想起多少美丽动人的传说。动态的水，通常给人以活泼、奋发、奔放、洒脱、豪放的感觉。比如，山涧小溪，清泉沿滩泛漫而下，赤足戏水，逆流而上，有轻松、愉快、柔和之感；又如，水从两山或峡谷之间穿过形成的涧流，由于水受两山约束，水流湍急，左避右撞，形成波涛汹涌、浪花翻滚的景观，给人以紧迫、负重之感；再如，水流从高山悬崖处急速直下，就像布帛悬挂空中，形成瀑布，有的高大好似天上落下的银河，有的宽广宛如一面洁白如练的水墙，瀑底急流飞溅，涛声震天，使人惊心动魄，叹为观止。

一、园林景观水体规划的现状

中国园林素有"有山皆是园，无水不成景"之说，由此可见水对于景观的重要性。可是，现在的水景现状却令人担忧。城市中随处可见的大喷泉却静静地躺在水里而不喷水，到处是被污染的河流、小溪，还有那笔直、高深的蓄洪大坝，更不用说那些早已干涸的水池了。这是一种很普遍的水景现象，也是一种很可悲的水景现象，发人深省。人固然有着亲水的本性，而设计师们也在努力满足人们的这种需求，这本身是件好事，可是结果却是令人失望的，在水资源紧缺的华北、西北一些城市，近年来出现大造城市景观水之风。有的城市"拦河筑坝"，把河水"圈"在城内；有的城市耗巨资"挖地造湖"，人为制造水域景观。在水资源日益缺乏的今天，如何去营造宜人的水景，如何去满足人们亲水的这种需求，成为摆在我们设计师面前一个非常重要的问题。

（一）水体的特征

水之所以成为造园者以及观赏者都喜爱的景观要素，除了水是大自然中普遍存在的景象外，还与水本身具有的特征分不开。

1. 水具有独特的质感

水本身是无色透明的液体，具有其他园林要素无法比拟的质感。主要表现在水的"柔"性。古代有以水比德、以水述情的描写，即所谓的"柔情似水"。水独特的质感还表现在水的洁净，水清澈见底而无丝毫的躲藏。在世间万物中，只有水具有本质的澄净，并能洗涤万物。水之清澈、水之洁净，给人以无尽的联想。

2. 水有丰富的形式

水在常温下是一种液体，本身并无固定的形状，其观赏的效果决定于盛水物体的形状、水质和周围的环境。

水的各种形状、水姿都与盛水的容器相关。盛水的容器设计好了，所要达到的水姿就出来了。当然，这也与水本身的质地有关，各种水体用途不同，对水质要求也不一致。

3. 水具有多变的状态

水因重力和受外界的影响，常呈现出四种不同的动静状态。一是平静的湖水，安详、朴实；二是因重力影响呈现流动；三是因压力向上喷涌，水花四溅；四是因重力下跌。水也会因气候的变化呈现多变的状态，水体可塑的状态，与水体的动静两宜都给人以遐想。

4. 水具有自然的音响

运动着的水，不论是流动、跌落、喷涌，还是撞击，都会发出各自的音响。水还可与其他要素结合发出自然的音响。

5. 水具有虚涵的意境

水具有透明而虚涵的特性。表面清澈，呈现倒影，能带给人亦真亦幻的迷人境界，体现出"天光云影共徘徊"的意境。

总之，水具有其他园林要素无可比拟的审美特性。在园林设计中，通过对景物的恰当安排，充分体现水体的特征，充分发挥水体的魅力，给园林更深的感染力。

（二）园林水体的布局形式

1. 规则式水体

规则式水体包含规则不对称式水体和规则对称式水体。此类水体的外形轮廓是有规律的直线或曲线闭合而形成的几何形，大多采用圆形、方形、矩形、椭圆形、梅花形、半圆形或其他组合类型，线条轮廓简单，有整齐式的驳岸，经常以喷泉作为水景主题，并多以水池的形式出现。

规则式水体多采用静水形式，水位较为稳定，变化不大，其面积可大可小，池岸离水面较近，配合其他景物，可形成较好的水中倒影。

2. 自然式水体

自然式水体的外形轮廓由无规律的曲线组成。园林中，自然式水体主要是对原水体进行的改造或者进行人工再造而形成的，是通过对自然界中存在的各种水体形式进行高度概括、提炼、缩拟，用艺术形式表现出来的。

自然式水体大致归纳为两种类型：拟自然式水体和流线型水体。拟自然式水体有溪、涧、河流、人工湖、池塘、潭、瀑布、泉等；流线型水体是指构成水体的外形轮廓自然流畅，具有一定的运动感。自然式水体多采取动水的形式形成流动、跌落、喷涌等各种水体形态，水位可固定也可变化，结合各种水岸处理能形成各种不同的水体景观。自然式水体的驳岸为各种自然曲线的倾斜坡度，且多为自然山石驳岸。

3. 混合式水体

混合式水体是规则式水体与自然式水体有机结合的一种水体类型，富于变化，具有比规则式水体更灵活自由，又比自然式水体易于与建筑空间环境相协调的优点。

（三）水体对园林环境的作用

1.水体的基底作用

大面积的水体视域开阔、坦荡，有托浮岸畔和水中景观的基底作用。当进行大面积的水体景观营造时，要利用大水面的视线开阔之处，利用水面的基底作用，在水面的陆地上充分营造其他非水体景观，并使之倒映在水中。并且要将水中的倒影与景物本身作为一个整体进行设计，综合造景，充分利用水面的基底作用。

2.水体的系带作用

在园林中，利用线型的水体将不同的园林空间、景点连接起来，形成一定的风景序列或者利用线型水体将散落的景点统一起来，充分发挥水体的系带作用来创建不同的水体景观。

3.水体的焦点作用

部分水体所创造的景观能形成一定的视线焦点。动态水景如喷泉、跌水、水帘、水墙、壁泉等，其水的流动形态和声响均能吸引游人的注意力。设计时，要充分发挥此类水景的焦点作用，形成园林中的局部小景或主景。用作焦点的水景，在设计中除处理好水景的比例和尺度外，还要考虑水景的布置地点。

（四）水体造景的手法与要求

水景的设计是景观设计的难点。首先它需要根据园林的不同性质、功能和要求，结合水体周围的其他园林要素，如水体周围的温度、光线等自然因素会直接影响水体景观的观赏效果。其次是综合考虑工程技术、景观的需要等确定园林中水体采用何种布局手法，确定水体的大小等，创造不同的水体景观。因而，水景的设计通常是一个园林设计成败的关键之一。水景的设计主要是水质和水形的设计。

1.水质

水域风景区的水质要根据《地表水环境质量标准》安排不同的活动。水体设计中对水质有较高的要求，如游泳池、戏水池，必须以沉淀、过滤、净化措施或过滤循环方式保持水质或定期更换水体。绝大部分的喷泉和水上世界的水景设计，必须构筑防水层，与外界隔断。要对水体采取相应的保护措施，确保水量充足，达到景观设计要求。同时，要注意水的回收再利用，非接触性娱乐用水与接触性娱乐用水对水质的要求有所不同。

2.水形

水形是水在园林中的应用和设计。根据水的类型及在园林中的应用，水形可分为点式水景、线式水景和面式水景三种形式。

（1）点式水体设计

点式水体主要有喷泉和壁泉。喷泉亦叫喷水，是利用泉水向外喷射而供观赏的重要水景，常与水池、雕塑同时设计，起装饰和点缀园景的作用。喷泉的类型有地泉、涌泉、山泉、间歇泉、音乐喷泉、光控、声控喷泉等。喷泉的形式也很多，主要有喷水式、溢水式、溅水式等。

喷泉无维度感，要在空间中标志一定的位置，必须向上突起呈竖向线性的特点。一是要因地制宜，根据现场地形结构，仿照天然水景制作而成，如壁泉、涌泉、雾泉、管流、溪流、瀑布、水帘、跌水、水涛、漩涡等。二是完全依靠喷泉设备人工造景。这类水景近年来在建筑领域广泛应用，发展速度很快，种类繁多，具备音乐喷泉、声控喷泉、摆动喷泉、跑动喷泉、光亮喷泉、游乐喷泉、超高喷泉、激光水幕电影等。

喷泉设置的地点，宜在人流集中处。一般把它安置在主轴线或透视线上，如建筑物前方或公共建筑物前庭中心、广场中央、主干道交叉口、出入口、正副轴线的交点上、花坛组群等园林艺术的构图中心，常与花坛、雕塑组合成景。

（2）壁泉

壁泉严格来说也是喷泉的一种，壁泉通常设置于建筑物或墙垣的壁面，有时设置于水池驳岸或挡土墙上。壁泉由墙壁、喷水口、承水盘和贮水池等几部分组成。墙壁一般为平面墙，也可内凹做成壁龛形状。喷水口多用大理石或金属材料雕成龙头、狮子等动物形象，泉水由动物口中吐出喷到承水盘中然后由水盘溢入贮水池内。墙垣上装置壁泉，可破除墙面平淡单调的气氛，因此它具备装饰墙面的功能。

在造园构图上常把壁泉设置在透视线、轴线或者园路的端点，故又具备刹住轴线冲力和引导游人前进的功能。

3. 线式水体

线式水体有表示方向和引导的作用，有联系统一和隔离划分空间的功能。沿着线性水体安排的活动可以形成序列性的水景空间。

（1）溪、涧和河流

溪、涧和河流都属于流水。在自然界中，水源自源头集水而下，到平地时，流淌向前，形成溪、涧及河流水景。溪，浅而阔。溪涧的水面狭窄而细长，水因势而流，不受拘束。水口的处理应使水声悦耳动听，使人就像置身于真山真水之间。溪涧设计时，源头应做隐蔽处理。

溪、涧、河流、飞瀑、水帘、深潭的独立运用或相互组合，巧妙地运用山体，建造岗、峦、洞、壑，以大自然中的自然山水景观为蓝本，采取置石、筑山、叠景等手法，将从山上流下的清泉建成蜿蜒流淌的小溪或建成浪花飞溅的涧流等，如苏州的虎跑泉等。在平面设计上，应蜿蜒曲折、有分有合、有收有放，构成大小不同的水面或宽窄各异的河流。在立面设计上，跟随地形变化形成不同高差的跌水。同时应注意，河流在纵深方面上的藏与露。

（2）瀑布

瀑布是由水的落差形成的，属于动水。瀑布在园林中虽用得不多，但它的特点鲜明，既充分利用了高差变化，又使水产生动态之势。例如，把石山叠高，下挖成潭，水自高往下倾泻，击石四溅，俨如千尺飞流，震撼人心，令人流连忘返。

瀑布由五个部分构成：上游水流、落水口、瀑身、受水潭、下游泄水。瀑布按形态不同，可分为直落式、叠落式、散落式、水帘式、喷射式；按瀑布的大小，可分为宽瀑、细瀑、高瀑、短瀑、涧瀑等。人工创造的瀑布，景观是模拟自然界中的瀑布，应该按照园林中的地形情况和造景的需要，创造不同的瀑布景观。

（3）跌水

有规则式跌水和自然式跌水之分。所谓规则式，就是跌水边缘为直线或曲线且相互平行，高度错落有致使跌水规则有序。而自然跌水则不必一定要平行整齐，如泉水从山体自上而下三叠而落，连成一体。

4. 面式水体

面式水体主要体现静态水的形态特征，如湖、池、沼、井等。面式水体常采用自然式布局，沿岸因境设景，可在适当位置种植水生植物。

（1）湖、池

湖属于静水，在园林中可利用湖获取倒影，扩展空间。在湖体的设计中，主要是湖体的轮廓设计以及用岛、桥、矶、礁等来分隔而形成的水体景观。

园林中常以天然湖泊作为面式水体，尤其是在皇家园林中，此水景有一望千顷、海阔天空之气派，构成了大型园林的宏旷水景。而私家园林或小型园林中的水体面积较小，其形状可方、可圆、可直、可曲，经常以近观为主，不可过分分隔，故给人的感觉古朴野趣。园林中的水池面积可大可小，形状可方可圆，水池除本身外形轮廓的设计外，与环境的有机结合也是水池设计的重点。

（2）潭、滩

潭景一般与峭壁相连，水面不大，深浅不一。大自然之潭周围峭壁嶙峋，俯瞰气势险峻，好似万丈深渊。庭园中潭之创作，岸边宜叠石，不宜披土。光线处理宜荫蔽浓郁，不宜阳光灿烂。水位标高宜低下，不宜涨满。水面集中而空间狭隘是渊潭的创作要点。

滩是水浅而与岸高差很小。滩景可结合洲、矶、岸等，潇洒自如，极富自然。

（3）岛

岛一般是指突出水面的小土丘，属块状岸型。常用的设计手法是岛外水面萦回，折桥相引；岛心立亭，四面配以花木景石，形成庭园水局之中心，游人临岛眺望，可遍览周围景色。该岸型与洲渚相仿，但体积较小，造型也很灵巧。

（4）堤

以堤分隔水面，属带形岸型。在大型园林中，如杭州西湖苏堤，既是园林水局中之堤景，又是延长眺望远景的游览路线，在庭园里用小堤做景的，多做庭内空间的分割，以增添庭景之情趣。

（5）矶

矶是指突出水面的湖石。属点状岸型，通常临岸矶多与水栽景相配或有远景因借。位于池中的矶，常暗藏喷水龙头，自湖中央溅喷成景，也有用矶做水上亭榭之衬景的。

随着现代园林艺术的发展，水景的表现手法越来越多，它活跃了园林空间，丰富了园林内涵，美化了园林的景致。正是理水手法的多元化，才表达出了园林中水体景观的无穷魅力。

（五）水体设计的驳岸处理

水体设计必须建造驳岸，并根据园林总体设计中规定的平面线形、竖向控制点、水位和流速进行设计。水体驳岸多以常水位为依据，岸顶距离常水位差不宜过大，应兼顾景观、安全与游人近水心理。设计时，应从功能需要出发，确定地形的竖向起伏。例如，划船码头宜平直，游览观赏宜曲折、蜿蜒、临水。还应避免水流冲刷驳岸工程设施。水深应根据原地形和功能要求而定，无栏杆的人工水池、河湖近岸的水深应为 0.5 ～ 1m，汀步附近的水深应为 0.3 ～ 0.6m。驳岸的处理主要有以下两种形式。

1. 素土驳岸

岸顶至水底坡度小于 100% 的，应采用植被覆盖；坡度大于 100% 的，应有固土和防冲刷的技术措施。地表径流的排放及驳岸水下部分处理应符合相关标准和要求。

2. 人工砌筑或混凝土浇筑的驳岸

应符合相关规定和要求，如寒冷地区的驳岸基础应设置在冰冻线以下，并考虑水体及驳岸外侧土体结冻后产生的冻胀对驳岸的影响，需要采取的管理措施在设计文件中注明。驳岸地基基础设计应符合《建筑地基基础设计规范》（GBJ7）的规定。采取工程措施加固驳岸，其外形和所用材料的质地、色彩都应与环境协调。

二、园林水景观的设计原则

（一）整体优化原则

景观是一系列生态系统组成的、具有一定结构与功能的整体。在水生植物景观设计时，应把景观作为一个整体单位来思考和管理。除了水面种植水生植物外，还要注重水池、湖塘岸边耐湿乔灌木的配置。特别要注意落叶树种的栽植，尽量减少水边植物的代谢产物，以达到整体最佳状态，实现优化利用。

（二）多样性原则

景观多样性是描述生态镶嵌式结构的拼块的复杂性、多样性。自然环境的差异会促成植物种类的多样性而实现景观的多样性。景观的多样性还包括垂直空间环境差异而形成的景观镶嵌的复杂程度。这种多样性，通常通过不同生物学特性的植物配置来实现。还可通过多种风格的水景园、专类园的营造来实现。

（三）景观个性原则

每个景观都具有与其他景观不同的个性特征，即不同的景观具有不同的结构与功能，这是地域分异客观规律的要求。按照不同的立地条件、不同的周边环境，选用适宜的水生植物，结合瀑布、叠水、喷泉以及游鱼、水鸟、涉禽等动态景观将会呈现各具特色又丰富多彩的水体景观。

（四）遗留地保护原则

遗留地保护原则即保护自然遗留地内的有价值的景观植物，特别是富有地方特色或具有特定意义的植物，应当充分加以利用和保护。

（五）综合性原则

景观是自然与文化生活系统的载体，景观生态规划需要运用多学科知识，综合多种因素，满足人类各方面的需求。水生植物景观不仅要具有观赏和美化环境的功能，其丰富的种类和用途还可作为科学普及、增长知识的活教材。

三、依水景观的设计

依水景观是园林水景设计中的一个重要组成部分，由于水的特殊性，决定了依水景观的异样性。在探讨依水景观的审美特征时，要充分把握水的特性以及水与依水景观之间的关系。利用水体丰富的变化形式，能够形成各具特色的依水景观，园林小品中，亭、桥、榭、舫等都是依水景观中较好的表现形式。

（一）依水景观的设计形式

1. 水体建亭

水面开阔舒展，明朗流动，有的幽深宁静，有的碧波万顷，情趣各异，为突出不同的景观效果，一般在小水面建亭宜低邻水面，以细察涟漪。而在大水面，碧波坦荡，亭宜建在临水高台上，以观远山近水，舒展胸怀，各有其妙。

通常临水建亭，有一边临水、多边临水或完全伸入水中以及四周被水环绕等多种形式，在小岛上、湖心台基上、岸边石矶上都是临水建亭之所。在桥上建亭，更使水面景色锦上添花，并增加水面空间层次。

2. 水面设桥

桥是人类跨越山河天堑的技术创造，给人带来生活的进步与交通的方便，自然能引起人的美好联想，故有人间彩虹的美称。而在中国自然山水园林中，地形变化与水路相隔，非常需要桥来联系交通，沟通景区，组织游览路线。而且更以其造型优美、形式多样作为园林中重要造景建筑之一。因此，小桥流水成为中国园林及风景绘画的典型景色。在规划设计桥时，桥应与园林道路系统配合；联系游览路线与观景点；注意水面的划分与水路通行与通航，组织景区分隔与联系的关系。

3. 依水修榭

榭是园林中游憩建筑之一，建于水边，《园冶》上记载"榭者借也，借景而成者也，或水边或花畔，制亦随态"，说明榭是一种借助于周围景色而见长的园林游憩建筑。其基本特点是临水，尤其着重于借取水面景色。在功能上除应当满足游人休息的需要外，还有观景及点缀风景的作用。最常见的水榭形式是：在水边筑一平台，在平台周边以低栏杆围绕，在湖岸通向水面处做敞口，在平台上建起一单体建筑，建筑平面通常是长方形，建筑四面开敞通透或四面做落地长窗。

树与水的结合方式有很多种。从平面上看，有一面临水、两面临水、三面临水以及四面临水等形式，四周临水者以桥与湖岸相连。从剖面上看平台形式，有的是实心土台，水流只在平台四周环绕；而有的平台下部是以石梁柱结构支撑，水流可流入部分建筑底部，甚至有的可让水流流入整个建筑底部，形成驾临碧波之上的效果。

（二）临水驳岸形式及其特征

园中水局之成败，除一定的水型外，离不开相应岸型的规划和塑造，协调的岸型可促使水局景更好地呈现出水在庭园中的作用和特色，把旷畅水面做得更为舒展。岸型属园林的范畴，多顺其自然。园林驳岸在园林水体边缘与陆地交界处，为稳定岸壁，保护河岸不被冲刷或水淹所设置的构筑物（保岸），必须结合所在景区园林艺术风格、地形地貌、地质条件、水面形成材料特性、种植设计以及施工方法、技术经济要求来选其建筑结构及其建筑结构形式。庭园水局的岸型亦多以模拟自然取胜，我国庭园中的岸型包括洲、岛、堤、矶岸各类形式，不同水型，采用不同的岸型。总之必须极尽自然，以表达"虽由人作，宛若天开"的效果，统一于周围景色之中。

（三）水与动植物的关系

水是植物营养丰富的栖息地，它能滋养周围的植物、鱼和其他野生物。大多数水塘和水池可以饲养观赏鱼类，而较大的水池则是野禽的避风港。鱼类可以自由地生活在溪流和小河中，但溪水和小河更适合植物的生长。池塘中能够培养出茂盛且风格各异的植物，在小溪中精心培育的植物也可称之为真正的建筑艺术。

第三节　园林植物种植规划设计

园林植物指具有形体美或色彩美，适应当地气候和土壤条件，在园林景观中起到观赏、组景、庇荫、分隔空间、改善和保护环境及工程防护等作用的植物。植物是园林中有生命的要素，使园林充满生机和活力，植物也是园林组成要素中最重要的要素。园林植物的种植设计既要考虑植物本身生长发育的特点，又要考虑植物对环境的营造，也就是既要讲究科学性，又要讲究艺术性。

一、园林植物的功能作用

（一）园林植物的观赏作用

园林植物作为园林中一个必不可少的设计要素，本身也是一个独特的观赏对象。园林植物的树形、叶、花、干、根等都具有非常重要的观赏作用，园林植物的形、色、姿、味也有独特而丰富的景观作用。园林植物群体也是一个独具魅力的观赏对象。大片茂密的树林、平坦而开阔的草坪、成片鲜艳的花卉等都带给人们强烈的视觉感觉。

园林植物种类丰富，按植物的生物学特性分类，有乔木、灌木、花卉、草坪植物等；按植物的观赏特征分类，有观形、观花、观叶、观果、观干、观根等类型。

（二）园林植物的造景作用

园林植物具备很强的造景作用，植物的四季景观，本身的形态、色彩、芳香、习性等都是园林造景的题材：①园林植物可单独作为主景进行造景，充分发挥园林植物的观赏作用。②园林植物可作为园林其他要素的背景，与其他园林要素形成鲜明的对比，突出主景。园林植物与地形、水体、建筑、山石、雕塑等有机配植，将形成优美、雅静的环境，具有很强的艺术效果。③利用园林植物引导视线，形成框景、漏景、夹景；利用园林植物分隔空间，增强空间感，达到组织空间的作用。④利用园林植物阻挡视线，形成障景。⑤利用园林植物加强建筑的装饰，柔化建筑生硬的线条。⑥利用园林植物创造一定的园林意境。中国的传统文化中，就已赋予了植物一定的人格化。比如，"松、竹、梅"有"岁寒三友"之称，"梅、兰、竹、菊"有"四君子"之称。

二、园林植物种植设计的基本原则

（一）功能性原则

不同的园林绿地具有不同的性能和功能，园林植物的种植设计必须满足园林绿地性质和功能的要求，并与主题相符，与周围的环境相协调，形成统一的园林景观。例如，街道绿化主要解决街道的遮阴和组织交通问题，起到避免眩光以及美化市容的作用。因此，选择植物以及植物的种植形式要适应这一功能要求。在综合性公园的植物种植设计中，为游人提供各种不同的游憩活动空间，需要设置一定的大草坪等开阔空间，还要有遮阴的乔木，成片的灌木以及密林、疏林等。

园林中除了考虑植物要素外，自然界通常是动物、植物共生共荣构成的生物生态景观。在条件允许的情况下，动物景观的规划，如观鱼游、听鸟鸣、莺歌燕舞、鸟语花香等将为园林景观增色很多。

（二）科学性原则

先是要因地制宜，满足园林植物的生态要求，做到适地适树，使植物本身的生态习性与栽植点的生态条件统一。还要考虑植物配置效果的发展性和变动性，有合理的种植密度和搭配。合理设置植物的种植密度，应从长远考虑，根据成年树的树冠大小来确定植物的种植距离。要兼顾速生树与慢生树、常绿树与落叶树之间的比例，充分利用不同生态位植物对环境资源需求的差异，正确处理植物群落的组成和结构，重视生物多样性，以保证在一定的时间植物群落之间的稳定性，提升群落的自我调节能力，维持植物群落的平衡与稳定。

（三）艺术性原则

全面考虑植物在形、色、味、声上的效果，突出季相景观。园林植物配置要符合园林布局形式的要求，同时要合理设计园林植物的季相景观。除了考虑园林植物的现时景观，更要重视园林植物的季相变化及生长的景观效果。园林植物的季相景观变化，能体现园林的时令变化，表现出园林植物特有的艺术效果。比如，春季山花烂漫；夏季荷花映日、石榴花开；秋季硕果满园，层林尽染；冬季梅花傲雪等。先是要处理好不同季相植物之间的搭配，做到四季有景可赏。其次是要充分发挥园林植物的观赏特性，注意不同园林植物形态、色彩、香味、姿态及植物群体景观的合理搭配，形成多姿多彩、层次丰富的植物景观。处理好植物与山、水、建筑等其他园林要素之间的关系，从而达到步移景异、时移景异的优美景观。

（四）经济性原则

园林的经济性原则主要是以最少的投入获得最大的生态效益和社会效益。例如，可以保留园林绿地原有的树种，慎重使用大树造景，合理使用珍贵树种，大量使用乡土树种。此外，也要考虑植物种植后的管理和养护费用等。

三、园林植物种植设计的方式与要求

园林植物的种植设计是按照园林绿地总体设计意图，因地制宜、适地适树地选择植物种类，根据景观的需要，使用适当的植物配置形式，完成植物的种植设计，体现植物造景的科学性和艺术性。

园林植物的种植按平面构图可分为自然式、规划式和混合式三种。自然式植物种植以反映自然植物群落之美为目的。花卉布置以花丛、花群为主；树木配置以孤植树、树丛、树林为主，一般不做规则式修剪。规则式的植物种植设计，花卉通常布置成图案花坛、花带、花坛群等，树木配置以行列式和对称式为主，树木都要进行整形修剪。混合式的植物种植设计既有自然式的植物种植设计，也有规划式的植物种植设计。

（一）孤植

孤植是指单株乔木孤立种植的配置方式，主要表现树木的个体美。在配置孤植树时，必须充分考虑孤植树与周围环境的关系，要求体形与其环境相协调，色彩与其环境有一定差异。一般来说，在大草坪、大水面、高地、山冈上布置孤植树，必须选择体量巨大、树冠轮廓丰富的树种，才能与周围大环境取得均衡。并且，这些孤植树的色彩与背景的天空、水面、草地、山林等有差异，形成对比，才能突出孤植树在姿态、体形、色彩上的个体美。在小型的林中草地、较小水面的水滨以及小的院落之中布置孤植树，应选择体量小巧、树形轮廓优美的色叶树种和芳香树种等，使其与周围景观环境相协调。

孤植树可布置在开阔大草坪或林中草地的自然重心处，以形成局部构图中心，并注意与草坪周围的景物取得均衡与呼应；可配置在开阔的江、河、湖畔，以清澈的水色作为背景，使其成为一个景点；配置在自然式园林中的园路或水系的转弯处、假山蹬道口以及园林的局部入口处，做焦点树或诱导树；布置在公园铺装广场的边缘或园林建筑附近铺装场地上，用作庭荫树。

孤植树对树种的选择要求较高，一般要求树木形体高大、姿态优美、树冠开张、体形雄浑、枝叶茂盛、生长健壮、寿命较长、不含毒素、没有污染、具备一定的观赏价值的树种。常见适宜做孤植树的树种有香樟、榕树、悬铃木、朴树、雪松、银杏、七叶树、广玉兰、金钱松、油松、桧柏、白皮松、枫香、白桦等。

（二）对植

对植是指两株植物按照一定的轴线关系对称或均衡种植的配置方式。它主要用于强调公园、建筑、道路、广场的入口，用作入口栽植及诱导栽植。对植配置形式有对称式配置和非对称式配置。

1. 对称式对植

对称式对植即采用同一树种、同一规格的树木依据主体景物的中轴线做对称布置，两树的连线与轴线垂直并被轴线等分。一般选择冠形规整的树种。此形式多运用于规则式种植环境之中。

2. 非对称式对植

非对称式对植即采用种类相同，但大小、姿态不同的树木，以主体景物中轴线为支点取得均衡关系，沿中轴线两侧做非对称布置。其中，稍大的树木离轴线垂直距离较稍小的树木近些，且彼此之间要有呼应，要顾盼生情，以取得动势集中和左右均衡。可采用株数不同，但树种相同的树木，如左侧是 1 株大树，右侧为同种的 2 株小树，也可以两侧是相似而不相同的两个树种，还可以两侧是外形相似的两个树丛。此形式多运用于自然式种植环境之中。

3. 列植

列植是指树木按一定的株行距成行成列地栽植的配置方式。列植形成的景观比较整齐、单纯，列植与道路配合，可构成夹景。列植多运用于规则式种植环境中，如道路、建筑、矩形广场、水池等附近。

列植的树种宜选择树冠体形比较整齐的树种，树冠为圆形、卵圆形、椭圆形、圆锥形等。栽植间距取决于树木成年冠幅大小、苗木规格和园林主要用途，如景观、活动等。通常乔木采用 3 ～ 8m，灌木为 1 ～ 5m。

列植的栽植形式主要有等行等距和等行不等距两种基本形式。可采用单纯列植和混合列植，单纯列植是同一规格的同一树种简单的重复排列，具有强烈的统一感和方向性，但相对单调、呆板。混合列植是用两种或两种以上的树木进行相间排列，形成有节奏的韵律变化。混合列植因树种的不同，会产生不同的色彩、形态、季相等变化，从而丰富了植物景观。然而，树种不宜超过三种，否则会显得杂乱无章。

4. 丛植

丛植通常是指由两株到十几株同种或异种树木组合种植的配置方式。将树木成丛地种植在一起，即称之为丛植。丛植所形成的种植类型就是树丛。树丛的组合，主要表现的是树木的群体美，彼此之间既有统一的联系，又有各自的变化。但是也必须考虑其统一构图表现出单株的个体美。因此，选择作为组成树丛的单株树木的条件与选孤植树相类似，必须选择在庇荫，姿态、色彩、芳香等方面有特殊观赏价值的树木。树丛可做主景、配景、障景、隔景或背景等。

（三）树丛在组成上有单纯树丛和混交树丛两种类型

1. 两株植物配置

必须既要调和又要有对比，两者成为对立统一体，故两树首先须有通相，即采用同一树种（或外形十分相似的不同树种）才能使两者统一起来。但又必须有殊相，即在姿态和体型大小上，两树应有差异，方能有对比而生动活泼。因此，两株植物配置必须一俯一仰、一倚一直，但两株树的距离应小于两树树冠直径长度。

2. 三株配置

三株植物配置，树种最好是同为乔木或同为灌木。如果是单纯树丛，树木的大小和姿态要有对比和差异；如果是混交树丛，则单株应避免选择最大的或最小的树形，栽植时三株忌在一直线上，也不宜布置成等边三角形。其中，最大的一株和最小的一株要靠近些，在动势上要有呼应，三株植物呈不等边三角形，如图8-1所示。在选择树种时，要避免体量差异太悬殊、姿态对比太强烈而造成构图的不统一。因此，三株配植的树丛最好选择同一树种而体形、姿态不同的进行配植。比如采用两种树种，最好是类似的树种。

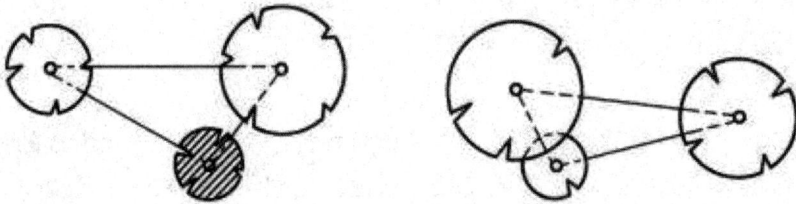

图 8-1　三株植物配置形式

3. 四株配置

四株植物配置可以是单一树种，可以是两种不同树种。如果是相同的树种，各株树要求在体形、姿态上有所不同。如果是两种不同树种，其树种的外形最好相似，否则就难以协调，四株植物配置的平面形式有两种类型：一种是不等边四边形；另一种是不等边三角形，形成3：1或2：1：1的组合。四株中最大的一株可在三角形那组内，如图8-2所示。四株植物配植中，其中不能有任何3株成一直线排列。

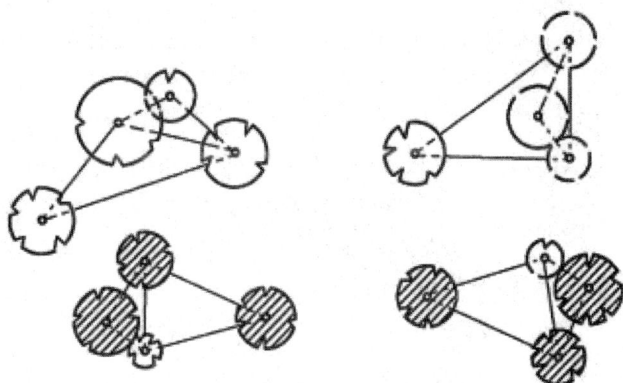

图 8-2 四株植物配置形式

4.五株配置

五株植物的配植可以分为两种形式,这两组的数量可以是 3∶2 或者是 4∶1。在 3∶2 配植中,要注意最大的一株必须与最小的一株在一组中。在 4∶1 配植中,要注意单独的一组不能是最大的也不能是最小的。两组的距离不能太远,树种的选择可以是同一树种,也能够是两种或三种的不同树种,若是两种树种,则一种树为三株,另一种树为两株,而且在体形、大小上要有差异,不能一种树为一株,另一种树为四株,这样易失去均衡。在 3∶2 或 4∶1 的配植中,同一树种不能全放在一组中,这样容易产生两个树丛的感觉。在栽植方法上有不等边的三角形、四边形、五边形等,如图 8-3 所示。在具体布置上,可以是常绿树组成的稳定树丛或常绿树和落叶树组成的半稳定树丛,也能够是落叶树组成的不稳定树丛。

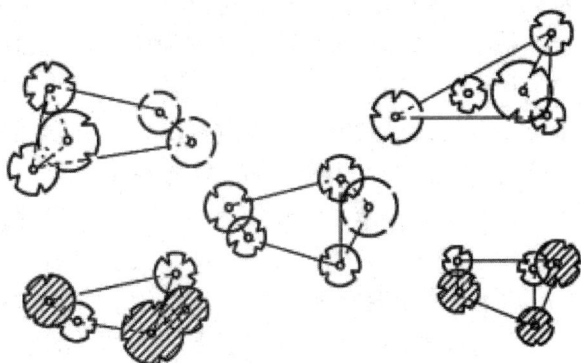

图 8-3 五株植物配置形式

5.六株以上配置

六株以上树木的配置,通常是由 2 株、3 株、4 株、5 株等基本形式,交相搭配而成的。

例如，2 株与 4 株，则成 6 株的组合。5 株与 2 株相搭，则为 7 株的组合，都构成 6 株以上树丛。它们均是几个基本形式的复合体。综上所述可以看出，株数虽增多，仍旧有规律可循。只要基本形式掌握好，7 株、8 株、9 株乃至更多株树木的配合，均可类推。孤植树和 2 株树丛是基本方式，3 株树丛是由 1 株、2 株树丛组成的；4 株树丛则是由 1 株和 3 株树丛组成的；5 株树丛可看成由 1 株树丛和 4 株树丛或 2 株和 3 株树丛组成的；6 株以上树丛则可依次类推。其关键在于调和中有对比，差异中有稳定。株数太多时，树种可增加，但必须注意外形不能差异太大。一般来说，在树丛总株数 7 株以下时树种不宜超过 3 种，15 株以下不宜超过 5 种。

（四）群植

用数量较多的乔灌木（或加上地被植物）配植在一起形成一个整体，称为群植。群植所形成的种植类型称为树群。树群的株数通常在 20 株以上。树群与树丛不仅在规格、颜色、姿态、数量上有差别，而且在表现的内容方面也有差异。树群表现的是整个植物体的群体美，主要观赏它的层次、外缘和林冠等，并且树群树种选择对单株的要求没有树丛严格。树群可以组织园林空间层次，划分区域；也可以组成主景或配景，起隔离、屏障等作用。

树群的配植因树种的不同，可组成单纯树群或混交树群。树群内的植物栽植距离要有疏密变化，要构成不等边三角形，不能成排、成行、成带的等距离栽植，应注意树群内部植物之间的生态关系和植物的季相变化，使整个树群四季都有变化。树群通常布置在有足够观赏视距的开阔场地上，如靠近林缘的大草坪、宽阔的林中空地、水中的小岛屿上，宽广水面的水滨以及山坡、土丘上等。作为主景的树群，其主要立面的前方，至少要有树群高度的 4 倍、树群宽度的 1.5 倍的距离，要留出空地，便于游人观赏。

（五）林植

当树群面积、株数都足够大时，它既构成森林景观，又发挥特别的防护功能。这样的大树群，则称为林植；林植所形成的种植类型，称为树林，又称风景林。它是成片成块大量栽植乔、灌木的一种园林绿地。

树林按种植密度，可分为密林和疏林；按林种组成，可分为纯林和混合林。密林的郁闭度可达 70%～95%。由于密林郁闭度较高，日光透入很少，林下土壤潮湿，地被植物含水量大，质地柔软，经不起践踏，并且容易污染人们的衣裤，故游人一般不便入内游览和活动。而其间修建的道路广场相对要多一些，便于容纳一定的游人，林地道路广场密度为 5%～10%。疏林的郁闭度则为 40%～60%。纯林树种单一，生长速度一致，形成的林缘线单调平淡，而混交林树种变化多样，形成的林缘线季相变化复杂，绿化效果也较生动。

树林在园林绿地面积较大的风景区中应用较多，多用于大面积公园的安静休息区、风景游览区或休养、疗养区及卫生防护林带等。

（六）篱植

绿篱是耐修剪的灌木或小乔木，以相等的株行距，单行或者双行排列而组成的规则绿带，是属于密植行列栽植的类型之一。它在园林绿地中的应用很广泛，形式也较多。

绿篱按修剪方式，可分为规则式和自然式。从观赏和实用价值来讲，可分为常绿篱、落叶篱、彩叶篱、花篱、果篱、编篱、蔓绿篱等；按高度，可分为绿篱、高绿篱、中绿篱及矮绿篱。绿篱，高度在人视线高 160cm 以上；高绿篱，高度为 120～160cm，人的视线可通过，但不能跳越；中绿篱，高度为 50～120cm；矮绿篱，高度在 50cm 以下，人们能够跨越。

篱植在园林中的作用有：围护防范，作为园林的界墙；模纹装饰，作为花镜的"镶边"，起构图装饰作用；组织空间，用于功能分区，起组织和分隔空间的作用，还可组织游览路线，起导游作用；充当背景，作为花镜、喷泉、雕塑的背景，丰富景观层次，突出主景；障丑显美，作为绿化屏障，掩蔽不雅观之处；或做建筑物的基础栽植、修饰墙脚等。

（七）草本花卉的种植设计

草本花卉可分为一二年生草本花卉和多年生草本花卉。株高一般为 10～60cm。草本花卉表现的是植物的群体美，是最柔美、最艳丽的植物类型。草本花卉适用于布置花坛、花池、花境或做地被植物使用。主要作用是烘托气氛、丰富园林景观。

1. 花坛

花坛是指在具备一定几何轮廓的种植床内，种植各种不同色彩的观花、观叶与观景的园林植物，从而构成富有鲜艳色彩或华丽纹样的装饰图案以供观赏。花坛在园林构图中常作为主景或配景，它具有较高的装饰性和观赏价值。

花坛按形式不同，可分为独立花坛、组合花坛、花群花坛；依空间位置不同，可分为平面花坛、斜面花坛、立体花坛；按种植材料不同，可分为盛花花坛（花丛式花坛）、草皮花坛、木本植物花坛、混合花坛；依花坛功能不同，可分为观赏花坛、标记花坛、主题花坛、基础花坛、节日花坛等。

花坛设计包含花坛的外形轮廓、花坛高度、边缘处理、花坛内部的纹样、色彩设计以及植物的选择。

花坛突出的是图案构图和植物的色彩，花坛要求经常保持整齐的轮廓，因此多选用植株低矮、生长整齐、花期集中、株型紧凑而花色艳丽（或观叶）的种类。一般还要求便于经常更换及移栽布置，故常选用一二年生花卉。花坛色彩不宜太多，一般以 2～3 种为宜，色彩太多会给人以杂乱无章的感觉。植株的高度与形状对花坛纹样与图案的表现效果有密切关系。花坛的外形轮廓图样要简洁，轮廓要鲜明，形体有对比才能获得良好的效果。

花坛的体量大小、布置位置都应与周围的环境相协调。花坛过大，观赏和管理都不方便。一般独立花坛的直径都在 8m 以下，过大时内部要用道路或草地分割构成花坛群。带状花坛的长度不少于 2m，也不宜超过 4m，并且在一定的长度内分段。

为了避免游人踩踏装饰花坛，在花坛的边缘应设置边缘石及矮栏杆，也可在花坛边缘种植一圈装饰性植物。边缘石的高度通常为 10～15cm，最高不超过 30cm，宽度为 10～15cm。若花坛的边缘兼做园凳则可增高至 50cm，具体视花坛大小而言。花坛边缘矮栏杆的设计宜简单，高度不宜超过 40cm，边缘石与矮栏杆都必须与周围道路和广场的铺装材料相协调。若为木本植物花坛时，矮栏杆可用绿篱代替。

2. 花境

花境也称境界花坛，是指位于地块边缘、种植花卉灌木的一种狭长的自然式园林景观布置形式。它是模拟林缘地带各种野生花卉交错生长状态，创造的植物景观。

花境的平面形状较自由灵活，可以直线布置，如带状花坛，也可以作自由曲线布置，内部植物布置是自然式混交的，花境表现的主题是花卉群体形成的自然景观。

花境可分为单面观赏和双面观赏两大类型。单面观赏的花境，高的植物种植在后面，低矮的种植在前面，宽度一般为 2～4m，一般布置在道路两侧、草坪的边缘、建筑物四周等，其花卉配置方法可采用单色块镶嵌或各种草花混杂配置。双面观赏的花境，高的植物种植在中间，低矮的种植在两边，中间的花卉高度不能超过游人的视线，可供游人两面观赏，不需设背景。一般布置有道路、广场、草地的中央。理想的花境应四季有景可观，并且创造错落有致，花色层次分明、丰富美观的立面景观。

3. 花池和花台

花池和花台是花坛的特殊种植形式。所有种植花卉的种植槽，高者为台，低者为池。花台距地面较高，面积较小，适合近距离观赏，主要表现观赏植物的形姿、花色，闻其花香，并领略花台本身的造型之美。花池可以种植花木或配置假山小品，是中国传统园林最常用的种植形式。

4. 花带

将花卉植物呈线性布置，形成带状的彩色花卉线。一般布置于道路两侧或草坪中，沿着道路向绿地内侧排列，形成层次丰富的多条色彩效果。

（八）水生植物的种植设计

水生花卉是指生长在水中、沼泽地或潮湿土壤中的观赏植物。它包括草本植物和水生植物。从狭义的角度讲，水生植物是指泽生、水生并具有一定观赏价值的植物。

水生植物不仅是营造水体景观不可或缺的要素，而且在人工湿地废水净化过程中起着重要的作用，水生植物设计时，要按照植物的生态习性，创造一定的水面植物景观，并依据水体大小和周围环境考虑植物的种类和配置方式。若水体小，用同种植物；若水体大，可用几种植物。但应主次分明，布局时应疏密有致，不宜过分集中、分散。水生植物在水中不宜满池布置或环水体一圈设计，应留出一定的水面空间，保证 1/3 的绿化面积即可。水生植物的种植深度一般在 1m 左右，可在水中设种植床、池、缸等，满足植物的种植深度。

（九）攀缘植物的种植设计

攀缘植物指茎干柔弱纤细，自己不能直立向上生长，必须以某种特殊方式攀附于其他植物或物体之上才能正常生长的一类植物。攀缘植物有一二年生的草质藤本、多年生的木质藤本，有落叶类型，也有常绿类型。

攀缘植物种植设计又称垂直绿化，可形成丰富的立体景观。在城市绿化和园林建设中，广泛地应用攀缘植物来装饰街道、林荫道以及挡土墙、围墙、台阶、出入口、灯柱、建筑物墙面、阳台、窗台灯等或用攀缘植物装饰亭子、花架、游廊等。

（十）地被植物的设计

地被植物是指生长的低矮紧密、繁殖力强、覆盖迅速的一类植物。它包含蕨类、球根、宿根花卉、矮生灌木及攀援植物。

地被植物的主要作用是覆盖地表，起到黄土不见天的作用。园林中，地被植物的应用应注重其色彩、质感、紧密程度以及同其他植物的协调性。

草坪是地被植物中应用最为广泛的一类。其主要的功能是为园林绿地提供一个有生命力的底色，因草坪低矮、空旷、统一，能同植物及其他园林要素较好地结合，草坪的应用更为广泛。

草坪的设计类型及应用多种多样。草坪按功能不同，可划分为观赏草坪、游憩草坪、体育草坪、护坡草坪、飞机场草坪及放牧草坪；按组成的不同，可分为单一草坪、混合草坪和缀花草坪；按规划设计的形式不同，可分为规则式草坪和自然式草坪。

四、乔木种植注意事项

乔木种植设计时，因乔木分枝点高，不占用人的活动空间，距路面（铺装地）0.5m以上即可，也可种于场地中间，土层厚度 1m 以上。灌木形体小，分枝点低，会占用人的活动空间。种植时，距铺装路面 1m 以上。

第四节 园林建筑与小品规划设计

园林建筑是指在园林绿地中具有造景功能，同时能供观赏、游览、休息的各类建筑物和构筑物的通称。园林建筑小品指经过设计者艺术加工处理，体量小巧，类型多样，内容丰富多彩的，具有独特的观赏和使用功能的小型建筑设施和园林环境艺术景观。

在园林设计中，园林建筑与小品比起山、水、植物较少受到条件的制约，人工的成分最多，是造园的四个主要要素中运用最为灵活的要素，在园林设计中占有十分重要的地位。跟随工程技术和材料科学的发展和人类审美观念的提升，同时赋予了园林建筑与小品新的意义，其形式也越来越复杂多样。园林建筑与小品的多样性、时代性、区域性、艺术性，也给园林建筑与小品的设计赋予了新的使命。

一、园林建筑与小品的类型和特点

（一）园林建筑与小品的类型

按园林建筑与小品的使用功能来进行分类，园林建筑与小品大致可分为以下五种类型。

1. 服务性建筑与小品

服务性建筑与小品其使用功能主要是为游人提供一定的服务，兼具一定的观赏作用，如摄影、服务部、冷饮室、小卖部、茶馆、餐厅、公用电话亭、栏杆、厕所等。

2. 休息性建筑与小品

休息性建筑与小品也称游憩性建筑与小品，具有较强的公共游憩功能和观赏作用，如亭、台、楼、榭、舫、馆、塔、花架、园椅等。

3. 专用建筑与小品

专用建筑与小品主要是指使用功能较为单一，为满足某些功能而专门设计的建筑和小品，如展览馆、陈列室、博物馆、仓库等。

4. 装饰性建筑与小品

装饰性建筑与小品主要是指具有一定使用功能和装饰作用的小型建筑设施，其类型较多。比如，各种花钵、饰瓶、装饰性的日晷、香炉、各种景墙、景窗等以及结合各类照明的小品，在园林中都起装饰点缀的作用。

5. 展示性建筑与小品

展示性建筑与小品如各种广告板、导游图板、指路标牌以及动物园、植物园和文物古建筑的说明牌、阅报栏、图片画廊等，都对游人有宣传、教育的作用。

（二）园林建筑与小品的特点

1. 园林建筑的特点

园林建筑只是建筑中的一个分支，同其他建筑一样都是为了满足某些物质和精神的功能需要而构造的，但园林建筑在物质和精神功能方面与其他的建筑不一样而表现出以下三个特点。

（1）特殊的功能性

园林建筑主要是为了满足人们的休憩和文化娱乐生活，除了具备一定的使用功能，更需具备一定的观赏性功能。所以，园林建筑的艺术性要求较高，应具有较高的观赏价值并富有诗情画意。

（2）设计灵活性大

园林建筑因受到休憩娱乐生活的多样性和观赏性的影响，在设计时，受约束的强度小，园林建筑从数量、体量、布局地点、材料、颜色等都应具有较强的自由度，使设计的灵活性增强。

（3）园林建筑的风格要与园林的环境相协调

园林建筑是建筑与园林有机结合的产物。在园林中，园林建筑不是孤立存在的，需要与山、水、植物等有机结合，相互协调，共同组成一个具观赏性的景观。

2.园林建筑小品的特点

（1）具有较强的艺术性和较高的观赏价值

园林建筑小品具有艺术化、景致化的作用，在园林景观中具有较强的装饰性，增添了园林气氛。

（2）表现形式与内容灵活多样，丰富多彩

园林建筑小品是经过精心加工，艺术处理，其结构和表现形式多种多样，外形变化大，景观艺术丰富多彩。在园林中，能起到画龙点睛及吸引游人视线的作用。

（3）造型简洁、典雅、新颖

园林建筑小品形体小巧玲珑，形式活泼多样，姿态千差万别，且由于现代科学技术水平的提高，使得建筑小品的造型及特点越来越多。园林建筑小品造型上要充分考虑与周围环境的特异性，要富有情趣。

二、园林建筑与小品的功能和作用

（一）园林建筑与小品的使用功能

园林建筑与小品是供人们使用的设施，具有使用功能，如休憩、遮风避雨、饮食、体育、文化活动等。

（二）园林建筑与小品的景观功能

园林建筑与小品在园林绿地中作为景观，起着重要的作用，可作为园林的构图中心，是主景，起到点景的作用，如亭、水榭等；可作为点缀，烘托园林主景，起配景或辅助作用，如栏杆、灯等；园林建筑还可分隔、围合或者组织空间，将园林划分为若干空间层次；园林建筑也可起到导与引的作用，有序组织游人对景物的观赏。

三、园林建筑与小品的设计原则

园林建筑与小品的艺术布局内容广泛，在设计时应与其他要素结合，根据绿地的要求设计出不同特色的景点，注意造型、色彩、形式等的变化。在具体设计时，应注意遵循以下原则：

（一）满足使用功能的需要

园林建筑与小品的功能是多种多样的，它对游人的作用非常大，可以满足游人浏览活动时进行的一些活动，缺少了它们将会给游人带来很多不便，如小卖部、园椅桌、厕所等。

（二）注重造型与色彩，满足造景需要

园林建筑与小品设计时灵活多变，不拘泥于特定的框架，首先可根据需要来自由发挥、灵活布局。其布局位置、色彩、造型、体量、比例、质感等均应符合景观的需要，注重园林建筑与小品的造型和色彩，增强建筑与小品本身的美观和艺术性。其次也能利用建筑与小品来组织空间、组织画面，丰富层次，呈现良好的效果。

（三）注重园林建筑小品的立意与布局，与绿地艺术形式相协调

园林绿地艺术布局的形式各不相同，园林建筑与小品应与其相协调，做到情景交融。要与各个国家、各个地区的历史、文化等相结合，表达一定的意境和情趣。例如，主题雕塑要具有一定的思想内涵，注重情景交融，表现较强的艺术感染力。

（四）注重空间的处理，讲究空间渗透与层次

园林建筑与小品虽然体量小，结构简单，但园林建筑小品中的墙、花架、园桥等在划分空间、空间渗透以及水面空间的处理上具有一定的作用。所以，也要注重园林建筑小品所起的空间作用，讲究空间的序列变化。

四、园林建筑与小品设计

（一）亭

亭是园林中应用较为广泛的园林建筑，已成为我国园林的象征。亭可满足园林游憩的要求，可点缀园林景色，构成景观；可作为游人休息凭眺之所，可防止日晒、避雨淋、消暑纳凉、畅览园林景致，深受游人的喜爱。

1. 亭的形式

亭的形式很多，按平面形式，可分为圆形亭、长方形亭、三角形亭、四角形亭、六角形亭、八角形亭、蘑菇亭、伞亭、扇形亭；按屋顶形式，可分为单檐、重檐、三重檐、攒尖顶、歇山顶、平顶；按布置位置，可分山亭、桥亭、半亭、路亭；按其组合不同，可分为单体式、组合式和与廊墙相结合的形式。现代园林多用水泥、钢木等多种材料，制成仿竹、仿松木的亭，有些山地或名胜地，用当地随手可得的树干、树皮、条石构亭，亲切自然，与环境融为一体，更具地方特色，造型丰富，性格多样，有着很好的效果。

2. 亭的设计

亭在园林中常作为对景、借景、点缀风景用，也是人们游览、休息、赏景的最佳处。它主要是为了解决人们在游赏活动的过程中驻足休息、纳凉避雨、纵目眺望的需要，在使用功能上没有严格的要求。

亭在园林布局中，其位置的选择极其灵活，不受格局所限，可独立设置，也可依附于其他建筑物而组成群体，更可结合山石、水体、大树等，得其天然之趣，充分利用各种奇特的地形基址创造出优美的园林意境。

（1）山上建亭

山上建亭丰富了山体轮廓，使山色更有生气。常选择的位置有山巅、山腰台地、悬崖峭峰、山坡侧旁、山洞洞口、山谷溪涧等处。亭与山的结合可以共筑成景，成为一种山景的标志。亭立于山顶可升高视点俯瞰山下景色，如北京香山公园的香炉峰上的重阳阁方亭。亭建于山坡可做背景，比如颐和园万寿山前坡佛香阁两侧有各种亭对称布置，甚为壮观。山中置亭有幽静深邃的意境，如北京植物园内拙山亭。山上建亭有的是为了与山下的建筑取得呼应，共同形成更美的空间。只要选址得当、形体合宜，山与亭相结合能形成特有的景观。颐和园和承德避暑山庄全园大约有 1/3 数量的亭子建在山上，取得了很好的效果。

（2）临水建亭

水边设亭，一方面是为了观赏水面的景色；另一方面也可丰富水景效果。临水的岸边、水边石矶、水中小岛、桥梁之上等都可设亭。

水面设亭一般应尽量贴近水面，宜低不宜高，可三面或四面临水。凸出水中或者完全驾临于水面之上的亭，也常立基于岛、半岛或水中石台之上，以堤、桥与岸相连。为了造成亭子有漂浮于水面的感觉，设计时还应尽可能把亭子下部的柱墩缩到挑出的底板边缘的后面去或选用天然的石料包住混凝土柱墩，并在亭边的沿岸和水中散置叠石，以增添自然情趣。

水面设亭体量上的大小，主要看它所面对的水面的大小而定。位于开阔湖面的亭子尺度通常较大，有时为了强调一定的气势和满足园林规划的需要，还把几个亭子组织起来，成为一组亭子组群，形成层次丰富、体型变化的建筑形象，给人以强烈的印象。

（3）平地建亭

平地建亭，位置随意，一般建于道路的交叉口上、路侧林荫之间。有的被一片花木山石所环绕，形成一个小的私密性空间环境；有的在自然风景区的路旁或路中筑亭作为进入主要景区的标志。充分体现休息、纳凉和游览的作用。

3. 亭与植物结合

与园林植物结合通常能产生较好的效果。亭旁种植植物应有疏有密，精心配置，不可壅塞，要有一定的欣赏、活动空间。山顶植树更需留出从亭往外看的视线。

4. 亭与建筑的结合

亭可与建筑相连，亭也可与建筑分离，作为一个独立的单体存在。把亭置于建筑群的一角，使建筑组合更加活泼生动。亭还经常设立于密林深处、庭院一角、花间林中、草坪中、园路中间以及园路侧旁等平坦处。

（二）廊

廊是有顶盖的游览通道。廊具备联系功能，将园林中各景区、景点联成有序的整体；廊可分隔并围合空间；调节游园路线；廊还有防雨淋、躲避日晒的作用，形成休憩、赏景的佳境廊。

1. 廊的形式

廊根据立面造型，可分为空廊（双面空廊）、半廊（单面空廊）、复廊、双层廊（又称复道阁廊）等；根据平面形式，可分为直廊、曲廊（波折廊）和回廊；按照位置不同，可分为平地廊、爬山廊和水廊。

2. 廊的设计

在园林的平地、水边、山坡等各种不同的地段上都可建廊。由于不同的地形与环境，其作用及要求也各不相同。

（1）平地建廊

常建于草坪一角、休息广场中、大门出入口附近，也可沿园路或用来覆盖园路或与建筑相连等。

（2）水边或水上建廊

水边或水上建廊一般称为水廊，供欣赏水景及联系水上建筑之用，形成以水景为主的空间。

（3）山地建廊

供游山观景和联系山坡上下不同标高的建筑物之用，也可借以丰富山地建筑的空间构图。爬山廊有的位于山之斜坡，有的依山势蜿蜒转折而上。

（三）榭

榭是园林中游憩建筑之一，建于水边，因此也称"水榭"。榭一般借助周围景色而构成，面山对水，望云赏月，借景而生，有观景和休息的作用。

1. 榭的形式

榭的结构依照自然环境的不同有各种形式。它的基本形式是在水边架起一个平台，平台一半伸入水中（将基部石梁柱伸入水中，上部建筑形体轻巧，似凌驾于水上），一半架立于岸边，平面四周以低平的栏杆相围绕，然后在平台上建起一个单体建筑物，其临水一侧特别开敞，成为人们在水边的一个重要休息场所。比如，苏州拙政园的"芙蓉榭"，网师园的"濯缨水阁"等。榭与水体的结合方式有多种，有一面临水、两面临水、三面临水以及四面临水（有桥与湖岸相接）等形式。

2. 榭的设计

水榭位置宜选择在水面有景可借之处，同时要考虑对景、借景的安排，建筑及平台尽量低临水面。如果建筑或地面离水面较高时，可将地面或平台做下沉处理，以取得低临水面的效果。榭的建筑要开朗、明快，要求视线开阔。

（四）舫

舫是建于水边的船形建筑。主要供人们在内游玩饮宴，观赏水景，会有身临其中之感。舫通常由三部分组成：前舱较高，设坐槛、椅靠；中舱略低，筑矮墙；尾舱最高，多为两层，以做远眺，内有梯直上。舫的前半部多三面临水，船首一侧常设有平桥与岸相连，仿跳板之意。一般下部船体用石建，上部船舱则多木结构。由于像船但不能动，故也名"不系舟"，也称旱船。例如，苏州拙政园的"香洲"、怡园的"画舫斋"、北京颐和园的石舫等都是较好的实例。

舫的选址宜在水面开阔处，既可使视野开阔，又可使舫的造型较完整地体现出来，并注意水面的清洁，避免设在容易积污垢的水区。

（五）花架

花架是攀缘植物攀爬的棚架，又是人们消夏、避荫的场所。花架的形式主要有单片花架、独立花架、直廊式花架、组合式花架。

花架在造园设计中通常具有亭、廊的作用。做长线布置时，就像游廊一样能发挥建筑空间的脉络作用，形成导游路线。同时，可用来划分空间，增加风景的深度。做点状布置时，就像亭子一样，形成观赏点。

在花架设计的过程中，应注意环境与土壤条件，使其适应植物的生长要求。要考虑到没有植物的情况下，花架也具备良好的景观效果。

（六）园门、园窗、园墙

1.园门

园门有指示导游和点缀装饰作用，园门形态各异，有圆形、六角形、八角形、横长、直长、桃形、瓶形等形状。如在分隔景区的院墙上，常用简洁且直径较大的圆洞门或八角形洞门，方便人流通行；在廊及小庭院等小空间处所设置的园门，多采用较小的秋叶瓶、直长等轻巧玲珑的形式，同时门后常置以峰石、芭蕉、翠竹等构成优美的园林框景或对景。

2.园窗

园窗一般有空窗和漏窗两种形式。空窗是指不装窗扇的窗洞，它除能采光外，常作为框景，与园门景观设计相似，其后常设置石峰、竹丛、芭蕉之类，通过空窗，形成一幅幅绝妙的图画，使游人在游赏中不断获得新的画面感受。空窗还有使空间相互渗透，增加景深的作用。它的形式有很多，如长方形、六角形、瓶形、圆形、扇形等。

漏窗可用以分隔景区空间，使空间似隔非隔，景物若隐若现，起到虚中有实，实中有虚，隔而不断的艺术效果，而漏窗自身有景，逗人喜爱。漏窗窗框形式繁多，有长方形、圆形、六角形、八角形、扇形等。

3.园墙

园墙在园林建筑中通常是指围墙和屏壁（照壁），也称景墙。它们主要用于分隔空间、丰富景致层次及控制、引导游览路线等，是空间构图的一项重要手段。园墙的形式很多，如云墙、梯形墙、白粉墙、水花墙、漏明墙、虎皮石墙等。景墙也可做背景，景墙的色彩、质感既要有对比，又要协调；既要醒目，又要调和。

（七）雕塑

雕塑是指具有观赏性的小品雕塑，主要以观赏和装饰为主。它不同于一般的大型纪念性雕塑。园林绿地中的雕塑有利于表现园林主题、点缀装饰风景、丰富游览内容的作用。

1. 雕塑类型

雕塑按性质不同，可分为纪念性雕塑，多布置在纪念性园林绿地中；主题性雕塑，有明确的创作主题，多布置在一般园林绿地中；装饰性雕塑，以动植物或山石为素材，多布置在一般园林绿地中。按照形象不同，可分为人物雕塑、动物雕塑、抽象雕塑、场景雕塑等。

2. 雕塑的设计

雕塑一般设立在园林主轴线上或风景透视线的范围内，也可将雕塑建立于广场、草坪、桥畔、山麓、堤坝旁等。雕塑既可孤立设置，也可与水池、喷泉等搭配。有时，雕塑后方可密植常绿树丛，作为衬托，则更使所塑形象特别鲜明突出。

园林雕塑的设计和取材应与园林建筑环境相协调，要有统一的构思，使雕塑成为园林环境中一个有机的组成部分。雕塑的平面位置、体量大小、色彩、质感等方面都要进行全面的考虑。

（八）园桥

园桥是园林风景景观的一个重要组成部分。它具备三重作用：一是悬空的道路，起组织游览线路和交通的功能，并可交换游人景观的视觉角度；二是凌空的建筑，点缀水景，本身就是园林一景，可供游人赏景、游憩；三是分隔水面，增加水景层次。

1. 园桥的种类

园桥因构筑材料不同，可分为石桥、木桥、钢筋混凝土桥等；依据结构不同，又有梁式与拱式、单跨与多跨之分，其中拱桥又有单曲拱桥和双曲拱桥两种；按形式不同，可分为贴临水面的平桥、起伏带孔的拱桥、曲折变化的曲桥、有桥上架屋的亭桥、廊桥等。

2. 园桥的设计

园桥的设计要注意以下几点：①桥的造型、体量应与园林环境、水体大小相协调。②桥与岸相接处要处理得当，避免生硬呆板。③桥应与园林道路系统配合，以起到联系游览线路和观景的作用。

（九）园椅、园桌、园凳

园椅、园凳可供人休息、赏景之用。同时，这些桌椅本身的艺术造型也能装点园林景色。园椅一般布置在人流较多、景色优美的地方，如树荫下、水池、路旁、广场、花坛等游人需停留休息的地方。有时，还可设置园桌，供游人休息娱乐用。

园椅、园凳设计时，应尽量做到构造简单、坚固舒适、造型美观，易清洁，耐日晒雨淋，其图案、色彩、风格要与环境相协调。常见形式有直线长方形、方形，曲线环形、圆形，直线加曲线以及仿生与模拟形等。另外，还有多边形或组合形，也可与花台、园灯、假山等结合布置。

园椅、园凳的设计，应注意以下五个方面的问题：一是应结合游人体力，行程距离或经一定高程的升高，在适当的位置设休息椅。二是根据园林景致布局的需要，设园凳以点缀环境。如在风景优美的一隅、林间花畦、水边、崖旁、各种活动场所周围、小广场周围、出入口等处，可设园椅。三是园路两旁设园椅宜交错布置，不宜正面相对，可将视线错开。四是路旁设园椅，不宜紧贴路边，需退出一定的距离，也可构成袋形地段，以种植物做适当隔离，形成安静环境。路旁拐弯处设园椅时，要辟出小空间，可缓冲人流。五是规则式广场园椅设置宜周边布置，有利于形成中心景物及人流通畅。不规则式广场园椅可依广场形状、人流路线设置。

（十）园灯

园灯既有照明功能又有点缀园林环境的功能。园灯通常宜设在出入口、广场、交通要道、园路两侧、台阶、桥梁、建筑物周围、水景、喷泉、水池、雕塑、花坛、草坪边缘等。园灯的造型不宜复杂，切忌施加烦琐的装饰，通常以简单的对称式为主。

（十一）栏杆

栏杆是由外形美观的短柱和图案花纹，按照一定间隔（距离）排成栅栏状的构筑物。栏杆在园林中主要起防护、分隔作用，同时利用其节奏感，发挥装饰园景的作用。有的台地栏杆可做成坐凳形式，既可防护，又供休息。

栏杆的造型需与环境协调，在雄伟的建筑环境内，需配坚实而具庄重感的栏杆；在花坛边缘或园路边可配灵活轻巧、生动活泼的修饰性栏杆。栏杆的高度随环境和功能要求的不同，有较大的变化。设在台阶、坡地的一般防护栏杆高度可为 85～95cm；但在悬崖峭壁的防护栏杆，高度应在人的重心以上，为 1.1～1.2m；广场花坛旁栏杆，不宜超过 30cm；设在水边、坡地的栏杆，高度为 60～85cm；坐凳式栏杆凳的高度以 40～45cm 为宜。

（十二）宣传牌、宣传廊

宣传廊、宣传牌主要用于展览和宣传。它具备形式灵活多样，体型轻巧玲珑，占地少以及造价低廉和美化环境等特点，适于各类园林绿地中布置。

宣传廊、宣传牌一般设置在游人停留较多之处，但又不可妨碍行人来往，故须设在人流路线之外，廊、牌前应留有一定空地，作为观众参观展品的空间。它们可与挡土墙、围墙结合或与花坛、花台相结合。宣传廊、宣传牌的高度多为 2.2～2.4m，其上下边线宜为 1.2～2.2m。

（十三）其他公用类建筑设施

其他公用类建筑设施主要包括电话、通信、导游、路标、停车场、存车处，供电及照明、供水及排水设施以及标志物、果皮箱、饮水站、厕所等。

第九章 园林绿化工程的类型

第一节 城市道路与市场绿化

城市道路是一个非常特殊的地段，因而其环境也具有特殊性。从地上部分来说，由于每天车流、人流量很大，空气中充斥着各种有害物质，如二氧化硫、氯化物、粉尘等，对植物的生长非常不利。若粉尘覆盖在植物的叶表面上，会影响光合作用的进行；二氧化硫会直接伤害植物的叶表皮细胞，破坏叶肉组织的结构，影响植物的正常生长。同时，城市的空中布满了各种各样的电力、电信和电缆的线网，对植物的生长有一定的限制，而不像旷野的树，可以任其自然生长。

一、城市道路绿化形式

（一）一板两带式

一板两带式的优点主要是如何用经济、对车辆的遮阴效果提高以及车辆在行驶过程中交通管理难度增大。城市景观绿地属于城市中的一类具备较强的装饰性和观赏性的公共绿地，点小量多、分布广泛，因此对改善城市景观、装点街景、美化市容等方面有着较突出的作用。

（二）两板三带式

两板三带式为中间一条分车绿化带将两条单向车行道隔离开，车道外侧两条绿化带，再外侧无或者有人行道的绿化形式。分车隔离绿化带种植修剪一定高度和形状的乔木和灌木，也可称这些植物为防眩树。

（三）三板四带式

三板四带式为中间一条快车道，两侧由两条分车绿化带将两条慢车道与快车道分开，慢车道外有两条行道树绿化带，带动城市土地开发，提高商业零售机会，现代城市中，由于城市广场建设所引发、出现的"广场文化"和"广场经济"对带动城市土地开发和提高商业零售机会等方面都起到了较好的作用。

（四）四板五带式

四板五带式是利用三条分车绿化带将车道分为四条，中央一条分车绿化带把两条单向快车道分开，两条分车绿化带把两条慢车道与快车道分开，最外边的两条人行道由两条行道树绿化带将其与慢车道分开的绿化形式。或者地下水由斜坡岩土体中排出时，水力梯度增大，均可以对斜坡稳定不利。此外，水库放水期间，库水位迅速下降，使得斜坡岩土中的水不能及时排出，常造成库岸的滑动。

（五）其他形式

根据道路性质、交通状况、形态变化、地理位置及环境条件特点，应因地制宜、因情制宜地设置绿化带，合理设计新的绿化形式，如山坡道、飞机跑道、道路平交立交口、弯道等的特殊绿化设计。不管遇到什么情况，不应该在同一条路上僵化地使用同一种模式。

二、城市道路绿化景观规划设计

（一）以生态学为原理，力求植物多样性

道路植物景观设计应强调物种多样性，这是城市景观多样性的前提，也是体现城市绿化水平的重要标志。当前，我国大多数城市道路绿化较简单、植物配置方式较单一，要么多数道路绿化只是等间距地、对称地种植传统的树种，要么采用大色块一次成形、注重展示性的绿化形式。对每一个因素也根据各地段条件差异分若干档次。然后，对照因素按不同档次绘出单要素分区图，最后将所有单要素图叠加在一张图上。凡是高等级、档次高的分区重叠最多的地段，即发生破坏可能性最大的地段。并将这种重叠情况与滑坡的调查结果做比较（验证），即可划出危险区，这种方法既可以定性判断，又可以利用 GIS 进行加权叠加的定量评价。还有岩石风化、地表水和大气降雨的作用、地震及人类工程活动等。这些因素综合起来可分为两大方面，即内在因素和外在因素。内在因素包括斜坡岩土的类型和性质、岩土体结构等；外在因素包括水文地质条件及地表水和大气降雨的作用、岩石风化、地震以及人为因素等。

（二）强调景观特色，体现植物造景功能

道路植物景观是城市景观的重要组成部分，在一定程度上反映了城市经济和文化水平。目前，多数城市的道路绿化只考虑到高大的乔木，而灌木和花、草的应用较少，只

注重道路上面的遮阴，却忽视了林荫下的空间调整，导致了比较单调的景观，不能形成道路空间的丰富多彩。因此，在道路植物景观设计上要强调景观特色，力求因路而异，各具特色，形成变化多样与整体统一的景观。

（三）"以人为本"，保障交通安全

合理的植物配置可以有效地协调人流、车流的集散，保障交通的畅通无阻。从人的生理方面的感受来看，司机在长时间的驾驶过程中，枯燥、乏味的硬质景观很容易造成视觉的疲劳。为了改变这种状况，可以利用植物材料的形态、色彩、季相变化及配植的变化，起到提醒司机、缓解司机不良反应的作用。在道路的交叉口视距三角形范围内和弯道转角处的树木不能影响驾驶员视线的通透性，在弯道外侧，树木沿边缘连续种植，这样预告了道路路线的变化，引导行车视线。隔离带的配置应从安全性出发，在距相邻机动车道路面高 0.6 ~ 1.5 m 的范围内应种植灌木球、绿篱等枝叶茂密的常绿树，株距不大于冠幅的 5 倍，这样就能有效地阻挡夜间相向行驶的车辆前照灯的眩光。

三、城市道路森林景观的规划布局

城市道路具有疏导交通、组织街景、改善小气候的三大功能，并以丰富的景观效果、多样的绿地形式和多变的季相色彩影响着城市景观空间和景观视线。城市道路森林景观规划应该在遵循生态学原理的基础上，按照美学特征和人的行为游憩学原理进行植物配置，体现各自的特色。

（一）城市行道树景观布局

行道树是指车行道与人行道之间种植行道树的绿带。其功能在于为行人遮阴，发挥隔离有害有毒气体、噪声的功能，兼顾观赏功能。行道树要有一定的枝下高度，保证车辆、行人安全通行。树种选择要考虑体形与道路宽度相适应，树冠上要留有天空，至少车行道中央要能使空气向上流通。通常而言，行道树多数采取两侧对称排列，尤其是在比较庄重、严肃的地段，如政府机关的道路。城市街道的行道树多沿车行道及人行道整齐排列。行道树的配植应向乔、灌、草复层混交发展，以提高环境效益。

（二）城市分车道植物景观布局

分车带绿化指车行道之间的绿带。分隔绿带上的植物配植首先要保障交通安全和提高交通效率，在此前提下再考虑增添街景、提高遮阴、减少浮尘等。在接近交叉口及人行横道的一定距离内必须留出足够的安全视野，配植时不适宜种植妨碍视线的乔灌木，只能种植草坪、花卉及低矮灌木。

（三）高速公路植物景观布局

良好的高速公路植物配置可以减轻驾驶员的疲劳，丰富的植物景观也为旅客带来了轻松愉快的旅途。高速公路的绿化由中央隔离带绿化、边坡绿化和互通绿化组成。中央隔离带在进行植物配植时，色彩应随植物的高度产生变化，形成高低错落的层次。高的

植物起到防眩作用，低的植物在色彩和高度上与高层植物形成对比，组成道路中部的风景线。因为基部的土壤条件恶劣，在植物的选用上要用耐贫瘠且抗逆性强的植物。

四、城市绿地系统规划

规划，通常的含义是选择、设定未来的某一时点的目标，相对于那时的目标对比现实状况，在明了两者之间的关系的基础上，使用一定的手段，使现实向目标发展，趋向于接近于目标。现以深圳市绿地系统规划为例。

（一）规划总则

1. 规划范围与规模

本项目的规划范围为深圳市行政辖区，总面积达 2020km^2。

2. 规划层次

深圳市绿地系统分市域生态绿地系统、建成区绿地系统、建筑本体绿地系统三个主要层次。

（1）市域生态绿地系统

市域生态绿地系统包括在全市建设 8 处区域绿地，建设 18 条城市大型绿廊，构建全市干道网络绿色信道、生物信道、河流水系廊道，全市划定 21 片森林、郊野公园建设控制区，在东部海岸建设观光公园和地貌公园，在河流流域建设湿地公园等。

（2）建成区绿地系统

建成区绿地系统包含除现有公园外，规划新建城市公园 108 个，按照社区功能建设一批社区公园，生产绿地规划不应低于城市建设总用地的 2%，建设沿海红树林防护带、卫生防护带。

（3）建筑本体绿地系统

对立交桥、屋顶和房屋垂直绿化、交通步行系统提出明确要求。

3. 规划依据

规划依据主要包括《中华人民共和国城乡规划法》《中华人民共和国森林法》《城市绿化条例》《城市绿化规划建设指标的规定》《城市绿地分类标准》（JJ/T85—2002）《国务院关于加强城市绿化建设的通知》《深圳市城市总体规划（1996—2010 年）》《深圳市近期建设规划（2003—2005 年）》《城市绿地系统规划编制技术纲要办法（试行）》和国家、省、市相关法律法规及技术标准。

4. 指导思想

指导思想包括以下三点重要内容：①深圳绿地系统分市域生态绿地系统、建成区绿地系统、建筑本体绿地系统三个主要部分，分别进行规划建设。②按照深圳实际情况，建设由"区域绿地—生态廊道体系—城市绿地"组成的城市绿地系统。与此相对应，本次规划所指的绿地，既包括城市建成区内各项绿化用地，也包括建成区外对生态环境的改善起积极作用的林地、园地、耕地、牧草地、水域等各类生态绿地，前者主要对应于各级城市绿地的分类规划，后者纳入区域绿地和生态廊道体系范畴。③城市绿地系统规划是全市绿色开敞空间总的建设指引。在规划期限内，所有在规划区范围内进行的与绿色开敞空间相关的规划、绿化及建设活动，均应符合本规划的规定。其他各种类型的开敞空间规划应与此相协调，实现城市生态空间资源合理保护与有效利用的"双赢"。

5. 规划目标和原则

（1）贯彻落实科学发展观，促进社会、经济与环境的可持续发展

全面提高城市绿化质量，优化绿地布局结构，增强绿地配置和养护水平，丰富城市景观效果，缓解深圳乃至区域的快速城市化带来的消极影响，实现城市人居环境和生态环境的明显改善。加强对区域和城市生态具有重大影响的生态绿地、沿海滩涂、河流水系、各类湿地的保护和绿化建设，实现区域生态环境的共保、共建和共享，维护城市和区域的生态安全。建设生态城市，推进深圳国际化城市建设。

（2）目标及功能定位

按照市委、市政府确定的建设国际化城市和现代化中心城市的发展目标，建设高科技城市、现代物流枢纽城市、区域性的金融中心城市、美丽的海滨旅游城市、高品位的文化和生态城市的功能定位，本次规划重点落实区域生态环境建设协调、市域生态绿地控制和保护、公园体系建立、绿化及绿化管理等四个方面的目标与对策，进一步推进生态城市的建设。

6. 规划指标

结合深圳自然地理环境和人均建设用地情况，2020 年，全市人均规划公园绿地面积为 $18m^2$，绿地率为 50%，绿化覆盖率为 55%。

（二）区域绿地和生态廊道体系规划

区域绿地指城市大型集中连片的绿色开敞空间，是区域和城市大型氧源绿地和生态支柱，在城市生态系统中承担着大型生物栖息地的功能，是保护和提高生物多样性的基地，对区域和城市生态安全具有重大影响。

区域绿地和生态廊道体系规划旨在维护和提高生物多样性，在提高生态系统的自我维持、更新和抗干扰能力的同时，通过辅助相关配套的市政工程措施，逐步改善城市的大气、水和声环境质量。

1. 区域绿地规划

全市规划建设 8 处区域绿地，分别是：公明—光明—观澜区域绿地、凤凰山—羊台山—长岭坡区域绿地、塘朗山—默林—银湖区域绿地、平湖东区域绿地、清林径水库—坪地东区域绿地、梧桐山区域绿地、三洲田—坝光区域绿地、西冲—大亚湾区域绿地。

2. 生态廊道体系规划

深圳的生态廊道体系由城市大型绿廊、道路廊道、河流水系廊道组成。

（1）城市大型绿廊

城市大型绿廊负责市域大型生物信道的功能，为野生动物迁徙、筑巢、觅食、繁殖提供空间，同时作为大型通风走廊，进一步改善城市空气污染状况。全市建设18条城市大型绿廊。分别是：光明—松岗城市大型绿廊、公明—松岗城市大型绿廊、松岗—沙井城市大型绿廊、福永城市大型绿廊、西乡—新安城市大型绿廊、新安—南山城市大型绿廊、大沙河城市大型绿廊、竹子林城市大型绿廊、福田中心区城市大型绿廊、石岩—坂田北城市大型绿廊、观澜—公明城市大型绿廊、平湖—布吉城市大型绿廊、罗湖—布吉城市大型绿廊、平湖—横岗—龙岗城市大型绿廊、坪地—龙岗城市大型绿廊、坪山—龙岗城市大型绿廊、坪山—坑梓城市大型绿廊、大鹏—南澳城市大型绿廊。

（2）道路廊道

全市干道网络绿色通道：第一，铁路、高速公路以及一、二级城市干线道路两侧各建设不少于30 m宽度的绿化带，植树造林形成绿色通道，满足道路防护、生物迁徙和城市景观建设要求。其中在有条件的地段，高速公路两侧绿化带宽度应当不小于50 m。第二，在确保边坡稳定、改善行车条件的前提下，尽量采取植物护坡技术，综合考虑草、灌、花、乔等多种类植物，快速恢复由于人类工程建设所破坏的生态环境，减轻坡面不稳定性和侵蚀，进一步建设优美、协调、稳定的绿色通道景观。第三，高速公路、一级公路和大型桥梁穿越区域绿地和大型生态走廊时，应强化以上道路、桥梁的生物通道（包括植被天桥、栈道、渠道、路下通道、防护栏等）的设置，建立生物迁徙、觅食和物种交换的通道。

3. 特区内道路廊道

特区内通过加宽路侧绿化带及采取适宜的绿化方式，重点建设34条大型林荫道（见表9-1），成为城市密集区的空气信道和生物信道。

表9-1 特区内道路廊道一览表

罗湖区	深南路、红岭路、红桂路、人民公园路—北站路—翠山路—环山路—京湖路—东晓路—太宁路—沿河北路—黄贝路—凤凰路—湖贝路、晒布路、东门路—爱国路、翠竹路
福田区	滨海大道—滨河大道、深南大道、侨城东路、香蜜湖路、香梅路—沙咀路、新洲路、红荔路、鹏程一路—福中路—盖田路、红岭路
南山区	深南大道、玉泉路—北绿路—香山中街—香山东街、桂庙路—滨海大道、前海路、兴海大道、赤湾五路、月亮湾大道—望海路、南海大道、东滨路、科苑大道、创业路、工业七路、爱榕路、公园路—工业八路、沙河西路、侨城东路、深湾三路
盐田区	深盐公路

3. 河流水系廊道

结合河道保护控制线的划定，深圳河、茅洲河、观澜河、龙岗河、坪山河等五条城市河流的主要河流两侧各控制50 m、支流两侧各控制30 m，绿化建设城市的河流水系廊道。位于以上河流水系廊道内的土地，将做永久性保护和限制开发，不再建设新的建筑物，原有的建筑应逐步迁出。坚持生态治河的理念。在保证防洪防涝要求的前提下，河岸改造和治理采用生态护坡改造方式，并应维持自然河道形态；河流经过城市建成区，应建设为沿河带状公园。

4. 海岸公园

建设东部海岸观光公园和排牙山海岸地质地貌公园，在加强海洋生态资源和景观资源保护的前提下，确保公众对海岸景观资源的使用。

5. 湿地保护和湿地公园

加大对坪山河、龙岗河、茅洲河流域范围内的河流湿地以及沙井、松岗一带滩涂、桑基鱼塘、红树林的保护，尽量维持现有的非建设用途和汇水渠道，防止大面积的围海（滩）造地。建设人工湿地生态系统，增加滞洪面积，加强湿地对污水的自然净化，加大城市污水回用比例，缓解深圳生态用水紧张局面。按照人均 $2m^2$ 设置标准，规划在河流中、下游以及支流与干流交汇处，大力建设人工湿地。人工湿地建设应与生态公园相结合，通过选用适宜的植物，形成园林湿地景观，建设成为市民游憩和生态宣教基地的湿地公园。

6. 自然保护区

加强对深圳内伶仃—福田红树林国家级自然保护区保护力度，严格执行《深圳内伶仃岛—福田红树林国家级自然保护区总体规划》，严禁一切与保护区无关的建设行为，加强外围缓冲区绿化，限制周边高层建筑的建设，严格控制区域内污染物的排放。

7. 风景名胜区

严格执行《深圳经济特区风景名胜区保护条例》和《梧桐山风景名胜区总体规划》，严禁一切与风景区无关的建设行为。

8. 土地兼容性规定和相关的建设导则

（1）区域绿地

实行长久性严格保护和限制开发，杜绝毁林种果、开垦烧荒、违法占地和违法建筑等任何改变现状土地用途的活动和建设项目安排，但可以包括以下的土地用途：自然保护区、水源保护区、湿地和人工湿地、部分基本农田保护区、园地、林地、水域以及风景名胜区、森林公园、郊野公园、自然灾害防护绿地和公害防护绿地、特殊地质地貌景观区以及自然灾害敏感区。

（2）城市大型绿廊

实行长久性严格保护和限制开发，严禁毁林种果、开垦烧荒、违法占地和违法建筑等任何改变现状土地用途和建设项目安排的活动。但可以包括以下的土地用途：园地、林地、水域、基本农田保护区、重大基础设施隔离带、自然灾害敏感区、湿地和人工湿地。

（3）区域绿地和生态廊道体系内的土地利用

能够选择适当区域建设森林、郊野公园，通过增设适当的康乐游憩设施，有限度地为市民提供公共游憩康乐场所，在保证生态系统稳定和良性循环的基础上，保证绿地生态资源和海岸资源最大限度向市民开放。

（4）加强湿地、人工湿地、自然保护区和风景名胜区的建设与保护建立相关保障体系，包括完善各类用地规划，健全规划体系，强化有关绿地控制等。

（三）城市绿地系统分区规划

此次规划对深圳城市绿地系统进行了有机分类和组合，整个系统由区域绿地、生态廊道体系、建成区内部绿地、建筑物本体绿化四个体系组成，四个绿化体系又细分为森林郊野公园、风景名胜区、自然保护区、城市大型绿廊、公共绿地、立交桥绿化等小的体系。

按照规划，全市将规划建设完成 8 个区域绿地、18 条城市大型绿廊，划定 21 片森林郊野公园建设控制区，并建设海岸公园、湿地公园，严格保护自然保护区。

该次规划将全市分为 3 个片区进行指导规划，分别为特区、宝安片区、龙岗片区。各片区从人均绿地、人均公园绿地、绿地率、绿化覆盖率等几个指标进行规划指导。

（四）城市绿地分类规划

城市绿地分类规划需要坚持"以人为本"的原则，建设人居环境优美的生态城市。城市绿地包括公园绿地、附属绿地、生产防护绿地、高尔夫球场绿地以及旅游绿地等，核心是合理布局各类公园绿地，为市民提供各类游憩康乐设施和场所。

加快各类公园绿地的建设，充分考虑社会弱势群体的实际需求，在满足绿地生态系统稳定和可持续发展的前提下，确证城市绿地资源和岸线资源最大限度地向公众开放。

1. 公园绿地规划

（1）城市公园规划

城市公园建设在符合《公园设计规范》有关规定的同时，应该充分考虑城市生物多样性建设的要求，考虑群众性体育设施建设，缓解深圳市文体设施空间紧张的压力。

第一，罗湖区。新建围岭公园、大头岭公园、黄贝岭运动公园、仙桐体育公园。

第二，福田区。新建默林运动公园、农科生态公园、香密湖公园、竹子林公园、新洲河公园、自然公园、市民公园、荔湾公园。

第三，南山区。新建世纪公园、赤湾山公园、荔林公园、科技公园、科幻公园、石鼓山公园、西丽公园、留仙洞公园、大学城生态公园、桃源公园、龙珠公园、大沙河公园、安托山公园、红树湾公园、深圳湾海滨休闲带公园、望海公园、月亮湾公园。

第四，盐田区。新建盐田文体公园、背仔角海滨公园、山海公园。

特区外城市公园规划，结合全面推进城市化要求，特区外规划新建城市公园 108 个，其中宝安区 58 个、龙岗区 50 个，详见表 9-2。通过大幅增加特区外公园绿地的建设投入，实现特区外城市建设水平和人居环境的明显改善。

表 9-2 宝安区、龙岗区城市公园规划一览表

特区外街道办	城市公园／个	特区外街道办	城市公园／个
中心龙城	2	福永	6
龙岗	7	西乡	8
坪地	3	沙井	6
新安	3	松岗	5
坑梓	7	龙华	11
平湖	6	观澜	4
横岗	6	石岩	6
布吉	11	光明	3
葵涌	2	公明	6
六鹏	2		
南澳	1		

（2）社区公园规划

社区公园是指为市民提供户外休憩、娱乐、运动、观赏等活动空间、面积大于 $500m^2$ 以上的开放式绿地，满足市民日常的居住、购物和休闲的需求。社区公园划分为居住区类、商业办公区类及街旁绿地类等三大类，服务半径设为 500～1000 m。

社区公园有以下三大类：①居住区类社区公园，以儿童、老人为主要服务对象，提供儿童使用的游戏广场区和一定规模的休息区，并和全民健身活动开展相结合，增设必要的群众性体育设施功能。②商业办公区类社区公园，功能设置应考虑满足购物人群和流动人群的休憩需求，园林设计应醒目、易识别、便于到达、遮阳，并提供相应的休息设施。③街旁绿地类社区公园，绿地宽度应大于 8 m、长度大于 500 m，绿化建设应该考虑乔木、灌木、草坪相结合。

（3）推进社区公园建设的措施

为推进社区公园建设，有三大措施：一是尽量保留各种建成区内部的各种现存非建设用地，如荔枝林、街头零星空地，并按合理的服务半径将其改造为社区公园。二是树立"规划建绿"的理念。城市各类旧村、旧区和工业区改造，应优先满足社区公园的建设要求，并将需要落实社区公园的未改造地区划为绿区，今后这些地区一旦改造，必须落实相应社区公园的数量和面积。三是各类城市公共空间宜充分绿化，建设社区公园。

2.生产绿地

生产绿地不应低于城市建设总用地面积的 2%，同时结合深圳市的具体情况，大力发展和开辟市郊苗木供应基地，采用市内外相结合、政府和市场培育相结合的方式，为市区绿地储苗。市属苗圃应以大苗、大树为主，苗圃、花圃、草圃可在特区外建设。

3. 防护绿地

（1）沿海红树林防护林带

规划低潮位以上的淤泥质海岸，广泛配置红树林，形成滨海防护林带，使之成为全国滨海防护林体系中的一部分。

（2）卫生防护林带

产生有害气体及污染物的工厂应建设卫生防护林带，宽度不得少于 50 m；铁路两旁防护林带，宽度不允许少于 30 m；城市垃圾填埋场和污水处理厂的下风向，应建设300 ～ 800 m 宽的卫生防护林带。

4. 附属绿地

应严格遵守《深圳市城市规划标准与准则》的各项规定，落实相应的绿化建设指标。住宅区（小区、组团）地面停车场应使用植草砖进行绿化，该部分区域不能作为小区绿地计入绿化覆盖率和绿地率中。

（五）树种规划

1. 规划总原则

规划的总原则有两大点：①绿地系统建设的树种选择以南亚热带本土树种为主，适当引进外来树种，坚持以维护和提高生物多样性为主、景观和经济效益为辅的原则，适地适树。②城市建成区内部绿化应形成以生物多样性为基础、地带性植被为特征、乔灌草藤相结合的园林特色，各类公园内草坪面积严禁超过绿化面积的 30%。

2. 生态风景林建设绿化规划

生态风景林建设绿化规划分为三类：一是以新种、补种为主。优先绿化生态控制线内林地斑块破碎度高地区以及一、二级水源保护区，大型生态走廊和局部无林地区，尽快形成市域生态绿地的网络体系。二是对桉树的疏伐改造。应该在全面的森林资源调查和生态学实验的基础上，分批、分时段科学地进行。在离主要交通性干道两侧 1000 米范围内的区域绿地以及森林、郊野公园的康乐游憩地区，可使用花、叶富于季相色彩变化的适宜树种进行斑块状小群落改造，其他地区重点以生态功能为主，不追求色彩的多样和变化。三是严禁毁林种果。限制在坡度大于 25° 的地区发展园地种植。

3. 城市其他空间的绿化指引

（1）屋顶和房屋垂直面绿化

积极推广屋顶和房屋垂直面绿化技术，强化大型建筑群立体绿色平台的设计要求，多渠道拓展城市绿化空间，加大城市绿量。

（2）交通步行系统绿化

选用树冠大、绿量高的树种，建设绿色步行通道，并且加大对各类行人空间（如人行天桥、公共交通转乘地面通道等）的全面绿化。加大对人行天桥绿化技术的研究，推进人行天桥绿化的实施，形成都市空中绿廊，为市民提供方便、舒适的步行通道。

（3）立交桥绿化

继续加强立交桥的立体绿化，充分利用立交桥下和周围空间进行立体绿化，有条件的立交桥应该尽量在护栏两侧加建花槽，美化城市环境。

4.市花、市树的选择建议

依据有关选择原则，结合深圳的实际，推选杜鹃、三角花中的一种作为深圳市花，荔枝树、红树中的一种作为深圳市树。

（六）古树名木保护规划

加大古树名木申报工作力度，积极开展古树名木普查、鉴定、定级、建档等工作；积极开展古树名木保护工作，在距古树名木树干外侧 3～5 m 范围内保持土壤裸露或植花种草，严禁兴建任何设施或堆放杂物，在距树冠边缘 8 m 范围内禁止安置炉灶、烟囱等热源；古树名木原则上不能移动。

（七）近期建设规划

1.加快实施基本生态控制线内生态恢复和绿化工程

已推未建用地绿化。对《深圳市近期建设规划（2003—2005）》确定的近期建设线以内的已推未建土地，做临时绿化处理，减少水土流失和生态破坏。裸露山体的绿化。优先绿化和整治山体缺口及采石场，重点对影响城市景观及位于水源保护区内的裸露山体缺口和采石场进行绿化整治。垃圾填埋场绿化恢复。垃圾填埋场封场后，应采取绿化措施，对其进行绿化恢复。水源保护区绿化。积极营造水源保护林，并且推进"退果还林"工作。

2.加快实施和完成与市民生活密切相关的公园体系建设

重点建设商业、办公中心区的社区公园，并通过在编的法定图则逐步消灭居住类社区公园的服务盲区，切实加强用地和资金落实工作。重点建设离城市较近的森林、郊野公园及 15 个城市公园建设，加快梧桐山风景名胜区建设。

3.启动湿地公园建设

在茅洲河、坪山河、龙岗河试点推进人工湿地建设，实施生态治河工程。

（八）实施措施

1.全面推行"绿线"管理制度，加强对绿色开敞空间的刚性保护

尽快划定全市基本生态控制线，在此基础上，结合全市生态资源、风景资源的分布和具体的地籍情况，进一步划定森林、郊野公园的绿线。结合河道保护控制线，划定河流水系廊道的绿线。

结合分区规划和法定图则，逐步划定其他各类绿地绿线。为了进一步确保社区公园建设用地，将旧村和其他旧城改造片区需要落实社区公园的地区，划为"绿区"。位于"绿区"内的宗地在不拆建建筑、改造建筑的情况下，暂时不需提供绿化用地，但若部

分或全部改造，必须落实相应社区公园数量和面积。

2.完善与绿地系统规划实施相关的技术规范

尽快编制《深圳市绿地系统规划实施细则》，具体如下：第一，细化对区域绿地、城市大型绿廊现状各类建筑物、构筑物及其他设施的控制和处理以及已批未建项目和在建项目的调整及监管要求。第二，制定森林和郊野公园开发控制导则，对其中的土地利用控制、开发强度控制、生物多样性保护规划、绿化规划、景观规划、游憩设施规划、公共交通设施规划、消防规划、建设审批办法、日常管理等方面做出具体规定，作为公园建设、审批和管理的依据。第三，增加《深圳市城市规划标准与准则》中关于非建设用地和公园建设方面的补充规定，进一步明确社区公园作为配套的公共设施加以落实。第四，制定发展园林化交通空间的绿化标准和设计导则，并且研究修订《建筑场地规范》，细化对绿化覆土等的要求。

在全市绿地系统规划的指导下，组织开展或者修缮相关的专题规划，深化和落实森林、郊野公园、湿地公园、海岸公园、生态风景林等的建设策略。

3.完善绿化规划建设的管理机制

进一步完善相关的法规条例，加大执法力度。尽快将《深圳经济特区城市园林条例》《深圳经济特区城市绿化管理办法》这两个城市绿化管理的地方性法规适当修改，将其适用范围扩大到全市，并且在城市规划条例中，强化对非建设用地和绿化建设的管制等有关内容。尽快开展与森林、郊野公园及湿地、湿地公园相关的法规编制。制定鼓励发展屋顶绿化、垂直绿化的相关政策以及道路生物通道、生态护坡的建设要求。加大各相关部门的职能协调，建立城市绿化"全覆盖、全过程、全方位"的管理模式，强化绿化建设的监管力度。

第二节　居住区绿化规划设计

一、居住区植物配置原则

（一）易长易管原则

居住区的绿化普遍宜选择易于管理、易于生长、少修剪、少虫害，适宜当地气候的植物种植，并以速生植物为主。

（二）功能性原则

植物应与环境的功能相适应，比如考虑遮阳、住宅朝向，行道树宜选用树冠大、遮阳能力强的落叶乔木，儿童游戏及青少年活动场地的绿化忌用有毒或带刺植物，一些扬花落果、落花树木对于体育活动场地亦不适合。

（三）艺术效果原则

居住小区内如使用特色性、主调性植物将极大增强环境的特色和感染力，同时也需考虑四季的绿化效果，注意乔木与灌木、常绿和落叶及树姿、色彩的多层次搭配，并对居住区中心、入口等重点部位做特别的效果处理。

二、居住区常用植物种类

居住区常用的植物有六类，分别是乔木、灌木、藤本植物、草本植物、花卉及竹类。

（一）乔木

乔木主干高大明显、生长年限长。乔木依照其形体高矮常分为大乔木（12 m以上）、中乔木（6～12 m）、小乔木（4.5～6 m）；根据一年四季叶片脱落状况又可分为常绿乔木和落叶乔木两类，叶形宽大者称为阔叶常绿乔木和阔叶落叶乔木，叶片纤细如针或呈鳞形者则称为针叶常绿乔木和针叶落叶乔木。乔木无论在功能或艺术处理上都能起到主导作用，如界定空间、提供绿荫、防止眩光、调节气候等。

乔木种植应突出其观赏性。首先，乔木的树干树姿丰富，是植物造景不可忽略的因素，比如梧桐树干花纹斑驳美丽，蜡梅树枝曲折有致，垂柳树枝温柔秀美，都能给人以不同审美感受；其次是乔木具有花、果、叶色等多种观赏点，可以用树林、树丛或孤植点景等方式进行配置，形成诸如桃花林、杏花丛等优美独特的景致。

（二）灌木

灌木没有明显的主干，多呈丛生状态或自己不分枝，通常按体高分为大灌木（3～4.5 m）、中灌木（1～2 m）、小灌木（0.3～1 m）。灌木能提供亲切的空间，屏蔽不良景观或作为乔木和草坪之间的过渡，它对控制风速、噪声、眩光、辐射热、土壤侵蚀等有很大作用。灌木的线条、色彩、质地、形状和花式是主要的视觉特征，其中以开花灌木观赏价值最高，用途最广，多用于重点美化地区。在以乔木为本的原则下，可运用常绿的小乔木和灌木，如桂花、含笑、山茶、南天竹等作为中层绿化植物衬托上层乔木，增加绿化的层次感；同时，应适当搭配花灌木，做到四季有花景，可选择一些香花类小乔木与灌木布置在住宅入口、窗口及阳台附近，如栀子花、桂花、丁香花、浓香月季等，从而使室外优美的花香氛围渗入到室内中。

（三）藤本植物

藤本植物形体细长，不能直立，只能依附于别的植物或支持物，缠绕或攀缘地向上生长。藤本依茎质地的不同，又可分为木质藤本（如葡萄、紫藤等）与草质藤本（如牵牛花、长豇豆等）。藤本植物在一生中都需要借助其他物体生长或匍匐于地面，但也有的植物随环境而变，如果有支撑物，它会成为藤本，如果没有支撑物，它会长成灌木。藤本植物可以节省用于生长支撑组织的能量，可以更有效地吸收阳光，在居住景观中通常可以和亭、廊结合起来，制造出更有意境的景观小品。

（四）草本植物

草本植物是一类植物的总称，但并非植物科学分类中的一个单元，与草本植物相对应的概念是木本植物，人们通常将草本植物称为"草"，而将木本植物称为"树"，但是偶尔也有例外，比如竹就属于草本植物，但人们经常将其看作一种树。草本植物的茎内木质部不发达，茎、枝柔软，植株较小，通常为一年生、两年生或多年生植物。多数在生长季节终了时，其整体部分死亡，包括一年生和两年生的草本植物，如水稻、萝卜等。多年生草本植物的地上部分每年都会干枯，而地下部分的根、根状茎及鳞茎等能活多年，如天竺葵等。

居住区景观中的草本植物一般指的是草坪和地被植物。草坪与地被植物首先可作为绿化基调，如种植大片草坪供居民观赏、休闲；同时还应注重配置各种草花类地被植物，以红花酢浆草、石蒜、石竹、葱兰等多年生草花为首。草花植物在养护上，不用经常性地割草，病虫害也较少，可大大降低养护管理成本，达到绿化美化的效果，同时可以在不同时期陆续开花，形成花景不断的景象。

（五）花卉

花卉指姿态优美、花色艳丽、花香馥郁及具有观赏价值的草本和木本植物，但通常都多指草本植物。草本花卉是园林绿地建设中的重要材料，可用于布置花坛、花镜、花丛和花群、花台、基座栽植、花钵等。花卉按照其生态习性可分为一年生花卉、两年生花卉、多年生花卉和水生花卉。

1. 花坛

花坛是将花卉在一定范围内，按一定图案进行配置的景观。一般宜设在空间较开阔的视线轴线上，如广场、道路及建筑入口处，高度在人的视平线以下。花坛植物以花卉为主，搭配草坪或灌木等，色彩要求对比明显，层次分明。花坛按照形态、观赏季节、栽植材料和表现形式可进行不同的分类：①按其形态可分为立体花坛和平面花坛两类。平面花坛又可按构图形式分为规则式、自然式和混合式三种。②按观赏季节可分为春花坛、夏花坛、秋花坛和冬花坛。③按栽植材料可分为一、二年生草花坛，球根花坛，水生花坛，专类花坛等。④按表现形式可分为：花丛花坛，是用中央高、边缘低的花丛组成色块图案，以表现花卉的色彩美；绣花式花坛或模纹花坛，以花卉图案取胜，通常是以矮小的具有色彩的观叶植物为主要材料，不受花期的限制，并且适当搭配些花朵小而密集的矮生草花，观赏期特别长。

不同的花坛也有不同的设计方法和要点：①首先应从周围的整体环境来考虑所要表现的花坛主题、位置、形式和色彩组合等。好的花坛设计必须考虑到由春到秋开花不断，设计出不同季节花卉种类的换植计划以及图案的变化，如杜鹃、百合春天开花，一串红、菊花等则秋天开花。②花坛植物以花卉为主，要求色彩对比明显，以体现层次分明的景观效果。花坛用花宜选择株形整齐、具有多花性、开花整齐而花期长、花色鲜明、耐干燥、抗病虫害和矮生性的品种，比如鸡冠花、金鱼草、雏菊、金盏菊、一串红、三色堇、百日草、万寿菊等。在植物选择上应优先考虑当地物种。③个体花坛面积不宜过大，若是圆形或椭圆形花坛，短轴以 5 ～ 8 m 为宜，花卉花坛为 10 ～ 15 m，草皮花坛可稍大一些。花卉植床可设计为平坦的，也可设计为起伏变化的。植床应高出地面 7 ～ 10cm，并围以缘石。

2. 花镜

花镜是指由多种花卉组成的带状自然式植物景观，是模拟自然界中各种野生花木交错生长的情景。配置花卉时要考虑同一季节时彼此的色彩、姿态的和谐与对比关系。花镜图案应跟随季节变化而展现不同的季相特征，且能维持其完整的构图。在园林中经过人工种植，形成野花散生的自然植物景观，可以增加花镜的趣味性与观赏性。

3. 花丛和花群

花丛和花群以茎秆挺拔、不易倒伏、花朵繁密、株形丰满、整齐为佳；宜布置于开阔的草坪周围或河边的山坡、叠石旁。

4. 花台

花台是指将花卉种植于高于地面的台座上，面积较花坛小，通常布置 1 ～ 2 种花卉。

5. 基座栽植

基座栽植是指在建筑物、构筑物四周配置植物或花卉，起到软化基角、烘托氛围的作用。在基座布置植物和花卉时其色彩要注意与建筑物、构筑物本身的风格相协调。

6. 花钵

花钵也称为盛花器，花钵的材料、大小和形式繁多，可与台阶、矮墙等小品结合成景，花钵内能够直接栽植花卉，亦可按季节放入盆花。

（六）竹类

竹类植物属于禾本科竹亚科。竹亚科是一类再生性很强的植物，是居住区景观设计中常见的植物素材，合理运用竹类造景，能够提高环境景观的人文品位。竹类植物是集文化美学、景观价值于一身的优良观赏植物，在我国古典、近代及现代园林中均有广泛应用。竹是禾本科多年生木质化植物。竹竿挺拔、修长、亭亭玉立、婀娜多姿、四季青翠、凌霜傲雪，自古以来都深受人们的喜爱。竹有"梅兰竹菊"四君子之一、"梅松竹"岁寒三友之一等美称，隐喻着"高风亮节"的性格特征。有人称赞竹子是"虚心竹有千千节"；大画家郑板桥专为竹子写了一首诗"咬定青山不放松……"。我国古今文人骚客嗜竹咏竹者众多，比如大诗人苏东坡留下"宁可食无肉，不可居无竹"的名言，可见竹子在人们心目中的位置。事实上竹的种类很多，合计有 500 余种，大多可供庭院观赏，著名品种有楠竹、凤尾竹、小琴丝竹、佛肚竹、大佛肚竹、寒竹、湘妃竹、冷箭竹、大箭竹、唐竹、泰竹等。竹类成片栽植时，可以形成宁静高雅的意境，多用于庭院式的环境创造以及绿篱背景或屏障中。

三、道路交叉口植物布置规定

居住区内车行道路的交叉口处，应留出非植树区，以保证行车的安全视距，即在该视野范围内不应栽植高于 1 m 的植物，并且不得妨碍交叉口路灯的照明，为交通安全创造良好条件。

四、古树名木保护规定

根据国家《城市古树名木保护管理办法》中的规定，古树是指树龄在 100 年以上的树木；名木是指国内外稀有的以及具有历史价值和纪念意义等重要科研价值的树木。古树名木分为一级和二级，凡是树龄在 300 年以上或特别珍贵稀有，具有重要历史价值和纪念意义、重要科研价值的古树名木为一级，其余为二级。一级古树名木要报国务院建设行政主管部门备案；二级古树名木要报省、自治区、直辖市建设行政主管部门备案。新建、改建、扩建的建设工程影响古树名木生长的，建设单位必须提出避让和保护措施。在居住区用地环境中如果存在古树名木，设计时可围绕古树名木以点景的方式做景观处理，尽量发挥其历史文化价值，增添居住区的景观内涵；同时，应当重视对古树名木的保护，提倡就地保护，避免异地移植。

第三节　公园绿化规划设计

一、公园的总体规划

（一）总体规划的目的

总体规划旨在公园的各个组成部分合理的安排和布置，使它们之间取得有机联系，保证它们之间有协调发展的可能性，规划中要满足环境保护、文化休息、园林艺术等各功能的要求，同时满足园林结合生产的要求。规划要具体解决近期和远期、局部和整体结合的问题，要考虑不同季节游人在公园内的活动等，并使公园能按计划顺利地建设。

进行公园的总体规划时，首先应了解该公园在城市园林绿地系统中的地位、作用和服务范围，并且要深入调查广大民众的要求，然后才能着手进行规划工作，在规划中应充分考虑各类游人的心理，尽量满足不同年龄、不同职业、不同文化水平和不同爱好的各类游人的要求，给他们创造各种方便的条件：①确定建设"生态园林"的指导思想，以植物造景为主，在充分利用现有地形地貌和植被的前提下，改造和优化环境，创造更为理想的自然景观。②在注意发挥公园的植物景观和自然生态功能的同时，适当建设一些园林建筑和游览服务设施，用来充实公园的游览活动内容。③在注意公园布局合理的同时，应兼顾与城市街景和谐，达到内外协调、相得益彰的效果。④创造具备地方特色而又有时代感的园林艺术风格。

（二）总体规划中所要解决的问题

公园规划的基本问题有：①出入口的确定。②分区的规划。③自然地形地貌和水体的利用与改造。④园路广场建筑布局。⑤植物规划以及建园程序。⑥公园建设造价和苗木计划的估算等。

规划设计时第一步应该考虑入口的位置，公园的入口分主要入口、次要入口、园务入口和其他专用入口。入口位置的确定取决于公园与城市规划的关系、园内分区要求以及自然地形的特点。因此，在确定入口时应结合公园分区和地形改造的特点来考虑，而不能先解决入口位置问题再考虑分区。如娱乐区应接近主要入口，而安静休息区则适宜于布置在离主要入口较远的位置。

公园按功能一般分成文化娱乐区（或分为娱乐区、文化教育区）、体育运动区、儿童游乐区、安静休息区及管理区。规划各分区时应满足各区功能上的特殊要求，并结合公园地形、自然条件及出入口的安排通盘考虑。比如体育运动区应设置在地势平坦、原有树木较少的地方，而安静休息区的位置则恰恰相反，儿童区应设置在临近广场又距公园入口较近处，而安静休息区则可深入园内。公园的合理布局应做到使整个公园的每一部分四季都有景可观，以吸引游人，保证游人在公园各地区的均匀分配。

分区规划相当于对地形地貌的改造，根据公园所在地的具体条件以及我国传统的造景手法改造地形，这通常是公园规划中不可缺少的一部分，在地形改造中既不可不考虑原有地形，也不宜过于拘谨。地形改造中应充分研究原有地面条件，因高就低、挖湖堆山，尽量遵循经济、美观相结合的原则，同时考虑当地人民的爱好，一般山地人民喜欢平地，而平原地区的人则以山为贵。

另外，地形改造中应符合自然山水形成的规律，不能完全是自然的翻版，而应该是反映自然面貌中的精华，即自然山水典型的概括，这一点与艺术作品的创造原则是一致的。

道路的规划应结合建筑的分布来设置。公园内的道路是游人的导游线。公园道路分主要道路、次要道路、散步道路和园务运输道路。在公园总体规划中应确定公园中将设置的面积建筑和可容纳人口的数量，并应根据公园内自然条件、建筑物的功能要求进行规划设计。较重要的建筑，如展览室、剧场、饭店等形成整个公园或某一局部的构图中心，它们应与自然地形、地貌和植物结合成一个整体并成为各区不同的景色。而另一些小型的园林建筑和亭榭桥廊，则不必设在主要的构图中心位置上，而应与自然条件更紧密地结合。因为这种建筑的主要功能是供人们休息的。这些建筑应有美观的造型，其本身又是公园中点景之处，它们应与周围植物、山石、水体等配合形成美丽的景色，此外还有一些服务性的建筑如小卖店、食堂等，既不宜放在明显的构图中心点上，也不应该放在过于偏僻的地方。厕所则应该考虑按一定面积内游人量来安排，它们应该设在较偏僻而又距离主要道路不远的地方。

植物是公园内最主要的组成部分。在总体规划中虽然不可能确定每株树或树丛的位置，也不可能规定每株树的树种，但应按自然地形、功能及风景的分区，大概确定每一区的主要植物种类及其形成的大致效果。如某一小山的阴坡以开花灌木为主，某一平坦地带的丛林以柿树、核桃树、油松为主，文娱区以草本花卉组成的花坛为主或种植整齐的法国梧桐行道树，形成开阔大气的景观。总之，除了明确功能分区以外，在各景区还应利用色彩、明暗、空间关系上对比的手法，创造出柳暗花明又一村的景致。

公园的建设不是短期内可以完成的，因此在总体规划时、在考虑建设程序时，应从每年投资的情况和游人最迫切的希望出发，先开放公园的一部分，供游人观赏。也有的公园虽然是同时开放，但主要设施仍集中在入口附近。此外，总体规划完毕后应做出造价的估算，如土方、苗木、建筑等的估算。

（三）公园出入口的安排

公园的出入口一般分为主要入口、次要入口和专用入口三种。主要入口是为了迎接最大量的游人，其地点的选择在很大程度上取决于公园与城市规划的关系。因此，要充分考虑它对城市街景的美化作用以及对公园景观的影响，出入口作为游人进入公园的第一个视线焦点，给游人第一印象，其平面布局、立面造型、整体风格应根据公园的性质和具体内容确定，通常公园大门造型都与其周围的城市环境有较明显的区别，从而突出其特色。

另外，公园用地的自然条件也在一定程度上影响入口位置的确定。因为入口附近是大量游人集中的地方，为了与城市道路相协调，通常布置成广场或宽阔的林荫道。因此，靠近主要入口附近的地区地形应平坦。主要入口与分区的关系很密切，所以也应结合分区规划上的要求来确定主要入口的位置。例如，应考虑主要入口附近是否能用作娱乐区及儿童区。次要入口对主要入口起辅助作用，便于附近游人进入园中。一般设在游人流通量较小又邻近道路的地方。此外，在一些文娱设施，如剧院、展览馆等附近设立的专用入口。还有一种是专为园务运输和工作人员而设立的专用入口，这种入口一般设立在比较偏僻处，在公园管理处的附近，并与公园中运输用的道路相联系。

公园主要入口应朝向人流最多的城市主要干道或广场，并与园中主要干道广场或构图中心的建筑相联系，同时又是最大量游人集散之处。因此，公园主入口要求有足够的面积和美丽的外观。进入主要入口，应给人一种开阔华丽的印象。

一般为了集散方便，在公园入口处设有园外和园内的集散广场，附近并设必要的服务建筑及设施，如园门、围墙、售票处、存车处、停车场等。在入口前有时也设置一些纯装饰性的花坛、水池、喷泉、雕像以及宣传性的广告牌等。有的公园入口旁设有小卖部、邮电所、母子休息室、婴儿车出租处、存衣处等服务部门，但不是所有公园都必须具备以上各项设施。

公园主要入口前的广场，一般都退居于马路街道以内，形式可以多种多样，广场的大小取决于游人量的多少。比如北京颐和园游人最多时为 4 万～6 万人/天，入口前广场的面积为 40×50 m 陶然亭公园的游人最多时每天 3 万人/天，其主要入口前广场的面积为 30×25 m。入口前广场的装饰应与街景相协调。

入园后的广场一般比园外的小些，它的布置应当以绿化为主，以营造园林氛围为主。因为它一方面有集散作用，另一方面也是公园内外、公园与街道过渡的地方。次要入口也要设广场，但在规模上次于主要入口旁的广场。专用及园务入口旁则不一定设广场，但也要考虑回车及停车的面积。

次要入口在规模上、外形上都应该次于主要入口。由于次要入口通过的人流量较少，故在次要入口附近也可以创造成比较幽静的自然环境，可以与一些次要的建筑相联系。公园大门入口通常采用的手法如下：一是先抑后扬，入口处多设障景，入园后再豁然开朗，造成强烈的空间对比。二是开门见山，入园后即可见园林主体。三是外场内院，以大门为界，大门外为交通场地，大门内为步行内院。四是"T"字形障景，进门后，广场与主要园路"T"字形相连，并设障景以引导。除以上入口处理外，还有一些入口设计形式可供参考。另外，公园大门建筑还应注意造型、比例、尺度、色彩及与周围环境相协调等问题。

（四）公园各分区的布局

1. 分区的目的

为了满足不同年龄、不同爱好的游人多种文化娱乐和休息的要求，在文化休息公园内应有多种多样的设施，为了合理的组织游人在园内进行各项活动，使游人游憩方便，互不干扰，又便于管理，可以形成艺术构图上统一的整体，必须进行分区规划，把一些类似的活动组织在一起。各个区的活动不完全相同并且各具特点。

2. 分区的依据

分区的主要依据是公园所在地的自然条件（地形、土壤条件、水体、原有植物等）和各区功能上的特殊要求。各地所需面积的大小、各区之间的相互关系以及公园与周围环境的关系也是分区规划的主要依据。

自然条件是影响分区规划的最主要的因素之一。因为各区活动的内容不同，它们对自然条件，如地形、土壤条件、水体、原有植物等的要求也不一样。公园在城市规划中的地位决定了公园的主要入口的位置，同时也在很大程度上影响了公园的分区规划。

3. 公园中可参照以下内容进行分区

娱乐区，包括影剧院、杂技场、旱冰场及各种游戏场地。科学文化教育区，包括展览馆、演讲厅、阅览室等。体育运动区，包括各种运动场地、游泳池、划船站等。儿童游戏区，包括各种儿童大型玩具等。安静休息区，面积最大，是公园的主要内容。经营管理区，包括公园管理处、仓库、汽车房、杂务用地及温室花圃等。

公园安置哪些设施取决于以下方面：①公园附近各种文化娱乐体育等设施分布的情况，城市中文娱等服务系统分布的情况。②公园内的自然条件。③公园面积的大小。

比如公园附近有专门的体育场或儿童公园，则公园内不需单辟体育区、儿童区。但也可以设置一些小型的简单的儿童游乐场、乒乓球和网球场地，如果公园附近有较完备的剧场，则公园内也不必再设剧场，公园内有大的水面则可开展水上运动、游泳、划船等，如无水面则不能进行这些活动。在面积较小的公园内不必设置大规模的运动区，也不必设置设备完善的儿童活动区或丰富多彩的文化娱乐设施，否则会减少绿地面积，反而不利于游憩，在这些小公园中可设置小型的球场、儿童游戏场，满足游人的要求。

在小城市里，公园中的一些文化娱乐设施通常既是城市公共建筑又与公园密切结合，并成为园内风景的一部分。这些设施的安排应与城市规划密切结合。另外，在各分区中配置哪些设施也需要根据投资条件和周围居民的要求来考虑。

4.分区规划

根据一般公园的功能分区可定位为文化娱乐区、体育运动区、儿童游戏区、安静休息区、经营管理区。公园内各区的规划，其中有的分区是独立性较强的，必须单独分开。如儿童区、体育运动区、经营管理区。另外，有一些分区是不明显的，他们相互交错甚至可以将一些区域的设施分散在另一区域中，如文化娱乐区一般较集中地配置在入口附近，有些设置如露天剧场、旱冰场等则可以放在自然环境优美而安静的区域内的某一局部，但应使其既不妨碍整个安静区的休息、集散，又能方便游人抵达，小型阅览室则完全应该分散在安静休息区中；服务性的设施，如食堂小卖部可以较均衡地分布在园中各区并设置在游人较多处。

（1）文化娱乐区

因为这一区游人量大，为了节省投资，便于管理及游人的集散，通常将它设置在主要入口的附近。它们在艺术风格上与城市面貌也比较接近，可以成为城市面貌与安静休息区的过渡。因为这一区结合入口的处理多采用整体形式规划。本区常用一些比较大型的建筑物、广场、雕塑等，而且一般地形比较平坦，绿化要求以花坛、花境、草坪为主，以便于游人的集散。

事实上即使是室内剧院或展览馆，除建筑外形上要求比较美观外，周围也应有景观效果较好的绿地，应该区别于一般城市的剧场、展览馆，更主要的是园中的这些设备，应该尽量利用自然条件，使得在自然风景中得以掩映。公园中应尽量采用露天活动的形式，可以建造游廊亭榭、花架等形式的建筑为游人提供避雨的设施，群众游戏场等也应该在不妨碍游人活动的情况下创造美好的绿地景观，使人们能在绿荫中游玩。因此，公园中的文化娱乐区，其建筑密度要低，建筑物要半隐于大面积的绿化之中。

（2）体育活动区

体育活动区以选择地势比较平坦、土壤坚实，便于铺砖、排水、不必砍伐大量树木的地点较合适。此区域附近如有大片水面用以开展水上活动则更好。为适应我国广大群众的爱好，在林中草地上辟出专门地区，供游人打太极拳。在体育运动区也应为游人开辟些林间小路、休息广场、自然式丛林，一方面游人可以在此休息；另一方面也使这一区与整个公园风景相协调。

在游泳池附近绿化能够设置一些花廊、花架，不要种植带刺或夏季落花落果的花木和易染病虫害、分蘖强的树种。运动区内供游人游泳用的水面，如果不能安排在运动区内，而需单独开辟在有水面的地区时，也不宜深入在安静区内，特别是一些运动量较大的活动，应该放在面积较大的水面上进行。游泳区也应结合日光浴场单独划分开，应铺设柔软而耐踩踏的草坪，而划船则可以通入安静休息地。比如颐和园后湖，水面曲折，两岸绿树成荫，是理想的划船地点，并且在此处的划船活动不影响岸上游人的休息。但船台码头等应设置在比较热闹嘈杂的地方，同时应考虑集散方便或游人比较集中的地方。

冬季冰上活动区的安置，可以比较自由。因为冬季公园中进行（特别是能形成天然冰场的寒冷地区）其他活动的游人很少，这时溜冰可以作为公园中主要活动内容，只要是对游人而言方便的天然水面或用人工泼水形成冰场的地方都可辟做冰上活动区，但应与公园中冬季的风景相协调，最好选向阳又背风的地方。在条件许可时，应根据不同年龄和活动类型划分成几种场地，如成人的、少年的以及成人带幼童的。按类型可分为速滑、花样、冰球、练习用以及比赛用场地等。这样可以避免场地之间互相干扰，满足各类游人的游乐需要。

开展冬季活动是公园中很重要的工作之一。特别在纬度较高的寒冷地区，冬季公园游园人很少，冬季冰上活动的开展可以提高公园的有效利用时间。

（3）安静休息区

在公园中安静休息区占地面积最大，游人密度较小，为专供人们休息散步、欣赏自然风景之处，故应与喧闹的城市干道、公园内活动量较大以及游人稠密的文娱区、体育区及儿童区等隔离，又因为这一区内大型的公共建筑和公共生活福利设施较少，故可以设置在距主要入口较远处，但也必须与其他各区有方便的联系，使游人易于到达。

安静休息区选择原有树木较多、绿化基础好的地方，以具有起伏的地形（有高地、谷地、平原）、天然或人工的水面，如湖泊、水池、河流甚至泉水、瀑布等为最佳，具有这些条件则便于创造出理想的自然风景面貌，如颐和园的后湖一带就是较好的安静的休息用地。

安静休息区也应结合自然风景设立供游人游览及休息用的亭、榭、茶室、阅览室、垂钓之家等，还可以布置园椅、坐凳。在面积较大的安静区中还可配置简单的文娱体育设施，如棋室、网球场、乒乓球台、羽毛球场的场地，也可以利用水面，开展运动量不大的划船等活动。安静休息区应该是风景最优美的地方，点缀在这一区内的建筑，无论是建筑造型还是植物配置上都应有更高的艺术性，如画龙点睛般使其成为风景构成中不可缺少的一部分。安静区内由于绿地面积最大，植物的种类和配置的类型也应最丰富，可以结合不同的地形、建筑，在山坡水畔创造丰富多彩的树群、密林、草地和体形优美的孤立树，总之应尽量利用不同的地形、植物和水体创造各种景色，构成不同的空间，使游人虽在城市中，却有置身自然怀抱中的感觉，能尽量地享受天然风景之美，以消除工作后的疲劳。

安静休息区中除一般植物配置外，还可于局部地区开辟专类花园，如月季园、牡丹园等。可与展览温室、喷泉、水池等结合做整形的处理，也可与山石亭榭等结合，形成天然图画。安静休息区的植物配置以自然式绿化配置为主。

（4）儿童区

为了满足儿童的特殊要求，在公园中单独设置供儿童活动的区域是很必要的。大公园的儿童区与儿童公园的作用相似，儿童在这里不但可以游玩、运动、休息，还可以开展课余的各项活动，学习知识、开阔眼界。在公园内可以为儿童组织各项活动。由于公园内有优美的自然风景，比城市的少年宫有着更优越的条件。但是由于儿童区是公园中的一部分，公园内其他各区的设施如露天剧场、茶室等，在一定条件下也可以为儿童服务。

儿童区内可放以下设施：少年之家或少年宫、阅览室、儿童游戏场、涉水池、划船码头、小型动物园、少年气象站、少年自然科学园地等。在哈尔滨儿童公园、天津水上公园的儿童区内均设有儿童火车站，上海海伦路公园则有最能引发儿童兴趣的迷园。此外，上海曾有专门教育儿童了解交通规则的公园。

儿童区主要为附近居住的儿童服务，如果它们的设施较完善，则可以作为全市性的儿童服务场所。儿童区一般规划在主要或次要入口的附近，包括多种供儿童使用的设施。如公园面积较大，则除儿童区外，在其他接近居住区的入口附近增设简单的儿童游戏场，供附近儿童使用。儿童区应该选择比较平坦、日照良好、自然景色开朗、绿化条件较好的地方，如有一定面积的水面则更理想。

儿童区应与其他各区或园中道路用绿篱隔开，不应有任何通道穿过此区，尤其不应与成人活动或游戏区混在一起。进入儿童区应有固定的入口，而其他游人不能随便穿行。

由于不同年龄儿童的活动要求，体力和兴趣等都有很大的差别，为了满足并适应各年龄儿童的要求，公园中儿童区也可按年龄分为学龄前儿童、小学生及青少年活动区，这样既可避免危险的发生，也可方便公园管理人员的管理。

在有条件的儿童区内更可以按不同功能分为体育区、游戏区、科学普及区、文娱区等。体育区主要为青少年服务，可设各类球场，甚至游泳池和供比赛用的场地等；游戏区则应按不同年龄分隔成各种场地，科学普及区内可设有生物园地、动物角以及供各种科学小组活动的少年宫、阅览室，文娱区则有露天小剧场，供舞蹈活动的场地等。此处也应设有必要的服务性设施，如小卖店、食堂、厕所等。在面积不大的儿童区内如果没有条件严格按功能分区，则至少应该按年龄分隔成几个儿童游戏场地。

儿童区应采用树木种类较多的生长健壮、冠大荫浓的乔木来绿化，不宜种植有刺、有毒、有臭味以及易引起皮肤过敏性反应的树种，如漆树、凌霄等植物。应该种植具有不同体形、不同色彩的花、叶、果的乔、灌木和花卉，以培养儿童对植物的兴趣并增加知识；活动场地铺设草坪，以增加儿童的活动兴趣。本区植物配置以自然式绿化配置为主。在儿童活动区的出入口可以设计放置一些雕像、花坛、山石或小喷泉等景观。

在布置的手法上应适合儿童的游乐心理，能引起他们的游玩兴趣，同时景观效果应简洁明晰，易于被儿童辨认和接受，如大象形状的滑梯和长颈鹿的秋千。建筑设施及各种游戏器械，均应色彩明快轻松、样式新颖、尺度和比例以适合儿童活动要求为宜。应多使用能反映儿童生活的装饰物，如少先队员的雕像或一些有趣的动物塑像。这些装饰物、建筑及座椅等都应符合儿童的身高比例，建筑的墙面和地面都不宜用凹凸不平、有尖锐棱角和过于坚硬的材料进行装饰。在儿童区中，除了必要的铺砖地外最好多用草地，避免尘土飞扬影响孩子们的健康。

儿童公园内用地分配建议如下：①绿地67%～70%。②广场（包括运动游戏等场地）

$20\% \sim 30\%$。③道路 $7\% \sim 8\%$。④建筑物 $2\% \sim 3\%$。上面叙述文化休息公园的分区只是就公园的主要任务来分的，可以说是一种模式图，切不可不问条件，生搬硬套地按照上述分类机械地给公园分区，实际上各区之间有着紧密的联系。比如，文化教育设施通常与安静休息区结合在一起，而体育运动区也可以设置茶室、小卖部等。

我国目前的公园中功能分区常不是很明显，而且不一定包括上述全部内容。因此，在考虑分区时，应结合当地城市规划中的需要来决定。各区中的设施也应该结合我国民族传统、人民的爱好以及风俗习惯来考虑，同时体现国际化、生态化、人文化来创造城市绿化的特色。

（五）公园中地形地貌的处理

公园用地通常是利用城市规划中不符合基本建设要求的用地，这种用地通常地形有起伏、有水面或低洼沼泽地，但是在公园规划中，这些地形不一定符合公园各种功能上的要求。有的地形过分崎岖不平，有的沼泽地卫生条件较差，如果地形难以利用则需挖湖堆山，将地形削高或填低。也有时为了更多、更好地创造水面活动的条件或为了丰富园景，也需对原有地形进行改造，但在改造时应注意尽量减少土方量，充分利用原有地形地貌及水体的特点，创造出符合各种功能要求的自然环境。

我国园林的特点之一，是以自然山水为主体，利用改造地形而创造出美丽的自然风景，如何把这些传统的手法运用到今天新型公园规划设计中，是一个很重要的课题。《园冶》中谈到"高方欲就亭台，低凹可开池沼"是极好的利用和改造自然的例子。在改造地形中需要考虑如何使土方达到平衡，否则将造成极大的麻烦和浪费。

根据生产实践的经验，在公园建设中，土方的费用在公园造价中占很大比重。从经济观点来看，在地形的处理中，首先是尽量应用自然条件，在自然条件难以利用时则加以改造。是否能善于利用不同地形，将其稍加改造而创造出符合各种功能要求的优美的风景，是衡量一个设计者水平的重要标准之一。另外，应充分掌握自然山水地形地貌形成的自然规律，才能使地形的改造既经济又符合自然规律，这样才能真正达到对公园景观美的要求。

地形改造中还应结合各分区的功能要求，如文娱体育活动区，不宜山地崎岖而可以有较开阔的水面以作为水上、冰上活动之用；而安静休息区宜有溪流蜿蜒的小水面，两岸山峰回旋，用山水分隔空间造成局部幽静的环境。

除了创造美丽的风景以外，还应当满足其他工程上的要求，如解决园地积水和排水以及为了不同生态条件要求的植物创造各种适宜的地形条件等。地形地貌的处理。叠山理水，创造出自然式的风景园，并对自然山水进行概括、提炼和再现，在这方面，苏州园林为我们积累了丰富的经验，如在组织园景方面，以水池为中心，辅以溪涧、水谷、瀑布等，配合山石、花木和亭阁形成各种不同的景色，这些都是我国造园的一种传统手法。

（六）公园中道路的处理

公园中的主要道路起两种作用：①把游人通过主、次入口引入园中。②联系各区，可以把大量游人引导到各区。所以，主要道路也应该是园中最宽的，布置得最华丽的道路。主要道路通常形成道路系统中的主环，中国园林常以水面为中心，以主干道环绕水面联系各区是较理想的处理方法。当主路临水面布置时，不应与水面始终平行，这样则缺乏变化会使园路显得平淡乏味，而应根据地形起伏和周围景色及功能上的要求，使主路与水面若即若离、有远有近，使园景富于变化。在规划中，不能只是一条直线或曲线的道路，由主要入口向园中主要构图中心（建筑、山坡、水面等）或由一入口至另一入口，即使出现了这种情况也最好能用小的环路补其不足。

沿着主要环路使游人欣赏到园中按季节、按分区特点布置的景观画面。由于游人量较大，故由此展开的风景空间的景色应该比较深远、开朗，否则就会显得局促拥挤。当然如上所说，沿路风景应有变化，而不是一成不变的风景。此外，园路沿主要道路风景变化时，不宜过于频繁，这样反而会造成园路混乱。沿着主要道路游园时，应使游人对该公园总的轮廓有所了解，使其对公园有一个完整而深刻的印象。

主要道路的宽度有这样规定，大型公园的主园路在 5～6 m 之间，小型公园的主园路通常在 3～4 m 之间，路旁可种植株行距相等或不等的行道树。如路旁绿地宽阔也可不用行道树而布置自然式树丛、树群、多年生花丛。在游人不多、面积较小的公园内（如 10 公顷左右），入口附近以外的主环路亦可为 3～4 m，如主路较宽为 8～10 m。

在道路中间或两旁可以布置带状花坛、花境或雕像等，亦可用两条绿带将道路分隔成主要及两旁次要的林荫道。这时中间的林荫道可供大量游人通行，两旁林荫道可供游人散步休息。主要道路最好带有凹入的 1×2 m 的地方放座椅，以免影响游人通行。座椅可以相对放置，也可以错开放置。有时由于路旁风景偏重一旁，则座椅也可相应放在一边。在宽阔的园路上，座椅也可以直接放在路上。主要道路不宜有过大的地形起伏，如起伏超过 10% 的坡度可用整形的阶梯。若有运输要求时，则应改变道路纵坡，而不能设台阶。

次要道路一般是各区内的主要道路，它通常起辅助和联系主要道路的作用，次要道路分布在全园而形成一些小环，使游人能深入公园的各部，同时又与一些主要建筑联系。次要道路的布置可以比较朴素，而沿路风景的变化应该比较丰富。由此展开的空间可以较小，次要道路的宽度一般在 2～3 m，可以多利用地形的起伏展开丰富的风景画面。

次要入口处的道路虽然在宽度上较主要入口处的干道规模稍小，但亦需由此将游人送到各区，故在功能上的要求与主环路一致，也应考虑有适当的美化布置。

散步小道应该分布全园各处，以宁静休息区为主，引导游人深入到园内各个偏僻宁静的角落中，以提高公园面积的使用率。并且，这里也是最接近大自然的地方，散步小道旁可布置一些小型轻巧的园林建筑，开辟一些小的幽闭空间，配置一些乔灌木，结合色彩丰富的树丛、树群或单株树木。沿散步小道所配置的花卉也可以比较自然，总之这里风景的变化是最细腻的。散步小道的宽度一般 1.5～2 m。

在公园道路规划时应尽量避免有死胡同，有时专为通向某一建筑所用的道路不得不采用这种方式时，也希望尽量避免或使道路较短并且建筑位置明显，使游人不至深入太远而又退回。在当游人经历或时间有限或因兴趣爱好的不同时，也可以按拟定好的路线在公园一部分地区进行游玩和休息，并为游人由一区到另一区开辟捷径。

无论是主路、次路或散步小道都应有各自的系统而又互相联系，要求有理想的庇荫条件。主要、次要道路应着重考虑游人的方便，例如通向露天剧场、旱冰场、园中园等处，不应设置过分弯曲的道路。而安静休息区内，通向一些装饰性强的休息用的亭榭时，可以较多地运用中国古典园林中常用的抑景、隔景等手法，以曲折迂回的道路增加空间感，造成曲径通幽的气氛，加强风景艺术效果。但即使是在这种情况下，道路的弯曲也有其原因，如前进的方向在地形上有变化或有树丛山石等障碍物，使道路的弯曲合乎自然要求而真正形成峰回路转的效果。

道路的设置应合理，有利于游人方便地沿此路通向想去的区域。如果在需要的地方不开辟道路，则游人会踏过草皮形成道路，而在不需要道路的地方，虽然开辟了路，却无人去走，易造成浪费。总之，在设置道路时，应该从功能出发结合风景画面透视线，有的地方更注重实用，有的地方可从考虑风景线出发，结合各分区条件不同而异，但绝不能过分追求形式，否则不仅造成浪费而且使园路失去其基本意义。

无论是主、次道路还是小路都不应穿过建筑物，而应将建筑物布置在路的一旁或紧接路边或用专用小路通入，而不至于使建筑本身形成通道，成为游人必经之路，否则会造成该建筑使用的混乱，从而影响其正常的使用。

路的铺装面也因不同性质的道路而异，一般主次道路采取比较平整、耐压力较强的铺装面，如水泥砖、石板、方砖混凝土等材料。小路则可采取较美观自然的路面。公园中主、次道路除用宽度来区分以外，还可用不同材料来表示，这样能够引导游人沿着一定方向前进。

（七）园林中几种常见地形的处理

1. 平地

所谓平地，是指园内坡度比较平缓的用地。这种地形在新型园林中应用得很多。为了组织游人活动、观景及放置文体活动设施、接纳和疏散游人，公园都必须设置一定比例的平地。平地过少，就难以满足广大游人的活动要求。以北京的陶然亭公园和颐和园做比较，即可看出平地的作用。陶然亭公园，平地较多，组织及开展一些群众性活动就可应付自如，如节日组织游园联欢等活动时也不显得过分拥挤。而颐和园由于山、水占地较多，而平地较少，每当春游期间或逢"五一""十一"佳节开展一些活动时，公园显得拥挤不堪。园林中平地大体有如下几种类型：

（1）林间空地

这种平地由于有树荫蔽日，是夏日开展活动的好场所。在我国炎热的南方，园林中更需要这样的平地。

（2）草坪

气氛开阔明朗，是春秋季节或傍晚游人活动的良好场地。因为有草皮覆盖、不起尘土、可坐可卧，不论北方、南方，草坪都是游人喜欢的活动场地。

（3）集散空地

文体活动设施周围的集散空地，这些平地有的有铺装（如建筑前），有的无铺装。其功能除集散游人外也可做开展活动的场所。

平地为了排出地面水，要求具有一定坡度，一般以 5% 的坡度作为最小限制。而这样的坡度是很小的，在施工时是很难做到的，实际上只能理解为一定的排水坡向。园林地面略有起伏，不仅有利于排出地面水，而且可以使地形富于变化。特别是草坪，其变化在 1：20 或 1：5 之间的坡度，使人可以看出地形的柔和起伏，给人以优美的感觉。如上海长风公园、西郊公园，杭州的花港观鱼等公园，都有一些这样的草坪，效果很好。但平地的起伏也不宜过大，太大的坡度不但土方工程量大，而且土方不易稳定，容易造成冲刷。一般认为草坪的最大坡度不能大于 1：4，而裸露的地面的坡度则还要比这个限值更小些。

2. 土山（丘）

土山在园林中的作用很多，较高的土山是全园地形的制高点，可供游人登高远眺或在山上游憩。同时，它也是全园或局部的造景中心，是全园的主景。较低的山丘则可用来阻挡视线，起组织空间和交通的作用。园林中如有水面，则山和水体互相依傍，可形成山环水抱之势。平静的水面和耸立的山丘又可构成水平和垂直线条的对比，从而使景色富于变化。

（1）土山的类型

主景山一般都较高大，有的纯属人工堆造。如上海长风公园的铁臂山、北海公园的琼华岛等都属于这一类型。有的则利用原有山丘因势利导或适当改造而成，如北京颐和园的万寿山，它是供游人登高望远，俯瞰全园及园外景色的好地方。在无山的平原城市主景山最受欢迎。公园中的主景山是全园的主要景色，同时能够营造一定的山林气氛，使园林景色丰富多彩。

主景山在园林中，虽有一定作用，但主景山土方工程量大，不仅投资大，而且必须动员大量人力、物力，因此应当慎重，不宜普遍采用。新型园林有的面积较大，游人也多，活动内容较为复杂，为了使游人互不干扰和创造一些露天演出或电影放映的场地，可以用土丘来进行空间分隔，以形成一些相对独立的空间。

这一类型的山体的形状，应视功能要求来决定。可以是直带状，也可以是环形带状等。设计时要求做得蜿蜒起伏、有断有续，避免过于简单。至于这种土丘的高度，通常以能遮挡视线即可，通常为 2～3 m。个别土丘为了造景要求，也可稍高些。

（2）造山与环境的关系

叠石造山先根据需要配合环境，决定山的位置、形状和大小、高低。小型园林因面积有限，多以山为房屋的主要对景，同时栽植花木以增加生气并弥补其没有水池的缺点，花木大小、高低宜有层次。山的形状需为这些需要提供条件。因此，山的体量需与空间相称，形状宜前低后高，轮廓应有变化，忌最高处正对房屋正面，尤忌在其上建亭。在山的结构上用石不在多，而在于使用得当。

中型与大型园林的山取决于全园布局是以山为主体还是以池为主体，据此来斟酌规模和形状。在以山为主体的园林中，常因强调山的作用而使形体过于庞大，无法和环境调和，如苏州沧浪亭就是在一定程度上有山体过大的缺陷。一面临池的山亦应考虑山形和山上树木成长后的体量是否与池的大小配合得当。山的对岸若建有亭阁楼馆，宜注意山的形体与房屋的大小轮廓能否互相呼应。忌高山与高楼相连接，使园林的某部分过于庞大生硬，如苏州狮子林西北角的状态。山上建高大的建筑，即使建筑本身的造型优美，对园林的空间组织仍有不好的影响。

山不论大小，不需轮廓明显、高低起伏，而最高点不应位于中央，以免呆板。在这点上，以苏州环秀山庄和怡园处理得较好。

假山如建于池的一侧，其高度不应只根据池面宽窄来决定，而应考虑池水水位和对岸地平线的高度。但一般情况是设计师通常忽略后两项因素，尤其是忽略池的最高水位，以致池中水满而感觉山形低小。

（3）陪衬手法

山的衬托手法，首先是利用本身的组合单元，如绝壁、峰、峦、谷、洞、台、路、桥、瀑布等烘托主峰。而这些单元的位置和形体高低、大小又须互相衬托，以产生虚实对比与层次、深度，并增加山形的变化与立体感。

山上种植树应考虑树的位置、疏密、姿态、成长速度等，这样才能发挥植物较好的陪衬作用。一般平坦的坡面以枝条舒畅的落叶树为宜，但不可太密。较大的风岭应以常绿树与落叶树相配合，间距可稍密。峭崖绝壁上应种植枝干盘曲的松树，斜出崖外，再配以少数成长较慢而姿态较好的花木，使古拙与秀丽相结合，这种配置方式比较恰当。

叠石的基本条件是了解山的真实形象和石的形状、纹理与色调，这是叠石的重要前提。也就是说，只有从实际出发进行创作才是正确的方法。若用湖石仿造黄石的山或以黄石叠成湖石的形状或将湖石与黄石混用于一处，都是违反自然规律的。

二、公园绿化规划设计原则和程序

（一）公园设计原则

公园是人们以视觉享受为主的地方，在那里应使人感到赏心悦目，愉快而满足，简称一个字就是"美"，所以公园设计就是求美。

1. 多样统一原则

各类艺术都要求统一且在统一中有变化。这个统一用在公园设计中所指的方面很多，例如形式与风格、造园材料、色彩、线条等。从整体到局部都要讲求统一，但过分统一则显呆板，疏于统一则是杂乱，所以常在统一之上加一个多样，意思是需要在变化之中求统一，避免形成大杂烩。这一原则与其他原则有着密切的关系，是十分重要的公园设计原则。

2. 形式的统一

确定公园形式是自然式、规则式还是混合式，然后将这一形式贯穿在全园的规划与设计中。

3. 风格的统一

风格是因人、因地而逐渐演进形成的。实际上一种风格的形成，除了与气候、国别、民族差异及文化历史背景有关外，还有深深的时代烙印。风格是艺术范畴，形式属哲学领域，二者都要求在公园内达到统一。

4. 建园材料的统一

在同一公园内，园林建筑的材料如使用木结构或仿木结构，无论大小建筑都要求完全一致，不能将钢筋混凝土结构的园林建筑混杂在木结构建筑当中。

5. 色彩的统一

公园内色彩的来源有几个方面，如植物、建筑物、水面等。设计中主要靠植物表现出的绿色来统一全局，随季节变化的植物色彩与终年不变的建筑色彩要注意统一与谐调，以免喧宾夺主而显得主次不分。另外，还有其他方面的统一原则：线条的统一、时代感的统一、闹与静的统一、趣味的统一。

6. 均衡原则

均衡也称平衡，是人对其视觉中心两侧及前方景物所具有的感觉分量。从感觉分量来说有轻有重，从距离来说近则重，远则轻，从色彩来说也有浓重轻淡之感。这些感觉上的轻重因素，正好方便我们设计出巧妙的不对称的平衡效果。

不均衡的布局会使人产生不安定感、不统一感和运动感，以致游人匆匆而去而觉得公园乏味无趣。在公园里，如希望游人流连忘返，需处处留意应用均衡布局。无论哪一种均衡的形式，都是公园设计中求得美景的基础，用以引发游人的游园兴趣。

7. 比例原则

比例是相同性质的物体相比较的一种关系。园林景物是以活植物为主的，相互的比例关系，随着时间的推移而不间断的变化。而且，植物生长快慢不一，其中原因既有自然环境的因素又有本身遗传的特点，所以相互的比例是一个难以求得的数字。不过设计师要大致明了植物生长的快慢习性，以便于设计出相对稳定的配置。

公园中到处需要考虑比例的关系，大到局部与全局的比例，小到一木一石与环境的比例。万一比例失去平衡，品评者很容易发觉。

8. 韵律原则

在音乐或诗词中按一定的规律重复出现相近似的音韵即称为韵律。韵律有两种，一种是"严格韵律"，是以一种内容严格地按一定空间距离重复为特征，人为的韵律感均表现于生硬而明显，给人的感觉严肃而庄重；另一种是经常在自然式公园中出现的"自由韵律"，韵律表现得比较含蓄，不十分严谨，这也是比较难以设计的一种韵律。公园中韵律的形成主要靠植物，设计时，使人产生韵律感的着眼点应放在植物的体形、线条、颜色上。

9. 对比原则

对比是把两种相同或不同的事物或性格做对照或互相比较，在各类艺术中对比均为艺术手法之一。比如创造公园的形象时，为了突出和强调园内的局部景观，利用相互对立的体形、色彩、质地、明暗等使景物或气氛得以表现，从而造成一种强烈的戏剧效果，同时也给游人一种鲜明的审美情趣。

10. 和谐原则

和谐又称协调、调和，是指公园内景物在变化统一的原则下达到色彩、体形、线条等在时间和空间上都给人一种和谐感。这是造园中，从公园的局部到整体随处可见的基本造园要求。

11. 简单原则

"简单"一词含有朴素、坦率、天真的意思，用在园林设计中是指景物的安排要以朴素淡雅为主。自然美是公园设计中刻意追求和模仿的要点，自然美被升华为艺术美要经过一番提炼。

12. 满足"人看人"原则

"人看人"的行为学理论是近二十多年来才提出的新课题，并将此课题引申到公园的设计中来。也就是说，公园设计中应该首先考虑"人的行为问题"。一个好的设计应当能对人的需要做出最敏捷的反应，使游人尽情地游玩，使他们精神焕发、兴趣盎然并满足他们行为的需要。

13. 寻求意境原则

意境就是特定的艺术形象和它所表现的艺术情趣、艺术气氛以及它们可能触发的丰富的艺术联想与幻想。艺术形象、艺术情趣、艺术气氛及艺术联想，在造园艺术设计中应该由设计师反映在构思中，所以说"意"的产生来自主体。然后经过施工、养护、管理而形成一座公园，即触发联想与幻想的"境"。"境"属于客体，意境的产生正是主客体的结合。

14. 生物多样性原则

生物多样性具体包含生态系统多样性、物种多样性和遗传多样性三个层次。生态系统则包含陆生生态系统、水生生态系统、森林生态系统、城市生态系统等，而物种多样性则包括动物、植物、微生物等，遗传多样性（基因多样性）则主要是指同一物种内遗传的变异。城市的生物多样性主要是以植物为主。

多样性具有稳定性，也具有可持续性。只有物种多样，才能确保城市园林具有较强的抗拒外来干扰的能力，构建丰富的园林景观风貌。对生物物种而言，物种单调就意味着危险性的增加，物种多样则意味着安全性的提高。

15. 适地适树原则

选择最适合当地气候及土壤的植物是园林建设的根本所在，只有选对了植物种类，园林建设才能多、快、好、省，否则将会事倍功半，浪费大量的人力、物力。城市具有特殊的小气候及土壤条件，对植物的选择要求较为苛刻，特别是对城市行道树的选择更是要求严格，要求既能够忍耐城市街道强烈的辐射热，又能忍耐瘠薄的土壤。

16. 地域特色原则

选择的园林植物一定要有地域代表性，这样才能有利于营造具有当地特色的风貌。本土植物的栽植量及本土植物与外来植物的比例尤为重要，如果一个城市的基调树种是外来树种，则这个城市的园林风貌很难体现其地域特征。

17. 设计构思与设计原则

（1）强调以人为本，突出功能的主体地位

环境塑造的目的是提升景观质量，同时也是为人服务的。因此，在设计之初就应着重分析并预见环境所要表达的情感内涵和可能形成的空间结构，努力营造一个轻松、愉悦而又富有层次的景观环境空间来满足人们交流、游憩、观赏、娱乐等要求，使之成为一个真正意义上的人与环境相互协调、环境与建筑充分融合的室外非正式交流空间。

（2）融入生态环保意识，坚持以植物造景为主

人居环境受到重视后，生态效益、环境效益便成为人们日益关注的焦点。环境要具有良好的生态效益，强调的是一种生态系统中物流、能量流的良性循环和生态系统的动态平衡，而植物在其中充当了最重要的角色。植物群落是创建绿色空间环境的基础，坚持以植物造景为主，不仅是实现可持续发展的客观要求，也是 21 世纪生态环保意识在景观设计中的具体体现。

（3）以科技为先导，将艺术融入景观

现代景观设计在强调功能的同时，正在向艺术创作和工程技术两个方向深入发展。有了工程技术为先导，艺术创作便是一个突破口。环境景观本身就是一个造型艺术，始终和艺术互相影响、共同发展。所以，在设计中应对场地进行科学的分析和布景，尽可能使景观小品和使用设施雕塑化、艺术化，同时技术应适当超前。

18. 养护管理中省工省时原则

养护管理中省工省时原则有五点：①克服"重建轻养"的倾向，绿地养护的支出是对环境资本的投入，绿地养护是最积极、最根本的保护措施。②要尽快统筹制定养护质量标准和养护经费定额。③加强绿化宣传和绿化执法力度，在加大"依法治绿"力度的同时，应积极倡导"依德治绿"。④采用"科学规划、科学种植，先地下后地上、先土建后绿化、先改良后种植"的手法。⑤长效管理，园林植物依靠持续的养护管理。不断生长、成熟、日益增长其功能和效益。不间断的养护、管理是建设的继续，保证养护管理的持续投入是绿化维持所必需的。

（二）公园规划设计的程序

公园规划设计，首先要考虑该绿地的功能，即要符合用户的期望与要求。规划设计者必须对该地区现在和未来生活环境的变化进行全面探讨，还要明确该公园在改善人们生活环境方面的价值。其次要对该地特性做充分了解，挑选适当的环境，做出恰当的规划。

公园规划设计可分为调查研究阶段、编写计划任务书（设计大纲）阶段、总体规划阶段，技术设计阶段和施工设计阶段。

（1）调查研究阶段

调查内容包括公园范围内的现状地形、水体、建筑物、构筑物、植物，地上或地下管线和工程设施，在调查基础上做出评价，提出处理意见。在保留的地下管线和工程设施附近进行各种工程或种植设计时，应提出对原有物的保护措施和施工要求。规划者要把握当地现状和预测未来的发展，就必须向设计单位、社会环境开展调查，掌握当地社会历史人文资料、用地现状、自然条件并进行规划作业调查。

（2）建设单位的调查

建设单位的调查囊括以下方面：①了解建设单位的性质和历史情况。②建设单位的具体要求以及标准高低。③建设单位的经济能力、投资限额、材料、资料。④建设单位的管理能力、技术人员、施工机械状况等。2.社会环境的调查

社会环境的调查包括以下方面：①城市规划中的土地利用。②社会规划、经济开发规划、社会开发规划、产业开发规划。③使用效率的调查（居民人口，服务半径，其他娱乐设施场所，居民使用方式、时间、年龄，形式和内容、人流集散方向）。④交通（铁路、公路、水路、桥梁、码头、停车场、航空等条件）。⑤电信及周围环境的关系（城市中心、近郊工矿企业区、风景旅游区）。⑥环境质量（水、气、噪声）以及工农业生产（农用地及主要产品、工矿企业分布、生产对环境影响）设施情况（给排水的地下系统、能源、文化娱乐体育活动设施、景观设施以及原来用房的面积、风格、结构材料、损耗情况）。⑦社会管理法令、社会限制等。

（3）历史人文资料调查

历史人文资料调查包含以下方面：①地区性质（农村、渔村、未开发地、大小城市、人口、产业、经济区）。②历史文物（文化古迹种类、历史文献遗址）。③居民（传统纪念活动、民间特产、历史传统、生活习惯等）。

（4）用地现状调查

用地现状调查包括以下方面：①核对、补充所收集到的图纸资料。②土地所有权、边界线、四邻。③方位、地形、坡度。④建筑物的位置、高度、式样、个性，植物，特别是应保留的古树。⑤土壤、地下水位、遮蔽物、恶臭、噪声、道路、煤气、电力、上水道、排水、地下埋设物、交通量、景观特点、障碍物、第一印象（直感）。

（5）自然环境的调查

自然环境的调查包括七种：①气象包括气温（平均、绝对最高、绝对最低），湿度、降雨量、每月风速、风向、风力、有云天数、日照天数、大气污染、积雪厚、冻土、结冰期、霜期、晴雨和特别的小气候。②地形地貌，包括地形起伏度、谷地开合度、地形

山脉倾斜方向、倾斜度、沼泽地、低注地、土壤冲刷地、泛滥痕迹、安全评价。③地质，包括地质构造、断层母岩、表层地质。④土壤，包括种类、分布、性质、侵蚀、排水、肥沃度、土层厚度及地下水位。⑤水系，包括河川，湖泊，水的流向、流量、速度，水质pH（化学分析及细菌检验），水深，常水位，供水位，枯水位及水利工程特点（景观）。⑥生物，包括植物、野生动物的数量，生态，群落，古老树，生长情况，年龄，特点，分布及健康状况。⑦景观，包括种类、方位、价值、航空照片和景观照相等。

（6）规划作业调查

定性调查：与公园性质有关的统计材料，例如动物园需要动物分布与利用统计，运动公园需要运动人数、设施等。定量调查：与规划量有关的内容，如空间的最大、最适、最小和使用单位、利用面积。

（7）调查资料的分析与利用

资料的选择、分析、判断是规划的基础。把收集到的上述资料制作成图表，从而在一定方针指导下开展分析、判断，选择有价值的内容。随地形、环境的变化，勾画出大体的骨架，进行造影比较，决定大体形式，作为规划设计参考。

对规划本身来说，不一定把全部调查资料都用上，但要把最突出的、著名的、效果好的整理出来，以便利用。在分析资料时，要着重考虑采用性质差异大的资料。

（8）规划设计图纸的准备

1）现状测量图

现状测量图包含位置大小、比例尺、方位、红线、范围、坐标数、地形、等高线、坡度、路线、地上物、产权等，近邻环境情况、主要单位、居住区位置、主要道路走向、交通量、该区今后发展情况、煤气、能源、水系利用、建筑物位置、大小式样风格，表示出保留、拆除、利用、改造意见，反映现有树木种类、高度、道路分布、断面，现有设施基础、排水、溢水情况。

2）总体规划图纸（地形、比例尺）

小公园（8公顷下）比例尺为1∶500，平地上坡度为10%以下，等高距为0.25 m；坡度10%以上，等高距为0.50 m。丘陵地坡度为25%以下，等高距为0.5 m；坡度25%以上，等高距为1～2 m。中等公园（8～100公顷）比例尺为1∶1000～1∶2000。100公顷大比例尺，等高距可密些；小比例尺，等高距可稀些。如比例1∶100、坡度为10%以下时，等高距为0.5 m；坡度为10%～25%以下时，等高距为1 m；坡度为25%以上时，等高距为2 m。大公园（100公顷以上）比例尺为1∶2000或1∶5000，等高距根据地形坡度可用1～5 m。

3）技术设计测量图纸

比例尺为1∶5000。方格测量桩距离为20～50 m。等高线间隔为0.25～0.5 m。道路、广场、水面、地面、各建筑物地面高，绘出各种公用设备网、地形岩石水面、乔木和灌木群位置和要保留的建筑物、平面位置、宅内外标高、立面、尺寸、色彩。

4）施工所需测量图（精细设计的部分）

比例尺为1∶200，方格木桩大小视平面大小和地形而异，20～50 m平面可大些，复杂地形可小些。等高线间距 0.25 m，必要地点等高线间距为 0.1 m。画出原有主要树木品种、树形大小、树群及孤立木、花灌木丛轮廓面积、好的建筑物、山石、泉池等；环境景物秀丽可以入园者，应画出借景方向。

当然，不是任何绿地的调查项目范围都是千篇一律的，也不能认为关系不大的项目就不去调查。不同条件的地区，调查项目的重点也能不同。

2. 编写计划任务书（设计大纲）阶段

计划任务书是进行某园林绿地设计的指示性文件：①明确规划设计的原则。②弄清该园林绿地在全市园林绿地系统中的地位和作用以及地段特征、四周环境、面积大小和游人容纳量。③设计功能分区和活动项目。④确定建筑物的项目、容量、面积、高度、建筑结构和材料的要求。⑤拟定规划布置在艺术、风格上的要求，园内公用设备和卫生要求。⑥做出近期、远期的投资以及单位面积造价的定额。⑦制定地形、地貌的图表、水系处理的工程。第八，拟出该园分期实施的程序。

3. 总体规划阶段

任务书经上级同意后，根据规划设计任务书的要求进行总体规划。在充分熟悉规划地区调查资料的基础上，要认真组织各功能分区。从占地条件、占地特殊性和限制条件等分析，定出该地区可能接受的功能及其规模大小等，并对某些必要的功能进行大略的配置。在本区域包含的功能中要有为主的功能单元，首先画出规模，然后探讨单元，再定出较好的功能组合画面。

功能图即组织整理和完成功能分区的图面。也就是按规划的内容，以最高的使用效率来合理组合各种功能，并以简单的图面形式表示。合理组织功能与功能的关系、人流动线与车流动线的关系，并可抽象地在图面上进行讨论。较大规模的公园绿地可用 1 : 10000 ～ 1 : 25000 图面，通常公园绿地可用 1 : 600 ～ 1 : 3000 图面。

另外，为了获得较好的功能分区，可将同一个方案分配给数人同时进行，经讨论分析，再形成新的方案。也可用功能不同的纸板移动的方法或者用统计学的方法来探讨最好的功能组合方案，然后再进行图面设计。

由于占地条件的限制，在规划时应把功能确定在理想的范围；或者由于占地的优势，也可将功能图修正。但是必须注意，在功能配置时可能导致自然的破坏，必须保证把占地自然环境中潜在力最大的方面，用来创造对人们有意义的生活环境。

如园林绿地面积较大、地面现状较复杂，可将图号等大的透明纸的现状地形地貌图、植物分布图、土壤分布图、道路及建筑物分布图，层层重叠在一起，有利于消除相互之间的矛盾，做出详细的总体规划图。在总体规划时，需做出如下图面。

（1）公园绿地的位置图（1 : 5000 ～ 1 : 10000）

要表现该公园在城市中的位置、轮廓、交通和四周街坊环境关系，利用园外借景，处理好障景。

（2）现状分析图

根据分析后的现状资料归纳整理，形成若干空间，用圆圈或者抽象图形将其粗略地表示出来。如对四周道路、环境分析后，可划定出入口的范围；若某一方向居住区集中、人流多、四通八达，则可划为比较开放、活动内容比较多的区。

（3）功能分区图

按照规划设计原则和现状分析图确定该公园分为几个空间，使不同的空间反映不同的功能，既要形成一个统一整体，又能反映各区内部设计因素间的关系。

（4）道路系统规划图

道路系统规划图是在确定出主要出入口、主要道路和广场的位置、消防信道，同时确定出主、次干道等的位置、各种路面的宽度、主要道路的路面材料和铺装形式等后所制作的图。它可协调修改竖向规划的合理性。在图纸上用虚线画出等高线，再用不同粗细的线条表示不同级别的道路和广场，并标出主要道路的控制高度。

（5）园林建筑规划图

根据规划设计原则，分别画出园中各主要建筑物的布局、出入口、位置及立面效果图，便于检查建筑风格是否统一和景区环境是否协调等。彩色立面图或效果图可拍成彩色照片，以便与图纸配套，送甲方审核。

（6）竖向规划图

根据规划设计原则以及功能分区图，确定需要分隔遮挡成通透开敞的地方。另外，加上设计内容和景观的需要，绘出制高点、山峰、丘陵起伏、缓坡平原、小溪河湖等；同时要确定总的排水方向、水源以及雨水聚散地等。还要初步确定园林主要建筑所在地的高程及各区主要景点、广场的高程，用不同粗细的等高线控制高度及不同的线条或色彩表示出图面效果。

（7）电气规划图

以总体规划方案及树木规划图为基础，规划总用电量、利用系数、分区供电设施、配电方式、电缆的敷设以及各区各点的照明方式、广播通信等设施。可以在树木规划图的基础上用粗线、黑点、黑圈、黑块等表示。

（8）管线规划图

以总体规划方案及树木规划为基础，规划上水水源的引进方式、总用水量、消防、生活、造景、树木喷灌、管网的大致分布、管径大小、水压高低及雨水、污水的排放方式等。如果工程规模大、建筑多、冬季需要供暖，则需考虑取暖的方式、负荷量、锅炉房的位置等。在树木种植规划图的基础上用粗线表示，并且加以说明。

（9）绿化规划图

根据规划设计原则，总体规划图要考虑苗木来源等情况，安排全园及各区的基调树种，确定不同地点的密林、疏林、林间空地、林缘等种植方式和树林、树丛、树群、孤立树等以及花草栽植点等。还要确定最好的景观位置（即透视线的位置），应突出视线集中点上的树群、树丛、孤立树等。图纸上可按绿化设计图例表示，树冠表示不宜太复杂。

（10）总体规划平面图（1∶500，1∶1000，1∶2000）

总体规划平面图包括界线、保护界线、大门出入口、道路广场、停车场、导游线的组织；功能分区活动内容，如种植类型和分布、苗木计划、建筑面积分布、地形、水系、水底标高、水面、工程构筑物、铺装、山石、栏杆、景墙、公用设备网络、人流动线及方向。

（11）总体规划的表现图、设计说明书

按照总体规划制作成模型，各主要景点应附有彩色效果图，一并拍成彩照、图纸和照片，全部交付甲方审核批准。表现图有全园或局部中心主要地段的断面图或主要景点鸟瞰图，以表现构图中心、景点、风景视线、竖向规划、土方平衡和全园的鸟瞰景观，以便检验或修改竖向规划、道路规划、功能分区图中各因素间是否矛盾、与景点有无重复等。设计说明书，主要是说明设计意图。它包括位置、现状、范围、面积、游人量、工程性质、规划设计原则、规划设计内容（出入口、道路系统、竖向设计、河湖水系等）、功能分区（各区内容）、面积比例（土地使用平衡表）、树木安排、管线电气说明、管理人员编制说明、估算（按总面积、规划内容、凭经验粗估以及按工程项目、工程量、分项估计汇总）、分期建园计划等。

4. 技术设计阶段

技术设计又称为详细设计。技术设计阶段是指根据总体规划设计要求，对每个局部实施技术设计的过程。它是介于总体规划与施工设计阶段之间的设计。

平面图比例用 1：100～1：500。包括公园出入口设计（建筑、广场、服务小品、种植、管线、照明、停车场）；主要道路（分布、走向、宽度、标高、材料、曲线转弯半径、行道树、透景线）；主要广场（形式、标高）；建筑及小品（平面大小、位置、标高、平面、立面、剖面、主要尺寸、坐标、结构、形式、主设备材料）；植物的种植，花坛和花台面积的大小、种类、标高，水池范围、驳岸形状、水底土质处理、标高、水面标高控制，假山位置、面积、造型、标高等高线，地面排水设计（分水线、江水线、江水面积、明暗沟、进水口、出水口、窨井）；主要工程的序号，给水、排水、管线、电网尺寸（埋在地下的深度、标高、坐标、长度、坡度、电杆或灯柱）。如用方格施工，需依据测量基桩，每隔 20～50 m 画出方格。

此外，根据艺术布局的中心和最重要的方向，做出断面图或剖面图。包括主要建筑物的平面图、立面图、剖面图和鸟瞰透视图以及说明书、初步预算等。

5. 施工设计阶段

根据已批准的规划设计文件、技术设计资料和要求进行设计。要求在技术设计中未完成的部分都应在施工设计阶段完成，并做出施工组织计划和施工程序。

在施工设计阶段要做出施工总图、竖向设计图、道路广场设计、种植设计、水系设计、园林建筑设计、管线设计、电气管线设计、假山设计、雕塑设计、栏杆设计、标牌设计，做出苗木表、工程量统计表、工程预算表等。

（1）施工总图（放线图）

表明各设计因素的平面关系和它们的准确位置。标出放线的坐标网、基点、基线的位置。其作用一是作为施工的根据，二是作为画平面施工图的依据。

图纸内容包括：保留现有的地下管线（红线表示）、建筑物、构筑物、主要现场树木等；设计地形等高线（细黑虚线表示）、高程数字、山石和水体（以粗黑线加细线表示）；园林建筑和构筑物的位置（以粗黑线表示）；道路广场、园灯、园椅、果皮箱等（用中等黑线表示）；放线坐标网做出工程序号、透视线等。

（2）竖向设计图（高程图）

用以表明各设计因素的高差关系。如山峰、丘陵、高地、缓坡、平地、溪流、河湖岸边、池底、各景区的排水方向、雨水的汇集点、建筑物、广场的具体高程等。一般绿地坡度不得小于 0.5%，缓坡度在 8% ～ 12%，陡坡在 12% 以上，图纸包含以下内容：

1）平面图

依竖向规划，在施工总图的基础上表示出现状等高线、坡坎（细红线表示）、高程（红数字表示）；设计等高线、坎坡（黑线表示）、高程（黑色数字表示）、同一地点［以△△／△（△△）表示］；设计的溪流河湖岸边、河底线及高程、排水方向（以黑色箭头表示）；各景区园林建筑、休息广场的位置及高程；挖方、填方范围等（注明填方量、挖方量）。

2）剖面图

剖面图主要部位的山形、丘陵坡地的轮廓线（用黑粗线表示）及高度、平面距离（用黑细线表示）等。注明剖面的起讫点、编号与平面图配套。

（3）道路广场设计

道路广场设计主要表明园内各种道路和广场的具体位置、宽度、高程、纵横坡度、排水方向；路面做法、结构；道路广场的交接、拐弯、交叉路口、不同等级道路的交接、铺装大样、回车道、停车场等，图纸内容包括以下两点：

1）平面图

按照道路系统规划，在施工总图的基础上，用粗细不同线条画出各种道路广场、台阶、山路的位置。在主要道路的拐弯处，标明每段的高程、纵坡坡度的坡向（黑色细箭头表示）等。混凝土路面纵坡在 0.3% ～ 3.5% ～ 5%，横坡在 1.5% ～ 2.5%，圆石或拳石路纵坡在 0.5% ～ 7% ～ 9%，横坡在 3% ～ 4%；天然土路纵坡在 0.5% ～ 6% ～ 8%，横坡在 3% ～ 4%。

2）剖面图

比例一般为 1 ：20。首先画出平面大样图，表示路面的尺寸和材料铺设方法；然后在其下方做剖面图，表示路面的宽度及具体材料的拼摆结构（面层、垫层、基层等）、厚度、做法。每个剖面都编号，并与平面图配套。另外，还应做路口交接示意图，用细黑线画出坐标网，用粗线画出路边线，用中等线条画路面内铺装材料拼接、摆放等。

（4）种植设计图（植物配置图）

种植设计图主要表现树木花草的种植位置、品种、种植方式、种植距离等。图纸内容包含以下两点：

1）平面图

根据树木规划，在施工总图的基础上，用设计图例画出常绿树、阔叶落叶树、针叶落叶树、常绿灌木、开花灌木、绿篱、灌木篱、花卉、草地等具体位置以及品种、数量、种植方式、距离等。至于如何搭配，同一幅图中树冠的表示不宜变化太多，花卉绿篱的表示也应统一。针叶树可加重突出，保留的现状树与新栽的树应区别表示。复层绿化时，可用细线画大乔木树冠，但不要压冠下的花卉、树丛花台等。树冠尺寸大小以成年树为标准，如大乔木 5～6 m，孤立树 7～8 m，小乔木 3～5 m，花灌木 1～2 m，绿篱宽 0.5～1 m。树种名、数量可在树冠上注明，若图纸比例小，不易注字，可用编号的形式，但在图旁需附上编号树种名、数量对照表。

成行树要注上每两株树间的距离，同种树可用直线相连。

2）大样图

重点树群、树丛、林缘、绿篱、花坛、花卉及专类园等，可附大样图，比例用 1：100。要将组成树群、树丛的各种树木位置画准，注明品种数量，用细线画出坐标网，注明树木间距。在平面图上方做出立面图，以便施工参考。

（5）水系设计图

水系设计图表明水体的平面位置、水体形状、大小、深浅及工程做法。图纸内容包括四点。

1）平面位置图

依竖向规划以施工总图为依据，画出泉、小溪、河湖等水体及其附属物的平面位置。用细线画出坐标网，按照水体形状画出各种水体的驳岸线、水底线和山石、汀步、小桥等位置，并分段注明岸边及池底的设计高程。最后用粗线将岸边曲线画成折线，作为湖岸的施工线，用粗线加深山石等。

2）纵横剖面图

水体平面及高程有变化的地方都要画出剖面图。通过这些图表示出水体的驳岸、池底、山石、汀步及岸边处理的关系。

3）进水口、溢水口、泄水口大样图

如暗沟、窨井、厕所粪池等，还有池岸、池底工程做法图。

4）水池循环管道平面图

在水池平面位置图的基础上，用粗线将循环管道走向、位置画出，注明管径、每段长度、标高以及潜水泵型号，并加以简单说明，确定所选管材和防护措施。

（6）园林建筑设计图

表现各景区园林建筑的位置及建筑物本身的组合、尺寸、式样、大小、高矮、颜色及做法等。如以施工总图为基础画出建筑物的平面位置、建筑底面平面、建筑物各方向的剖面、屋顶平面、必要的大样图、建筑结构图及建筑庭园中活动设施工程、设备、装修设计。

（7）管线设计图

在管线规划图的基础上，表现出上水（消防、生活、绿化用水）、下水（雨水、污水）、暖气、煤气等各种管网的位置、规格、埋深等，图纸内容包括两点：①平面图，在种植设计图的基础上，表示管线及各种井的具体位置、坐标，并标明每段管的长度、管径、高程以及如何接头等，每个井都要有编号。原有干管用红线或黑色细线表示，新设计的管线及检查井，则用不同符号的黑色粗线表示。②剖面图，画出各号检查井，用黑色粗线表示井内管线及截门等交接情况。

（8）电气管线设计图

在电气规划图的基础上，将各种电气设备、绿化灯具位置及电缆走向位置等表示清楚。在种植设计图的基础上，用粗黑线表示出各路电缆的走向、位置及各种灯的灯位及编号、电源接口位置等。标明各路用电量、电缆选型敷设、灯具选型及颜色要求等。

（9）假山、雕塑、栏杆、踏步、标牌等小品设计图

做出山石施工模型，便于施工者掌握设计意图，参照施工总图及水体设计画出山石平面图、立面图、剖面图，注明高度及要求。

（10）苗木表及工程量统计表

苗木表包括编号、品种、数量、规格、来源、备注等。工程量包含项目、数量、规格、备注等。

（11）设计工程预算

设计工程预算包括土建部分和绿化部分。土建部分按项目估出单价，按市政工程预算定额中的园林附属工程定额计算出造价；绿化部分按基本建设材料预算价格制定苗木单价，按建筑安装工程预算定额的园林绿化工程定额计算出造价。

三、公园的种植规划及设计

城市公园中具有优美的环境，它使游人尽情享受大自然的诱人魅力，从而振奋精神、消除疲劳、忘却烦恼、促进身心健康。园林植物是公园造景的主体，是园林中有生命的主要材料，园林植物的合理配置既能充分展示其本身的观赏特性，更能创造优美的环境艺术效果。不同形状的树木，经过合理的配置，其高低、大小、形状、色彩的变化会产生韵律感、层次感，对环境的景观效果起着巨大的作用，还可以陪衬其他造园题材形成生机盎然的画面，创造出幽邃旷远的意境。科学、合理的植物种植设计在很大程度上决定了公园景观的观赏效果和公园各种功能的发挥，充分认识、科学选择、艺术配置绿化植物，对提高公园绿化水平，改善城市环境质量，维持生态平衡，创造公园优美的景观有重要的意义。

（一）园林植物种植设计的原则

1. 遵循人与自然和谐统一的原则

要以人为本，遵循生态原则，从视觉景观、生态环境、大众行为等方面考虑，创造回归自然、融于自然的意境，达到人与自然的和谐统一。

2. 总体艺术布局要协调

一般规则式园林，植物配植多采用对植、行植等规则式布局，而在自然式园林中，则采用不对称的自然布局，充分体现植物材料的自然姿态。不同的环境要求采用不同的种植形式，比如建筑物周围，主要道路及大门处，多采用规则式种植，而在自然山水、

起伏草坪及不对称的小型建筑附近，则采用自然式种植，要注意植物空间立体结构的韵律感，以求得总体布局的协调。

3. 植物配置必须主次分明，疏密有致

多树种配植、混植时可以一种或两种为主，切忌平分。常绿树四季常青，庄严深重，但缺乏变化；落叶树色彩丰富，比较轻松活泼，但冬季叶落萧疏。常绿树与落叶树互相配置就能弥补各自的缺点而发挥优势。为了使落叶树突出鲜明色调，常绿树要低于或高于落叶树。灌木群能够利用自然地形起伏，使之形成错落有致的轮廓线。乔木、灌木组成树丛时，开朗的空间要有封闭的局部；封闭的空间要开辟透视线，以形成虚实对比。

4. 植物配置要注意季相的变化

植物的配置要做到"四季常青，三季有花"，又要注意四季景色的变化。每个区域突出一个季节植物，重点地区应使四季皆有景色。在以一季景观为主的地段也应点缀其他季节的内容，否则一季过后，就会显得单调。

5. 充分考虑植物的观赏特性

植物材料本身有各自的观赏特点，有观叶的、观花的、观果的、赏姿的、闻香的和听声的。充分利用其特点可以增强观赏性，增强景观效果，增加趣味性。

6. 植物配置要与建筑物和谐

植物配置要按建筑的体形、结构，全面考虑，合理的植物配置不仅可使建筑产生四季的季相变化，还可以衬托和丰富园景。体型较大、立面庄严、视野辽阔的建筑物附近，要选主干高粗、树冠开阔的树种。高大的乔木要配置在建筑物稍远的地方。在结构细巧、玲珑、精美的建筑物四周，要选栽一些叶小、枝条纤细、树冠稠密的树种。考虑透视需要，宜栽一些低矮的灌木、花卉，使得不显得过分单调。池岸水边大树配植宜疏，灌木也不宜过密，以免妨碍眺望。

（二）园林植物配植的形式

1. 乔木的配置形式

乔木的配置形式主要有孤植、对植、行植、丛植和群植等。

2. 灌木的配植

灌木枝叶繁茂，可以增加树冠层次。很多灌木有艳丽的花果。配植得宜，可使景色更富变化。在高大乔木下布置适当的灌木，给人层次丰富的感觉。空透的地方，灌木要有一定的高度。路旁栽植灌木，紧靠路边的，要幽深自然，离路边远的，宜平坦开朗。草地边缘布置大片灌木丛，能增加空间的宁静感。

3. 花卉的配置

花卉有丰富的色彩，能产生欣欣向荣的气氛。规则式通常采用花台、花坛、花镜、花带等形式，其特点是能集中地丰富某一局部景色，给人以强烈、鲜明、欢快的感受。自然式多采用疏落的丛植形式，饶有自然风趣。在花台配置花卉时，必须做到层次分明。

色彩协调，开花整齐。花卉的配置多用补色对比组合，这样能产生强烈的色彩效果。如用紫色的三色堇与橙黄色的金盏菊配合，蓝色藿香蓟与黄色波斯菊对比。在草地上栽植大红美人蕉等红色系花卉都能收到很好的对比效果。

4. 攀缘植物的配置

攀缘植物生长快，枝繁叶茂，花色艳丽，在墙边、棚架花廊、屋顶、墙面均可种植。如紫藤、蔷薇、爬山虎、葡萄、凌霄和山荞麦等，能起到遮阴、防尘、隔音、隔热和装饰的作用，还可用来装饰灯柱、门框、丰富园景，是现代园林绿化的一种特殊形式。

（三）公园园林植物的种植设计

1. 公园绿化树种的选择

由于公园面积大、立地条件及生态环境复杂、活动项目多，所以选择绿化树种不仅要掌握一般规律，还要结合公园特殊要求，因地制宜，以乡土树种为主，以外地珍贵的驯化后生长稳定的树种为辅；充分利用原有树木和苗木，以大菌为主，适当密植；以速生树种为主、速生树种和长寿树种相结合。要选择具备观赏价值，又有较强抗逆性、病虫害少的树种，不得选用有浆果和招引害虫的树种，以便于管理。

2. 公园绿化种植布局

根据当地自然地理条件、城市特点、市民爱好等进行乔木、灌木、草坪的合理布局，创造优美的景观。既要做到充分绿化、遮阳、防风，又要满足游人对日光浴的需要。

（1）选用两至三种树

形成统一基调。通常来讲，北方常绿树占 30% ~ 50%，落叶树占 50% ~ 70%，南方常绿树占 70% ~ 90%。在出入口、建筑物四周、儿童活动区以及园中园的绿化应该富于变化。

（2）在娱乐区、儿童活动区

可选用红、橙、黄等暖色调的植物花卉来营造热烈的气氛；在休息区或纪念区，可选用绿、紫、蓝等冷色调的植物来保证自然肃穆的气氛；在游览休闲区，要形成一年四季季相动态变化，春季观花，夏季浓荫，秋季观叶，冬季有绿色的景观效果，以吸引游客欣赏。

（3）颜色对比

公园近景环境绿化可选用强烈对比色，以求醒目；远景绿化可选用简洁的色彩，以求概括。

3. 公园设施环境的绿化种植设计

（1）公园出入口的绿化种植设计

大门为公园主要出入口，大多面向主干道。绿化时应注意丰富街景并与大门建筑相协调，同时还要突出公园特色。如果大门是规则式建筑，那就应该用对称式布置绿化；如果大门是不对称式建筑，则应使用自然式布置绿化。大门前的停车场，四周可用乔、灌木绿化，以便夏季遮阳及隔离四周环境；在大门内部可用花池、花坛、灌木与雕塑或导游图相配合，也可铺设草坪，种植花、灌木，但不应有碍视线，并且需便利交通和游人集散。

（2）园路的绿化种植设计

园路的绿化种植主要干道绿化可选用高大、浓荫的乔木和喜阳的花卉植物在两旁布置花境，但在配植上要有利于交通，还要根据地形、建筑、风景的需要而起伏、蜿蜒。小路深入到公园的各个角落中，其绿化更要丰富多彩，达到步移景异的目的。山水园的园路多依山面水，绿化应点缀风景而不碍视线。平地处的园路可用乔灌木树丛、绿篱、绿带分隔空间，使园路高低起伏，时隐时现，山地则要根据其地形的起伏、环路等绿化需要有疏有密；在有风景可观的山路外侧，宜种植矮小的花灌木及草花，才不影响景观；在无景可观的道路两旁，可以密植、丛植乔灌木，使得山路隐在丛林间，形成林间小道。园路交叉口是游人视线的焦点，可用花灌木点缀。

（3）广场绿化种植设计

广场的绿化既不能影响交通，又要形成景观。如休息广场，四周可植乔木、灌木；中间布置草坪、花坛，形成宁静的气氛。停车铺装广场，应留有树穴，种植落叶大乔木，利于夏季遮阳，但是冠下分枝高应为4 m，以便停车。如果与地形相结合种植花草、灌木、草坪，还可设计成山地、林间、临水之类的活动草坪广场。

（4）公园小品建筑周围的绿化种植设计

公园小品建筑附近可设置花台、花坛、花境等。建筑物室内可设置耐阴花木，门前可种植浓荫大冠的落叶大乔木或布置花坛等。沿墙可利用各种花卉境域，成丛布置花灌木。所有树木花草的布置都要和小品建筑相协调，与周围环境相呼应，四季色彩变化要丰富，给游人以愉快的感觉。

4. 公园各功能分区的绿化种植设计

（1）公园管理区的绿化种植设计

要根据各项活动的功能不同，因地制宜开展绿化，但要与全园的景观相协调。为了使公园与喧哗的城市环境隔离开，保持园内的安静，可在周围特别是靠近城市主要干道的一面及冬季主风向的一面布置不透式的防护林带。

（2）科普及文化娱乐区的绿化种植设计

科普及文化娱乐区地形要求平坦开阔，绿化要求以花坛、花境、草坪为主，便于游人集散。可适当点缀几株常绿大乔木，不宜多种灌木，以免妨碍游人视线，影响交通。在室外铺装场地上应留出树穴，栽植大乔木。各种参观游览的室内，可布置一些耐阴或盆栽的花木。

（3）体育活动区的绿化种植设计

体育活动区绿化宜选择生长速度快，高大挺拔、冠大而整齐的树木，以利于夏季遮阳，但不宜用那些落花、落果、有絮状物等种毛散落的树种。球类场地四周的绿化要离场地5～6 m，树种的色调要求单纯，便于形成绿色的背景。不要选用树叶反光发亮的树种，以免刺激运动员的眼睛。在游泳池附近可设置花廊、花架，种植不带刺或不落果的花束。

（4）儿童活动区的绿化种植设计

该区可选用生长健壮、冠大浓荫的乔木来绿化，忌用有刺、有毒或有刺激性的植物，四周应栽植浓密的乔灌木，与其他区域隔离。活动场地中要适当疏植大乔木，供夏季遮阳。在出入口可设置雕塑、花坛、山石或小喷泉等，配以体型优美、色彩鲜艳的灌木和花卉，以提升儿童活动的兴趣。

（5）游览休息区的绿化种植设计

以生长健壮的树种为骨干，突出周围环境季相变化的特色。在植物配植上根据地形的高低起伏变化和天际线的变化，采用自然式配植树木。在林间空地中可设置草坪、亭、廊、花架、坐凳等，在路边或转弯处可设置牡丹园、月季园等专类园，并设置适当的私密空间。

总之，公园园林植物的种植设计要遵循园林植物的配置原则，按照植物的生物学特性，从公园的功能、环境质量、游人活动、庇荫等要求出发来全面考虑，同时也要注意植物布局的艺术性；在景点建设时根据活动分区的不同，植物的配置要求也不相同。科学、合理的植物种植设计能够提高公园的整体景观艺术效果，给游人营造更加优美的观赏环境。

（四）园林植物配置与造景

要坚持突出生态，尽量保留原有的植物群落和生态群落，做到乔、灌、草、花卉合理搭配，切实发挥绿化的生态功能，而且要注重运用建筑小品、城市雕塑等造园的手段，表现具备深厚文化内涵的园林景观，把自然山林中有价值的东西带回城市，引入城区。

1. 植物造景的时空序列节奏与其自然美

植物在景观表现上有很强的自然规律性和"静中有动"的时空变化特点。"静"是指植物的固定生长位置和相对稳定的静态形象构成的相对稳定的物境景观。"动"则包括两个方面：①当植物受到风、雨外力时，它的枝叶、花香也随之摇摆和飘散。②植物体在固定位置上随着时间的延续而生长、变化，由发芽到落叶，从开花到结果，由小到大的生命活动。

2. 植物造景的独立景观与表现形式

（1）孤植树

孤植树是单形体的树木形态与色彩的景观表现形式。通常配植在开阔空间中或视线开阔的山崖坡顶处，通常是所在空间的主景和焦点。不同的空间形式和树种，具有不同的景观效果。

（2）树丛

树丛按形式美的构图规律，既表现树木群体美，又烘托树木个体美的丛状组合形式。在形态上有高低、远近的层次变化；色彩上有基调、主调与配调之分。群体的疏密错落布局形成明显的空间归属关系，随着观赏视点的变换和植物季相的演变，树丛的群体组合形态、色彩等景象表现也随之变化。

（3）花坛

花坛是以草本花卉为主的众多植株的集合体。以艳丽的花卉群体色彩表现花坛的图案纹样或模拟造型，具备工艺美的表现特点。

（4）树群

树群是以树木群体美为主的树丛群体的扩展形式。可采用纯林，更宜采用混交林。由乔、灌、花草共同组成自然式树木群落，具有曲折迂回的林缘线，起伏错落的林冠线和疏密有致的林间层次，立体感强。

3.园林植物与其他景观材料的组合

（1）植物造景对园林建筑景观的作用

园林植物造景对园林建筑的景观有着明显的衬托作用；园林植物造景对园林建筑有着自然的隐露作用；植物造景能改善园林建筑的环境质量。

（2）植物造景对山石水体的作用

"山本静水流则动，石本顽树活则灵。"虽然山石水体是自然式园林的骨架，还需有植物、建筑和道路的装点陪衬，才会有"群山郁苍、群木荟蔚、空亭翼然、吐纳云气"的景象及"山重水复疑无路，柳暗花明又一村"的境界。

（3）植物造景对园林道路的组景作用

园林道路除必要的路面用硬质材料铺装外，路旁均以树木、草皮或其他地被植物覆盖。游览小路也以条石或步石铺于草地中，才能达到"草路幽香不动尘"的环境效果。

4.植物造景体现园林特色与地方特色

利用园林植物突出个性，表现地方特色早为前人所运用。因为不同地区的地理、气候条件各异，园内应有本地区的代表性观赏植物。地区性的乡土树种是体现园林地方特色的最好材料。这种因自然条件形成的地方性特征，也是园林植物自然美素质的表现。

（五）园林植物的养护措施

园林的后期养护工作，包括以下四点：①浇水。浇花的水质以软水为好，一般使用河水，其次为池水及湖水。取东风渠的水即可。就浇水的时间和次数来说，应注意在夏秋季节多浇，在雨季则不浇或少浇；在高温时期，中午切忌浇水，宜早、晚进行；冬天气温低，宜少浇并在晴天上午10点左右浇；春天浇花宜中午前后进行，每次浇水不宜直接浇在根部，要浇到根区的四周，以引导根系向外伸展。每次浇水过程中，按照"初宜细、中宜大、终宜畅"的原则来完成，以免表土冲刷。②施肥。③中耕除草。中耕除草是花卉养护的重要环节，如果忽视会影响其生长发育。④修剪。有时一些花卉植物枝叶生长过于繁茂，内部通风透光受阻，容易引起病虫害，为了调节植株各部的生长，促进开花，防止病虫害，就要对它们进行修剪，这是非常重要的工作。

（六）公园的种植规划

公园的种植规划应在公园的总体规划过程中，与功能分区、道路系统、地貌改造以及建筑布置等同时进行，确定适宜的不同种植类型。不应该在其他部分完成后再采用填空白的方法进行规划，以保证各部分相互配合，全园形成有机整体。综合性公园的种植规划要注意以下三个方面的问题：

1. 公园活动特点

为了保持公园内的卫生状况，公园四周要栽植卫生防护林带，以达到防风沙、隔噪声的目的。为了避免尘土飞扬，公园内除了栽种树木外，应尽量多铺草皮和种植地被植物。公园的绿化要满足不同分区的功能要求，各区可根据不同的活动内容，安排适宜的植物种类和种植类型。如儿童活动区的植物要求体态奇特，色彩鲜艳，无毒无刺；而安静休息区的植物要求多种多样，以构建不同的景观，给人以置身大自然的感觉。体育活动区要求大树遮阴，健壮，无飞絮落果，色彩单调和大面积的草地。文化娱乐区人流量大，绿化要求具备遮阴、美化、四季有明显特征等效果，以体形整齐大方的乔木和常绿树为主，主要建筑附近可设花坛、花镜等。

2. 公园树种选择

公园绿地面积较大，有较多的立地条件和生态环境，比如有不同的地形、土壤、小气候条件的变化等。同时，公园的任务也多样化，既要容纳大量游人开展文艺科普活动，又需创造安静的游览休息绿化环境，因此树种选择除符合一般规律外，还应结合公园的特殊要求。公园中游人密度大，植物的养护管理是个大问题，树种选择除考虑园林特点，要丰富多彩外，应当多选择能适应公园环境的乡土树种。

3. 园林植物的季相交替和色彩配合

植物由于四季变化而呈现出不同的外貌，植物的季相交替也引起了园林风景的季节变化，所以在进行绿化种植规划时，要充分掌握园林植物的季相变化，通过合理的安排，组成富有四季特色的园林艺术构图。公园的绿化种植规划还应对各种植物类型和树种比例做出适当的安排，在图纸上要有所表示，但这一工作随地理位置和条件不同所用比例出入较大。

第十章　园林工程的施工

第一节　园林绿化工程施工

一、园林绿化特点与作用

（一）园林绿化工程的概念

园林工程包含水景、园路、假山、给排水、造地型、绿化栽植等多项内容，无论哪一项工程，从设计到施工都要着眼于完工后的景观效果，营造良好的园林景观。绿化工程是园林工程的主体部分，其具有调节人类生活和自然环境的功能，发挥着生态、审美、游憩三大效益，起着悦目怡人的作用。它包括栽植和养护管理两项工程，这里所说的栽植是指广义上的栽植，其包括"起苗""搬运""种植"三个基本环节的作业。绿化工程的对象是植物，有关植物材料的不同季节的栽植、植物的不同特性、植物造景、植物与土质的相互关系、依靠专业技术人员施工与防止树木植株枯死的相应技术措施等，均需要认真研究，以发挥良好的绿化效益。

（二）园林绿化工程的特点

1. 园林绿化工程的艺术性

园林绿化工程不仅仅是一座简单的景观雕塑，也不只是提供一片绿化的植被，它是具备一定的艺术性的，这样才能在净化空气的同时还能够带给人们精神上的享受和感官的愉悦。自然景观还要充分与人造景观相融相通，满足城市环境的协调性的需求。设计人员在最初进行规划时，就可以先进行艺术效果上的设计，在施工过程中还可以通过施工人员的直觉和经验进行设计上的修饰。尤其是在古典建筑或者标志性建筑周围建设园林绿化工程的时候，更要讲究其艺术性，要根据施工地的不同环境和不同文化背景进行设计，不同的设计人员会有不同的灵感和追求，设计和施工的经验和技能也是有所差别的，因此有关施工和设计人员要持续的提升自己的艺术性和技能，这也是对园林绿化人员提出的要求。

2.园林绿化工程的生态性

园林绿化工程具有强烈的生态性，现代化进程的不断加快，让人口与资源环境的发展极其不协调，人们生存的环境质量也一再下降，生态环境的破坏和环境污染已经带来了一系列的负效应，也直接影响了人们的身体健康和精神的追求，间接地，也使得经济的发展受到了限制。因此，为了响应可持续发展的号召，为了提高人们赖以生存的环境质量，就要加强城市的园林绿化工程建设力度，各城市管理部门要加强这方面的重视程度。这种园林绿化工程的生态性也成为了这个行业关注的焦点。

3.园林绿化工程的特殊性

园林绿化工程的实施对象具有特殊性，因为园林绿化工程的施工对象都是植物居多，而这些都是有生命的活体，在运输、培植、栽种和后期养护等各个方面都要有不同的实施方案，也可以通过这种植物物种的丰富的多样性和植被的特点及特殊功效来合理配置景观，这也需要施工和设计人员具有扎实的植物基础知识和专业技能，对其生长习性、种植注意事项、自然因素对其的影响等都了如指掌，才能设计出最佳的作品，这些植物的合理设计和栽种可以净化空气、降温降噪等，并且还可以为喧嚣的人们提供一份宁静与安逸，这也是园林绿化工程跟其他城市建设工程相比具有突出特点的地方。

4.园林绿化工程的周期性

园林绿化工程的重要组成部分就是一些绿化种植的植被，因此，其季节性较强，具有一定的周期，要在一定的时间和适宜的地方进行设计和施工，后期的养护管理也一定要做到位，保证苗木等植物的完好和正常生长，这是一个长期的任务，同时也是比较重要的环节之一，这种养护具有持续性，需要有关部门合理安排，方能确保景观长久地保存，创造最大的景观收益。

5.园林绿化工程的复杂性

园林绿化工程的规模一般很小，却需要分成很多个小的项目，施工时的工程量也小而散。这就为施工过程的监督和管理工作带来了一定的难度。在设计和施工前要认真挑选合适的施工人员，不仅要掌握足够的知识面，还要对园林绿化的知识有一定的了解，最后还要具备一定的专业素养和德行，避免施工单位和个人在施工时不负责地偷工减料和投机取巧，确保工程的质量。由于现在的城市中需要绿化的地点有很多，比如公园、政府、广场、小区甚至是道路两旁等等，园林绿化工程的形式也越来越多样化，因而今后园林绿化工程的复杂程度也会逐渐提高，这也对有关部门提出了更高的要求。

（三）园林绿化的作用

园林绿化的施工能对原有的自然环境进行加工美化，在维护的基础上再创美景，用模拟自然的手段，人工重建生态系统，在合理维护自然资源的基础上，增加绿色植被在城市中的覆盖面积，美化城市居民的生活环境；园林绿化工程为人们提供了健康绿色的生活地、休闲场所、在发挥社会效益的同时，园林工程也获得了巨大的社会效益；人类建造的模拟自然环境的园林能够使植物动物等在一个相对稳定的环境栖息繁衍，为生物的多样性创造了相对良好的条件；在可持续发展和城市化的进程中，园林建设增加了绿色植被的覆盖面积，美化了城市环境，提升了居民生活的环境质量，能促使人们的身心健康发展，也发扬了本民族的优秀文化，为城市的不断发展，人们生活的不断进步做出了自己的贡献。

二、园林绿化施工技术

（一）园林绿化施工技术的特点

1.施工技术措施准备工

施工技术准备是园林绿化工程准备阶段的核心。为了能够在拟建工程开工之前，使从事施工技术和经营管理的人员充分了解掌握设计图纸的设计意图、结构与特点和技术要求，做出施工技术工作的科学合理规划，从根本上确保施工质量，技术措施管理方面注重科技和施工条件的结合，必须要综合考虑技术性和经济性相结合的道路，对技术上的应用给予大幅度的控制。

2.注重施工配合

园林绿化施工的配合在一定程度上反映了施工技术的成熟性和稳定性，很多时候施工的统筹配合对工程项目的成本控制和进度控制是起决定性作用的，所以要明确施工配合要点与施工的多样性、相互性、多变性、观赏性以及施工规律性。园林绿化施工过程中大多事项是交错进行的，要配合的施工不是单方面的，而是多方面。

施工的相互进行，且随着施工的进度、质量和条件时刻变化，需要抓好计划组织、资源管理以及工艺工序的管理，统一安排施工的计划，强化施工项目部指挥功能，针对施工的协调、管理和服务，以及建设单位和监理单位的配合，加大组织计划管理，进而进一步加强施工配合力度。

（二）园林绿化工程施工流程

园林绿化工程施工主要有两个部分组成，前期准备和实施方案。其中园林绿化工程的前期准备，主要包括三个方面：技术准备、现场准备和苗木及机械设备准备。园林绿化工程分实施方案又由施工总流程、土质测定及土壤改良、苗木种植工程三个主要的部分构成。重点是苗木种植流程，选苗→加工→移植→养护。

（三）园林绿化工程施工技术要点

1. 园林绿化工程施工前的技术要点

一项高质量的园林绿化工程的完成，离不开完善的施工前的准备工作。它是对需要施工的地方进行全面考察了解后，针对周围的环境和设施进行深入的研究，还要深入了解土质、水源、气候及人力后进行的综合设计。同时，还要掌握树种及各种植物的特点及适应的环境进行合理配置，要适当的安排好施工的时间，确保工程不延误最佳的施工时机，这也是成活率的重要保证。为防止苗木在施工时受到季节和天气的影响，要尽量选在阴天或多云风速不大的天气进行栽种。要严格按照设计的要求进行种植，确保翻耕深度，对施工地区要进行清扫工作，多余的土堆也要及时清理，工作面的石块、混凝土等也要搬出施工地区，最后还要铺平施工地，使其满足种植的需要。

2. 园林绿化工程的施工技术要点

在施工开始后，要做到的关键部分就是定好点、栽好苗、浇好水等，严格按照施工规定的流程进行施工操作，要保证植物能够正常健康地生长，科学培育。

首先，行间距的定点要严格进行设计，将路缘或路肩及临街建筑红线作为基线，以图纸要求的尺寸作为标准在地面确定行距并设置定点，还要及时做好标记，便于查找。如果是公园地区的建设，要使用测量仪，准确标记好各个景观及建筑物的位置，要有明确的编号和规格，施工时要对植被进行细致的标注。

其次，树木栽植技术也对整个工程的顺利施工有着重要的影响，栽植树木不仅是栽种成活，还要对其形状等进行修剪等。由于整个施工难免对植被会造成一定的伤害，为了尽早恢复，让树木等能够及时吸收足够的土壤养分，就要进行适时的浇水，通常对本年份新植树木的浇水次数应在三次以上，苗木栽植当天浇透水一次。若遇到春季干旱少雨造成土壤干燥还要适当的将浇水时间提前。

3. 园林绿化工程的后期养护工作

后期的养护工作也是收尾工作是整个工程的最后保证，也是对整个工程的一个保护，根据植物的需求，要及时对其需要的养分进行适时补充，以免造成植被死亡，影响景观的整体效果。灌溉时，要根据树木的品种及需求适时调整，节约水资源和人力物力。为了达到更好的美观性和艺术性，一些植物还需要定时进行修剪，这也是养护管理的重要工作内容，有些植物易受到虫害的侵袭，对于这类植被要及时采取相应措施，除此以外，还有保暖措施等。

（四）园林绿化工程施工技术及其应用

1. 苗木工程施工技术

（1）成苗出圃之前的管理

在苗木起苗以后，应该合理选择挡风遮阴处，及时进行选苗的工作，以免在光照强烈以及大风天的时候进行起苗，应该适当选择色泽正常、顶芽饱满、根系发达以及干形良好的苗木，并且严格遵守苗木分级标准，按照规则来进行定量打捆，然后合理假植，也可以把其放置在窖中浇水，进而保证苗木的活力，如果是秋起苗，应该尽可能做好防鼠、防寒工作。

（2）运送苗木的管理

在运送苗木的时候，应该合理使用带有遮盖物的车辆，在装车以前应该把苗木打包，之后进行充足浇水，避免在运送过程中苗木出现脱水、风干等问题。如果需要经过长时间运输，就需要每 2～3 小时对苗木浇一次水，当运送到指定地点的时候，及时在假植场地进行卸车和假植。

（3）假植苗木的管理

在对苗木进行假植的时候，应该合理选择土质良好、遮阴避风，有着充足水源的地方。进行假植的深度为 25cm 左右，并且每捆单独摆放，每一行都进行一次培土，最大限度地培实苗根，避免出现透风从而影响苗木的活力。在假植完成以后应该进行充足浇水，每天进行两次浇水，必须浇足、浇透。在施工人员取走苗木以后，应该及时进行假植处理，避免出现取苗之后出现透风培土松动问题，以至于影响活力。

（4）管理造林作业中的苗木

在进行造林的过程中。需要施工人员尽可能佩带苗木桶，禁止大量拿苗，保证苗木桶中具有 1/3 的水，确保根系能够在水中。已经经过吸水处理的苗木，不需要再进行装水。在进行植苗的时候，确保取一株值一株，一旦发现苗木出现死苗、病苗或者损失的苗木应该及时挑出，不可以像撒种子一样大面积撒，然后再回头种植，这种方式非常容易导致苗木脱水或者风干，从而影响成活率。

（5）成效

为了增加管理工作的力度以及保证苗木的质量，避免出现不必要的死苗问题，提高了苗木成活率，促进了园林绿化的效果。

2. 树木种植施工技术

为了保障树苗能够很好的成活，在移植树木的时候，应该带有土球，按照实际树种规格来合理挖穴定植。利用土或者稻草对土球进行保护，保证土球具有一定的湿润度，避免出现植物干燥。在进行树木种植的时候，应该先填表层土。

（1）散苗

按照规定把树苗散置于定植穴中，就是散苗。在此过程中，应该爱护树苗，轻放轻拿，不能损坏树根、树干、树皮等。确保散苗速度与成长速度保持一致，一边散一边栽。在散苗栽完以后，尽可能降低树干在外面暴露的时间。随时用土掩埋假植沟内的暴露树苗根系。散苗之后，应该最快地进行图纸审核，一旦出现错误，及时展开纠正。

（2）栽苗

带土球苗的栽植：在对土球苗栽植的时候，应该事先量好坑的深度，确保与土球高度符合，如果不一致，应该及时进行填土或者挖深，不能盲目地进行入坑，导致出现来回搬动土球问题。在土球合理入坑以后，在土球周围进行少量填土，固定土球，密切注意树干的情况、剪开包装材料，最大限度地把已经腐烂的包装取出，保证填入土能够达到坑的一半，利用木棍把土球夯实，进行填土，尽可能不要把土球砸碎。对于露根树苗的栽植法：一个人把树苗放入坑中，另外一个进行填土，在填到一半的时候，把木棍轻轻拿起，确保与地表一致，保证向下舒展状态，用脚把土踩实，然后继续进行填土，直到稍微高出一点，最后保证与边缘能够符合。

3. 边坡绿化技术

边坡绿化是近几年才兴起的一个新兴行业，与传统的绿化技术有着很大的区别，边坡绿化技术在目前还没有成型的经验可以直接来用，所以在边坡绿化中，还处于不断的研究阶段，国家对边坡绿化技术也没有相关的标准，所以边坡绿化技术还处于摸索的阶段。在边坡绿化技术中，最为常见的是客土喷植技术。材料是用复合肥等材料，在坡面上喷上混合料。土壤的物理性质不会改变。它的缺点是不能避免冲刷，不能用于岩石边坡绿化，优点是成本低。岩石边坡绿化，是在基岩石坡面上，喷附上一层植生质。

4. 对植物采用修剪技术

园林绿化植物还需采用修剪技术，以促使它的植物树形可以正常的姿势成长，另外树木间要保持通风顺畅，这样便可使得植物具备极好的美观性。开展园林植物修剪工作前要先了解清楚植物的生长习性，且修剪的季节和时间都需选择得当，以免影响到修剪的效果。

一些植物的修剪工作需要选在植物开花之后进行，比如一些植物需要春季开花后对老枝进行修剪，一些比较柔弱的枝条也要剪掉，以便植物在第二年可以生长的更好。园林植物在合理修剪整形后，还可以选用适量的灌木和少许的乔木进行搭配，或者采用花本植物作基础栽培，便于提升园林的美观效果，使整个园林绿化植物的观赏效应可以充分发挥出来。

5. 绿化地的养护和整理技术

在进行园林绿化的过程中，不能使用大型机械压实地面，应该保证树木根部能够平衡生长，树木在草坪土壤上最低的存活厚度为15cm，大灌木为45cm，小灌木为30cm，深根乔木为90cm，浅根的为60cm；保证土壤的硬度。在进行绿化过程中，适当的土壤硬度可以保证树木根部具有充足的通透性、透气性，避免出现土壤板结。保证工程透水性和排水性，在填方的时候保证结构良好，还可以适当设置一些排水设施；保证土壤具有一定pH值，最好保持在5.5~7.0之间；保证土壤具有充足的养分，保证树木合理生长的最好土壤中的有机物质为5%、矿物质为45%，水分为30%，空气为20%，提高园林绿化过程中的养护工作是园林绿化控制质量和管理的重要保障，并且依据不同时间不同养护需求，针对树木进行合理养护，制定科学的计划，保证养护技术具有指导作用，合理进行施肥，展开现场监督管理，提高施肥的效率，对于病虫害进行重点防治，避免大规模发生。

（五）园林绿化过程中工注意事项

1. 苗木的选择

在园林绿化过程中，选择乔木苗木的时候应该尽可能选择分枝均匀、树冠完整以及笔直的树苗来作为移植树苗，不得使用一些倾斜、弯曲的树苗。

（1）可以用作移植的树苗具有以下特点：

①树干特点

选择相对平滑平且没有大结节以及突出物的树干，大结节也就是树干上有大于20mm直径的伤痕。

②叶片特点

能够进行移植的树苗除了拥有特殊的类型之外，一般情况下树木的叶片颜色为深绿色，并且还具有一定亮度。

③树木丰满度

在进行树苗移栽的过程中，应该尽可能选择整体饱满、树干枝叶繁盛，并且密实、平整的树苗来作为绿化需要的树木。

④合理的选择没有病害的苗木来进行移栽

在对树苗进行移栽的过程中，树苗的树叶不能出现发白的情况，还应该保证树苗内部没有寄生虫。

⑤合理选择树苗年龄

在进行移栽的过程中，通常应该选择 3 ~ 5 年树龄的树苗作为绿化移栽的树苗，不可以使用树龄过大或者过小的树苗来作为移栽树苗，并且在确定树龄的时候合理地进行年轮抽样检查。

在园林绿化时候选择灌木树苗的时候，应该选择分支比较多以及主干比较低的树苗。一般来说，相对比较好的灌木树苗就是具有三个以上第一分支子，绿叶具有一定的光亮，或者为深绿和翠绿。以叶片分支比较多、密集饱满为树木的丰满度。对于很多球类树木来说，在对树苗进行修剪的过程中应该保持特定形状，所以，对于树木树叶的密实度就有一定的要求。在移栽灌木树苗的时候，应当合理地观察是否被虫子咬过以及一些隐藏的病虫害。

（2）苗木的选择类型

①乔木类

对于常绿及落叶乔木而言，园林施工作业人员最应注意的就是要保证乔木的正常生长，为植物提供必要的生长环境。在此前提下，通过整形修剪对树木的形状进行合理的美化修整，确保干性强、顶端优势强的树种生长成高大笔直的景观树，而干性弱，枝条形态分布优美的树种保持其自然、优雅的树形。其中，对于顶端优势强的乔木，修剪过程中需要将树干主干保留下来，并留取各层级主枝，形成类似圆锥形的树形。对乔木侧枝进行适当的修剪，能够合理控制其生长的态势，进一步推动乔木主干生长。然而，若在修剪中误将主枝顶端剪掉或者是对其造成损伤，则需要将靠近中间且生长强健的侧枝当作主干培养，保持树种的顶端优势，保证乔木生长态势良好。对于大型乔木的修剪，则应当在修剪工作完毕后及时对修剪的伤口进行清理，涂抹伤口愈合剂，促进伤口尽快愈合，并阻断树木伤口处在恢复期受到病虫害的侵染。此外，对于珍贵树种的处理，最好使用树皮修补或者是移植的方法，进而确保植株伤口在短时间内愈合。

②花灌木类

园林中的花灌木种类繁多，景观各异。对此类植株栽植前的合理修剪，必须根据设计意图采用不同的修剪整形方式。如对于规整式园林景观，实质是通过人工细致的修剪使得自然生长的灌木形体转变成较为规则的形状，以自身自然的绿色和规整的形状不断装饰、美化园林，进一步增加园林的观赏性，体现出人类改造自然的能力。

为此，园林施工作业人员在修剪灌木时，需要严格遵守以下几个技术要点：首先，需要依据园林中灌木丛的具体疏密情况，适当保留几个形状比较规则的主枝，疏剪一些生长较为密集的枝条，同时对侧枝进行合理的修剪，促使灌木呈现出圆形、椭圆形等设计规定的形状。

其次，适当去除灌木植株体上一些较老的枝干并保留和培养一些新生枝，可以增强灌木的生长势，促进花灌木生长更为旺盛美观。而自然式园林，则强调虽由人做，宛自天开的人文意境，园林植物修剪注重植物本身自然的生长形态，只对部分生长不合理的交叉枝、重叠枝、轮生枝、病虫枝、徒长枝等疏除，减少人为对原有树体形态的过多干预，形成模拟自然界真实、缩微的植物群落景观。

③绿篱类

绿篱主要由耐修剪的花灌木或小型乔木组成，一般是单排或双排形成植篱墙或护栏式景观。园林工作人员可以将绿篱中的植物修剪成各种规整式形状，例如波浪形、椭圆形、方形等，设计师可以将绿篱设置在道路、纪念性景观两侧，达到引导游客视线、隔离道路和保护环境等目的。为了确保绿篱整体高度及形状一致，园林工作人员会定期安排整形修剪，适当修剪植株主尖，一般剪去主尖的1/3，剪口高度介于5～10cm之间，这样有利于控制植株的生长高度，促进绿篱的健康成长。

2. 对于种植土的复原与选择

在园林绿化工程施工过程中，土壤是花草树木能够生存的主要基础，基本上以土粒团粒为最好，直径一般都是1mm～5mm，孔径会小于0.01mm的最为适合树木的生长。一般而言，土壤表层都具有大量的植物生长需要的营养以及团粒结构。在进行园林绿化的过程中，时常会把表层去掉，这就破坏了植物能够生长的最有利环境。为了确保可以有效地科学地培养树木的生长，最好的办法就是把园林内部原有的土壤表层进行合理使用，在对土壤表层进行复原的过程中，应该尽可能避免大型机械的碾压，从而破坏土壤结构，可以使用倒退铲车来对土壤进行掘取。

3. 施工过程中的土建以及绿化

在园林绿化工程施工建设过程中，经常会使用到很多种交叉施工方式，这会在一定程度上导致很多施工企业为了赶上施工进度以及其他的外在因素出现一些问题。在对园林进行绿化的时候，绿化与土建是由不同施工单位来分别完成的，因此，非常容易出现问题，尤其是在保护砌筑路牙石以及植物方面，所以，需要密切注意施工过程中的细小细节，提高施工质量。

第二节　园林假山工程施工

在中国传统园林艺术理论中，素有"无园不石"的说法，假山在园林中的运用在中国有着悠久的历史和优良的传统，随着人们休闲环境意识的增强，假山更是走进了无数的公园、小区，假山元素在园林中的应用更为广泛。人们通常所说的假山实际上包括假山和置石两个部分，假山依照自然山水为蓝本，经过艺术夸张和提炼，再人工再造的山水景物的通称；置石，是指以山石为材料作独立造景或作附属配置造景布置，主要表现山石的个体美或局部山石组合，不具备完整的山形。中国园林要求达到"虽由人作，宛自天开"的艺术境界，要求假山能更加贴近自然，更加真实，要求人工美要服从于自然美。

一、假山及其功能作用

（一）假山的概念

假山是指用人工方法堆叠起来的山，是按照自然山水为蓝本，经艺术加工而制作的。随着叠石为山技巧的进步和人们对自然山水的向往，假山在园林中的应用也愈来愈普遍。不论是叠石为山，还是堆土为山，或土石结合，抑或单独赏石，只要它是人工堆成的，均可称为假山。

人们通常所说的假山实际上包括假山和置石两个部分。所谓的假山，是以造景、游览为主要目的，充分地结合其他多方面的功能作用，以土、石等为材料，以自然山水为蓝本并加以艺术地提炼、加工、夸张，用人工再造的山水景物的通称。置石，是指以山石为材料作独立造景或作附属配置造景布置，主要表现山石的个体美或局部山石组合，不具备完整的山形。通常来说，假山的体量较大而且集中，可观可游可赏可憩，使人有置身自然山林之感；置石主要是以观赏为主，结合一些功能（如纪念、点景等）方面的作用，体量小且分散。假山按材料不同可分为土山、石山和土石相间的山。置石则可划分为特置、对置、散置、群置等。

为降低假山置石景观的造价和增强假山置石景观的整体性，在现代园林中，还出现以岭南园林中灰塑假山工艺为基础的采用混凝土、有机玻璃、玻璃钢等现代工业材料和石灰、砖、水泥等非石材料进行的塑石塑山，成为假山工程的一种专门工艺，这里不做单独探讨。

（二）假山的功能作用

假山和置石因其形态千变万化，体量大小不一，所以在园林中既可以作为主景也可以与其他景物搭配构成景观。如作为扬州个园的"四季假山"以及苏州狮子林等总体布局以山为主，水为辅弼，景观特别；在园林中作为划分和组织空间的手段；利用山石小品作为点缀园林空间、陪衬建筑和植物的手段；用假山石作花台、石阶、踏跺、驳岸、护坡、挡土墙和排水设施等，既朴实美观，又坚固实用；用作室内外自然式家具、器设、几案等，比如石桌凳、石栏、石鼓、石屏、石灯笼等，既不怕风吹日晒，也增添了几分自然美。

二、假山工程施工技术

（一）假山的材料选择

我国幅员辽阔，地质变化多端。为园林假山建设提供了丰富的材料。古典园林中对假山的材料有着深入的研究，充分挖掘了自然石材的园林制造潜力，传统假山的材料大致可分为以下几大类：湖石（包括太湖石、房山石、英石、灵璧石、宣石）、黄石、青石、石笋还有其他石品（如木化石、石珊瑚、黄蜡石等），这些石种更具特色，有自己的自然特点，按照假山的设计要求不同，采用不同的材料，经过这些天然石材的组合和搭配，构建起各具特色的假山，如太湖石轻巧、清秀、玲珑，在水的溶蚀作用下，纹理清晰，脉络景隐，有如天然的雕塑品，常被选其中形体险怪，嵌空穿眼者为特置石峰；又如宣石颜色洁白可人，且越旧越白，有着积雪一般的外貌，成为冬山的绝佳材料。

而现代以来，由于资源的短缺，国家对山石资源进行了保护，自然石种的开采量受到了很大的限制，不能满足园林假山的建设需要，随着技术的日益发展，在现代园林中，人工塑石已成为假山布景的主流趋势，因为人工塑石更为灵活，可根据设计意图自由塑造，所以取得了很好的效果。

（二）施工前准备工作

施工前首先应认真研究和仔细会审图纸，先作出假山模型，方便之后的施工，做好施工前的技术交底，加强与设计方的交流，充分正确了解设计意图。再者，准备好施工材料，如山石材料、辅助材料和工具等。还应对施工现场进行反复勘察，了解场地的大小，当地的土质、地形、植被分布情况和交通状况等方面。制定合适的施工方案，配备好施工机械设备，安排好施工管理和技术人员等。

（三）假山施工流程

假山的施工是一个复杂的工程，通常流程为：定点放线→挖基槽→基础施工→拉底→中层施工（山体施工、山洞施工）→填、刹、扫缝→收顶→做脚→竣工验收→养护期管理→交付使用。其中涉及了许多方面的施工技术，每个不同环节都有不同的施工方法，在此，将重点介绍其中的一些施工方法。

1. 定点放线

首先要按照假山的平面图，在施工现场用测量仪准确地按比例尺用白石粉放线，以确定假山的施工区域。线放好后，跟着标出假山每一部位坐标点位。坐标点位定好后，还要用竹签或小木棒钉好，做出标记，避免出差错。

2. 基础施工

假山的基础如同房屋的地基一样都是极其重要的，应该引起重视。假山的基础主要有木桩、灰土基础、混凝土基础三种。

木桩多选用较平直又耐水湿的柏木桩或杉木桩。木桩顶面的直径约在 10 ~ 15cm。平面布置按梅花形排列，故称"梅花桩"。桩边至桩边的距离约为 20cm，其宽度视假山底脚的宽度而定。桩木顶端露出湖底十几 cm 至几十 cm，并用花岗石压顶，条石上面才是自然的山石，自然山石的下部应在水面以下，以减少木桩腐烂。

灰土基础一般采用"宽打窄用"的方法，即灰土基础的宽度应比假山底面积的宽度宽出约 0.5cm 左右，保证了基础的受力均匀。灰槽的深度一般为 50 ~ 60cm。2m 以下的假山一般是打一步素土，一步灰土。一步灰土即布灰 30cm，踩实到 15cm 再夯实到 10cm 厚度左右。2 ~ 4cm 高的假山用一步素土、两步灰土。石灰一定要新出窑的块灰，在现场泼水化灰。灰土的比例采用 3:7。

混凝土基础耐压强度大，施工速度快。厚度陆地上约 10 ~ 20cm，水中约为 50cm。陆地上选用不低于 C10 的混凝土。水中假山基础使用 M15 水泥砂浆砌块石，或 C20 的素混凝土作基础为妥。

3. 拉底

拉底就是在基础上铺置最底层的自然山石，是叠山之本。假山的一切变化都立足于这一层，所以底石的材料要求大块、坚实、耐压。底石的安放应充分考虑整座假山的山势，灵活运用石材，底脚的轮廓线要破平直为曲折，变规则为错落。要根据皴纹的延展来决定，大小石材成不规则的相间关系安置，并使它们紧密互咬、共同制约，连成整体，使底石能垫平安稳。

4. 中层

中层是假山造型的主体部分，占假山中的最大体量。中层在施工中要尽量做到山石上下衔接严密之外，还要力求破除对称的形体，避免成为规规矩矩的几何形态，而是因偏得致，错综成美。在中层的施工时，平衡的问题尤为明显，可以使用"等分平衡法"等方法，调节山石之间的位置，使它们的重心集中到整座假山的重心上。

5. 收顶

收顶即处理假山最顶层的山石。从结构上来讲，收顶的山石要求体量大的，以便合凑收压，一般分为分峰、峦和平顶三种类型，可在整座假山中起到画龙点睛的效果，应在艺术上和技术上予以充分重视。收顶时要注意使顶石的重力能均匀地分层传递下去，所以往往用一块山石同时镇压住下面的山石，如果收顶面积大而石材不够时，可采用"拼凑"的施工方法，用小石镶缝使成一体。

（四）假山景观的基础施工

假山景观通常堆叠较高、重量较大，部分假山景观又会配以流水，加大对基础的侵蚀。所以首先要将假山景观的基础工程搞好，减少安全隐患，这样才能造就出各种的假山景观造型。基础的施工应根据设置要求进行，假山景观基础有浅基础、深基础、桩基础等。

1. 浅基础的施工

浅基础的施工程序为：原土夯实→铺筑垫层→砌筑基础。浅基础一般是在原地面上经夯实后而砌筑的基础。此种基础应事先将地面进行平整，清除高垄，填平凹坑，再进行夯实，再铺筑垫层和基础。基础结构按设计要求严把质量关。

2. 深基础的施工

深基础的施工程序为：挖土→夯实整平→铺筑垫层→砌筑基础。深基础是将基础埋入地面以下的基础，应按基础尺寸进行挖土，严格掌握挖土深度和宽度，一般假山景观基础的挖土深度为 50 ~ 80cm，基础宽度多为山脚线向外 50cm。土方挖完后夯实整平，然后按设计铺筑垫层和砌筑基础。

3. 混凝土基础

目前大中型假山多采用混凝土基础、钢筋混凝土基础。混凝土具有施工方便，耐压能力强的特点。基础施工中对混凝土的标号有着严格的规定，一般混凝土垫层不低于 C10，钢筋混凝土基础不低于 C20 的混凝土，具体要按照现场施工环境决定，如土质、承载力、假山的高度、体量的大小等决定基础处理形式。

4. 木桩基础

在古代园林假山施工中，其基础型式多采用杉木桩或松木桩。这种方法到现在仍旧有其使用价值，特别是在园林水体中的驳岸上，应用较广。选用木桩基础时，木桩的直径范围多在 10 ~ 15cm 之间，在布置上，一般采用梅花形状排列，木桩与木桩之间的间距为 20cm。打桩时，木桩底部要达到硬土层，而其顶端则必须至少高于水体底部十几 cm。木桩打好后要用条石压顶，再用块石使之互相嵌紧。这样基础部分就算完成了，可以在其上进行山石的施工。

（五）山体施工

1. 山石叠置的施工要点

（1）熟悉图纸

在叠山前一定要把设计图纸读熟，但由于假山景观工程的特殊性，它的设计很难完全一步到位。一般只能表现山体的大致轮廓或主要剖面，为了方便施工，一般先做模型。由于石头的奇形怪状，而不易掌握，因此，全面了解和掌握设计者的意图是极其重要的。如果工程大部分是大样图，无法直接指导施工，可通过多次的制作样稿，多次修改，多次与设计师沟通，才能摸清了设计师的真正意图，找到了最合适的施工技巧。

（2）基础处理

大型假山景观或置石必须要有坚固耐久的基础，现代假山景观施工中多使用混凝土基础。

2. 山体堆砌

山体的堆砌是假山景观造型最重要的部分，根据选用石材种类的不同，要艺术性地再现自然景观，不同的地貌有不同的山体形状。一般堆山常分为底层、中层、收顶三部分。施工时要一层一层做，做一层石倒一层水泥沙浆，等到稳固后再上第二层，如此至第三层。底层，石块要大且坚硬，安石要曲折错落，石块之间要搭接紧密，摆放时大而平的面朝天，好看的面朝外，一定要注意放平。中层，用石要掌握重心，飘出的部位一定要靠上面的重力和后面的力量拉回来，加倍压实做到万无一失。石材要统一，既要相同的质地，相同纹理，色泽一致，咬茬合缝，浑然一体，又要有层次有进深。

3. 置石

置石一般有独立石、对置、散置、群置等。独立石，应选择体量大、造型轮廓突出、色彩纹理奇特、有动态的山石。这种石多放在公园的主入口或广场中心等重要位置。对石，以两块山石为组合，相互呼应，通常多放置在门前两侧或园路的出入口两侧。散置，几块大小不等的山石灵活而艺术的搭配，聚散有序，相互呼应，富于灵气。群置，以一块体量较大的山石作为主石，在其周围巧妙置以数块体量较小配石组成一个石群，在对比之中给人以组合之美。

（1）山石的衔接

中层施工中，一定要使上下山石之间的衔接严密，这除了要进行大块面积上的闪进，还需避免在下层山石上出现过多破碎石面。只不过有时候，出于设计者的偏好，为体现假山某些形状上的变化，也会故意预留一些这样的破碎石面。

①形态上的错落有致

假山山体的垂直和水平方向都要富于变化，但也不宜过于零碎，最好是在总体上大伸大缩，使其错落有致。在中层山石的设置上，要避免出现长方形、正方形这样严格对称的形状，而要注重体现每个方向上规则不同的三角形变化，这样也可使得石块之间搭拉咬茬，提高山体的稳定性。此外，山石要按其自然纹理码放，保证整体上山石纹理的通顺。

②山体的平衡

中层，是衔接底层和顶层的中间部分，底层是基础，要保证其对整个上部有足够的承载力，而到中层时，则必须得考虑其自身和上部的平衡问题了。譬如，在假山悬崖的设计中，山体需要一层层往外叠加，这样就会使山体的重心前移，所以这时就必须利用数倍于前沉重心的重力将前移重心拉回原本重心线。

③绿化相映、山水结合

山无草不活，没有花草树木相映，假山就会光秃秃的，显得呆板而缺乏活力。所以在堆砌假山时，要按照设计要求，在适当的地方预留种植穴，待假山整体框架完工后种植花草树木，达到更好的观赏性。假山修建过程中，有时还需预留管道，用于设计喷泉和其他排水设施。再在假山建成后，在假山周围一定范围内，修建水池，用太湖石或黄石驳岸，把山上流水引入池中，使得树木、山水相映生趣，提升假山的观赏性。

（2）顶层

顶层即假山的最上面部分，是最重要的观赏部分，这也是它的主要作用，无疑应作重点处理。顶层用石，无疑应选用姿态最美观、纹理最好的石块，主峰顶的石块体积要大，以彰显假山的气魄。在顶层用石选用上，不同峰顶要求如下：

①堆秀峰

堆秀峰特点是利用其庞大的体积显示出来的强大压力，镇压全局。峰石本身可用单块山石，也可由块石拼接。峰石的安置要保证山体的重心线垂直底面中心，均衡山势，保证山体稳定。但同时也要注意到的是，峰石选用时既要能体现其效果，又不能体积过大而压垮山体。

②流云峰

流云峰偏重于作法上的挑、飘、环、透。由于在中层已大体有了较为稳固的布置，所以在收头时，只需将环透飞舞的中层合而为一。峰石本身可以作为某一挑石的后坚部分，也可完成一个新的环透体，既确保叠石的安全，又保障了其流云或轻松的感觉不被破坏。

③剑立峰

剑立峰，顾名思义，就是用竖向条石纵立于山顶的一种假山布置。这种型式的特点在于利用剑石构成竖向瘦长直立的假山山顶，从而体现出其峭拔挺立、刺破青天的气魄。对于这种型式的假山，其峰石下的基础一定要十分牢固，石块之间也要紧密衔接，牢牢卡住，确保峰石的稳定和安全。

（六）假山石景的山体施工

一座山是由峰、峦、岭、台、壁、岩、谷、壑、洞、坝等单元结合而成，而这些单元是由各种山石按照起、承、转、合的章法组合而成。

1.安稳

安稳是对稳妥安放叠置山石手法的通称，将一块大山石平放在一块或几块大山石之上的叠石方法叫作安稳，安稳要求平稳而不能动摇；右下不稳之处要用小石片垫实刹紧。一般选用宽形或长形山石，这种手法主要用于山脚透空且右下需要做眼的地方。

2.连

山石之间水平方向的相互衔接称为连。相连的山石基连接处的茬口形状和石面皱纹要尽量相互吻合，若能做到严合缝最理想，但多数情况下，只要基本吻合即可。对于不同吻合的缝口应选用合适的石刹紧，使之合为一体，有时为了造型的需要，做成纵向裂缝或石缝处理，这时也要求朝里的一边连接好，连接的目的不仅在于求得山石外观的整体性，更主要的是为了使结构上凝为一体，以能均匀地传达和承受压力。连合好的山石，要做到当拍击石一端时，应当使相连的另一端山石有受力之感。

3. 接

它是指山石之间的竖向衔接，山石衔接的茬口可以是平口，也可以凹凸口，但一定是咬合紧密而不能有滑移的接口，衔接的山石，外面上要依皴纹连接，至少要分出横竖纹路来。

4. 斗

以两块分离的山石为底脚，做成头顶相互内靠，如同两者争斗状，并在两头顶之间安置一块连接石；或借用斗棋构件的原理，在两块底脚石上安置一块拱形山石。

5. 挎

即在一块大的山石之旁，挎靠一块小山石，就像人肩之挎包一样。挎石要充分利用茬口咬压，或借用上面山石之重力加以稳定，必要时应在受力之隐蔽处，用钢丝或铁件加轻固定连接。挎一般用在山石外轮廓形状过于平滞而缺乏凹凸变化的情况。

6. 拼

将若干小山石拼零为整，组成一块具有一定形状大石面的做法称为拼，因为假山景观不会是用大山石叠置而成，石块过大，对吊装、运输入都会带来困难，因而需要选用一些大小不同的山石，拼接成所需要的形状，如峰石、飞梁、石矶等都可以采用拼的方法而成；有些假山景观在山峰叠砌好后，突然发现峰体太瘦，缺乏雄壮气势，这时就可将比较合适的山石拼合到峰体上，使山峰雄厚壮观起来。

（七）假山景观山脚施工

假山景观山脚施工是直接落在基础之上的山林底层，它的施工分为拉底、起脚和做脚。

1. 拉底

拉底是指用山石做出假山景观底层山脚线的石砌层。

①拉底的方式：拉底的方式有满拉底和线拉底两种。满拉底是将山脚线范围之内用山石满铺一层。这种方式适用于规模数较小、山底面积不大的假山景观，或者有冻胀破坏的北方地区及有震动破坏的地区。线拉底按山脚线的周边铺砌山石，而内空部分用乱石、碎砖、泥土等填补筑实。这种方法适用于底面较大的大型假山景观。

②拉底的技术要求：底脚石应挑选石质坚硬、不易风化的山石。每块山脚石必须垫平垫实，用水泥砂浆将底脚空隙灌实，不得有丝毫摇动感。各山石之间要紧密咬合，互相连接形成整体，以承托上面山体的荷载分布。拉底的边缘要错落变化，避免做成平直和浑圆形状的脚线。

2. 起脚

拉底之后，开始砌筑假山景观山体的首层山石层叫起脚。起脚边线的做法常用的有：

点脚法、连脚法和块面法。

①点脚法：即在山脚的边线上，用山石每隔不同的距离作墩点，用于片块状山石盖于其上，作成透空小洞穴。这种做法用一空透型假山景观的山脚。

②连脚法：即按山脚边线连续摆砌弯弯曲曲、高低起伏的山脚石，形成整体的连线山脚线，这种做法各种山形都可采取。

③块面法：即用大块面的山石，连续摆砌成大凸大凹的山脚线，使凸出凹进部分的整体感都很强，这种做法多用于造型雄伟的大型山体。

（八）施工中的注意事项

（1）施工中应注意按照施工流程的先后顺序施工，自下而上，分层作业，必须在保证上一层全部完成，在胶结材料凝固后才进行下一层施工，以免留下安全隐患。

（2）施工过程中应注意安全，"安全第一"的原则在假山施工工程中应受到高度重视。对于结构承重石必须小心挑选，保证有足够的强度。在叠石的施工过程中应争取一次成功，吊石时在场工作人员应统一指令，栓石打扣起吊一定要牢靠，工人应戴好防护鞋帽，确保做到安全生产。

（3）要在施工的全过程中对施工的各工序进行质量监控，做好监督工作，发现问题及时改正。在假山工程施工完毕后，对假山进行全面的验收，应该开闸试水，检查管线、水池等是否漏水漏电。竣工验收与备案程应按法规规范和合同约定进行。

假山景观是人工将各种奇形怪状、观赏性高的石头，按层次、特点进行堆叠而形成山的模样，再加以人工修饰，达到置一山于一园的观赏效果。在园林中假山景观的表现形式多种多样，可作为主景也可以作为配景，如划分园林空间、布置道路、连廊等。再配以流水、绿草更能增添自然的气息。

第三节　园林铺装工程施工

一、园林铺装的作用

（一）提供休息、活动、集散的场所

园林铺装的主要功能就是它的实用性，以道路、广场、活动空间的形式为游人提供一个停留和游憩空间，往往结合园林其他要素如植物、园林小品、水体等构成立体的外部空间环境。

（二）美化环境，丰富地面景观

园林铺装能够覆盖裸露的地表，美化园林的空间底界面。园林铺装可以作为主景的背景，起到衬托主景、突出主题的作用。

（三）科普教育，提高审美情趣和文化素养

园林铺装往往具有丰富的图案，取材于当地的民俗文化、历史典故、吉祥图案、重大事件，或者表现主题，或表达信念，在提升园林铺装美学价值的同时起到传递场地信息和科普教育的作用。

（四）功能暗示，引导游览

园林铺装可以通过不同铺装的色彩、质感和肌理来暗示使用空间的差异和变换，使人按照不同园林铺装的差异化提示使用满足自己功能的园林空间。园路铺装的样式一般具有明显的导向性，有利于联系各个功能区域，保持景观的连续性和完整性。

二、园林铺装施工工艺与流程

（一）施工工艺流程

现代园林绿化中的铺装工程施工工艺为：

砼基层施工→侧石安装→板材铺装施工。

（二）施工工艺分析

1. 砼基层施工

为保证砼搅拌质量，砼工程应遵循以下原则：

（1）测定现场砂、石含水率，根据设计配合比，送有关单位做好砼级配，并按级配挂牌示意。

（2）每天搅拌第一拌砼时，水泥用量应相对增倍。

（3）平板振捣器震动均匀，以提高砼的密实度。

（4）严格控制砂石料的含泥量，选用良好的骨料，砂选用粗砂，砂含泥量小于3%，石子不超过10%。

（5）减少环境温度差，提高砼抗压强度，浇筑后应覆盖一层草包在12h后浇水养护以防气温变的影响。砼养护时间不小于7天。

（6）通常用M7.5水泥、白泥、砂混合浆或1：3白灰砂浆结合层。砂浆摊铺宽度应大于铺装面5～10cm左右，已拌好的砂浆应当日用完。也可用3～5cm粗砂均匀摊铺而成。

2. 侧石安装工艺

在砼垫层上安置侧石，先应检查轴线标高是否符合设计要求，并校对。圆弧处可采用20～40cm长度的侧石拼接，以便帮助圆弧的顺滑，严格控制侧石顶面的标高，接缝处留缝均匀。外侧细石混凝土浇筑紧密牢固。嵌缝清晰，侧角均匀，美观。侧石基础宜与地床同时填挖碾压，以保证有整体的均匀密实性。侧石安装要平稳牢固，其背后要应用灰土夯实。

3. 板材铺装施工工艺

地面的装饰依照设计的图案、纹样、颜色、装饰材料等进行地面装饰性铺装，其铺装方法也请参照前面有关内容。铺砌广场砖、花岗岩板材料时，灰泥的浓度不应太稀，要调配成半硬的黏稠状态，铺砌时才易压入固定而不致陷下。其次，为使块材排列整齐，每片的间距为1cm，要利用平准线。于铺设地点四角插好木桩，有绳拉张、作为铺块材的平准线。除了纵横间隔笔直整齐外，另还需要一条高度准绳，以控制瓷砖面高度齐一。但为使面层不因下雨积水，有必要在施工时将路面作出两侧1.5% ~ 2%的斜度。地面铺装应每隔2m设基坐，以控制其标高，石材板应根据侧石路标高，并路中高出3%横坡。板铺设前，先拉好纵横控制线，并每排拉线。铺设时用橡胶锤敲击至平整，保证施工质量优良。片块状材料面层，在面层与基层之间所用的结合层做法有两种：一种是用湿性的水泥砂浆、石灰砂浆或者混合砂浆作为材料，另一种是用干性的细砂、石灰粉、灰土（石灰和细土）、水泥粉砂等作为结合材料或垫层材料。

（1）干法铺筑

以干性粉沙状材料，作面层砌块的垫层和结合层。省略铺砌时，先将粉沙材料在基层上平铺一层，厚度是：用干砂、细土作垫层厚3 ~ 5cm，用水泥砂、石灰砂、灰土作结合层厚2.5 ~ 3.5cm，铺好后抹平。然后按照设计的砌块、砖块拼装图案，在垫层上拼砌成面层。并在多处震击，使所有砌块的顶面都保持在一个平面上，这样可使铺装十分平整。再用干燥的细砂、水泥粉、细石灰粉等撒在面层上并扫入砌块缝隙中，使缝隙填满，最后将多余的灰砂清扫干净。以后，砌块下面的垫层材料慢慢硬化，使面层砌块和下面的基层紧密地结合在一起。

（2）湿法铺筑

用厚度为1.5 ~ 2.5cm的湿性结合材料，垫在面层混凝土板上面或基层上面作为结合层，然后在其上砌筑片状贴面层。砌块之间的结合以及表面抹缝，也用这些结合材料。

（3）地面镶嵌与拼花

施工前，要根据设计的图样，准备镶嵌地面的铺装材料，设计有精细图形的，先要在细密质地铺装材料上放好大样，再精心雕刻，做好雕刻材料。要精心挑选铺地用石子，挑选出的石子应按照不同颜色、不同大小、不同长扁形状分类堆放，铺地拼花时才能方便使用。施工时，先要在已做好的基层上，铺垫一层结合材料，厚度一般分为4~7cm之间。在铺平的松软垫层上，按照预定的图样开始镶嵌作花，或者拼成不同颜色的色块，以填充图形大面。然后经过进一步修饰和完善图样，先拉出线条、纹样和图形图案，再用各色卵石、砾石镶嵌纹样，并且尽量整平铺地后，就可以定形。定形后的铺地地面，仍要用水泥干砂、石灰干砂撒布其上，并扫入砖石缝隙中填实。最后，用大水冲击或使面层有水流淌。完成后，养护7 ~ 10天。

（4）嵌草路面的铺筑

嵌草铺装有两种类型，一种为在块料铺装时，在块料之间留出空隙，其间种草。另一种是制作成可以嵌草的各种纹样的混凝土铺地砖。施工时，先在整平压实的基层上铺垫一层栽培壤土作垫层。镶土要求比较肥沃，不含粗颗粒物，铺垫厚度为10 ~ 15cm。

然后在垫层上铺砌混凝土空心砌块或实心砖块，砌块缝中半填壤土，并播种草籽或贴上草块踩实。实心砌块的尺寸较大，草皮嵌种在砌块之间预留缝中草缝设计宽度可在2～5cm之间，缝中填土达砌块的2/3高。砌块下面如上所述用镶土作垫层并起找平作用。砌块要铺得尽量平整。空心砌块的尺寸较小，草皮嵌种在砌块中心预留的孔中。砌块与砌块之间不留草缝，常用水泥砂浆黏接。砌块中心孔填土宜为砌块的2/3高；砌块下面仍用壤土作垫找平。嵌草路面保持平整。要注意的是，空心砌块的设计制作，一定要保证砌块的结实坚固和不易损坏，因此，其预留孔径不能太大，孔径最好不超过砌块直径的1/3长。采用砌块嵌草铺装的铺装，砌块和嵌草层的结构面层，其下面只能有一个壤土垫层，在结构上没有基层，只有这样的路面才能有助于草皮的存活与生长。

（5）切石板铺地

切石铺地的情趣与卵石铺地截然不同，由机械加工的切石铺地平坦好走，光洁整齐。适于加工切板的石材有花岗岩、安山岩、粘板岩等。切石等如果有仅为供人行走、其下可不必考虑打水泥基础。至于施工要点分述如下：

①挖掘土面时，先估算预计使石面露出的高度，埋入的部分深度需若干后，开始挖出土壤。

②挖出土后，把基层用碎石铺满，并灌入灰泥，使泥石固定。

③安装厚石板，纵使横间隙成直线，石面平整，高度一致，并在石板间灌满灰泥。石面上若沾有灰泥，用刷子洗净。

（6）鹅卵石铺地

用鹅卵石铺设的面层看起来稳重而又实用，别具一格。鹅卵石在组合石块时，要注意石的形、大小是否调和。尤其是在与切石板配置时，相互交错形成的图案要自然。施工时，因石块的大小、高低不完全相同，为使铺出的路面平坦，必须在基层下功夫。先将未干的灰泥填入，再把卵石及切石一一填下，较大的埋入灰泥的部分多些，使面层整齐高度一致。摆完石块后，再在石块之间填入稀灰泥，填充实后就算完成了。卵石排列间隙的线条要呈不规则的形状，千万不要弄成十字形或直线形。另外，卵石的疏密也应保持均衡，不可部分拥挤，部分疏松。

三、园林铺装工程施工技术

园林铺装工程主要是指园林建园中的园路和广场的铺装，而在园林铺装中又以园路的铺装为主。园路作为园林必不可少的构成要素之一，是园林的骨架和网络。园林道路在铺装后，不仅能在园林环境中做到引导视线、分割空间及组织路线的作用，空地和广场为人们提供良好的活动和休息场所，还能直接创造出优美的地面景观，增强园林的艺术效果，给人以美的享受。园林铺装是组成园林风景的要素，像脉络一样成为贯穿整个园区的交通网络，成为划分及联系各个景点、景区的纽带。园林中的道路也与一般交通道路不同，交通功能需先满足游览要求，即不以取得捷径为准则的，但要方便人流疏导。在园林铺地设计中，经常与植物、景石、建筑、湖岸相搭配，充满生活气息，营造出良好的气氛，使其充满人与自然的和谐关系。在园林建设中有各种各样的铺装材料，与之对应的施工方法和工艺也有所不同，下面就园路的铺装技术展开详细的探讨。

（一）施工准备

1. 材料准备

园路铺装材料的准备工作在铺装工程中属于工作量较大的任务之一，为防止在铺装过程中出现问题，须提前解决施工方案中园路与广场交接处的过渡问题以及边角的方案调节问题，为此在确定解决方案时应根据道路铺装的实际尺寸在图上进行放样，待确定解决方案再确定边角料的规格、数量以及各种花岗岩的数量。

2. 场地放样

以施工图上绘制的施工坐标方格网作参照，在施工场地测设所有坐标点并打桩定点，然后根据广场施工图以及坐标桩点，进行场地边线的放设，主要边线包括填方区与挖方区之间的零点线以及地面建筑的范围线。

3. 地形复核

以园路的竖向设计平面图为参照，对场地地形进行复核。若存在控制点或坐标点的自然地面标高数据的遗漏，应立马在现场测量将数据补上。

4. 场地的平整与找坡

（1）填方与挖方施工

对于填方应以先深后浅的堆填顺序进行，先分层将深处填实，再填实浅处，并要逐层夯实，直至填埋至设计标高为止。在挖方过程中对于适宜栽植的肥沃土壤不可随意丢弃，可作为种植土或花坛土使用，挖出后应临时将其堆放在广场边。

（2）场地平整及找坡

待填挖方工程基本完成后，须对新填挖出的地面进行平整处理，地面的平整度变化应控制在 0.05m 的范围内。为确保场地各处地面坡度能够满足基本设计要求，应参照各坐标点标注的该点设计坡度数据及填挖高数据，对填挖处理后的场地进行找坡。

（3）素土夯实

素土夯实作为整个施工过程中重要的质量控制环节，首先要先清除腐殖土，以免日后留下地面下陷的隐患。

①场地的基础开挖，应在机械开挖时预留 10 ~ 20cm 厚的余土使用人工开挖。

②在开挖过程中若出现开挖过深的情况，不得使用细石或素土等填料进行回填。

③当开挖深度达到设计标高后，应用打夯机对素土进行夯实，使其密实度能够满足设计要求。若在夯实过程中无法看出打夯机的夯头印迹，可采取环刀法对其进行密实度测试，若密实度未能达到设计要求，应继续夯实，直至达到设计要求为止。

（二）地面施工

1. 摊铺碎石

在夯实后的素土基础上可放置几块 10cm 左右的砖块或方木进行人工碎石摊铺。这里需要注意的是软硬不同的石料严禁混用，且使用碎石的强度不得低于 8 级。摊铺时砖块或方木随着移动，作为摊铺厚度的标定物。摊铺时应使用铁叉将碎石一次上齐，碎石摊铺完成后，要求碎石颗粒大小分布均匀，并且纵横断面与厚度要求一致。料底尘土应及时进行清理。

2. 稳压

碾压时采用 10 ~ 12t 的压路机碾压，先沿着修整过的路肩往返碾压两遍，再由路面边缘向中心碾压，碾压时碾速不宜过快，每分钟走行 20 ~ 30m 即可。待第一遍碾压完成后，可使用小线绳及路拱桥板进行路拱和平整度的检验。若发现局部有不平顺的地方，应及时处理，去高垫低。垫低是指将低洼部分挖松，再在其上均匀铺撒碎石直至设计标高，洒上少量水花后继续进行碾压，直至碎石无明显位移初步稳定后为止。去高时不得使用铁锹集中铲除，而是将多余碎石按其颗粒大小均匀捡出，再进行碾压。这个过程一般需要重复 3 ~ 4 次。

3. 撒填充料

在碎石上均匀铺撒灰土（掺入石灰约占 8% ~ 12%）或粗砂，填满碎石缝后使用喷壶或洒水车在地面上均匀洒水一次，由水流冲出的缝隙再用灰土或粗砂充填，直到不再出现缝隙并且碎石尖裸露为止。

4. 压实

场地的再次压实使用 10 ~ 12t 的压路机，通常碾压 4 ~ 6 遍（根据碎石的软硬程度确定），为防止石料被碾压得过于破碎，碾压次数切勿过多，碾速相对初碾时稍快，一般为 60 ~ 70m/min。

5. 嵌缝料的铺撒碾压

待大块碎石的压实完成后，继续铺撒嵌缝料，并用扫帚扫匀，继而使用 10 ~ 12t 的压路机对其进行碾压，直至场地表面平整稳定且无明显轮迹为止，一般需碾压 2 ~ 3 遍。最后进行场地地面的质量鉴定和签证。

（三）稳定层的施工

（1）基层施工完成后，根据设计标高，每隔 10cm 进行定点放线。边线应放设边桩和中间桩，并在广场的整体边线处设置挡板，挡板高度不应太高，通常在 10cm 左右，挡板上应标明标高线。

（2）各设计坐标点的标高和广场边线经检查、复核无误后，方可进行下一道工序。

（3）在基层混凝土浇筑之前，应在其上洒一层砂浆（比例为 1 : 3）或水。

（4）混凝土应按照材料配合比进行配制，浇筑和捣实完成后使用长约 1m 的直尺将混凝土顶面刮平，待其表面稍许干燥后，再用抹灰砂板将其刮平至设计标高。在混凝土施工中应着重注意路面的横向和纵向坡度。

（5）待完成混凝土面层的施工后，应及时进行养护，养护期通常为 7 天，若为冬季施工则应适当延长养护期。混凝土面层的养护可使用湿砂、塑料薄膜或湿稻草覆盖在路面上。

（四）石板的铺装技术

（1）石板铺装前应先将背面洗刷干净，并在铺贴时保持湿润。

（2）在稳定层施工完成后进行放线，并根据设计坐标点和设计标高设置纵向桩和横向桩，每隔一块石板宽度画一条纵向线，横向线则按照施工进度依次下移，每次移动距离为单块板的长度。

（3）稳定层打扫干净后，洒水一遍，待其稍干后再在稳定层上平铺一层厚约 3cm 的干硬性水泥砂浆（比例为 1：2），铺好后立即抹平。

（4）在铺石板前应先在稳定层上再浇一层薄薄的水泥砂浆，按照设计图案施工，石板间的缝隙应按设计要求保持一致。铺装面层时，每拼好一块石板，须将平直木板垫在其顶面用橡皮锤多处敲击，这样可使所有石板顶面均在一个平面上，有助于广场场地的平整。

（6）路面铺装完成后，使用干燥的水泥粉均匀撒在路面上并用扫帚扫入板块空隙中，将其填满。最后再将多余的水泥粉清扫干净。施工完成后，应对场地多次进行浇水养护，直至石板下的水泥砂浆逐渐硬化，将下方稳定层与花岗石紧密连结在一起。

（五）园路铺装技术

1.木铺地园路铺装

木铺地园路石材采用木材铺装的园路。在园林工程中，木铺地园路是室外的人行道，面层木材一般是采用耐磨、耐腐、纹理清晰、强度高、不易开裂、不易变形的优质木材。

（1）砖墩

一般使用标准砖、水泥砂浆砌筑，砌筑高度应根据铺地架空高度及使用条件而确定。砖墩与砖墩之间的距离一般不宜大于 2m，否则会造成木格栅的端面尺寸加大。砖墩的布置一般与木格栅的布置一致，如木格栅间距为 50cm，那么砖墩的间距也应为 50cm，砖墩的标高应符合设计要求，必要时可以在其顶面抹水泥砂浆或细石混凝土找平。

（2）木搁栅

木搁栅的作用主要是固定与承托面层。如果从受力状态分析，它可以说是一根小梁。木搁栅断面的选择，应根据砖墩的间距大小而有所区别。间距大，木搁栅的跨度大，断面尺寸相应的也要大些。木搁栅铺筑时，要进行找平。木搁栅安装要牢固，并保持平直在木搁栅之间还要设置剪刀撑，设置剪刀撑主要是增加木搁栅的侧向稳定性，将一根根单独的格栅连成一体，增加了木铺地园路的刚度。此外，设置剪刀撑，对于木搁栅本身的翘曲变形也起到了一定的约束作用。所以，在架空木基层中，格栅与格栅之间设置剪刀撑，是确保质量的构造措施。剪刀撑布置于木搁栅两侧面，用铁钉固定于木搁栅上，间距应按设计要求布置。

（3）面层木板的铺设

面层木板的铺装主要采用铁钉固定，即用铁钉将面层板条固定在木搁栅上。板条的拼缝一般采用平口、错口。木板条的铺设方向一般垂直于人们行走的方向，也可以顺着人们行走的方向，这应按照施工图纸的要求进行铺设。铁钉钉入木板前，也可以顺着人们行走的方向，这应按照施工图纸要求进行铺设。铁钉钉入木板前，应先将钉帽砸扁，然后再钉入木板内。用工具把铁钉钉帽捅入木板内 3 ~ 5mm。木铺地园路的木板铺装好后，应用手提刨将表面刨光，然后由漆工师傅进行砂、嵌、批、涂刷等油漆的涂装工作。

2. 花岗石园路铺装技术

园路铺装前应按施工图纸的要求选用花岗石的外形尺寸，少量的不规则的花岗石应在现场进行切割加工。先将有缺边掉角、裂纹和局部污染变色的花岗石挑选出来，完好的进行套方检查，规格尺寸如有偏差，应磨边修正。

在花岗石块石铺装前，应先进行弹线，弹线后应先铺若干条干线作为基线，起标筋作用，然后向两边铺贴开来，花岗石铺贴之前还应泼水润湿，阴干后备用。铺筑时，在找平层上均匀铺一层水泥砂浆，随刷随铺，用20mm 厚 1 : 3 干硬性水泥砂浆作粘结层，花岗石安放后，用橡皮锤敲击，既要达到铺设高度，又要使砂浆粘结层平整密实。对于花岗石进行试拼，查看颜色、编号、拼花是否符合要求，图案是否美观。对于要求较高的项目应先做一样板段，邀请建设单位和监理工程师进行验收，符合要求后再进行大面积的施工。同一块地面的平面有高差，比如台阶、水景、树池等交汇处，在铺装前，花岗石应进行切削加工，圆弧曲线应磨光，保证花纹图案标准、精细、美观。花岗石铺设后采用彩色水泥砂浆在硬化过程中所需的水分，保证花岗石与砂浆粘结牢固。养护期 3 天之内禁止踩踏。花岗石面层的表面应洁净、平整、斧凿面纹路清晰、整齐、色泽一致，铺贴后表面平整，斧凿面纹路交叉、整齐美观、接缝均匀、周边顺直、镶嵌正确，板块无裂纹、掉角等缺陷。

3. 透水砖铺地

随着园林绿化事业的发展，有许多新的材料应用在园林绿地和公园建筑中，透水砖铺地就是一种新颖的砖块。透水砖的功能和特点：

（1）所有原料为各种废陶瓷、石英砂等。广场砖的废次品用来做透水砖的面料，底料多是陶瓷废次品。

（2）透水砖的透水性、保水性非常强，透水速率可以达到5mm/s 以上，其保水性达到12L/s 以上。因为其良好的透水性、保水性，下雨时雨水会自动渗透到砖底下直到地表，部分水保留在砖里面。雨水不会像在水泥路面上一样四处横流，最后通过地下水道完全流入江河。天晴时，渗入砖底下或保留在砖里面的水会蒸发到大气中，起到调节空气湿度、降低大气温度、清除城市"热岛"作用。其优异的透水性和保水性来源于该产品 20% 左右的气孔率。该产品强度可以满足，形式载重为 10t 以上的汽车。国外，比如日本等，城市人行道、步行街、公寓停车场等地施工时可以像花岗石一样进行铺筑。

透水砖的基层做法是：素土夯实→碎石垫层→砾石砂垫层→反渗土工布→1：3干拌黄沙→透水砖面层。

从透水砖的基层做法中可以看出基层中增加了一道反渗土工布，使透水砖的透水、保水性能能够充分的发挥显示出来。透水砖的铺筑方法，同花岗石块的铺筑方法，由于其底下是干拌黄沙，因而比花岗石铺筑更方便些。

4. 植草砖铺地

植草砖铺地石在转的孔洞或砖的缝隙间种植青草的一种铺地。如果青草茂盛的话，这种铺地看上去是一片青草地，且平整、地面坚硬。有些是作为停车场的地坪。植草砖铺地的基层做法是素土夯实→碎石垫层→素混凝土垫层→细砂层→砖块及种植土、草籽。也有些植草砖铺地的基层做法是：素土夯实→碎石垫层→细砂层→砖块及种植土、草籽。

从以上种植草砖铺地的基层做法中心可以看出，素土夯实、碎石垫层、混凝土垫层，与一般的花岗石道路的基层做法相同，不同的是在种植草砖铺地中，有细砂层，还有就是面层材料不同。因此，植草砖铺地做法的关键也是在于面层植草砖的铺装。应按设计图纸的要求选用植草砖，目前常用的植草砖有水泥制品的二孔砖，也有无孔的水泥小方砖。植草砖铺筑时，砖与砖之间留有间距，一般为50mm左右，此间距中，撒入种植土，再拨入草籽，当前也有一种植草砖格栅，是一种有一定强度的塑料制成的格栅，成品是500mm×500mm的一块格栅，将它直接铺设在地面上，在撒上种植土，种植青草后，就成了植草砖铺地。

5. 其他铺装形式的地面施工

（1）嵌草混凝土

嵌草混凝土对于草地造景是十分有用的，它们特别适合那些要求完全铺草又是车辆与行人入口的地区。这些地面也可以作为临时的车场，或作为道路的补充物。铺装这样的地面首先应在碎石上铺一层粗砂，再在水泥块的种植穴中填满泥土和种上草及其他矮生植物。

（2）砾石铺贴

砾石是一种常用的铺地材料，适合于在庭院各处使用。砾石包括了3种不同的种类：机械矿石、圆卵石和铺路砾石。机械矿石是用机械将石头碾碎后，再根据矿石的尺寸进行分级。它凹凸的表面而会给行人带来不便，但将它铺装在斜坡上却比圆卵石稳固。圆卵石是一种由河床和海底破水冲击而成的小鹅石，若不把它铺好，会很容易松动。砾石指的是风化岩石经水流长期搬运而成的粒径为2～60mm的无棱角的天然粒料。

第四节　园林供电与照明工程施工

一、供电设计与照明设计

供电，是指将电能通过输配电装置安全、可靠、连续、合格地销售给广大电力客户，满足广大客户经济建设和生活用电的需要。供电机构有供电局和供电公司等。

照明是利用各种光源照亮工作和生活场所或个别物体的措施。利用太阳和天空光的称"天然采光"；利用人工光源的称"人工照明"。照明的首要目的是创造良好的可见度及舒适愉快的环境。

照明设计可分为室外照明设计和室内灯光设计。照明设计也是灯光设计，灯光是一个较灵活及富有趣味的设计元素，可以成为气氛的催化剂，是一室的焦点及主题所在，也能加强现有装潢的层次感。

随着社会经济的发展，人们对生活质量的要求越来越高，园林中电的用途已不再只是提供晚间道路照明，而各种新型的水景、游乐设施、新型照明光源的出现等等，无不需要电力的支持。

在进行园林有关规划，设计时，首先要了解当地的电力情况：电力的电源、电压的等级、电力设备的装备情况（如变压器的容量、电力输送等），这样才能做到合理用电。

园林照明是室外照明的一种形式，在设置时应注意与园林景相结合，以最能突出园林景观特色为原则。光源的选择上，要注意利用各类光源显色性的特点，突出要表现的是色彩。在园林中常用的照明电光源除了白炽灯、荧光灯以外，一些新型的光源如汞灯（目前园林中使用较多的光源之一，能使草坪、树木的绿色格外鲜艳夺目，使用寿命长、易维护）、金属卤化物灯（发光效率高，显色性好，但没有低瓦数的灯，使用受到一定限制）、高压钠灯（效率高，多用于节能、照度高的场合，如道路、广场等，但显色性较差）亦在被应用之列。但使用气体放电灯时应注意防止频闪效应。园林建筑的立面能够用彩灯、霓虹灯、各式投光灯进行装饰。在灯具的选择上，其外观应与周围环境相配合，艺术性要强，有助于丰富空间层次，确保安全。

园林供电与园林规划设计等有着密切的联系，园林供电设计的内容应包括：确定各种园林设施的用电量；选择变电所的位置、变压器容量；确定其低压供电方式；导线截面选择；绘制照布置平面图、供电系统图。

二、园林供电与照明施工技术

（一）照明工程

在施工过程中，主要分为以下几大部分：施工前准备、电缆敷设、配电箱安装、灯具安装、电缆头的制作安装。

1. 施工前准备

在具体施工前首先要熟悉电气系统图，包括动力配电系统图和照明配电系统图中的电缆型号、规格、敷设方式及电缆编号，熟悉配电箱中开关类型、控制方法，了解灯具数量、种类等。熟悉电气接线图，包括电气设备与电器设备之间的电线或电缆连接、设备之间线路的型号、敷设方式和回路编号，了解配电箱、灯具的具体位置，电缆走向等。根据图纸准备材料，向施工人员做技术交底，做好施工前的准备工作。

2. 电缆敷设

电缆敷设包含电缆定位放线、电缆沟开挖、电缆敷设、电缆沟回填几部分。

（1）电缆定位放线

先按施工图找出电缆的走向后，按图示方位打桩放线，确定电缆敷设位置、开挖宽度、深度等及灯具位置，以便于电缆连接。

（2）电缆沟开挖

采用人工挖槽，槽梆必须按1：0.33放坡，开挖出的土方堆放在沟槽的一侧。土堆边缘与沟边的距离不得小于0.5 m，堆土高度不得超过1.5 m，堆土时注意不得掩埋消火栓、管道闸阀、雨水口、测量标志及各种地下管道的井盖，且不得妨碍其正常使用。开槽中若遇有其他专业的管道、电缆、地下构筑物或文物古迹等时，应及时与甲方、有关单位及设计部门联系，协同处理。

（3）电缆敷设

电缆若为聚氯乙烯铠装电缆均采用直埋形式，埋深不低于0.8M。在过铺装面及过路处均加套管保护。为保证电缆在穿管时外皮不受损伤，将套管两端打喇叭口，并去除毛刺。电缆、电缆附件（如终端头等）应符合国家现行技术标准的规定，具备合格证、生产许可证、检验报告等相应技术文件；电缆型号、规格、长度等符合设计要求，附件材料齐全。电缆两端封闭严格，内部不应受潮，并确保在施工使用过程中，随用、随断、断完后及时将电缆头密封好。电缆铺设前先在电缆沟内铺砂不低于10cm，电缆铺设完后再铺砂5cm，然后按照电缆根数确定盖砖或盖板。

（4）电缆沟回填

电缆铺砂盖砖（板）完毕后并经甲方、监理验收合格后方可进行沟槽回填，宜采用人工回填。一般采用原土分层回填，其中不应含有砖瓦、砾石或其他杂质硬物。要求用轻夯或踩实的方法分层回填。在回填至电缆上50cm后，可用小型打夯机夯实。直至回填到高出地面100mm左右为止。回填到位后必须对整个沟槽进行水夯，使回填土充分下沉，避免绿化工程完成后出现局部下陷，影响绿化效果。

3. 配电箱安装

配电箱安装包括配电箱基础制作、配电箱安装、配电箱接地装置安装、电缆头制作安装几部分。

（1）配电箱基础制作

首先确定配电箱位置，然后根据标高确定基础高低。根据基础施工图要求和配电箱尺寸，用混凝土制作基础座，在混凝土初凝前在其上方设置方钢或基础完成后打膨胀螺栓用于固定箱体。

（2）配电箱安装

在安装配电箱前首先熟悉施工图纸中的系统图，根据图纸接线。对接头的每个点进行涮锡处理。接线完毕后，要按照图纸再复检一次，确保无误且甲方、监理验收合格后方可进行调试和试运行。调试时保证有两人在场。

（3）配电箱接地装置安装

配电箱有一个接地系统，通常用接地钎子或镀锌钢管做接地极，用圆钢做接地导线，接地导线要尽可能地直、短。

（4）电缆头制作安装

导线连接时要确保缠绕紧密以减小接触电阻。电缆头干包时首先要进行抹涮锡膏、涮锡的工作，保证不漏涮且没有锡疙瘩，然后进行绝缘胶布和防水胶布的包裹，既要保证绝缘性能和防水性能，又要保证电缆散热，不可包裹过厚。

4. 灯具安装

包括灯具基础制作、灯具安装、灯具接地装置安装、电缆头制作安装几部分。

（1）灯具基础制作

首先确定灯具位置，然后根据标高确定基础高度。根据基础施工图要求和灯具底座尺寸，用混凝土制作基础座，基础座中间加钢筋骨架确保基础坚固。在浇注基础座混凝土时，在混凝土初凝前在其上方放入紧固螺栓或基础完成后打膨胀螺栓用于固定灯具。

（2）灯具安装

在安装灯具前首先对电缆进行绝缘测试和回路测试，对所有灯具进行通电调试，确信电缆绝缘良好且回路正确，无短路或断路情况，灯具合格后方可实施灯具安装。安装后保证灯具竖直，再同一排的灯具在一条直线上。灯具固定稳固，无摇晃现象。接线安装完毕后检查各个回路是否与图纸一致，根据图纸再复检一次，确保无误且甲方、监理验收合格后方可进行调试和试运行。调试时保证有两人在场。重要灯具安装应做样板方式安装，安装完成一套，请甲方及监理人员共同检查，同意后再进行安装。

（3）灯具接地装置安装

为确保用电安全，每个回路系统都安装一个二次接地系统，即在回路中间做一组接地极，接电缆中的保护线和灯杆，同时用摇表进行摇测，保证摇测电阻值符合设计要求。

（4）电缆头的制作安装

电缆头的制作安装包括电缆头的砌筑、电缆头防水，根据现场情况和设计要求，及图纸指定地点砌筑电缆头，要做到电缆头防水良好、结构坚固。此外在电缆过电缆头时要做穿墙保护管，此时要做穿墙管防水处理。先将管口去毛刺、打坡口，然后里外做防腐处理，安装好后用防水沥青或防膨胀胶进行封堵，以确保防水。

（二）电气安装工程施工工艺技术

1. 管线敷设

（1）电线管、钢管敷设

①设计选用电线管、钢管暗敷，施工按照电线管、钢管敷设分项工程施工工艺标准进行。要严把电线管、钢管进货关，接线盒、灯头盒、开关盒等均要有产品合格证。

②预埋管要与土建施工密切配合，首先满足水管的布置，其次安排电气配管位置。

③暗配管应沿最近线路敷设并减少弯曲，弯曲半径不应小于管外径的10倍，与建筑物表面的距离不应小于15mm，进入落地式配电箱管口应高出基础面50～80mm，进入盒、箱管口应高出基础面50～80mm，进入盒、箱管口宜高出内壁3～5mm。

（2）穿线

①管内穿线要严把电线进货关，电线的规格型号必须符合设计要求，并有出厂合格证，到货后检查绝缘电阻、线芯直径、材质和每卷的重量是否符合要求。应按照管径的大小选择相应规格的护口，尼龙压线帽、接线鼻子等规格和材质均要符合要求。

②管内穿线应在建筑结构及土建施工作业完成后进行，选穿带线，用 $\phi1.2\sim\phi2.0$ 铁丝，两端留10～15cm的余量，然后清扫管道、开关盒、插座盒等的泥土、灰尘。

③穿线时注意同一交流回路的导线必须穿于同一管内，不同回路、不同电压的交流与直线的导线不允许穿入同一管内，但以下几种情况除外：标准电压为50V以下的回路；同一设备或同一流水作业设备的电力回路和无特殊防干扰要求的控制回路；同一花灯的几个回路；同类照明的几个回路，但管内的导管总数不应多于8根。

④导线预留长度：接线盒、开关盒、插座盒及灯头盒为15cm，配电箱内为箱体周长的1/2。

2. 配电柜（箱）安装

（1）开箱检查

柜（箱）到达现场应与业主、监理共同进行开箱检查、验收。柜（箱）包装及密封应良好，制造厂的技术文件应齐全，型号、规格应符合设计要求，附件备件齐全。主体外观应无损及变形，油漆完好无损，柜内元器件及附件齐全，无损伤等缺陷。

（2）柜（箱）的固定

先按图纸规定的顺序将柜做好标记，然后放置到安装位置上固定。盘面每米高的垂直度应小于1.5mm，相邻两盘顶部的水平偏差应小于2mm。柜（箱）安装要求牢固、连接紧密。柜（箱）固定好后，应开展内部清扫，用抹布将各种设备擦干净，柜内不应有杂物。

（3）母线安装

柜（箱）的电源及母线的连接要按规范及国际通行相位色杯表示，相位应正确一致，确保进线电源的相序正确。

（4）二次回路检查

送电及功能测试。检查电气回路、信号回路接线牢固可靠，进行送电前的绝缘电阻检查应符合有关规定。按前后调试的顺序送电分别模拟试验、连锁、操作继电保护和信号动作，应正确无误、灵活可靠。

（5）安装完毕，应对接地干线和各支线的外露部分以及电气设备的接地部分进行外观检查，检查电气设备是否按接地的要求接有接地线，各接地线的螺丝连接是否接妥，螺丝连接是否使用了弹簧垫圈。接地电阻应小于42。

3. 灯具、开关安装

（1）灯具安装

①灯具、光源按设计要求采纳，所用灯具应有产品合格证，灯内配线严禁外露，灯具配件齐全。

②根据安装场所检查灯具（庭院灯）是否符合要求，检查灯内配线。灯具安装必须牢固，位置正确，整齐美观，接线正确无误。3kg以上的灯具，必须用镁吊钩或螺栓，低于2.4m灯具的金属外壳应做好接地。

③安装完毕，测得各条支路的绝缘电阻合格后，方允许通电运行。通电后应仔细检查灯具的控制是否灵活，开关与灯具控制顺序是否相对应。如果发现问题必须先断电，然后查找原因进行修复。

（2）开关插座安装

①各种开关、插座的规格型号必须符合设计要求，并有产品合格证。安装开关插座的面板应端正、严密并与墙面平、成排安装的开关高度应一致。

②开关接线应由开关控制相线，同一场所的开关切断位置应一致，且操作灵活，接点接触可靠。插座接线注意单相两孔插座左零右相或下零上相。单相三孔及三相四孔的接地线均应在上方。交、直流或不同电压的插座安装在同一场所时，应有明显区别，且其插座配套、均不能互相代用。

4. 电气调试

（1）电气设备安装结束后，对电气设备、配电系统及控制保护装置进行调整试验，调试项目和标准应按国家施工验收规范电气交接试验标准执行。

（2）电气设备和线路经调试合格后，动力设备才能进行单体试车。单体试车结束后可会同建设单位进行联动试车，并且做好记录。

（3）照明工程的线路，应按电路进行绝缘电阻的测试，并作好记录。

（4）接地装置要进行电阻测试并作好测试记录。

（三）电气配置与照明在园林景观中的应用

近几年，随着城市建设的高速发展，出现了大量功能多样、技术复杂的城市园林环境，这些城市园林的电气光环境也越来越受到城市建设部门的重视和社会的关注。对园林光环境的营造正逐步成为建筑师、规划师以及照明设计工程师的重要课题。目前我国的园林设计行业仍处在初期发展阶段，不但缺少专业设计人才和系统的园林电气技术规范，而且缺乏正确的审美标准和理论基础。

1. 园林景观中的电气配置与应用

优秀的环境电气设计一定要准确分析把握环境的性质，在电气照明方式的选择上力求要融入环境设计，使电气照明策划成为环境设计的有机组成部分，支持并展现园林环境的创作意图，帮助达成环境整体风格的照明塑造。环境照明设计应依据环境各类景观特点，做到风格一致。在策划设计园林环境夜间照明中，应考虑各种光元素对环境夜间基本性质的影响，使得观察者在相对于该环境的任何位置，都能获得良好的光色照明和心理感觉。不同的环境电气照明设计中对灯型和光源的选用必须和灯具安装场所的环境风格一致，和谐统一。在选择电气照明方式和光源时，环境现有景观的布置方式、建筑风格型式、园林绿化植物品种等因素都需综合考虑。另外，环境照明灯具的选用除了考虑夜间照明功能外，白天也必须达到点缀和美化环境的要求。

园林环境照明所要求的环境主题包括领域感、归属感、亲密性、公共性、科技性、趣味性、虚幻感、商业性、民族性等。环境照明的主题定位是至关重要的，它决定了其他各要素的安排。通过充分解剖被照对象的功能、特征、风格，透彻理解光影与环境的特定作用，模拟各视点和视距的夜景状态，加强建筑及环境对视觉感知的展示。借助夜景照明对环境关键特征的表现或夸张来丰富该主题。充分利用非均匀照明、动态照明，在需要光的时间，把适量的光送到最需要的地点，以人为本，展现主题个性化的设计，加强照明调控，关怀不同主题对光的不同需求，追求个性化的照明风格。仔细分析被照主题的方向与体量，环境主题照明要求根据设计目标来安排光的方向及体量。

2. 园林景观中的照明的对象

园林照明的意义并非单纯将绿地照亮，而是利用夜色的朦胧与灯光的变幻，使园林呈现出一种与白昼迥然不同的旨趣，同时造型优美的园灯亦有特殊的装饰作用。

（1）建筑物等主体照明

建筑在园林中一般具有主导地位，为了突出和显示硬质景观特殊的外形轮廓，通常应以霓虹灯或成串的白炽灯安设于建筑的棱边，经过精确调整光线的轮廓投光灯，将需要表现的形体用光勾勒出轮廓，其余则保持在暗色状态中，这样就对烘托气氛具备显著的效果。

（2）广场照明

广场是人流聚集的场所，周围选择发光效率高的高杆直设光源可以使场地内光线充足，便于人的活动。若广场范围较大，又不希望有灯杆的阻碍，则应在有特殊活动要求的广场上布置一些聚光灯之类的光源，以便在举行活动时使用。

（3）植物照明

植物照明设计中最能令人感到兴奋的是一种被称作"月光效果"照明方式，这一概念源于人们对明月投洒的光亮所产生的种种幻想。灯光透过花木的枝叶会投射出斑驳的光影，使用隐于树丛中的低照明器可以将阴影和被照亮的花木组合在一起。灯具被安置在树枝之间，将光线投射到园路和花坛之上形成类似于明月照射下的斑驳光影，进而引发奇妙的想象。

（4）水体照明

水面以上的灯具应将光源隐于花丛之中或者池岸、建筑的一侧，即将光源背对着游人，避免眩光刺眼。叠水、瀑布中的灯具则应安装在水流的下方，既能隐藏灯具，又可照亮流水，使之显得生动。静态的水池在使用水下照明时，以免池中水藻之类一览无遗，理想的方法是将灯具抬高贴近水面，增加灯具的数量，使之向上照亮周围的花木，以形成倒影，或将静水作为反光水池处理。

（5）道路照明

对于园林中可有车辆通行的主干道和次要道，需要使用一定亮度且均匀的连续照明的安全照明用具，以使行人及车辆能够准确识别路上的情况；而对于游憩小路则除了照亮路面外，还要营造出一种幽静、祥和的氛围，可使其融入柔和的光线之中。

3. 园林景观中的照明方式

（1）重点照明

重点照明是为了强调某些特定目标而采用的定向照明。为让园林充满艺术韵味，在夜晚可以用灯光强调某个要素或细部。即选择特定灯具将光线对准目标，使某些景物打上适当强度的光线，而让其他部位隐藏在弱光或暗色之中，进而突出意欲表达的部分，以产生特殊的景观效果。

（2）环境照明

环境照明体现着两方面的含义：其一是相对重点照明的背景光线；其二是作为工作照明的补充光线。主要提供一些必要亮度的附加光线，以便让人们感受到或看清周围的事物。环境照明的光线应该是柔和的，弥漫在整个空间，具有浪漫的情调。

（3）工作照明

工作照明就是为特定的活动所设，要求所提供的光线应该无眩光、无阴影，以便使活动不受夜色的影响。对光源的控制能做到很容易地被启闭，这不但可以节约能源，更重要的是可以在无人活动时恢复场地的幽邃和静谧。

（4）安全照明

为确保夜间游园、观景的安全，需要在广场、园路、水边、台阶等处设置灯光，让人能看清周围的高差障碍；在墙角、丛树之下布置适当的照明，给人以安全感。安全照明的光线要求连续、均匀、有一定的亮度、独立的光源，有时需要与其他照明结合使用，但相互之间不能产生干扰。

4. 园林景观中的电气设计

园林景观照明的设计及灯具的选择应在设计之前作一次全面细致的考察，可在白天对周围的环境进行仔细的观察，以决定何处适宜于灯具的安装，并考虑采取何种照明方式最能突出表现夜景。

（1）供电系统

用电量大的绿地可设置 10kV 高配，由高配向各 10kV/0.4kV 变电所供电；用电量中等的绿地可由单个或多个 10kV/0.4kV 变电所供电；用电量小的绿地可采用 380V 低压进线供电。绿地内变电所宜采用箱式变电站。绿地内应考虑举行大型游园时的临时增加用电的可能性，在供电系统中应预留备用回路。供电线路总开关应设置漏电保护。

（2）电力负荷

绿地内常用主要电力负荷的分级为：一级，省市级及以上的园林广场及人员密集场所；二级，地区级的广场绿地。照明系统中的每一单独回路，不宜超过 16A，灯具为单独回路时数量不宜超过 25 个，组合灯具每一单相回路不适宜超过 25A，光源数量不宜超过 60 个。建筑物轮廓灯每一单相回路不宜超过 100 个。

（3）弱电和电缆

绿地内宜设置有线广播系统。大型绿地内宜设公共电话。除《火灾自动报警系统设计规范》指定的建筑外，对国家、省、市级文物保护的古建筑也应作为一级保护对象，设置火灾探测器及火灾自动报警装置。绿地内的电缆宜采用穿非金属性管理地敷设，电缆与树木的平行安全距离应符合以下规定：古树名木 3.0 m，乔木树主干 1.5 m，灌木丛 0.5 m。线路过长，电压降低难以满足要求时，可在负荷端采用稳压器升高并且稳定电压至额定值。

（4）灯光照明

无论何种园林灯具，其光源目前一般使用的有汞灯、金属卤化物灯、高压钠灯、荧光灯和白炽灯。绿地内主干道宜采用节能灯、金卤灯、高压钠灯、荧光灯作光源的灯具。绿地内休闲小径宜采用节能灯。根据用途可分为投光灯、杆头式照明灯、低照明灯、埋地灯、水下照明彩灯。投光灯可以将光线由一个方向投射到需要照明的物体，如建筑、雕塑、树木之上，能产生欢快、愉悦的气氛；杆头式照明灯用高杆将光源抬升至一定高度，可使照射范围扩大，以照全广场、路面或草坪；低照明灯主要用于园路两旁、假山岩洞等处；埋地灯主要用于广场地面；水下照明彩灯用于水景照明和彩色喷泉。

总之，在园林景观规划中电气设计要全面考虑对灯光艺术影响的功能、形式、心理和经济因素，根据灯光载体的特点，确定光源和灯具的选择。确定合理的照明方式和布置方案，经过艺术处理、技巧方法，创造良好的灯光环境艺术。它既是一门科学，又是一门艺术创作。需要我们用艺术的思维、科学的方法和现代化技术，持续完善和改进设计，营造婀娜多姿、美仑美奂的园林景观艺术。

第五节　园林给水排水工程施工

一、园林给排水工程定义

园林给排水与污水处理工程是园林工程中的重要组成部分之一，必须满足人们对水量、水质和水压的要求。水在使用过程中会受到污染，而完善的给排水工程及污水处理工程对园林建设及环境保护具有极其重要的作用。

（一）园林给水工程

1.园林给水工程功能和作用

为了安全可靠和经济合理地用水，为园林景观区内供应生活与服务经营活动所需的水，并满足对水质、水量、水压的标准要求，园林给水工程的水源有三种，即来自地表水、来自地下水和引用邻近城市自来水。

2.园林给水工程特点

有用水管网线路长、面广、分散，由于地形高度不一而造成的用水高程变化大，用水水质可据用途不同分别对待处理，在用水高峰期时应采取时间差的供给管理办法和饮用水以优质天然山泉水为最佳。

3.园林给水工程特点用途

在园林工程的给水过程中，为节约用水，应该加强对水的循环使用；具体对水的用途大致可划分为以下四项内容。生活用水如宾馆餐厅、茶室、超市、消毒饮水器以及卫生设备等的用水，养护用水如植物绿地灌溉、动物笼舍冲洗及夏季广场、园路的喷洒用水等，造景用水如水池、塘、湖、水道、溪流、瀑布、跌水、喷泉等水体用水以及消防用水如对园林景观区内建筑、绿地植被等设施的火灾预防和扑灭火用水。

（二）园林排水工程

1.园林排水工程含义

水在园林景观区内经过生活和经营活动过程的使用会受到污染，成为污水或者废水，须经过处理才能排放；为减轻水灾害程度，雨水和冰雪融化水等亦需及时排放，只有配备完善的灌溉系统，才能有组织地加以处理和排放，这就是园林排水工程。

2.适用排水方式

园林排水工程根据实际情况，可采用渠、沟、管相结合的防水排水。

园林给排水工程以室外配置完善的管渠系统进行给排水为主，包括园林景观区内部生活用水与排水系统、水景工程给排水系统、景区灌溉系统、生活污水系统和雨水排放系统等。同时还应包括景区的水体、堤坝、水闸等附属项目。

一个良好的给排水系统可以为人们的生活提供便利，作为公共休闲场所的园林，在人们的生活中不可或缺，因此加强对园林给排水工程的施工工艺的研究，为园林工程建造一个完善的给排水系统是非常必要的。有助于为人们构建一个和谐生态的生活环境。

二、园林给排水工程施工工艺

（一）园林排水特点与规划

1. 园林给水的特点

园林作为公共休闲场地，它的给水系统自有其特点。园林中各用水点较为分散，而园林一般地形起伏较大，所以各用水点高程变化也大，必要时，要安装循环水泵对水体进行加压，以保证各个用水点能有良好的供水。公园中景点多，各种公共场所也多，而这些地点的用水高峰期并不一样，这就可以分流错开时间供水，既保证用水量和用水质量，又不致影响其他部门供水。水在公园中不可或缺，但各个部门对于水的用途却不一样，这样对水质的要求也不一样。比如食堂、茶社等地用水，作为饮食用水，对水质的要求自然高，一般以水质较好的山泉为佳，当条件不够时，还需考虑从外地引入山泉；养护用水则只需要对植物无害、没有异味、不污染环境即可；造景用水可从附近的江河湖泊等大型水源处引入。必须注意的是，对于生活用水特别是饮用水，必须经过严格净化和消毒，各项标准达到国家相关规定时方可使用。

2. 园林管网的布置与规划

在布置公园给水管网时，不仅要符合园内各项用水的特点，还需考虑公园四周的水源及给水管网布置情况，它们往往也会左右管网的布置方式。一般情况下，处于市区的公园给水管，只需一个接水点即可。这样又节约管材，又能减少水头损失。

3. 给水管网的安排形式

进行管网布置时，应首先求出各点的用水量，按用水量进行布管。

（1）网

树枝式管网的布置方式简单，节省管材。因其布线形式就像树枝的分叉分支，故名其为树枝式管网。它适用于用水较为分散的情况，比如分期发展的大小型公园。但当树枝式管网出现问题时，影响的用水面就会很大，以免这个弊端，就需要安装大量的阀门。

（2）球管网

球状管网这种形式的管网很费管材，故投资较大。它是把给水管网设计闭合成环方便管网供水的相互调剂。这种管网还有一个优点就是当某一段出现故障时也不会影响其他管线的供水，从而提高管网供水效率。

安装球状管网时，有以下几点需要注意：支管要靠近主要的供水点及调节设施，如水塔及其他高水位池；支管布置宜避开地形复杂难以施工的地段，尽量随地形起伏布置，以较少工程的土石方量，当然布置的时候，需要以保证管线不受冻为前提；管道不宜埋设过浅，其覆土深度应不小于70cm，对于高寒冻结地区的管道，要埋设于冰冻线以下40m处。当然，管道也不应埋得过深而增大工程造价；支管应尽量避免穿越园路。最好埋设在绿地下面；管道与管道及其他管线之间的间距要符合规范要求；水管网的节点处要设置阀门井，便于检修，并在配水管上安装消火栓。

4. 灌溉系统的设计

长期以来，园林的喷灌一直采用拉胶皮管的方式，这不仅需要耗费大量劳力，而且容易折损花木，用水也不经济。随着我国城镇建设的快速发展，近年来，绿地面积也大大增加，人们对绿地质量的要求也越来越高，这种原始的方法已不能满足要求，迫切需要发展新的灌溉方式，实现灌溉的管道化和自动化。

（1）移动式喷灌系统

所谓移动式喷灌系统，就是指一种动力、水泵、管道和喷头皆可移动的灌溉系统。这种设备的投资少，机动性也强，适用于有天然水源和水网地区的园林绿地灌溉，在比较大型的综合性公园应用较广。只不过这种系统对管理的要求较高。

（2）固定式喷灌系统

固定式喷灌系统需要有固定的泵站和供水的支管。喷头通常固定于竖管上，也可临时再安装。最近有一种较为先进的喷头，用得很多。这种喷头不工作时，可缩于整管或检查井中，到需要使用时打开阀门喷头便可自动工作，既不妨碍地面活动，不影响景观，便于管理，操作也方便，节约劳力，并且便于实现管理的自动化和遥控操作。但这种固定式喷灌系统的造价和维护费用较高。

（二）园林排水工程施工工艺

1. 地面排水

在我国，大部分公园都以地面排水方式为主，辅以沟渠、管道及其他排水方式。这种方式既经济，又便于维修，对景观效果的影响也较少。地面排水可归结为五个部分，即：拦、阻、蓄、分、导。拦就是把地表水拦截在某一局部区域。阻即在径流经过的路线上设置障碍物挡水。这还利于干旱地区园林绿地的灌溉。蓄是采取一些设施进行蓄水，还可以备不时之需。分即将大股的地表径流多次分流，减少其潜在危害性。导是把多余的地表水和大股径流利用各种管沟排放到园外去。但地面排水有一个弊端，就是容易导致冲蚀。为解决这个问题，在园林及管线设计施工时，首先要注意控制地面的坡度不致过大而增加水土流失；其次，同一坡度的坡长不宜过长，地形应有起伏；三是要利用植物护坡防止地面冲蚀，一方面植物根部能起到固定土壤的作用，另一方面植物本身也有阻挡雨水，减缓径流的作用，所以这是避免地面冲蚀的一个重要手段。

2. 管渠排水

园林绿地一般采用地面排水方式，但在一些局部区域，比如广场周围等难以利用地面排水的地方，则需采用开渠排水或者设置暗沟排水的方式。这些沟渠中的水可分别直接排入附近水体或雨水管中，不需要搞完整的系统。管渠的设置要求如下：雨水管的最小覆土深度不小于 0.7m，具体按雨水连接管的坡度、外部荷载而定，特殊情况下，还得考虑冰冻深度。道路边沟的最小坡度为 0.0002°；梯形明渠为 0.0002°。在自然条件下，各种管道的流速不小于 0.75m/s，明渠不小于 0.4m/s。雨水管和雨水口连接管的最小管径也需符合规范要求，公园绿地的径流中枯枝落叶及夹带泥沙较多，容易引发管道堵塞，最小管径可适当放大。

3. 暗沟排水

暗沟排水这种方式适用于水流较大处，一般是在路边地下挖沟、垒筑，把雨水引至排放点后设置雨水口埋管将水排出，或者在挖地下暗沟以排除地下水。这种方式取材方便，造价低廉，且维持了地面的完整性，不影响景观效果。尤其适用于公园草坪的排水。

从水源取水，并根据园林各个用水环节对水质要求的不同分别进行对应的处理，然后将之送至各个用水点，这是给水系统。而利用管道以及地面沟渠等方式将各个用水点排出的水集中起来，经过处理之后再进入环境水体的过程则是排水系统。园林的给排水系统在园林生态系统的正常运转过程中发挥着重要作用，因此针对园林给排水工程的施工特点，提高给排水施工的技术水平对于保证园林的建设水平具有重要作用。

三、园林给排水施工技术

（一）园林给排水系统的施工特点

园林由于建设需要，一般其地面高低起伏较多，因此在给排水系统中需要设置数量较多的循环泵对水体进行加压，以保证整个给排水系统得以正常运转。同时，由于园林的项目较多，尤其是一些大型园林，其中就包括动物园等，其在早晚打扫以及动物饮水时需要大量的水，因此给排水系统应该能够满足各个时段的用水需求。另外，由于各个区域对水质的要求不同，给排水系统在设计过程中应该根据水体的种类进行分类施工，这样才能确保园林工程的给排水系统满足其对多种水质的不同要求。

（二）园林给水系统施工技术

在施工园林的给水管网的时候，除了要详细地分析园区内的用水特点之外，还需要有效的了解园林四周给水的情况，由于其会对给水网的布置路径和布置方式上带来非常直接的影响。一般的时候，园林存在于市区内部，在对给水进行引入的时候可以从一个接水点来予以完成，这样对节省管网的目的不但能够予以实现，对水头的损失上还能够予以降低，将节能的作用发挥出来。

就园中植物的灌溉用水而言，现阶段，主要在喷灌系统上进行了使用。拉胶皮管是传统园林喷灌一直以来使用的方式，这样不但容易对花木带来损伤，而且较大的消耗了劳动力，另外，对水资源也会带来较大的浪费。近些年来，我国的城镇建设进入了一个新的阶段，不断增加了绿地的面积，将较高的要求抛向了绿地的质量，对园林灌溉的需求上这种原始的灌溉方式上已经很难给予满足。因此，在城市园林灌溉系统中开始将自动化的喷灌系统引入了进来。可以将城市河流作为系统水源。城市给水系统也可以选择护坡工程，在具体的建设当中，需要按照具体的情况，将一个完善的供水网络建立起来。

同时，在布置管网的时候，能够对树枝式的管网和球状的管网进行使用，在设计施工的时候需要综合的进行使用。

（三）园林排水施工技术

1. 地面的排水

地面排水是园林排水中非常重要的一种方式之一，在整个排水系统中有着非常重要的地位和作用。在对其进行使用的过程中有着较大的经济性。

针对已维修性、生态环境综合效益和经济性等方面进行斟酌，我国很多的园林工程中都对地面排水进行了使用，并将其当作为一种比较重要的排水方式，此外，还有一些辅助的排水方式，即为沟渠排水河管道排水，这样一个综合性的排水管网就被构建了起来。

在对地面水进行排出的时候，一些重要的技术可以用拦、阻、蓄、分、导这五个字来进行简单的概括。

（1）拦：在园林或者一些区域之外对地表水进行拦截。

（2）阻：将障碍物设置在径流的线路上，从而对水进行阻挡，将径流的冲刷作用上予以消减是其中的主要目的所在。

（3）蓄：首先，对有关的措施进行使用，令蓄水的功能在园林的土壤中能够得到提升，其次，在蓄水的时候可以对池塘和地表的低洼处进行使用，在一些干旱的季节中这种方式会发挥出较大的功能。

（4）分：为了能够将大股的径流划分成多股的径流，可以对人为建筑或者别的障碍物的进行使用来予以完成，将其对园内土壤的冲刷上予以降低。

（5）导：把园林中剩余的地表水，利用各种地下管道或者沟渠向园林的蓄水或者别的区域中及时的引入过去，以防有水害的情况出现。

2. 管渠的排水

通常用地面排水方式排出园林中的水，然而，在一些部位地面排水的方式应用起来会非常的不方便，例如广场的四周，这样就应该对开渠排水的方式上行进行使用，将暗沟设置出来。向附近水体的水管中能够将这些沟渠中的水分别的直接排入进去，不用将完整的系统弄出来。

可以按照这样的方式设置管道：雨水管的最低覆盖深度要大于 0.7 m，具体依据外部荷载和雨水连接管的坡度来，在某些特别的情况之下，对冰冻的深度上还要进行考虑。在自然的条件之下，对各个管道的流速上有一定的规定，通常的时候要大于 0.75m/s，明渠要大于 0.4m/s。也需要按照根据规范的要求来确定雨水管与雨水连接管的最小管径，有较多的泥沙和枯枝落叶存在于公园绿地径流中，因此容易堵塞管道，因此，可以适当的放大最小的管径。

（四）合理防止地表径流冲刷对地面的破坏

导致地表冲蚀的主要原因是地表径流速度过大，直接对地表的土层造成冲蚀作用。因此，在园林的给排水过程中应该采取对应的措施：

1. 竖向设计的方式

在设计过程中注意对地面的坡度进行控制，确保其不会因为过陡而使得地表径流对土层造成严重的直接冲刷作用；同一个坡度的坡面长度不能过大，应该通过合理起伏的方式使得地表径流不会由于一冲到底而增加水流的势能，减少对地表土层造成的侵蚀作用；利用谷线、盘山道等方式进行排水。

2. 合理设置出水口

因为园林中分布着范围广泛的明渠排水系统，为了保护明渠沿岸的景观造型，应该合理设置出水口。例如常见的"水簸箕"，它是一种敞口式的排水槽，通过砂浆砌块、三合土以及混凝土来对槽身进行加固。"水簸箕"在排水过程中发挥着消力、挡污的作用，同时其还在槽底设置了"消力阶"，有效的减缓了地表径流的冲刷作用。在雨水排水口设计时，应该结合园林的具体造景、使用山石在峡谷、溪涧以及落差较大地段来形成小瀑布，这样不仅有效的解决了排水问题，同时还很好的丰富了园林地貌、景观。

3. 充分利用植物进行抗冲刷设计

因为裸露的地面容易被雨水冲蚀，而在植被的覆盖之下将不容易被植被所覆盖。这主要是因为植物的根系深入到地层中就爱那个土壤颗粒进行了稳固，使得其不容易被地表径流冲刷走。同时，植被自身也阻挡了雨水对地表的冲刷。因此，提高园林的绿化水平也是给排水工程施工的一项重要内容。

水是植物得以生长的重要保证，没有了水植物就会枯死。因此，在园林工程发展的过程中给排水工程是促进其有效发展的重要保证。然而，在园林给排水工程的施工中，需要有关的施工人员对工程的特点和有关的技术上要进行扎实的掌握，因此，这也是当前园林工程在发展中一项不容忽视的工作。

第十一章 园林景观艺术的应用

第一节 光影在园林景观中应用

一、园林景观中的光影意象

（一）光的基本特性与分类

1. 光的基本特性

从物理学角度来说，光的本质是一种电磁波，光具备"波粒二象性"，可以在真空、空气、水等透明的物质中传播。从科学定义上来说，光是指所有的电磁波谱，人眼对于不同波长的可见光会产生完全不同的感觉，在700nm～400nm之间依次产生红、橙、黄、绿、青、蓝、紫七种色彩感觉。只有可见光能够引起人们的视觉感，其余波段的不可见光虽然无法被人的眼睛所捕捉，但它们同样充斥在我们生活的环境中，且对生态、气候和人类发生或好或坏的作用。

光包含许多特性，如反射、折射、透射、光的显色性等等，对这类特性进行了解，在设计中便可根据相关特性扬长避短，进行合理的利用。视觉灵敏度的不同，眼睛所感觉到物体的颜色也会有所不同，在光谱图中可以看出，波长为555nm的黄绿色，它的光灵敏度是最高的，人的肉眼对感光的灵敏度是跟随波长的偏离而变低的。

光大体上主要分为自然光和人工光。自然光是我们人类宝贵的自然资源，可以循环利用，但是人工光在一定程度上又可以弥补自然光的不足。自然光源，一般指的是能用肉眼所看到的可见光，自然光主要是通过太阳光的直接照射、折射、漫射以及反射所得到的，强度比较高的是直射日光，直射日光变化得非常快，为防止产生眩光，设计师在建筑设计中采光部分主要应用的是漫射光。此外当光反射在不同形态物体之上或者是不同类型、颜色、角度的同一物体的时候，都会呈现出不同的光影效果，但是在园林景观中设计师主要运用是直射日光和漫射日光。人工光主要指的是人工光源通过直接照射或者经过折射、漫射、反射得到的，人工光源包括蜡烛、荧光灯、白炽灯等。它具有非常强的可控性，无论是在色相、方向、角度、强度都是可以依据园林景观空间的整体需要进行调整设计。人工光源大多数是在园林景观的夜景中出现，夜景观的出现一方面能延长人们户外活动的时间，另一方面能创造丰富景观视觉效果。在中国古典园林中，夜景观的营造氛围非常浓厚，多与节日有关，比如元宵节、春节等习俗节日。随着现代科学技术的迅猛发展，在园林景观设计规划中，空间造型以及意境的营造越来越引起人们的重视，对于光环境类型多样化的需求也日益扩大，这就需要设计师运用好人工光源创造出适宜的人类视觉审美的光环境。

（1）光的色温与显色性

①光的色温

色温这个术语主要用来描述光源色表的（色表是观察光源本身时所得的颜色印象），也就是说光源的表面颜色常用色温这一概念来表示。光源的颜色是通过和黑体（或完全辐射体）的颜色进行比较决定的，当光源与黑体的颜色相同时，该黑体的温度就称为光源的色温，也就是说某个光源所发射的光颜色，看起来与黑体在某一温度下所发射的光颜色相同，黑体的这个温度也就是该光源的色温。

光色主要取决于光源的色温，色温和照度的高低对人的色视觉影响很大，带给人不同的感受，通常人们将不同色温的光分为两大类，即"冷色"与"暖色"。暖色调光源，即便是在照度比较低的时候，人的视觉也会有比较舒适的感觉，但是冷色调光源，必须在一定照度的条件下才能感觉到舒适感。光源的色彩不但对人的生理有一定的影响，对于心理也起到了一定的作用，了解色温的变化，对于营造不同的光氛围有十分重要的作用。

光颜色的不同带给人的感觉也会有所不同，色温较低是一种清新而又柔和的感觉，中间色温，给人一种温馨舒适的感觉，当色温逐渐升高则给人以寒冷和孤独的感觉。因此，在不同的情况下，我们都可以通过调节光的色温，控制光的冷暖感，以增加空间的舒适度。

②显色性

我们把光源对物体真实颜色的呈现程度称为光源的显色性。物体在白炽灯以及太阳光的照射下，都会把真实的颜色显示出来，然而当不同类型的灯具照射在不同物体上的时候，就会把自己真实的颜色表现出来，不同的灯具照射在物体上的时候，所显现出来的颜色就会有不同程度的失真。

光的显色性与光源的光谱分布有关，只有光谱分布完全相同的光源才会对同一物体呈现出同样的色彩。对物体呈现的色差越小，包含的光谱色越多，则表明被测光源的显色性越好，阳光中包含的色谱最多，所以阳光下看到的色彩被认为是最真实的色彩。

一般显色性较好的人工光源可以和自然光源一样将环境、人和物的缤纷色彩真实的呈现出来。显色性差的灯光则造成颜色变异，丧失环境色彩的魅力，例如当景观需要表现景物本身的颜色和细节的时候，就需要选择显色性较大的点光源。当我们采用单一的光源达不到要求的灯光效果时，我们可以使用两种或两种以上的光源进行混光，混光的方式要均匀自然，采用适当的搭配方式和比例，以此来达到要求的夜景观效果，因此对于色彩鲜明的光源的使用要非常慎重。

（2）光的强度

发光强度简称光强，是描述点光源发光强弱的一个基本度量，国际单位是candela（坎德拉）简写cd。光的度量是一个十分复杂的过程，需要借助精密仪器进行测量。对于光强在园林景观中的认知可以是，光强是指的是光的相对强弱程度，广义是一个区域受光线影响所形成的明亮或阴暗程度。

（3）光的反射

光的反射是指光在传播到不同物质时，在分界面上改变传播方向又返回原来物质中的现象。反射主要分为两种，分别为"漫反射"及"镜面反射（直接反射）"，这两种反射会使物体呈现完全不同的视觉形象。

①漫反射

漫反射是指投射在物体表面上的光向四面八方散射（漫射）的现象。尽管我们常说漫反射是由于反射表面不平整造成的，但实际上漫反射是一个发生在分子层面的现象，发生漫反射的表面很多看起来光滑平整，发生漫反射的物体表面会有明显的轮廓阴影，使得人们可以感知物体纵深感和立体感，物体表面对光的选择性吸收又使我们看到色彩。

②直接反射

另一种常见的反射叫做直接反射，亦称镜面反射。在镜子、抛光金属表面和水面都会发生镜面反射。在这种反射条件下，发生的漫反射要少得多，所以被反射的景象就比较清晰。直接反射的表面不会形成轮廓阴影，但是会提供给观赏者周围的信息，对于直接反射表面体感的认知则是通过表面成像来实现的。例如镜面材质的物体经常会使人产生错觉，对其位置和体积判断失误，产生一种迷乱的视觉效果。

与此相反，大部分的岩石、植物、毛皮和其他表面是不反射的，其他如蜡质叶植物，昆虫和其他角质外壳表面比较光滑，强反射可能会发生一定的光泽，但随着人工材料，如玻璃，抛光金属，表面光泽如漆，自然反射面比较弱，除了水面之外，自然界中是很难找到大面积反光面的，大面积反光表面几乎全是人造的，因此这种认知常识会使人觉得抛光面的材料缺少自然的亲切感，显得生硬、冷漠。设计师应该充分利用光的这种特性可以表达很多趣味的效果。

（4）光的折射

光的折射是一种光学现象，它是指光从一种透明介质斜射入另外一种透明介质时，传播方向发生偏折的现象，如光线透过水或棱镜，当入射光线和折射光线在法线的两侧，与镜面呈垂直状态。常见的空气折射率为1，玻璃的折射率为1.5，水的折射率为1.33。镜面反射同样能形成折射现象，例如波光粼粼的水面将阳光反射在景物上形成明亮的图案。

（5）光的透射

光的透射（透射光），是指入射光经过折射穿过物体后反射出的光。被透射的物体一般为半透明体或者是透明体，例如滤色片、玻璃等。光的透射通常分为散透射、漫透射、混合透射和规则透射。除了气体之外，大部分透明材质（固态和液态）都具有一定的反光性。光线的一部分会穿过透明材质从而发生折射，另一部分将会发生反射。正是因为有折射和反射才使透明物体可见，设计师应该充分利用这些性质使透明材质更具有存在感。

（6）光的散射

是光通过不均匀媒质悬浮的颗粒或分子时，部分光束将偏离原来方向而分散到各个不同方向去的现象。比如当太阳光直射到地球表面的时候会经过大气层，所以阳光受到悬浮在空中的微小尘埃粒子或者是空气分子的散射，波长越短的光，就会被更多地散射。当阳光穿过大气层，它的短波部分，例如紫光和蓝光就会较多地被散射掉，然而穿过大气层面射到地面上的阳光中，波长较长的红光和黄光的成分更多一些。我们在设计园林景观的时候要利用这一特点，通过对不同景观材质的运用使光的七彩效果能够得到最充分的展现。

2. 人工光影的特性

人工光影的特性主要包括光源色彩，光源光照强度与方向以及光源形式。人工光即是人类创造的光源，包括烛光、灯光、烟火、激光等等，种类极其丰富。现今最主要的人工光源是电光源，它的光谱构成没有自然光的丰富，会呈现出比较明显的色温倾向。如白炽灯缺少光谱端的蓝光，呈现偏黄的光色；白色日光灯则缺少红、蓝和紫光，使得灯下红、蓝、紫色的物体出现偏色。

（1）光源色彩

斯蒂文·霍尔认为城市中充满人工光的夜晚空间是由阴影、色彩和视线形成的一种深度概念和体验，它和日光条件下形成的空间性完全不同。选择合适的空间功能与氛围的色彩光源，实现多种色彩和谐，保证空间的整体性和统一性。从空间的功能来看，光源的良好显色性对于真实显示空间中物体色彩的效果具有非常重要的作用，并且人工光影色彩选择要注意与所处环境的色彩相辅相成，显示出相关区域色彩串连而成的整体形象，具有一定规律感和秩序感的彩色光能够强化光影形象，对于表现园林景观特色中比较重要的设施可以使用统一的灯光颜色。

（2）光源光照强度与方向

光源的方位，在很大程度上决定了场景中物体的外观。表现在控制空间中的光照方向时，不但对表现对象呈现的外观影响特别大，同时还会影响形象传达的感情色彩。比如在夜景中设计灯光，很多设计师喜欢选用位置很低的直射光来表现景物，这种直射光会使景物上部的阴影变深，突出景物下部的明亮轮廓。但是如果在环境中全是这种由上而下的直射光，而没有位置较高的柔和光源进行补充的话，处在环境中的游人面部同样会出现由上而下的阴影，显得阴森诡异，让人感觉不适，同时也说明对光影进行设计时，要考虑到所处环境中游人的感受。

在园林景观中通过人工光源对景物的塑造方式，通常是用光形直接勾勒景观的形态或是用面光进行景物形态与色彩的渲染。在夜间景观的塑造中，一般来说人工光源不适宜大面积使用照度太高、方向性过强的光源，这类光源容易产生眩光和视觉噪声，同时产生的阴影会非常生硬，但是进行重点照明与装饰照明中可以适当选用方向性强的照明方式，来凸显被投射物的形态特征，更具有艺术性。

在园林景观中常用的人工照明方式有泛光照明、轮廓照明、上射照明、下射照明、月光照明等，主要是区别其投射方向，进而渲染景物的不同形态特征。

（3）光源形式

自然光在现实生活中可以是平行光，明亮、无国界；而人造光的地方，通过照明范围的限制，点、线或形，呈表面形貌。而在现代科技上，人造光线的明暗、色彩、照明设计、照明布局的变化可以通过智能控制，展现出丰富的艺术形式。

（4）人工光影的优点

人工光影可操控性强，其强度、颜色、方向、形式、使用时间都可以根据设计师的需要进行调整，人工光影主要应用于夜间与室内光影的塑造。随着计算机技术、多媒体控制技术在人工光影中的应用，人工光影在设计中营造出的氛围越来越有意境。自然光并不能被人们主动控制，这就需要更多类型的人工光影对设计进行补充。

相比自然光影与生俱来的这种精神感染力，人工光影似乎稍稍逊色。但是人工光影扩展了人们夜间活动的空间与时间，设计的可塑性非常强，并且展现了一种科技的力量，同时人工光影也可以通过视觉模拟来表达特定的情感氛围。

3. 影的分类

这里研究的"影"是指光与物体相互作用时产生的多种光学现象。影子是没有明确的分类，但是为了便于研究，我们将一些影的概念进行了简单的研究，一般将影划分为轮廓阴影、投影阴影、影像。

（1）轮廓阴影

轮廓阴影是物体表面上光源的光线无法到达的背阴处。轮廓阴影赋予物体纵深感，尤其是当光线从侧面照射时，更能显现出物体的形状，而在正面光的情形下，轮廓阴影的缺失会使物体显得没有立体感。物体的质感也在很多大程度上靠轮廓阴影来表现，物体在强烈而明确的光线照射下，轮廓阴影的边缘清晰、明暗对比明显。剪影就是轮廓阴影的一种，是由明显的逆光所产生，剪影能表现形象鲜明的轮廓，但不利于表现细部和质感。

（2）投影阴影

投影阴影即我们一般理解的影子，它是物体处于光源和某一表面时，处于其后方的表面上投下的暗部区域。影子又分为本影和半影，四周灰暗的部分叫半影。投影阴影往往可以在受影面上表现遮蔽物的相似形轮廓，然而只有简单的明暗对比。影子的形态受光源大小与距离的影响，面积小或者距离远的光影造成的影子边缘较为清晰，而面积大或近的光源形成的影子边缘柔和。

（3）落影

落影是指光线照射到一个物体时，经由光的反射、透射、折射等现象产生的与另一个物体相作用的影像，包括几何光学概念中的实像与虚像，包括水中的倒影、镜中的影像，以及使用透镜装置投影的影像。

另外在实际生活中，在人们的认知中已经形成了一些"影"相关的形象类型，如因被投射物的不同而形成的树影、亭影、水影等等；因为光源不同形成的日影、月影、灯下影等。

4.光与影的关系

光影的表面呈现出一明一暗，相互错综矛盾，作为对方依托的自然因素，影子在自然界中是所有事物的附属物，"如影随形"这个成语就是很好的说明，光与影的关系在一定程度上是相互依存的，密不可分。

光和影的关系是以自然中的形作为表现的媒介，并让其的变化更为丰富，伴随着光的角度变化而形成大小、长短、方向的起伏，凸显出了"形"的动态情景。光产生的基础是影，光的显现是依托在影的基础之上，没有影光也就显现不出来，日本的安藤忠雄是这样理解的"光自身无法制造光，必须有黑暗的存在，光才称其为光，并显示出高贵和力量。是黑暗点燃了光的闪亮，表现光的力量，黑暗天生是光的一部分。在黑暗中光闪现出宝石般的魅力，人们好像可以把它握在手中"。

在光的照射下，物体与物体之间就会有阴影的层次变化和阴暗界面的产生，在园林景观设计中，光和影是相辅相成的元素，光给环境形成了轮廓，影让园林环境变得有深度。正是在这种光影的作用下，园林空间中的意境和氛围由此而产生。没有光亮就没有阴影，光亮和阴影是密不可分的。某种意义上来说，如果没有阴影，就没有一个优秀的艺术照明。阴影对于表达的氛围、意境都有着不可磨灭的功劳，恰似中国国画中讲究的"留白"一样，艺术照明也要讲究"留黑"，巧妙的"留黑"会让这个设计事半功倍。艺术照明的目的不是单纯的将白景重现，而是将白景选择性重新组合，赋予其不同的视觉感受，这种视觉感受能够称为艺术照明对象的新形态。

（二）光影艺术在园林景观中的审美心理

光影的感知主要通过视觉获得，但是其他知觉也能感受到光影所带来的感觉差异。光影的特性告诉我们，人们并不仅仅在实物自身上发现光与影，实际上明与暗、黑与白以及物体表面的质感差异都蕴含着光影的概念。

1. 光影与人的心理感受

视觉是获取知识和信息的主要通道。有人把眼睛比作一部性能卓越的相机，其实，视觉功能与相机并不相同。视知觉并不等于把对象如实地摄入眼帘，也不仅仅是单纯的生理过程，其中还有不同的视觉心理反应过程。最终在脑中形成的视知觉形象，还受人在长期生活中的积累形成记忆参照体系的影响，人的视知觉会在生活经验中逐渐完善起来。

人的视知觉大同小异，在视觉心理上有共同的基础，艺术感受具有一定的互通性，在设计中就是要以这种互通性为基础创造美的视觉感受。所谓大同，是指生理功能和基本生活体验大体相同，这是可以沟通感觉的基础；所谓小异，是指各人的阅历和个性化的经验有所不同，这是形成不同感觉的原因所在。总的来说，艺术感受具有一定的互通性，在设计中就是要以这种互通性为基础创造美的视觉感受。

视觉经验的累积会影响人的视知觉，对生活的耳濡目染可以诱导审美感受。例如，北方因为山势雄奇，山石裸露，滋生了刚健、雄浑的北方园林风格；而南方山水秀美，植被茂密而且外形多变，形成了南方园林的精致、秀美的审美倾向。重视这种影响，对理解艺术感受、形式的形成很有帮助。

2. 视觉对光影的感知

日常生活中的大多数光源都是带有某种色调的，而我们的大脑则十分善于对光色进行过滤。只要一种光线里大致存在一定比例的三原色，大脑就将它认定为白色，所以说我们对光的认识不是绝对的，而是相对的。光影对人的心理影响主要是通过人的视觉来传达的。光线的明暗强弱、显色性的高与低、光色的不同、色温的冷暖对比以及照明方式都会带给人不同的视觉感知。人天生具有向光性，设计师常利用这种行为，利用光对视线、游线进行有序的引导。相对的，阴影减弱空间的亮度，使环境气氛沉静、舒缓，因此人们在寻找私密的处所时总喜欢选择相对黑暗的空间，光影作为一种意识和心理现象在心理学发展中的作用是深远的。

光影的视觉和意识的关系是相连的，并且经常与人的无意识和潜意识的深层意识联系到一起。将光影与纯粹意识联系在一起考察是极其困难的，他们还经常会与具体的体验和记忆联系在一起。帕拉斯玛认为："眼睛是一种分离感很强的知觉器官，触觉则具有亲近、私密和感染性"。视觉则负责巡视、控制和探究，触觉则是接近和关怀。

当面对强烈的感情冲突和情绪激动的时候，人们常会合上双眼，也就是人们倾向于将视觉这种距离的感觉。虽然光影的感知是通过视觉获得，但是其他知觉能感受到眼所不能见的射线，特别是在昏暗或者微弱的光线下，视觉的作用可以减弱其他感官，尤其是嗅觉、听觉、触觉的作用加强。光影的现实告诉我们，人们不仅仅在事物自身上发现光与影，实际上明与暗，黑与白都蕴含着光影的概念。

二、园林景观中光影影响因素与营造原则

（一）园林景观中光影设计应考虑的因素

1.园林景观的类型

在世界范围内，园林主要分为东西方园林，东方园林又包括中国园林、日式园林及东南亚园林，其中，日式园林受中国园林影响较大，最后发展成为自己独特的风格类型。西方园林主要分为意大利园林、英国园林、法国园林、德国园林等，其中，英式园林崇尚田园风，法式园林布局较为规整。

在中国园林景观中光影的运用，从最初的园林雏形苑囿到明清园林，在我国疆域范围内，按照地域又可分为北方园林、岭南园林、巴蜀园林、江南园林等；按照属园性质又可分为皇家园林、私家园林、寺庙园林等；根据园林在城市中的位置又可分为校园、庭园、河滨公园等；按照其功能的不同又可分为街头游园、湿地公园、观赏园林、纪念性园林等。各种园林类型虽同处中国地域范围内，且都受中国传统文化的影响，但是，因地域文化的不同，地理环境及建筑风格、材质的不同，光影在园林中的表现也各有差异。在园林的发展过程中，随着地域文化的相互影响，在各类型园林中心都有其他园林风格的借鉴，因地域文化及自然环境的悬殊，各类型园林的风格保存还较为完善。因此，不同的园林景观类型，园林中的光影设计所传达信息的侧重点也应各有不同，比如光影的设计及表达如何体现江南园林的清秀，北方园林的壮丽，这些都是我们在园林光影运用的研究中应该注意的。

2.园林景观的自然要素

自然环境一般由水、石、地形、植物等实体要素组成。园林景观设计就是充分利用这些要素的特性及存在方式，营造出影响人们的审美意境和视觉氛围。自然要素在不同的环境中形成了各自不同的景观特色。它们所构成的园林景观的自然氛围是现代人们追求的理想景观环境。园林景观的光影意象在同一自然要素下也各不相同，影响它的因素有很多，例如气象条件以及地形条件对它的影响都很大，其中影响的程度也是各有不同，这些因素不仅制约着设计者的设计手法，而且对光影效果的发挥也有着非常大的影响，制约着游人的视觉体验，从而影响人的心理感受。

3.园林景观的人文因素

人文因素能在景观设计中创造一种意境，主要表现在人们的共同兴趣、地域、历史、文化内涵和民族特征等方面，使之成为设计的主要依据，有意识地把文化注入景观设计中，赋予景观一定的人文精神，使人在观景时产生亲切感、认同感、引导感、文化感等情感趋向。人文因素在历史积淀、自然性的推崇、文人撰写等方面对中国园林景观的设计与营造有着极为重要的影响，比如不同的民族会有不同的关于光影的图腾崇拜形象、风俗习惯，不同的县、市在节日时会使用不同形式的花灯、烟火进行庆祝，民间流传着很多与光影有关的民间艺术，这些都是在设计中能够发掘利用的具体地域性光影素材，并且，在园林景观设计中光影与地域文化的融合使得园林景观具有了一定的文化内涵。

因此，园林景观的地域特色必须要跟其所在的城市文化相融合，有一定的文化内涵作为背景，不可与现实相背离。

4. 所在城市的发展程度

园林景观就其发展程度快慢来说，其是检验一个城市的经济发展的风向标，就建设规模及特色来说，其是一个城市规划建设的标志。园林景观中光影的设计不仅要依附设计者的设计实力，而且与当地的经济发展有着很大的关系。在经济发达的地区，园林景观中的光影设计普遍呈现出华丽宏伟的氛围，五光十色的光影充斥着整个城市，显现出了一种时尚的都市气息；而相对于经济比较落后的小城市来说，它整体的园林景观所呈现出的氛围就是温和质朴的一面，不张扬的灯光，使光影在整个园林景观中呈现出一种温润多姿的气息。

（二）园林光影设计的营造原则

1. 园林夜景观设计原则

（1）体现艺术特色

在平面构成中的重复、近似构成形式表现了一种整齐感，而渐变和对比等构成形式则常表现出一种变化的动感。因而在夜景观光影设计的过程中，充分利用平面构成所带给人们的艺术感，不论是灯具的布置，还是灯光效果所形成的整体平面布局，平面构成的各种形式都需融入其中，此时的夜景平面设计也同白天一样，凝聚着艺术特色。

人类对于形式美感的追求远古时期就已经开始，经过数千年的积累，已经成为人们所普遍认同的美学思想。然而当形式美法则出现之时，光文化还没有形成，甚至灯具都还没有出现，当时人们对于夜间光源的认识也许只有原始的火源。所以今天我们所追求的夜景观的艺术性完全可以依靠形式美法则作为指导。设计者对于形式美法则的关注必然会使设计出的作品充满空间感。很多人可能会理解为夜景中光影效果是最重要的部分，夜景中的空间与日光下空间一样，但是，事实上经过光影效果的再次塑造，夜晚的空间已经发生了一些变化，因为灯具布置中的统一与变化，照明方式的对称与均衡，光影效果的节奏和韵律，不同灯具发光方式的调和与对比，灯具数量等其他因素的比例与尺度。这一法则因为其悠久的历史而成为了成熟了设计法则，可见形式美的法则不仅仅在艺术学上有所借鉴，在人类社会发展的过程中占据重要地位的，所以形式美法则必然会应用到景观设计和夜景设计中。

在夜景设计中光影颜色的选择非常重要，需要考虑色彩构成中，色彩搭配的各个原理，同时光色和亮度、照度等对于光影效果的影响。因此作为夜景的设计者无论是灯具的选择、布置、灯光的颜色、照明方式以及上述所有因素所形成的光影效果必须结合色彩心理学，才能使园林夜景观更具实用价值和艺术价值。

心理学家认为，美感是设计者在设计过程中始终体验着一种特殊的情感。平面构成及其特有的视觉形态和构成方式带给人们一种特殊的艺术美感，其形态的抽象性特征和产生不同视觉引导作用的构成形式，组成严谨而富有节奏律动之感的画面，营造一种秩序之美，理性之美，抽象之美。

虽然光影本身并不具有精神层面的含义，但是我们利用一定的艺术设计原则进行加工，就使光影带有了某种引起人们情感的作用，产生这种作用的原因有可能是平面布置方式、空间感或是灯光色彩。因此设计者在使用灯光对园林景观进行二次设计的时候，应充分遵循原有的空间氛围，力求夜景所表达的意境与白天一致，乃至夜景的应景氛比白天更加浓厚。

（2）体现地域文化

城市是一个有机的整体，各组成部分相互依存、相互制约、要求相互配合，协调发展。因此在进行园林夜景观的设计时，一定要充分了解整个城市的历史文化，在设计的过程中夜景表达的每一个载体都是体现地域文化的一种重要的表达手段。

园林景观作为城市景观的一个重要组成部分，白天的园林夜景观可以作为延续城市文脉的一个重要表现，那么夜晚的园林景观更加应该在设计中凸显地域文化，将光影这种融合了照明技术的特殊表达方式作为地域文化传承的新纽带。

（3）重视节能环保

夜景观中的光影设计应该走一条绿色生态的道路，不但给人们一个灯火辉煌的夜晚，同时也给人一个安静舒适的园林夜景观，生态、绿色、环保的夜景规划设计才是未来夜景观的发展趋势。

为了尽量避免光污染所带来的危害，所以夜景设计者应该把生态夜景观作为夜景设计的重要原则。绿色照明是以节能为目的的照明设计理念，在追求夜景观艺术效果的同时将绿色照明的理念融入整个设计之中。

首先，在设计中避免光线过量，就不会超越光线产生的美感限度。照明设计时应该分清主次，形成视觉中心，那么城市天空溢散光的水平就不会过高，夜空保持其应有的昏暗度，视域内光线不会过量堆积。

其次，不要使用过于复杂的光形。造型富于变化的确可以增加艺术感，但是过于复杂而且灯具层层叠叠，会造成繁琐凌乱的视觉感，反而不助于具有艺术性夜景观的形成。

再次，光色的滥用也是应该避免的，虽然夜景中的色彩是夜景艺术性的重要组成部分，但是如果忽视颜色的物理属性和引起的心理效果，会形成不协调甚至互相排斥的光色进而夜景观中的一部分景观元素产生变形扭曲等负面效果。

同时，1987年由挪威前首相格·布伦特兰在向联合国环境委员会提交的报告《我们共同的未来》中做出精彩的论述："可持续发展"指，"既满足当代人的需要，又不对后代人满足其需要的能力构成危害"。这个原则已经应用于各行各业，所以夜景观的设计也不应该例外，在尽可能节约能源的前提下，发展园林夜景观。

最后，园林景观设计的各个方面最终都是为人类服务，所以以人为本原则在夜景设计中心是十分重要的。设计之初必须考虑人们的生理和心理的要求，从人类的感官、精神，行为等各个方面出发，满足人体工程学及行为心理学的各项要求。

2. 设计策略

（1）结合原有日景

在进行景观设计时，在可能的情况下就要对于夜景进行有深度的规划，夜景的效果如何在很大程度上依赖于日景的设计，他们之间是互动的。一个优秀的夜景设计者，应该是一个对日景有一定的艺术感悟力，方能做出与其相配的夜景。任何事物都是不断的变化着的，因此，景观照明也应该随着日景做出调整，这需要处理好景观照明和日景的有机关系。为了不影响日景的效果，我们需要将景观灯具隐藏，灯位的布置高于人的视线或隐藏在草地中、树上或者地埋，这种方法来源于建筑学照明。夜景对日景的提升要求不只是照亮景观，不得以暴露的灯具造型则需要与园景风格协调，强调灯具造型的艺术效果又兼具照明效果，这种方法来源于景观学照明。还有一种照明方式是最具有视觉冲击力的一种，完全用灯光营造效果，体现一种诗意的、摇滚的、怪诞的或是娱乐的效果，完全颠覆日景的本身含义，有一些是临时性的、试验性的、比起永久的照明方案更加随意一些，这种方法来源于光度学照明。不管应用上述哪种方法，都需要根据日景的功能和照明目的来决定。

（2）考虑空间尺度

对于小尺度的空间，如私人庭院、宅间绿地等主要是让人们在享受星空下的安静浪漫氛围，安全、舒适、温馨成为设计的关键。无论是室内向室外还是反过来，都不能出现眩光。设计者可以通过层叠照明法来营造景观照明，隐蔽的灯具照亮景观植物和园路，温柔地带领来访者到达目的地。为了克服空间过小的局促感，可以借用园景的庭院的处理方法——如曲轴和隔景的方法，应用于夜景就是隔断观赏者的视线，弱化空间的边界，一部分区域保持黑暗，让人们用联想的能力去扩展空间的尺度。相对于比较大的尺度空间如公园、广场等景观，要对于空间的照明进行统一的规划，区分空间的不同功能。将照度分为高、中、低三个级别，确定主要的轴线、节点及只视觉焦点，制定出照度的标准和色温的标注。

（3）对光线的处理

光线的处理需从艺术的角度加以周密考虑，犹如对待绘画，应将形状、纹理、色调甚至质感等细节与差异都予以精确地表达，进而达到优美、祥和以及与白昼完全不同的艺术境界。与其他艺术设计一样，光影的运用应丰富而有变化。对于雕塑、小品以及姿形优美的树木可予以重点照明，能使被照之物形象突出。轮廓照明适用于建筑与小品。要表现树木雕塑般的质感，也可使用上射照明，即用埋地灯或将灯具固定在地面，向上照射。灯光下射可使光线呈现出伞状的照明区域，洒向地面的光线也极为柔和，能给人以内聚、舒适的感觉，所以适用于人们进行户外活动的场所，如露台、广场、庭院等处。园路的照明设计也可予以艺术的处理，将低照明器置于道路两侧，使人行道和车道包围在有节奏的灯光之下，犹如机场跑道一样，这种效应在使用塔形灯罩的灯具时更为显著，使用蘑菇灯也可以较好地达到相近的效果。它们在向下投射灯光的同时，本身并不引起人的注意。如果配合附加的环境照明灯光源，其效果会更好。

三、现代园林景观中光影的艺术性应用

（一）园林景观中光影设计现存的问题

1. 艺术理论重视程度不够

在园林景观的设计中，光影设计虽然是二次设计，但是这需要设计者从不同的角度发掘园林景观中的艺术特色，进而对其夜景进行第二次设计，不仅要对人工光影有全面的了解，对景观中所要表达的艺术特色也要有全面的掌握。园林景观中光影的设计需要在艺术设计理论的指导下进行，人工光影的照明工具布置也需要和园林景观内的相关要素相结合，园林内的诸多实体要素都需要照明工具的衬托，例如建筑、水体、植物等都需要人工光影的衬托才能将这些实体要素的美感展现出来，进而增强园林的整体氛围。在现代园林景观中，艺术特色的欠缺是一个值得研究的问题，片面的追求亮度效果不但不利于艺术效果的营造，也影响了整体的园林氛围。照明灯具投射出来的光影与原本的景物缺乏融合，其所产生的视觉效果让人感觉不舒适。人工照明与园林景观内的各个要素也没有很好的呼应，夜晚灯光太突兀，缺乏艺术欣赏价值。

2. 意境氛围不突出

意境氛围不突出在现代园林景观中表现尤为明显，国内的众多园林景观中，夜晚的光影效果几乎都呈现出同一种光影效果，没有将意境感展现出来。意境是整个园林景观大的灵魂所在，也是整个园林景观的精神支柱。一个园林里没有意境氛围，呈现在游人面前的只是实体要素的表面景观，这种设计无疑是失败的。特殊的光影设计，要针对于不同的意境氛围。

3. 地域特色不明显

我国的疆域辽阔，历史背景各有渊源，地域文化差别较大，且地理环境各不相同，自然光的强弱及灯具的形式各有自己的特点，但是，在现代园林景观设计中，除了大部分的夜晚光影雷同之外，地域特色并没有被体现出来。我国的历史丰富悠久，源远流长，地域文化也是多种多样，昼景、夜景资源丰富，但这些资源并没有在园林景观中得到充分应用，地域特色呈现并不明显。因此，这就需要设计者在设计光影效果的时候对该地区的地域文化做充分的调研，以避免不同地域相同景貌的效仿。

（二）光影在园林景观设计中的难点

1. 不稳定性

光影其最大特点就是多变性。昼夜变换、四季轮回、不同的天气都会使自然光影的强度、色彩、方向发生变化，并且这种变化不会以人的意志而转移。同时光影具有渲染一切室外景物视觉效果的强大力量，在其影响范围内的景物都会具有相似的光影意象，不方便表现场地光影的个性特征，这为光影在小范围场所的应用带来不便。很多设计师认为其可操控性低，效果短暂，与大多数设计师所追求的恒定持久的园林美相斥。因此，光影虽然拥有较高的美学价值，但在现代园林景观设计中却只被极少数设计师所重视。

园林景观中昼夜景观的差异也是由于光影的变化所造成，昼夜光影的翻转使景物呈现出完全相反的视觉特征。在差异中寻求昼夜景观的完美统一，一直是园林景观设计中的难题，但是，光影的多变性表现为一种持续的、有规律的变化，正是这种变化赋予其灵动的秉性，具有一种生命的美感，这是稳定的实体要素所不具有的。因此在景观园林设计中，设计师需要了解与考察场地中光影的变化规律，尽可能延续光影的表现时间，突出其动态性及地域性，并对实体要素布局、形态构建、材料和颜色选择时，全方位考虑其光影效果，提升其艺术魅力，对于人工光影要有节制的使用，在光影做出补充的同时要注重艺术性的表达，全方位发掘对于景物的表现力。

2. 无具体形态

光影本身虚无缥缈，并无形体，这使得习惯控制实体要素的园林景观设计师对其束手无策。其实光影与园林中的其他实体要素是相互影响、相互制约的，设计师在对控制实体形态、颜色、材料的同时也影响了其光影形象，只不过这种对光影的塑造是无意识的。只要设计师在设计时转换角度考虑，清理这种制约关系，就会发现光影在园林设计中可利用的点其实是非常多的。比如灯光投射在墙上的光影、喷泉边出现的彩虹、金属材料上流动的反光等。如何将无形的光影变得有形，让无规律的光影变得有序，让平凡的光影带来感动，就是景观设计师在运用光影进行设计时要解决的问题。

3. 具体应用的复杂性

园林绿地所涉及的空间大部分是室外空间，空间内的实体要素包括园林建筑、植物、水体、地形、各类构筑物、园林小品等等。因为受自然光这个巨大光源的影响，园林中的光影比较容易得到，但是复杂多样，要对其进行综合整理，并且光影在园林中的表现手法也不同于其他实体元素，除了直接控制光影的手法，更多的是通过控制其他设计元素，间接影响光影在园林中的设计表现，这为设计师有效利用光影增加了难度。园林景观设计师需要考虑尺度更大的元素布置形成的光影空间，如地形、植物等；同时也可以在协调实体要素的同时，利用实体要素对光影进行引导，凸显小尺度景观的特色。

4. 昼夜景观的差异

随着科技的进步，人类逐渐征服了黑夜，人的室外活动时间大大延长，而且园林景观中的景观照明也越来越形式多样。从最初简单的功能性照明，到现在出现灯光艺术照明，使园林夜景显得更加丰富多彩，但是昼夜景观中自然光源的转变致使了景物的图底转换，使同样的景物在昼夜呈现截然不同的状态，而大多数设计师往往更看重昼景的设计，却只把夜景作为一种附加的设计，结果是导致昼景与夜景的氛围脱节，使得人们的认同感降低。

（三）现代园林景观中光影意境的营造

1. 现代园林景观中光影构成的意境

意境的塑造类似影视艺术内的构图与场景设计，不同的是对于这种场景与构图是现实中的场景塑造唤起更深层次的联想之境，是虚与实、情与景的结合。光影影响着园林空间的视觉里现与氛围塑造，同时光影自身的精神属性、文化特征使人对景物的光影形象产生联想，因此光影可以通过这两个方面塑造空间的审美意境，传达设计者的设计意图。

在现代园林景观设计中，设计要素的形式具有了更大自由，对于光影形象的设计，除了表现光影的千变万化之美，还能够利用不同材料、结构、色彩的实体要素对光影进行间接的设计，形成丰富的"光形"与"物影"。人工光源的种类丰富，可塑性强，可以与实体要素、现代控制技术等结合几乎可以呈现设计师能想到的任意光影形象。因此在现代园林景观中光影对于设计师"意"的表达可以更加准确而直观i在实景中呈现。

2. 园林景观中意境的营造

"意境是中国古典美学的一个重要范畴，在中国古典美学体系中占有重要的地位。可以说，意境这一美学概念贯穿唐以后的中国传统艺术发展的整个历史，渗透到几乎所有的艺术领域，成为中国美学中最具民族特色的艺术理论，并且以它作为衡量艺术品最高层层次的艺术标准。"

意境的塑造很类似影视艺术中的构图与场景设计，但不同的是对于这种场景与构图是现实中的场景塑造唤起更深层次的联想意境，是虚与实、情与景的结合。光影影响着园林空间的视觉表现与氛围塑造，并且光影自身的精神属性、文化特征使人对景物的光影形象产生联想，因此光影可以通过这两个方面塑造空间的审美意境，传达设计者的设计意图。

比如说设计师常将月影、花影、倒影等作为园林意境构成的重要元素，以激发观者对于"溶溶月色，瑟瑟风声，静扰一榻琴书，动涵半轮秋水""云破月来花弄影""若道湖光宛是镜，阿谁不是镜中人。"

第二节 剪纸艺术在园林景观中的应用

一、民俗剪纸的诞生与发展

（一）民俗剪纸产生的物质条件

中国古老的先人在社会劳动的进程中，生产生活方式经历了石器时代到青铜器时代后至铁器时代的发展过程。在这样一个历史久远的年代，我国的古代先民在用傲人的智慧创造着历史。自冶炼术诞生后便有了剪纸工具的出现，所以冶炼术的诞生为剪纸艺术的出现提供了工具基础。

此外，就是唐以后纺织工艺日益完善，这一时期是中国纺织工业长足发展的时期。这个时期的纺织技术得到空前的发展，纺织的机械化生产使得一些劳动力被解放出来可以进行一些具有装饰性的物品加工。所以纺织的机械化生产为剪纸艺术的出现提供了劳动力基础。

最后，唐代及之后的清朝我国纸张的生产种类除了普通纸张外，还发展出了各种彩色的腊笺、冷金、错金、罗纹、泥金银加绘、研纸等名贵纸张，以及各种宣纸、壁纸、花纸等。因此纸张成为人们文化生活和日常生活的必需品。所以，造纸技术的日趋成熟为剪纸艺术的出现提供了材料基础。

（二）民俗剪纸产生的文化条件

1. 图腾崇拜

图腾崇拜是中国古代最原始的、最淳朴的一种精神寄托，是在宗教产生前的信仰崇拜。它产生于石器时代中期，这个时期出现了小型的工具制作，局部地区始现捕鱼工具、石斧、独木桨等生产生活工具。旧石器时代后期开始逐步繁荣，直至新石器时代则逐渐演变，新石器时代便是石器时代的最后一个阶段，这个阶段农耕文化也开始出现，远古先民开始开垦荒地以发展原始农业。

图腾开始时被视为一个民族的亲属或祖先而不是神的化身。早期人类的"灵魂"观念诞生后，古老图腾文化开始被神化，开始真正化身为原始氏族或原始部落的守护神。在这样的思想指引下那些原本在自然界存在的动物、植物被神明化。古老的图腾文化在剪纸技艺产生之初决定了其基本形态，不同的民族有自己不同的图腾崇拜。则在制作剪纸作品时便有了不同的原始形象。如古老商族的图腾是玄鸟、古老满族的图腾是乌鸦、羌族的图腾是羊、蒙古族的图腾则有狼、鹿、熊、树木等等，伴随着这样的图腾文化体系，世代相传着许许多多的古老传说，这些传说故事便形成了剪纸艺术的文化内涵，很多古老的故事只保存在口口相传的童谣里，许多事情已无史料可查，但我们睿智的先人却通过剪纸这种最直接最具有视觉性的方式为我们讲述着一个个美丽的传说。

2. 自然崇拜

自然崇拜是人类文明史上最普及的宗教崇拜形式，它出现于图腾崇拜后期，便是新时期时代。一直流传至今，传承时间最长，区域最广，与人类社会的联系最为紧密。

由于自然崇拜与人类社会的生产生活息息相关，所以流传下来大量的历史学资料和考古学资料，不仅如此在民间还流传着大量与自然崇拜相关的神话故事，如对太阳神的崇拜便产生了后羿射日、夸父追日等故事。对月亮的崇拜便有了嫦娥、吴刚、玉兔等神话人物。这些神话故事也成为后期剪纸艺术创作的蓝本。

3. 祖先崇拜

祖先崇拜是我国先民对已经去世的对氏族或部落的发展做出过突出贡献的领导者的灵魂进行祭奠的祭祀活动。依然是"灵魂"说诞生之后才出现的。祖先崇拜与后期的男尊女卑的封建社会意识形态截然不同，因当时处于母系氏族社会，最早期的祖先崇拜多为女性，比如西王母、女娲娘娘、华胥等。

4. 巫术传承

巫术是与图腾崇拜、自然崇拜、祖先崇拜并存的一种古老的祭祀方式，也是各种崇拜方式的具体表现形式，许多民族在祭祀活动中将自己种族的信仰图腾化。

（三）民俗剪纸的诞生与演变

1. 民俗剪纸的诞生

剪纸艺术首先是一种意识的表达，按照理解，剪纸应当在造纸术出现后便具备实现的可能，但是自蔡伦于东汉时期制作出质地较好的纸制品时，并无史料或任何佐证来证实当时有剪纸作品传世。说明当时的纸张并不是市井可见的简单的生活用品。虽然在河南出土的制作于战国时期的银箔和新疆出土的制作于汉代的金箔制品已初具剪纸艺术的造型特点，但所使用材质与剪纸艺术相去甚远，还不够说明剪纸艺术的诞生。

大部分学者据《史记·晋世家》所记载："成王与叔虞戏削桐叶为圭，以于叔虞曰：以此封君。"和《汉武故事》所记："汉武帝时，幸李夫人，夫人卒后，帝思念不已。方士奇人李少翁，言能致其神，乃夜施帷帐，明灯烛，而令帝居它帐，遥望之。见美女居帐中，如李夫人状，还幔坐而步，又不的就视，帝益悲感。"

后有宋代高承《事物纪原》谓："李少翁夜坐方帐，张灯烛于其中，以纸刻张夫人像，影射于帐……"推断西汉时期便有剪纸与皮影的出现，但在西汉古墓出土的大量文物中除了与剪纸技艺在造型特点上极其相似的金属箔片外，并无可以被称为"纸"的艺术作品。只能说明西汉时期的箔片刻绘制品在造型和象征意义上对后期的剪纸艺术有深远的影响。

后期又有学者认为汉代的幡即为所谓的民俗剪纸，但据史料记载："幡即为幡胜，是胜的一种，又称春幡，是在彩绸小幡形上剪镂形象或用彩绸、金箔剪镂形象贴缀在小幡形上的装饰品。"因此可见所谓幡依旧是除纸之外的其他材质制品。

西汉时期虽然诞生了造纸技术，但是造纸使用的原料较为昂贵，大部分是贡品仅供皇家使用，普通百姓是不可能使用纸制品来制作剪纸的，所以这一时期的剪纸被命名为"非纸剪纸"，"类剪纸"等。

魏晋南北朝时期造纸术得到巨大的发展，使用原料也随之发生质的变革，纸张由汉代时期的珍稀之物幻化为普通百姓日常生活中最常见生活用品。所以，这一时期剪纸艺术才真正诞生了。

2. 民俗剪纸纹样的演变

民俗剪纸的演变史该由何时开始记载，在学术界一直没有统一意见，是该从"非纸剪纸""类剪纸"产生时期开始讲述，还是该从纸质剪纸真正诞生开始讲述，一直是倍受争议的问题。由于这里研究的是剪纸艺术对景观设计的影响，重点在于剪纸艺术所承载的艺术价值和人文价值，暂且就从与剪纸艺术极为相似的春秋战国时期的镂空刻花的制作开始。

要研究剪纸艺术的演变就不得不提及春秋战国时期盛行的贴花制品，贴花工艺是使用刀具在金属箔片、布匹、皮革、毛织物、编制物等薄片材料上剪刻成精美的图案花卉，帖附在人面、服饰、器皿等表面起到装饰作用的一种古老技艺。

贴花大致可分为贴绣花、贴面花、贴金花三种方式。贴绣花又称补绣花，是根据图案要求将布帛、皮革、彩色帛等剪刻成各种形象和花纹，帖附于服装，鞋帽、装饰物上，再加以锁边的一种类似刺绣的制作工艺。江陵望山一号墓中出土的一件战国皮革贴绣物件，便证明此术盛行较早。之后便有晋国由皇室流传到民间的宫花和金果鞋或称为晋国鞋，晋国始创的金十果纹至今依然流传于山西民间。

这一时期同样具备代表性的纹饰便是满族纹样，满族信奉萨满教，巫术为主要精神文明，巫师的神衣由染成紫色的鹿皮缝制而成。再以软皮剪刻成古老图腾纹样附于其上。常用的纹样有云纹、树纹、鹿纹、鱼纹、羊纹等。

贴面花，又称贴花子。是古代妇女在额部、眉眼间、面颊、下颌等部位的装饰图案，这些饰品多由极其纤薄的金属片、蝉翼、鱼鳞等制成，剪镂成星星、月亮、花鸟、枝叶等纹样。以示美满吉祥。色彩以红、黄、绿为主。

贴金花，又名金银平脱，用来装饰珍贵的青铜器、漆器等器皿，将金箔或银箔剪成影像或镂空花纹贴于漆器或青铜器表面，然后多重涂漆，再多次打磨，意在使金银花纹镶嵌于漆层中，器皿表面整洁光亮，光彩夺目。这一时期的纹样构图完整，线条流畅。在湖北出土的战国时期的一批装饰于马车上的金箔饰品，有正方形、三角形、圆形、梯形等，就这批文物的艺术特征及制作工艺而言，已汇集了剪纸艺术的基本形态。

在贴花之后出现的剪纸雏形纹样被称为胜，胜是古代使用金箔。银箔、铜箔、彩帛、毛毡等材料剪镂成的工艺品，后期发展为女性的头饰，古代的胜有公平、优美、超众、有辟邪、祈祷吉祥如意等美好寓意。胜在长期的演变过程中又分支为华胜、人胜、幡胜、方胜、厌胜等。

步入魏晋南北朝时期，剪纸技艺真正出现《荆楚岁月记》载曰："正月七日为人日。以七种菜为羹剪彩为人或镂金箔为人，以贴屏风，亦带之头鬓。又造华胜已相遗。"这时的剪纸技艺已与现代流传无异。之后伴随造纸技术进一步发展，剪纸纹样变得更加完整美观，相出现了莲花团花剪纸纹样，莲鹿团花剪纸纹样、莲猴团花剪纸纹样、莲蝶团花剪纸纹样、莲轮团花剪纸纹样，这些纹样都为圆形结构，且中心对称，都是采用剪纸多次对折后剪镂而成，就有很强的装饰特征。

隋唐时期剪纸纹样有了新的突破，隋唐时期由于佛教的盛行，出现了大量的以宣扬佛教为主题的剪纸作品，并有将真人入画的剪纸作品，可谓开创了剪纸纹样的新纪元，但遗憾的是美人入画的剪纸作品因尺幅较大，当前存世较少，有据可查的只有四幅，数量虽少，但制作技艺之精良，是现今剪纸艺术研究者不可多得的历史资料。

3. 剪纸艺术寄托着对诸神的崇拜

对自然神的崇拜中可以看到民间所祭祀的神并不像宗教信仰一样崇拜的是一个神，而是儒、士、道神话中的诸神。所有传说中道法高深的神化人物，可以给人民生活带来幸福的人物都可以成为对自然崇拜的对象。

剪纸艺术诞生于古老的祭祀、婚丧嫁娶等活动，所以人民对美好生活的向往和期盼。我国的古老先民还依靠剪纸艺术来寄托对风调雨顺、五谷丰登家庭幸福美满的期许。

剪纸艺术一般寄托着创作者对美好生活的向往，剪纸艺术是伴随着人类生活的发展而日益变革的，我们无法窥探这门古老艺术在问世之初承载着创作者怎样的愿望，但在有据可查的历史长河中，不论是研究人类的发展史还是社会的发展史都不难看出剪纸艺术的演变与古老祭祀活动息息相关。

古老的祭祀活动，是古代流传下来的中华民族的民族风俗文化之一，祭祀的主体通常有自然神、先祖、生育神和吉祥神。

4. 剪纸艺术承载着人类的感情

人世间的感情与希望是每种美术形式的灵魂，因为人类有了情感，这些所谓的艺术品才有了深刻的内涵，剪纸艺术大多是民间女性在生活中所做，在那个民风淳朴，表达含蓄的年代，只有极少的人会用语言来表达情感，所以剪纸艺术就成为人们表达情感的一种方式。尤其是人类情感中最伟大，最无私的母爱。母亲对后代的爱集中表现为对未来美好生活的向往和期盼，这样才有了象征双喜临门的"双喜"、"双蝶"'、"四朵莲花"等纹饰。

（四）剪纸艺术的造型特点

多数人认为，剪纸艺术与绘画艺术相同都是静态的艺术表现形式，但如果我们仔细观察就不难发现，我国先人在用时间的概念讲述剪纸的故事。好多的画面中我们可以看到如原始壁画般的表达方式，便是长着三头六臂的人物，和多角度吃草的动物。由此可见剪纸艺术不再是一项静止的艺术。而是截取了一个时间段的故事。

剪纸艺术家创作剪纸作品时所处的视角是可以随意变化的，那么可以置身画面之中，又可以远离画面之外，这种若即若离，使得剪纸作品在画面感上有了自己独特的变化方式。而剪纸又受到尺幅大小，表现形式的限制，剪纸造型多以夸张、抽象为主。大多纹样都有很强的象征意义。刘勰在《文心雕龙·神思》中第一次完整地使用'意象'一词，""积学以储宝，酌理以富才，开阅以穷照，驯致以怿辞。然后使玄解之宰，寻声律而定墨；独照之匠，窥意象而运斤，此盖驭文之首术，谋篇之大端。"

龙、凤的至高权利在人民日常生活中变得不再那么重要，我国的古先民在创作剪纸形象时便不再使用中华民族的古老图腾而是借用随处可见的红色鲤鱼作为蓝本创作出了鱼身娃娃，将人类盼望多子多福的美好愿望寄托其中。《易经》："易有太极，是生两仪，两仪生四象，四象生八卦。"，"两仪"即指"阴阳"，万物相生相克。剪纸的形体公认的有两种，即为"阴形"和"阳形"。所谓"阴形"意为空白形，也称为"负形"一般情况下画面的主要部分采用阴刻，线条与面块比例合理，这是基本要求。剪"阳形"即为实形。

剪纸艺术，历经了数千年的历史演变和时代变迁，每一个朝代，每一个氏族都会为剪纸艺术留下时间的烙印，在漫长的时间长河中形成了不同地域的风格流派，但是也正是这不同的风格流派为剪纸艺术构建了一个完整的造型框架。剪纸是通过剪刻纸张的一种艺术表达形式，大多剪纸作品就有很强的抽象性和装饰性。

通常采用"阴剪"与"阳剪"相结合的表现手法，以真切的表现形体的虚实关系，"阳剪"纤细流畅、藕断丝连、丝丝入扣而且"阳剪"以线为主，起连接作用。"阴剪"所制作的作品刚强有力，线线相断，以面为主。但在资料中还有提及："锯齿形和月牙形在剪纸上的运用更是独树一帜"。

"剪纸通常以阳剪为主，阳剪则以线为主，线线相扣，细如发丝，点、线、弧、圆的有机结合，使图案清新雅致，剔透玲珑，纤柔秀逸，精致而纯真、配以少量的阴剪则使画面粗细相生、柔中带刚、增强表现力"。

古人云："阴阳既生，形势出矣。"说明只要处理好阴阳的关系，优美的造型就会跃然纸上。剪形由于受到剪刀造型和剪纸艺术的镂空效果的限制，不可能有雕塑的强大造型能力，更没有各种绘画形式表现空间的灵活。就现实的要求剪纸艺术必须采用抽象的造型方式。即为避开真实再现的困难，采表意的优势。剪纸艺术对具象物体的抽象表达、对原始象形图案的收纳、对古老先民在生活中约定俗成的视觉符号的运用堪称是艺术各种表现形式的典范。

剪纸艺术的构图形式基本是以散点透视或多点透视作为主要的构图形式，往往剪纸艺术的构图是在固定的纹样或者边框轮廓内勾勒出花式纹样的手法，剪纸作品在创作中多围绕主题，运用谐音或者具有象征意义的纹样做元素组合而成。

在主题的四周均匀分布寓意美好的象征吉祥的花草祥兽图案。图案的构图一般有方形、圆形，但部分地区也见长方形和边缘不规则图形。剪纸艺术是一种使用艺术，它在尺幅多受到依附物体的限制，因此剪纸艺术必须以主题表现物体为中心，四周环绕寓意美的象征吉祥的花草纹样或飞鸟走兽，形成中间大，四周小的均衡对称构图。

二、现代景观小品设计中的民俗剪纸

（一）民俗剪纸在现代景观小品设计中的表现类型

1. 景观小品设计的内涵及范围

《环境艺术设计概论》一书中对景观小品或小品景观设计做出了定义，书中将设计区域界定为城市广场，认为："景观小品一是指，城市广场街道及其他活动空间中设置的公共设施和建筑小品，它有别于自然景观如山林、江湖、花卉、水体、峡谷，也有别于动态景观中的日出日落、月圆月缺等。它包含能够给人们传递人工美学信息的环境空间，如花阶、铺装和道路等。二是公共设施和建筑小品，这一类建筑小品既有实用性功能又具有强烈的装饰效果。"

每当涉及景观小品设计，往往被许多设计者所忽视，有的设计者认为，景观小品设计就是把普通的艺术品放置在室外。可是一旦提及艺术品，它的范畴就很难界定，我们所谓的艺术品包括摄影作品、书法作品、壁画、雕塑品，以及各种工艺制品，将普通艺术品的放置空间转换就会出现不同的艺术效果，艺术家将艺术品放置在封闭的狭小空间时，这时的艺术品被称为装置艺术，艺术家将艺术品的尺幅进行调整放大，放置于户外开放空间时，无论其表达的艺术张力和内涵就会出现质的变化这时艺术品的概念就不再简单。

这里我们不得不说，直接将艺术品放置在室外空间，这种艺术家的简单、纯粹的个人行为并不被称为景观小品设计，充其量也只是大尺幅的行为艺术。虽然艺术的表现形式是艺术界不断讨论的陈旧话题，但当艺术的表现力与环境的整体性、人类文化史的演变研究联系起来时，艺术的表现力和设计形式的可行性之间便建立了一种难以分割的新体系，此时艺术品的制作就会被赋予新的内涵，并对景观设计产生深远的影响力。

景观小品设计是在整个艺术门类中最具有公共性、交流性互动性的艺术创作门类。景观小品设计既结合了艺术与自然又兼顾社会与人文，不遗余力的展示着设计者对社会的"人文关怀"。将艺术融入普通人的日常生活。通过各种手段来展现公共设施的艺术性。所以不得不说，景观小品设计完全有资格被我们称为"公共艺术"。

人类社会以意识的表达来联系社会成员，艺术作为人类意识的载体，成为任何一个社会阶段都不可能忽视的意识形态。艺术蕴含着一个民族的民俗生活和古老传承，表达了人们思想情感。在景观设计中，我们依然要借助艺术来表达思想内涵。所以使得整个园林环境生动、和谐的重要因素依旧是景观小品作品。景观小品设计不仅要满足人们的实用功能，还要为整个空间带来美的享受。

景观小品设计是环境艺术设计范畴内的一个组成部分，因为景观小品设计就很难脱离环境艺术设计的整体思想指导，随着人类科学技术的发展及人类生活水平的不断提高，对环境艺术设计有了新的要求。

环境设计的整个系统大致经历了实用空间、行为空间（抽象空间）、符号空间（几何空间）、功能空间的四个阶段。

对于设计师而言景观设计是个涉及内容复杂，涵盖人文、地理的设计范畴，整个设计既要符合地域、文化、人文、民族等诸多要求，又要保证其功能性、艺术性不被掩盖。在这个纷繁复杂的设计领域内，景观小品设计是一个难以界定又不可或缺的设计内容。

就景观小品设计的范围的问题，不同的论著中对景观小品设计的范围划分没有统一的划分标准，暂且按其所处整体环境做出分类：

在园林景观设计中，这一类景观小品一般体积较小，但数量较多，分布面积较广，具有很强的装饰性和艺术性，对整个园林景观设计的影响较大，多集中分布于园林绿地中具有很轻的装饰作用。

这一类景观小品通常包括：圆桌、座椅、指示牌、宣传墙、景观墙、景观窗、门洞、围栏、花格博古架及照壁（祠堂府第寺庙等大型建筑物正对面的一堵高屏画墙。常与前围墙连在一起而比围墙高出，正对大门。往往用嵌瓷或浮雕塑绘麒麟、鹿鹤一类吉祥物等。除此之外园林景观的完整系统中涉及的景观小品还有花、树池、饮水处、花台、瓶饰物、垃圾箱、纪念碑甚至水榭、回廊、等都包括其中。

2. 民俗剪纸在景观小品中的运用类型

（1）民俗剪纸与雕塑的结合运用

景观小品设计在整个园林设计系统中拥有画龙点睛的作用，能够强调整个园林系统的艺术定位和形象特征，任何景观艺术设计无非都是由点、线、面的元素构成的抽象构图，那么景观小品设计就是整个系统中点的要素，传达给受众文化的信息和思想的内涵。使得一个园林景观设计作品拥有灵魂，在三维空间中传达美的信息。雕塑一般定义为美化城市或用于纪念意义而雕刻塑造、具有一定寓意、象征或象形的观赏物和纪念物。

雕塑是造型艺术的一种，亦称雕刻，是雕、刻、塑三种创制方法的总称。并且要求它具有三维可观性和深刻的寓意。能够代表一段文化或者可以展现一个积极的文化精神。雕塑作品是一种具有很强艺术表现力的造型手段，"园林雕塑类景观小品的创作源泉源于生活，他能够震撼人们的精神世界，能够陶冶情操，赋予整个园林系统鲜明的文化主题和深厚的艺术氛围"。虽然在中国古典园林中的石鱼、石龟、铜牛、铜鹤等的配置多受当时迷信思想的指导，但就其艺术表现力至今仍旧是不容忽视的，这些景观小品多具有较强的鉴赏价值和艺术收藏价值。

景观环境中的雕塑小品往往是一个自然区域的文化标杆，指示出这个自然区域的文化传统和历史韵味，是整个环境中的艺术品。所以在设计雕塑作品时，设计者要从研究一个区域甚至一个城市的文化背景、风土人情。如矗立在广场上的雕塑作品就能够给观赏者带来亲切感。

剪纸艺术作为中国民间广泛使用的一种艺术表达方式承载着人们对美好生活的向往与憧憬，虽然南北方各有特色但在整个文化系统中它的象征意义是没有争议的。所以雕塑作品与剪纸艺术相结合成为多数设计师所热衷的选择。

（2）民俗剪纸在座椅中的运用

在对景观小品进行分类时我们便不难看出，景观小品的作用除了置身于园林环境中具有极强观赏性的诸多作品外，还有一部分置身于"公共空间"内具有极强服务作用的景观小品。

强调服务功能的景观小品以其"实用"为主旨，所以衡量这一部分景观小品作品的优劣，除了满足人们的审美需求外，更加注重的是它的使用价值。

公共空间内的座椅设计便是在景观环境中具有极强服务作用的景观小品。这一类景观小品在结构的合理性和使用的安全性上有很严格的要求。"座椅"是整个景观环境中常见的置于室外却具有家具使用功能的一种景观小品，它能够为游人提供休息和交流的空间和场所。简单的直线四边结构力求简单、平衡、稳定的设计理念已经逐步被曲线柔和的设计风格所取代。随着现代社会对美的追求，这种单一功能的设计渐渐不能满足游人的要求，随之出现了各种造型的座椅。比如树桩、水果、石块等模仿自然界原本存在的动植物特征而设计出来的景观小品作品，努力实现设计作品与自然环境的完整统一。

与此同时具有中国韵味的艺术元素在艺术设计领域的到追捧后设计者逐步发现民俗剪纸所具有的有直线和曲线相结合的构成方式，刚柔并济，形神兼备，又将对比之变化完美结合，别有神韵。能够展现设计作品的。

（3）民俗剪纸在指示牌中的运用

自然环境中的指示牌是具有使用功能的公共设施，而它的使用价值便是在园林或街道环境中指示方向。在这样的环境中存在它的材料选择便受到限制。通常采用铸铁、不锈钢、防水木、石材等能够抵御自然环境对景观设施侵害的材料。所以早期的指示牌设计是整个环境设计中最为模式化的设计。设计师只注重其使用功能却忽略了它也是整个环境设计作品的一个组成部分，忽略了它的艺术性。但是在兰州鸿运润园区及内的指示牌及一些起指示作用的广告指示牌却为我们带来了新的启迪。

（4）民俗剪纸在灯具中的运用

照明功能的景观小品：这一类景观小品在整个园林景观中分布较广，不仅在夜间起到照明、指示的作用，在白天还要起到造景的作用，能够对整个园林景观起到点缀和营造气氛巩固整体风格的作用。园林中的照明方式又分为泛光照明、灯具照明和隐蔽照明，由此便要求具有照明功能的景观小品风格各异，形式多样，同时又要具有较强的艺术表现力。泛光照明、灯具照明不能理解但在设计上依旧要考虑设计的整体定位。隐蔽照明这一类小品的多应用于园林景观系统中，如：水池、喷泉、雕饰、绿化、墙壁和花坛等。

灯具也是景观环境中常用的强调使用功能的设施并且大多设置在室外，景观灯具的除了要为游客的夜晚出游提供照明设施，还要为夜晚环境的美化提供灯光支持。它的使用功能要求，光线舒适，能充分发挥照明功效；并且要保证使用的安全性。但在夜间灯具的艺术性往往成为自然环境的艺术代表，所以灯具的选择上也是整个设计中尤为重要的。山西太原街头的灯柱设计很好的运用剪纸艺术的艺术特征。剪纸艺术作为一种"阴""阳"艺术，在光与影的运用上已经甚为娴熟，可以与灯具的形态与光线结合幻化出一个空间丰富层次鲜明的立体空间。

（5）民俗剪纸在垃圾箱中的运用

在一个完整的环境系统中另一个不可或缺的公共设施便是——垃圾箱。它的主要功能是清洁卫生、保护环境、有效回收利用废弃物，同时还要起到美化环境防治异味的作用。垃圾箱的设计一般是在整体造型上下足功夫。但很少关注细节的展示。在山西太原的城市改造中致力于将文化内涵注入整个城市景观，在细节上更是展示了集大成之功力。

（6）民俗剪纸在桥中的运用

景观环境中的交通设施除了道路交通设施外还有水路交通设施这便不得不提及景观环境中的桥。在整个景观环境系统中它起到连接的作用，在水体环境中合理衔接其与陆地的关系。并且使景致更加具有层次感。我们在桥头装饰中最容易见到的就是圆形的吉祥图案，虽然这种艺术方式被称为石雕或者砖雕，但我们不能否认它的造型方式和结构特征和剪纸艺术有异曲同工之妙。

第三节　玻璃在现代园林景观中的应用

一、玻璃的概念

"加热时自由流动、没有定型当它冷却成型时如同水晶、有棱有角"布里克斯曾经以诗的形式对玻璃的形成进行独到却也很恰当的描述。这也是玻璃定义必须包含的内容。

对玻璃最常见的定义是经过高温熔融的流体，由于粘度在冷却过程中逐渐增大，而硬化形成的无机非金属材料，是一种较透明的固体物质。但是，依据此定义，在根据制成的材料状态及性能等方面对玻璃进行科学的分类时，以熔融法之外的方法所制成的非晶态物质以及组成成分不同于无机物质的非晶态金属和非晶态高分子材料都不能称为玻璃。因此，对玻璃进行重新定义为若某种材料显示出典型的经典玻璃所具有的特征性质即存在热膨胀系数和比热的突变温度，那么，不论其组成如何，我们都可以称之为玻璃从实用角度来说，玻璃是一种透明的无定型固体材料。

二、玻璃在园林中应用的优势与局限

（一）玻璃在园林中的应用优势

1. 神奇的透明性

在玻璃众多特性中，最能体现其神奇的一面，让人的视线穿越，阻隔空间而知觉不断，它使玻璃"介于存在与不存在的境地，蕴含生命与力量"能让人的视线穿越，阻隔空间而知觉不断的特性，也可以说成是玻璃的可透视性。它不但满足了人们的视觉需要，也缩短了空间的距离。

2. 丰富的色彩

玻璃可以通过特殊的工艺和着色剂生成不同的颜色，并在光线的照射下产生变幻多端的光彩赤、橙、黄、绿、青、蓝、紫，可谓无一不有。意大利著名的玻璃雕塑家戴尔·奇胡里认为"没有任何材料的色彩能像玻璃，也没有哪种材料能如玻璃一样，在光线的作用下，散发出斑斓的光芒"。五光十色的玻璃任由设计师自由、创造性地应用，浓妆淡抹地粉饰我们的世界。

3. 无与伦比的光泽

玻璃光滑、平整、清洁的表面，使它的光泽度是"抛光的大理石、铝塑板、张拉膜等无法相媲美的，更不要说一般的混凝土和石材"。

4. 超强的可塑性

玻璃可以经由熔融、压模、吹制、倒模等方法，加工成正方形、长方形、三角形、圆形、椭圆形、任意多边形等平面形状也可以加工成单曲面、双曲面、球面等空间形状。而且这些平面形状和空间形状的结合能够产生意想不到的效果。

5. 坚硬耐磨

玻璃的莫氏硬度在 5 ～ 7 之间，与花岗岩、大理石具备相同的耐磨性。

6. 良好的耐久性

玻璃对水、酸、碱以及化学试剂或气体等具有较强的抵抗能力，并且能够抵抗除氢氟酸以外的各种酸类的侵蚀。

7. 环保无污染

玻璃属于无机材料，生产制备无需开采自然资料使用过程中废气、废水零排放，对环境零污染并且许多玻璃制品可以回收再利用，制成所需的样式，符合循环使用的绿色材料理念。

8. 节能降噪

玻璃几乎无孔隙，是一种致密材料，因而具有极佳的隔离噪声的能力四玻璃能吸收、反射太阳光中的辐射热，有效降低构筑内部温度。

（二）应用局限

玻璃的抗压强度很高与石材接近，同样的也很容易破碎和产生裂缝，抗弯强度和抗折强度较低极不耐冲击，当负荷超过极限时，会立即发生破坏热稳定性能差，遭遇剧烈的温度变化，特别是急冷时，会因内部产生温度应力而破坏。

虽然可以通过改变内部组分，或者深加工等手段，增强玻璃的单项性能，但容易引起其他性能的变化，或是加重玻璃的自重，从而增加玻璃使用过程中的荷载效应。

三、玻璃在现代园林景观的应用方式

（一）亭与廊

亭和廊是园林中运用最多的两种建筑形式，既是游客驻足观赏景色的场所，又是具有观赏价值的景致。

1. 亭

古代的亭主要解决人们在游赏的过程中，纳凉避雨、纵目眺望的需要，亭子的形象玲珑美丽、丰富多彩，满足了人们"观景"和"点景"的双重需求。现代园林中的亭，受到各种文化艺术的影响，随着材料和施工技术的改进，加入了更多的元素，显示出多样化的发展，玻璃做为亭的构造材料，主要出现在亭顶，使整体结构更加简单明了，造型简洁大方。不但提供了遮风避雨的场地，也能让和煦的阳光洒在亭内。

2. 廊

廊在园林里是"虚"的建筑元素，是两个空间的分隔也是联系。玻璃做的廊顶增添了廊虚无的气质，也让原本"顶在两排细细的列柱上，不太厚实的廊顶"，由于结构的变化而高低起伏，增加了立体感和沉稳感。

（二）桥与塔

桥和塔在中国古代城市是空间纵向和竖向的有力地标。在现代的园林里改变了原来的功能，成为景观构成元素中的主角之一。

1. 桥

园林中的桥有二个作用跨水行空的道路，变换观景角度及欣赏水景的地点也能分隔水面，点缀水景，增加水景层次。站在透明的玻璃桥面向下看，小溪在脚下潺潺流过，玻璃和流水形成了如履薄冰的视觉效果。

2. 汀步

古老的渡水设施，浅水中布置微露水面的步石，质朴自然，别有情趣。透明的玻璃板代替传统的步石，人行其上犹如凌波仙子般轻盈，凌水而过。

3. 塔

塔由最初的宗教建筑走向世俗，是一种非常独特的东方建筑，承载了东方的历史、宗教、美学、哲学等诸多文化元素。今日园林之塔，被赋予了观赏意义、纪念价值和传载历史的功能。玻璃在高技术的支持下，构筑了返古文章，重释了叠涩塔的意义，与广场另一端，古老沧桑的砖塔演绎着古今对话。

（三）历史文物的保护与改造

新生与衰败、开放与传统、革新与积淀，是人类历史发展的过程中不可避免的矛盾。"在可能的情况下，尽可能通过修缮和再利用维持仍有活力的城市结构和建筑。……从建设和开发的角度，这样做还可以加强公共空间领域的重要性，使之富有纪念性"，1991年，彼德·罗教授——美国哈佛大学设计学院院长，在为美国城市地区公共空间领域的设计做总结时，曾经如此指出。对于文物古迹、建筑遗迹，不能以藏入屋中"不见天日"的方法，更不能用"焕然一新"及"以假乱真"的方式对待保护，历史真实性和文化传承是保护的最高原则。利用玻璃通透的材料特性和现代的施工工艺，对文物、遗迹的保护与改造，不仅确保其真实性的再现，重新唤起观者心中的往昔记忆和文化认同感，也给城市注入了新鲜的活力。

1. 文物保护

昆明世博园之"槐园"中竖立着在山西长子县发掘出土，2.5亿年前形成的珍稀硅化木。钢化玻璃罩给木化石提供了坚固的保护，让它免受风吹雨淋、避免大气中的化学侵蚀、防止其他生物的破坏，同时透明玻璃的防护，并不妨碍游客近距离地观赏、了解这棵亿年古树的全貌。清透的玻璃与周围景物互相交融，木化石仿佛脱离了防护罩，犹如植物纽带中的奇石景观。

2.古建改造

位于 Juval 山顶的老城堡废墟的修复工程，设计者使用夹层安全玻璃，采用下张拉索式桁架同点式玻璃技术相结合，为古堡架上了视觉效果非常轻巧的屋顶，将其改建成设计展览空间。利用玻璃结构不但满足了展览空间的采光需要，又能在不影响文物建筑结构的情况下，对废墟进行一定的保护与加固，而且随时可以拆除。

（四）公共服务设施

公共服务设施不仅出现在人们的日常生活中，具有服务内容，而且也是景观的组成部分，具有观赏内容。因此在外形上应该制作精致、造型简洁个性、色彩鲜明，便于寻找、易于识别，又能提高景观质量和环境效益。玻璃在材料开发中的拓展、造型技艺的日渐娴熟，使它在公共服务设施中的使用不但能够满足实用性需要，也满足了装饰性要求。

1.电话亭

良好的隔音效果、材料性能的强化、时尚的美感，让玻璃电话亭可以经受一般的粗暴使用，确保通话的私密性和免受外界的干扰，立于街头，既不过分夺目，又容易被发现，也可以作为景观的从属物。从顶棚到四周的围护结构，均由绿色透明玻璃以点式玻璃技术制成，圆形的玻璃遮棚是它最大的特色图。半封闭式电话亭隔音性能好，却难免给人压抑的感觉，玻璃通透的材质，让人身在其中，也能与外界建立视觉联系，配上可爱的动物雕塑小品，更显趣致，为平淡的街道增添一抹光彩图。就像镜面闪亮的透明玻璃，经过简单的拼接组装成电话亭，成组的布置吸引人的视线，形成城市街道的一道亮丽风景线。

2.座椅

座椅属于休憩用的公共型设施，在城市的公共场所为人们提供最直接的服务，是最容易创造亲切感的景观要素之一。水晶般的玻璃座椅，璀璨的外表让人心驰神往，似乎只在童话故事里出现，让人想马上坐上去—圆童年的梦想图。成捆的干稻草，用钢铁框架支撑的玻璃围罩起来，极具创意的长凳，充满田园气息。

3.其他

改善并塑造独特景观，应从大处着眼，小处着手。普通的贩卖亭、岗哨亭也可以成为美化环境的最佳利器。玻璃组合而成的岗哨亭，最少的"有形建筑体"站在巴黎警察总局的门口，丝毫不影响背后老建筑的雄伟立面。茶色玻璃配合框架古朴的颜色与周围环境相互交融，又引人注目，招徕不少游客，在此驻足休息，促进贩卖生意。

（五）植物景观

植物一直是园林最为关注的景观元素，现代园林广大的包容性，让我们能够尽情想像，为传统的植物景观披上崭新的外衣。运用艺术的敏感，利用各种景观材料与植物展开一场别开声面的互动，改变传统的植物景观的面貌，让它变成一个拥有帷幕和布景的艺术品殿堂。

1. 与植物互动

修剪整齐的灌木球排列在亮蓝色的玻璃小片中间，犹如一幅镶嵌风格的画，拥有了层次感、激情和热能，不过在这里植物反而显得像背景陪衬了图。

2. 意象的树

玻璃是最具模仿天分的演员，出色地模拟扮演着大自然的绿色精灵，却又多了份独有的律动与晶莹。五光十色的玻璃珠犹如摇摇欲坠的雨滴，被悬挂在用艺术雕塑手法创造的"树"上，在阳光下发出绚丽夺目的光芒。

（六）雕塑

景观雕塑和雕刻的本质相同，都是通过"对材料进行加减法的改造，通过丰富的光影变化、虚透的空间效应展示立体艺术"。玻璃作为雕塑材料，不管是形象的塑造，还是情感的表述都有其过人之处，并且使现代园林中的雕塑"与周围的景观融为一体、交相辉映，不再是一个孤立的艺术个体"。

1. 传统雕塑

最初的玻璃以其材质多变的心理感受、视觉感受，和造型多样的平面形态、空间形态，深受雕塑家的欢迎。经过高温的历练和吹制、吹模、压模的创作手法，成为雕塑大师手中灵动善变的艺术品与环境景观的表情物。水塘边一座玻璃制的叶形雕塑静静悬置其上，一串轻泉顺着叶片滴泻下来，映着水光闪烁，连同半浮半沉在水中，一篓篓修长、由多种形态矮小的花草植物拼组成的片片巨型竹叶，勾勒出红红绿绿逐层交错的秋季之画，为大自然的诗意园林赋予了更深远的意味。

2. 新型雕塑

20世纪初以来，随着材料制造工艺的快速提高，加工手段的不断更新改进，诸如锻造、焊接、拼贴、样卯、粘接、钉拧、堆积等方法让玻璃雕塑的形式面临得未曾有的改变，能够更有效地将现时社会、生活、艺术、技术和大众情感融于一体，也更具时代性和人民性，更符合时代的主旋律。

"世纪之光"位于温州世纪广场，是使用钢构拉索支撑结构和点支式玻璃技术，建成的双筒玻璃体，总高66 m。雕塑以含蓄的建筑语言，抽象的表现手法，依靠高科技的建筑科技手段和艺术想像，构筑而成。这个介乎建筑与雕塑之间的大型构筑物，高耸入云，在阳光的照耀下，表面光亮、洁净，充分演绎出作为艺术品一所包容的深刻的象征寓意，丰富的隐喻内涵，不愧为温州新世纪城市精神的象征。

还有许多不同种类玻璃与其他材料组合、拼接，构成的具有时代气息的艺术风格的玻璃雕塑。比如红色透明玻璃、镀锌钢架拼接成的"倒置的房屋"图和日本箱根由镜面玻璃和金属结合而成的抽象雕塑图，都体现了艺术的情感表达，展现了玻璃的别样魅力。

（七）水景

1. 表象的水

水是景观设计中极为重要的因素，中外皆然，水的应用种类繁多，从大水面、小水面、小品水型、动态之水到点滴之水荷叶鱼缸，凡此种种不一而足。透明的玻璃与清澈的水仿佛天生就是一对，各种类型的特效装饰玻璃都能与水组合，带出令人欣喜的艺术特色。

同样透明的玻璃提供了一个几乎无法觉察的表面容器，水流则在其中翻涌奔流。独特的玻璃斜坡造型，让人有一种水向上流动的错觉。平静的水面与镜面玻璃互相反射，"你中有我，我中有你"。有色玻璃为奔流而下的水幕添上了淡淡的蓝色，一起构成了波动起伏、气势磅礴的墙壁图。

2. 具象的水

具象的水是以象征的手法，抽象的表现自然界的水景观，虽无水滴却似态意汪洋，比真实的水景更具广阔的想像空间与场地适应性。串连的玻璃珠泛着点点微光，如同巨大的喷泉喷涌而下。反光、闪烁多变的玻璃屑象征着大海的空间，其上航行着一个种植着橄榄类的银灰植物，像轻巧帆船的金属半球体。

3. 其他

玻璃还可以做成像鱼缸那样的水箱，沿着玻璃水池或水箱的四周都可以将里面的东西看得一清二楚，水平的观赏视角和平时俯视的视角呈现截然不同的效果。

（八）地景

地景是指地形、道路、铺装等与地表形态有关的景观元素，是构筑整个园林绿地景观的骨架。

1. 地面铺装

当人类得到了基本的物质生活保障之后，对精神层次的需求就日益凸显示出来。对于现代园林满足更深层次的文化内涵和生活底蕴的要求，不但体现在大的空间范围内，也包括了细节的追求。地面铺装就是其中之一，运用碎石、自然石材、烧砖或草坪这些常见材料，在地面上以不同形式组合铺设，"层次感分明的重叠几何图形或者连续空间视线效果的带状图形"，都是艺术与美学的完美结合。玻璃的加入使原来地面铺装又增添了功能性。

玻璃做的地面看起来是广场铺装的一部分，简洁却又抢眼，在区域中形成突出的视觉焦点，成为整个广场的标志性物体，其实它还担负着隐秘的任务—地下停车场的透光顶棚。在日益拥挤的居住空间，成功解决了可变空间的通透性问题。

长条形的玻璃铺装，在广场中尤为突出，具备强烈的指向性，纵横交错的玻璃带强调了广场的区域感。夜晚隐藏在玻璃之下的灯光闪烁，与路灯共同组成广场夜景。

2. 种植穴

种植植物的容器和空间，一般在道路、铺装上采用。玻璃、不锈钢组合而成的树木保护围栏，材料光洁透亮，表面的磨砂画富有现代气息，极具装饰效果。

微凸出地面的种植池里，好像生长着数以千计的天竺葵，走近仔细一看，原来只是一株天竺葵所幻出来的繁复影像，这是万花筒镜面玻璃为人们变的魔术。

3. 地表装饰

与地面铺装不同，这是一种富含创意的地面处理方法，玻璃的效力常常带来出人意料的惊喜，能够让地面独具特色、更显现原创性。

两条带着荧光的彩色玻璃片组成的溪流，静静地流淌着，在阳光的照射得波光粼粼，为四周披上了一层梦境般的颜色，光彩和花纹。废旧玻璃制作的玻璃碎片有成百上千种颜色和样式可供选择，让平凡的路面成为充满奇思异想的地方。

利用回收的玻璃制成的弹珠和碎片，通过折面与色相塑造景观，让地面在千变万化的色彩与形貌里璀璨迷人。

（九）景墙

景墙自中国古典园林就常作障景、漏景以及背景之用。其功能因需而设，形式不拘一格，材料丰富多样，是园林中常见的小品。近些年，景墙已经成为许多城市加强城市文化建设、改善城市风貌、反映城市特色的重要方式。

1. 镜面景墙

美国科罗拉多州丹佛市的万圣节广场，沿中央设置了由两片反向倾斜的景墙构成的墙带。两个巨大的三角形镜面分别布置在被洋红色铝板装饰的景墙两端。两侧互相垂直排的列、高低变化的白色圆柱体，印照在玻璃墙面上，重重倒影好似树干组成的小树林景墙之间水池中的喷泉，在镜面的反射中，动态一览无遗广场中梯形交错、黑白相间的水磨石地面，在镜中得到了无限延伸。整个广场因为玻璃镜面的使用，充满了迷幻的色彩。

2. 磨花玻璃景墙

深圳园博园内上海景点"石库新苑"的景墙由玻璃和黄石底座共同组成。繁荣的现在以及美好的将来犹如一幅水墨画，在玻璃景墙上，以浮雕式的表现手法刻画出来。潺潺的水流从景墙上缓缓流过，在玻璃的印射下更显静溢，如同缓慢转动的电影胶片，悄然地向人们讲述着上海的时代变迁图。不约而同的，珠海市景点"滨海明珠"也以玻璃做为景墙的主要材料，五块大小、形状一致的玻璃依靠金属支架的支撑，固定在青山之睡，珠海建设的辉煌成就依照时间的刻度分别拓印其上，每一个画面犹如一个小故事，将珠海由昔日边睡渔村，发展成为今日特区新城的历史变革讳讳道来。

（十）石景

"山无石不奇，水无石不清"，中国传统园林常利用地形，或以数石相叠，或以孤石成景，将空间层次分割得变化有致，丰富了园林的内涵。尤其是置石于湖畔、水际、池中，饱含天然之趣。

直立的玻璃代替了传统的石景，若断若续，半含于真石之中，犹如根于石中，天生一般，透明的材质将水色山色尽容其中。不但起到点景、组景的作用，而且增加观赏的艺术意趣和价值。

（十一）其他

1. 采光顶

某住宅小区"富景园"园林绿地中玻璃被做成金字塔的形式，做为处于地下层的设备室的采光顶棚，则将玻璃做成简化的庆殿顶的形式，为地下车库提供通风和采光的作用。玻璃的应用，让普通的采光顶成为了居住区绿地中不可忽视的景致之一，然而不能单纯的划入景观一类，因为它更多体现的是功能性，玻璃的通透性能让寸土寸金的城市，实现合理利用地上、地下空间的可能性。

2. 壁画

现代园林常用各种材料通过工艺手段在建筑外墙、景墙、围墙之上制作精美的画卷，让平凡的墙体也能成为园中一景，这些壁画一般以两种方式装饰空间适应环境风格和气氛，创造出完美的、有意境的空间或是用大量有力度的线条，冲破墙面，打破墙和环境的稳定感，形成冲突与对立的协调关系。瓷化玻璃镶嵌壁画、彩色玻璃窗画陆续成为园林的景观，玻璃五色俱全的色彩比金属、木材、大理石更具表现力，成功强调了壁画语言的放射性和张力。

四、玻璃在现代园林景观应用中的分类

（一）饰面玻璃

这类玻璃因为自身性质限制，若无其他结构层共同受力便会出现安全隐患，只能做为面层装饰之用。

1. 压花玻璃

压花玻璃透光不透视，可使透过的光线柔和悦目，主要用于需要透光装饰又需要遮断视线的场所及朝着街道的外窗门等，并可用作艺术装饰。可呈浅黄色、浅蓝色、橄榄色等。抗拉强度 60MPa，抗压强度 200MPa，抗弯强度 40MPa，透光率为 60% ~ 70%。

2. 釉面玻璃

釉面玻璃色彩鲜艳耐久，易于清洗，图案丰富并可按用户要求或设计图案制作。通常用于立面、地面装饰。

3. 热弯玻璃

热弯玻璃透光性能、隔声性能和力学强度好，可制成各式曲面，比如U形、半U形、半圆球面、单双向弯曲等。用于立面装饰、幕墙玻璃、天井采光、屋顶采光等，还可做鱼缸、展示橱柜。

4. 泡沫玻璃

泡沫玻璃优良的隔热、吸声性能，能够阻燃、耐侵蚀，施工方便，可锯、可钉、可钻。常作保温、隔声材料。

5. 彩印玻璃

彩印玻璃图案逼真、色彩丰富、立体感强。耐酸碱、耐高低温、透光不透视。适用于屏风、墙幕和广告灯箱、灯饰等。

6. 镜面玻璃

镜面玻璃即镜子，利用镜面玻璃的影像功能，可以在视觉上使空间延伸，同时起到让周围的景物相互借用的作用，丰富空间的艺术效果。

7. 镭射玻璃表面色彩和装饰图形

由于光线不同的入射角度而发生变化，装饰效果富丽堂皇，梦幻万千颜色有蓝色、灰色、紫色、绿色等。适用于地面、柱面、墙面、隔断和台面的装饰。

8. 七彩变色玻璃

七彩变色玻璃可以在不同的角度、不同的光线下变幻出不同的色彩，高雅、美观、豪华。主要用于地面装饰及大型室外景观设置。

9. 彩绘玻璃

彩绘玻璃在玻璃上以特制的胶状颜料绘图上色，图案丰富亮丽。能自如地创造出赏心悦目的和谐氛围，增添浪漫迷人的现代情调。

10. 玻璃大理石

玻璃大理石具有天然大理石的色彩、纹理、光泽的玻璃制品。能够代替大理石使用。

11. 锦玻璃

锦玻璃又称玻璃马赛克，质地坚硬、性能稳定，耐热、耐寒、耐候、耐酸碱、耐久。有红、白、黄、蓝、绿、灰、黑、金色、银色斑点或者条纹等70余种颜色。可以单色拼排，也可以按拼成不同颜色组合的复杂图案，甚至可以拼接成大型壁画。主要用于墙面装饰。

（二）节能玻璃

具有良好的保温隔热效果，并且有赏心悦目的色彩和图案。

1. 热反射玻璃

热反射玻璃是镀膜玻璃中的一员，单向透视，可过滤反射紫外线、红外线和太阳可见光，以免眩光，热透过率低、隔热性能好。色彩丰富如灰色、青铜色、茶色、金色、

浅蓝色和古铜色等

2.吸热玻璃

吸热玻璃能够吸收大量红外线、紫外线和太阳的可见光，防止眩光有明显的降温效果。颜色丰富多彩、经久不变，有灰色、茶色、蓝色、绿色、古铜色、青铜色、粉红色、金黄色等。用于墙体装饰，制作灯具、玻璃家具。

3.低幅射玻璃

低幅射玻璃属于镀膜玻璃，可大量接收太阳的近红外线和可见光，并强烈反射远红外线和物体的二次辐射热，具备控制阳光、保温、节能、热控的作用。

4.电磁屏蔽玻璃

电磁屏蔽玻璃算是涂膜玻璃，具有反射电磁波、导电、热反射、热选择吸收的功能。色彩华丽缤纷。

5.变色玻璃

变色玻璃自身颜色可随着外界光线变化而改变，能控制太阳辐射热、降低能耗，同时改善自然采光条件，具有防眩光、防窥等作用。

6.中空玻璃

中空玻璃将中间注入干燥空气或其他气体的两片或多片平板玻璃进行密封制得。抗冲击能力优越，隔热、隔声、防结露。一般可降耗20% ～ 30%，降噪30 ～ 4dB。颜色有无色、绿色、黄色、金色、蓝色、灰色、茶色等。

按玻璃原片的性能分有普通中空、压花中空、吸热中空、钢化中空、夹丝中空、夹层中空、热反射中空、热弯中空等。

（三）结构玻璃

也可称为安全性玻璃，不但力学性能好、机械强度高，对园林环境的适应力强，而且能够由大部分面层玻璃和节能玻璃经过深加工制得，所以装饰性能优越。既可以通过不同组合构成园林景观，也可单独成景。

1.钢化玻璃

又称强化玻璃，是利用一些特殊方法处理，使表面具有预应压力的玻璃。具有良好的力学性能和弹性，受外力作用时能产生较大的变形而不破坏可以承受204℃的温差，具有优秀的热学稳定性能而且破碎后的碎片无锐角，不易伤人，具有很好的安全性。颜色丰富、形状多样，装饰效果富丽堂皇、不拘一格。主要用于门窗、幕墙、隔墙、栏杆、橱窗、玻璃门、扶梯拦板、透光屋面等处。

2.夹层玻璃

在平板或曲面玻璃之间夹入一层PVB膜片而成。能抵挡意外撞击的穿透，减少破碎或玻璃掉落的危险，即使玻璃碎了，碎片也仍旧会与夹层内的PVB胶片在一起，避免造成人身伤害或财产损失。能够隔声、防眩光、阻挡紫外线。另外通过选材和不同工艺，夹层玻璃还可以具有防火、防盗、防弹等功能。

3. 夹丝玻璃

在玻璃内部嵌入金属丝或金属网，防震、耐冲击，在冲击荷载作用下，即使开裂或破坏仍连在一起而不散开具有防火性能，可以隔绝火势。

4. 钦化玻璃

也称永不碎铁甲箔膜玻璃，抗碎、防热及防紫外线。可由不同玻璃基材组合成不同色泽、不同性能、不同规格的玻璃。

5. 玻璃空心砖

透光不透视，表面有光面和花纹面，颜色绚丽多彩，可制成正方形、矩形和各种异形。具备抗压、保温、隔热、隔音、防水、阻燃、耐磨、耐侵蚀、不结霜性能。可用于隔断、墙面、天棚、地面及立面的装饰。

6. 微晶玻璃

集中了玻璃、陶瓷及天然石材的三重优点，并且优于天然石材和陶瓷。热膨胀系数低，机械强度高，耐腐蚀、抗风化、抗热、抗震。可制成各种形状、各式花色的装饰板材和防火玻璃，应用前景广阔。

（四）其他玻璃制品

1. 碎玻璃和玻璃屑

利用废弃的玻璃制品，进行碾碎、研磨处理成无尖锐边角，形状各异、色彩鲜艳的玻璃屑或碎玻璃，可以代替铺地材料，或者铺设在植物的覆土层上，形成美妙的地面景观。

2. 立体装饰品

用玻璃制作的各式各样、观赏性和功能性兼备的灯具与玻璃器皿等立体造型的装饰品。

五、玻璃在园林景观中的应用原则

园林景观是人在追求美的过程中形成，它经过艺术创造。毋庸置疑，景观是一门艺术，但与纯艺术不同的是，景观不仅仅属于艺术范畴，它是构成我们生存空间这个巨大有机体里彼此紧密联系在一起的不同要素中的一员，它们之间建立着网络系统，互相影响制约着。景观存在于一定的经济条件下，面临复杂的社会问题和使用问题的挑战，必须满足社会的功能，也要符合自然的规律，遵循生态原则。因而，做为景观思想载体的材料——玻璃在应用中除达到优化选择的因素时间因素使用年限、使用价值和观赏价值增减程度的快慢、观赏因素等，还应遵循与景观设计相关的原则。

（一）谨慎性原则

玻璃采取不同的形状组合、色彩组合、质感组合以及不同的形状与色彩组合独立造型具有强冲击力的艺术感染力而以其通透、光滑、反射的表面与其他实体材料形成强烈的虚实对比也常常产生令人意想不到的装饰效果。玻璃独特的装饰性质让它在园林景观的应用范围越来越广泛，与此同时，也存在着许多问题。比如热反射玻璃的大面积使用，造成光污染、热污染有色玻璃使透过的可见光变成滤色光，在滤色光环境中所看到的颜色都是失真的，长时间处于这样的环境中会使人的视觉分辨力下降，严重者会造成精神异变和性格扭曲，尤其对于处于生长发育期的青少年影响更甚曲面玻璃若各部分曲率不同或表面凹凸不平，容易使玻璃的折射光产生畸变，引发透射影像失真，使人产生不适的视觉和心理感受还有采用玻璃做为墙面壁画的材质时，不同的光调会影响玻璃色彩的视觉效果。

因此，在设计使用玻璃材料时，必须经过谨慎考虑。正如贝幸铭先生所说"一个好的设计，不仅要有好的构思，而月细部也要到位"。从细节着手，在每一个细部谨慎处理避免或最大限度的降低玻璃材质的不利影响因素。

（二）社会性原则

现代园林有别于过去的皇家园林、私家园林，不再只因社会上层人士的个人意志而创造，它面向大众人群和由人和各种因素组成的社会，"是一种包含人以及人赖以生存的社会和自然在内的多样化的空间"。具备社会属性，是社会活动的一部分，对社会发展应该具有积极的作用。

园林的社会价值在于提供活动的场所，不同种族、文化层次、不同社会经济地位在此从事主动性活动的意向和反应不同"。玻璃是人工材料虽然不如石材这些天然材料具有强烈的地域性特征川，但地理环境不同造成的社会文化背景、政治背景，以及一般性的常识认知差异，同样应该在玻璃的选用上体现出来。玻璃的应用不是设计师个人的景观喜好的表现，应该服从社会大众多数人的景观追求汇"，要求了解不同社会群体对于玻璃的颜色、花纹图案、加工过程等的不同感知，选择正确的玻璃形态应用在园林环境之中。

（三）情感化原则

现代园林景观环境不仅是人们舒缓精神压力和身体疲劳的必要空间，更是人们心灵交汇、感情交流的重要场所同时，这个空间也是人与环境进行情感沟通的场地。这种空间由代表精神来源的形态关系，代表领悟途径的拓扑关系和代表情感沉淀的类型关系共同构成，既包含有空间自身意义的情感内涵，也具有人因为不同情感因素对此的情感体验。人都希望处于亲和性、愉悦性的园林环境，但园林当中的情感氛围是互动的，它被"赋予情感内涵，希望满足人的生理、心理、社交等方面的强烈渴求"，同时不同的人面对各种景观元素会产生反应各异的情感体验。尤其是色彩的影响渗透进人的心理或生理性格。因此，玻璃的应用应该注意材料的各项性质，如颜色、形态、以及各种组合搭配的使用所产生的积极或消极的作用。

（四）景观美学原则

景观被定义为典型的优美环境，强烈反映了人的欲望和美感。这种美的定义"随民族、地区和时代的不同变化发展"，而且应该符合景观美学的原则，即求真、求善、求美。求真是景观的实用性，求善是景观的舒适性，求美是景观的艺术性。

玻璃在园林景观中的应用是做为景观的客观载体，也是对景观元素的艺术创造，艺术的作品不仅意味着具有引人注目的潜质和改善视觉环境的能力，更加要经受时间的检验，"创作过程的终结并不意味着作品的最后完成，只有接受活动才能最后实现其价值"。因而"求真、求善、求美"有如下解释"求美"可以理解为玻璃本身各种艺术表现形式，自是不用多说"求真"则可理解为不同种类的玻璃适合不同的环境物质，是对耐久、防火、环保等使用性质和功能性质的考量"求善"则是作为景观元素的应用对景观的场所属性和空间特征的辅助表达。玻璃在现代园林景观中的表现应该做真、善、美的完美统一。

（五）经济性原则

现代景观的经济性，要求根据场所的环境条件和情感内涵，采用合理的设计方法、使用能耗最少的材料，经过最适合的施工工艺，达到景观的最经济性。景观材料通过人的设计加工，被改造成为符合景观需要的形态，不但要考虑材料的艺术性和造型的审美因素，还要考虑材料最有效的利用方法。

玻璃应用的经济性并不是指选用造价最低的种类，而是把握各种玻璃的材料功能、施工工艺、制作成本、维护成本等，依据实际情况使用，实现材料最高的性价比，如吸热玻璃、热反射玻璃、中空玻璃都具有节能功能，但在热带或亚热带地区主要考虑日光辐射传热，另外，中空玻璃的施工费用高，短时间难以收回投资，应该采用吸热玻璃或热反射玻璃。因此玻璃应用时，必须了解场地物质和精神因素，选择适当的种类，采取合理的结构，使"科学性和艺术性完美地结合，避免不必要的浪费"。

（六）安全性原则

现代园林景观应该观赏功能和参与功能兼备。做为人类的使用而创造的室外场所，不能片面地追求每一种元素的视觉效果，还应该保障人在其中的使用安全。玻璃材料的应用除了从艺术美感出发，必须注重材料使用功能上的安全性，特别是应该注意到人对玻璃的"心理安全性"。针对不同的环境特点严格按照其抗冲击强度、抗弯强度、抗风压能力等要求，进行玻璃和辅助材料的选材、运输、施工等在一些小细节方面也应体现对人的心理关怀，如，在透明的的玻璃墙体表面饰以一些抽象的图案或树枝花叶的形状提醒人们注意安全用于固定玻璃的装置，需要进行多重防护，不能单以支撑架固定玻璃，还须将支撑架固定在墙体上等。

参考文献

[1] 王金刚，张兴主编.园林植物组织培养技术 [M].北京：中国农业科学技术出版社，2008.08.

[2] 张凤，朱新华，窦晓蕴编.园林植物 [M].北京：北京理工大学出版社，2021.09.

[3] 武静主编.风景园林概论 [M].北京：中国建材工业出版社，2020.07.

[4] 张文静，许桂芳著.园林植物 [M].郑州：黄河水利出版社，2010.05.

[5] 崔星，尚云博主编；桂美根副主编.园林工程 [M].武汉：武汉大学出版社，2018.03.

[6] 黄晖，王云云.园林制图习题集第 4 版 [M].重庆：重庆大学出版社，2020.01.

[7] 吕桂菊.高等院校风景园林专业规划教材植物识别与设计 [M].北京：中国建材工业出版社，2021.06.

[8] 小牛顿科学教育有限公司著；刘冰审订.写给孩子的植物发现之旅黄金植物 [M].北京：海豚出版社；中国国际传播集团，2023.05.

[9] 马国胜主编.园林植物保护技术 [M].苏州：苏州大学出版社，2015.09.

[10] 董亚楠.园林工程从新手到高手园林植物养护 [M].北京：机械工业出版社，2021.05.

[21] 唐敏.植物组织培养技术教程 [M].重庆：重庆大学出版社，2019.08.

[22] 罗锸，秦琴主编；邹永翠，林伟，马金贵副主编.园林植物栽培与养护第3版 [M].重庆：重庆大学出版社，2016.07.

[23] 江世宏主编.园林植物病虫害防治 [M].重庆：重庆大学出版社，2015.07.

[24] 黄晖.园林工程制图与识图习题集 [M].重庆：重庆大学出版社，2020.12.

[25] 李本鑫，张璐，王志龙主编.园林植物病虫害防治 [M].武汉：华中科技大学出版社，2013.10.

[26] 董晓华主编；张伟艳，夏忠强，周际副主编. 园林植物配置与造景 [M]. 北京：中国建材工业出版社，2013.02.

[27] 邱国金主编. 园林植物 [M]. 北京：中国农业出版社，2001.08.

[28] 魏岩主编. 园林植物栽培与养护 [M]. 北京：中国科学技术出版社，2003.08.

[29] 刘鹏主编. 园林植物育种学 [M]. 哈尔滨：黑龙江大学出版社，2013.03.

[30] 许晓岗，童丽丽编. 园林树木学 [M]. 南京：东南大学出版社，2022.05.